T0185482

Aufgaben zur Festigkeitslehre für den Leichtbau

Markus Linke

Aufgaben zur Festigkeitslehre für den Leichtbau

Ein Übungsbuch zur Technischen Mechanik

 Springer Vieweg

Markus Linke
Department Fahrzeugtechnik und Flugzeugbau
Hochschule für Angewandte Wissenschaften Hamburg
Hamburg, Deutschland

ISBN 978-3-662-56148-5   ISBN 978-3-662-56149-2   (eBook)
https://doi.org/10.1007/978-3-662-56149-2

Die Deutsche Nationalbibliothek verzeichnet diese Publikation in der Deutschen Nationalbibliografie; detail-
lierte bibliografische Daten sind im Internet über http://dnb.d-nb.de abrufbar.

Springer Vieweg
© Springer-Verlag GmbH Deutschland 2018

Gedruckt auf säurefreiem und chlorfrei gebleichtem Papier

Springer Vieweg ist Teil von Springer Nature
Die eingetragene Gesellschaft ist Springer-Verlag GmbH Deutschland
Die Anschrift der Gesellschaft ist: Heidelberger Platz 3, 14197 Berlin, Germany

Vorwort

Die erfolgreiche Anwendung der grundlegenden Beziehungen der Festigkeitslehre ist nicht einzig durch die Kenntnis der Theorie möglich. Sie erfordert auch die Einübung der mechanischen Zusammenhänge anhand von verschiedenen Fragestellungen. Wissen ist nicht Können! Erst durch das selbstständige Lösen von Aufgaben findet eine innere Modell- bzw. Konzeptbildung statt. Der Vergleich der aus den eigenen Konzepten resultierenden logischen Konsequenzen mit den erwartbaren Ergebnissen führt zum Kompetenzaufbau.

Dieses Übungs- und Arbeitsbuch stellt eine umfangreiche Aufgabensammlung mit Musterlösungen zur Festigkeitslehre im Leichtbau zur Verfügung, mit der selbstständig die sachgerechte Anwendung von mechanischen Zusammenhängen eingeübt werden kann.

Neben der so wichtigen Einübung der mechanischen Beziehungen wird in diesem Buch zudem großen Wert auf das Verständnis und die sachgerechte Anwendung des mathematischen Fundaments gelegt. Erst die Mathematik macht die Mechanik zu einer quantifizierbaren Wissenschaft und damit nutzbringend für den Ingenieur. Der Lehralltag an der Hochschule zeigt aber, dass die erforderliche Mathematik häufig nur lückenhaft vorausgesetzt werden kann. Aus diesem Grunde werden in den Musterlösungen die mathematischen Lösungsschritte vollständig nachvollziehbar für Studierende im Grundstudium von Ingenieurstudiengängen dargestellt.

Das Buch wendet sich insbesondere an Ingenieurstudierende der Fachrichtungen Flugzeugbau und Fahrzeugtechnik sowie an Studierende anderer Studiengänge mit der Vertiefung Leichtbau oder Höhere Festigkeitslehre. Darüber hinaus kann es hilfreich für Ingenieurinnen und Ingenieure in der Praxis zur Auffrischung ihrer Leichtbaukenntnisse sein.

Das Schreiben eines Lehr- oder Übungsbuches ist größtenteils Privatvergnügen. Für das aufgebrachte Verständnis und die liebe Unterstützung möchte ich mich bei meiner Familie Vivian und Mats Ferdinand sehr herzlich bedanken.

Hamburg   *Markus Linke*
                                                                        Dezember 2017

Inhaltsverzeichnis

Kapitel 1
Einführung

Leichtbaustrukturen bestehen gewöhnlich aus einer Kombination von Balkenelementen und Flächentragwerken. Ein erfolgreicher Zugang zum Verständnis des strukturmechanischen Tragverhaltens solcher Strukturen kann bereits mit Hilfe sehr vereinfachender Idealisierungen gelingen. Leicht handhabbare Abschätzungen zur Beurteilung des Tragverhaltens basieren in vielen Fällen auf Balkenmodellierungen. Die Kenntnis ihrer Wirkungsweise sowie der Grenzen ihrer Anwendbarkeit sind daher von zentraler Bedeutung für das strukturmechanische Verständnis von Leichtbaustrukturen.

Dieses Buch fokussiert auf die Einübung der Balkenidealisierung, die auf typische Leichtbaustrukturen angewendet werden kann. Es wird neben den Grundbeanspruchungen Zug/Druck, Biegung und Schub (infolge von Querkraftschub sowie Torsion) auch das Stabilitätsverhalten schlanker Strukturen behandelt. Die üblichen Fragestellungen der Technischen Mechanik des Grundstudiums von Ingenieurstudiengängen werden auf Leichtbaustrukturen erweitert. Daneben werden die vereinfachenden Theorien des Schubwand- und des Schubfeldträgers vertieft, die zur Beschreibung von versteiften Flächentragwerken z. B. mit dem Ziel der Vordimensionierung oder der Kontrolle von rechnergestützten Berechnungen dienen können. Weil die Schubwandträgertheorie eine vereinfachte Balkenmodellierung darstellt, stehen Aufgaben zu Schubwandträgern zur Verfügung, mit denen die Grundbeanspruchungen am Balken eingeübt werden können. Des Weiteren finden sich Fragestellungen zu kombinierten Beanspruchungen, bei denen die gleichzeitige Wirkung von verschiedenen Grundbeanspruchungen z. B. von Biegung und Torsion berücksichtigt werden muss. Die Schubwandträgertheorie eignet sich somit hervorragend zum Erlernen der Balkentheorie angewendet auf dünnwandige Träger bzw. Leichtbaustrukturen.

Da die Festigkeitslehre im Leichtbau nicht lösgelöst von der Technischen Mechanik ist, sondern vielmehr diese auf Leichtbaustrukturen erweitert, sind Aufgaben zur klassischen Festigkeitslehre vorangestellt. Hier werden die wesentlichen Definitionen, Schreibweisen und Zusammenhänge wiederholt, die in den nachfolgenden Aufgaben zum Leichtbau konsequent angewendet werden.

© Springer-Verlag GmbH Deutschland 2018
M. Linke, *Aufgaben zur Festigkeitslehre für den Leichtbau*,
https://doi.org/10.1007/978-3-662-56149-2_1

Das Thema Festigkeitslehre für den Leichtbau wird teilweise durch differentielle und integrale Beschreibungen beherrscht (man denke nur an die 2. Bredtsche Formel für das Torsionsflächenmoment von dünnwandigen Einzellern). Um den üblichen "Schrecken" vor solchen Formulierungen zu nehmen, werden zum einen einzelne Themengebiete, die Ingenieurstudierende bereits aus der Festigkeitslehre im Grundstudium kennen, intensiv auf der Basis dieser Mathematik wiederholt. Zum anderen werden die mathematischen Lösungsschritte sehr ausführlich dargestellt, so dass etwaige Mathelücken leichter geschlossen werden können.

Die Aufgaben sind thematisch an den Inhalten des Lehrbuchs "Festigkeitslehre für den Leichtbau" von Linke/Nast orientiert, d. h. jedes Thema findet sich als eigenes Kapitel im Lehrbuch wieder und kann dort rekapituliert werden. Die im Lehrbuch abgeleiteten grundlegenden Beziehungen werden in diesem Buch in Form einer kompakten übersichtlichen Zusammenstellung jedem Thema vorangestellt. Jede Aufgabe besteht aus einer Aufgabenbeschreibung und einer Musterlösung. Die Musterlösungen befinden sich in einem eigenen Abschnitt, den man leicht über das Inhaltsverzeichnis finden kann. Um den eigenen Lösungsweg auf Korrektheit prüfen zu können und um nicht gleich die Musterlösung bei ersten Lösungsschwierigkeiten zu Rate ziehen zu müssen (und damit den so wichtigen eigenen inneren Modellbildungsprozess zu unterbinden), werden mit jeder Aufgabenbeschreibung Kontrollergebnisse für wesentliche Lösungsschritte bereitgestellt.

Für die Bearbeitung der Aufgaben ist die Verwendung eines Computeralgebraprogramms zu empfehlen. Mit Computeralgebraprogrammen (Maple, Mathematica, Maxima und viele mehr) können algebraische, symbolische Ausdrücke umgeformt und in Abhängigkeit von der Mächtigkeit des Programmsystems gelöst werden. Dadurch kann der selbst gewählte Lösungsweg weniger aufwendig abgeändert und die sich daraus ergebenden Konsequenzen leichter untersucht werden. Machen Sie sich also eine so hilfreiche Technologie wie ein Computeralgebraprogramm zu Nutze.

Ich wünsche viel Erfolg und viel Spaß beim Lernen.

Kapitel 2
Grundlagen der klassischen Festigkeitslehre

2.1 Grundlegende Beziehungen

- **Beherrschende Beziehungen am Stab**

  - **Normalkraft N** wirkt in Richtung der Stabachse und wird als Zugkraft angenommen. Sie wird durch eine geeignete Schnittführung freigelegt und mit Hilfe der Gleichgewichtsbeziehungen in Abhängigkeit von den eingeprägten Kraftgrößen und den Lagerreaktionen formuliert.

  - **Normalspannung σ** ist konstant im Querschnitt, d. h. an einer Stelle x der Stabachse

$$\sigma(x) = \frac{N(x)}{A(x)} \qquad (2.1)$$

A	Querschnittsfläche
N	Normalkraft
x	Koordinate entlang der Stabachse

  - **Verschiebungs-Verzerrungs-Beziehung bei konstanter Dehnung ε** entlang der Stabachse

$$\varepsilon = \frac{\Delta l}{l_0} \qquad (2.2)$$

l_0	Ausgangslänge
Δl	Längenänderung

© Springer-Verlag GmbH Deutschland 2018
M. Linke, *Aufgaben zur Festigkeitslehre für den Leichtbau*,
https://doi.org/10.1007/978-3-662-56149-2_2

– **Hookesches Gesetz** verknüpft die **Längsdehnung ε** mit der **Normalspannung σ** im Stab

$$\sigma = E\,\varepsilon \tag{2.3}$$

    E Elastizitätsmodul

    ε Dehnung in Stablängsrichtung bzw. in Richtung der Stabachse

- **Schubmodul G** bei Isotropie

$$G = \frac{E}{2\,(1+v)} \tag{2.4}$$

    E Elastizitätsmodul

    v Querkontraktionszahl

- **Koordinatensystem und Schnittreaktionen am Balken**

  – Die Schnittreaktionen werden anhand des gewählten kartesischen Koordinatensystems definiert. Die x-Achse ist die Balkenachse, die die Flächenschwerpunkte der Querschnittsflächen verbindet. Die y- und die z-Achse können dann in einem Rechtshandsystem frei gewählt werden.
  – Eine Querschnittsfläche (d. h. bei $x =$konst.), bei der der Normalenvektor $\underline{n}$ (der senkrecht auf der Schnittfläche steht und aus dem Balken herausweist) in die positive x-Richtung zeigt, stellt das positive Schnittufer dar. Beim negativen Schnittufer weist die Normale entgegen der positiven x-Achse.
  – Am positiven (negativen) Schnittufer weisen die positiven Schnittreaktionen in positive (negative) Koordinatenrichtung.

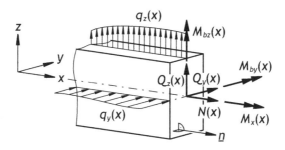

- **Differentielles Gleichgewicht am Balken in x-z-Ebene**

$$\frac{\mathrm{d}Q_z}{\mathrm{d}x} = -q_z\,, \quad \frac{\mathrm{d}M_{by}}{\mathrm{d}x} = Q_z\,, \quad \frac{\mathrm{d}^2 M_{by}}{\mathrm{d}x^2} = \frac{\mathrm{d}Q_z}{\mathrm{d}x} = -q_z \tag{2.5}$$

    Q_z Querkraft in z-Richtung

    q_z Streckenlast in z-Richtung

    M_{by} Biegemoment um y-Achse

    x Koordinate entlang der Balkenachse

- **Differentielles Gleichgewicht am Balken in x-y-Ebene**

$$\frac{\mathrm{d}Q_y}{\mathrm{d}x} = -q_y\,, \qquad \frac{\mathrm{d}M_{bz}}{\mathrm{d}x} = -Q_y\,, \qquad \frac{\mathrm{d}^2 M_{bz}}{\mathrm{d}x^2} = -\frac{\mathrm{d}Q_y}{\mathrm{d}x} = q_y \qquad (2.6)$$

Q_y	Querkraft in y-Richtung
q_y	Streckenlast in y-Richtung
M_{bz}	Biegemoment um z-Achse
x	Koordinate entlang der Balkenachse

- **Koordinatensystem und Spannungen (Schnittreaktionen) am infinitesimalen Volumenelement**

  - Schnittflächen werden anhand eines x-y-z-Koordinatensystems mit infinitesimal langen Kantenlängen $(\mathrm{d}x, \mathrm{d}y, \mathrm{d}z)$ definiert. Auf den Schnittflächen wirken Spannungen (Kraft pro Fläche) als Schnittreaktionen.

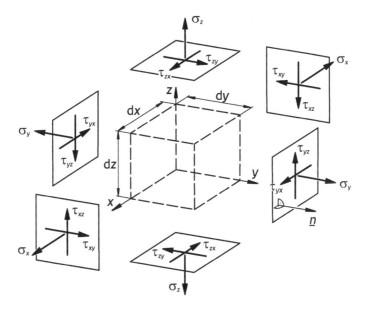

  - Normalspannungen wirken senkrecht auf der Schnittfläche und werden mit σ gekennzeichnet.
  - Schubspannungen wirken tangential zur Schnittfläche und werden mit τ gekennzeichnet.
  - Der Unterscheidbarkeit halber werden die Spannungen mit Indizes versehen:
    - o Der erste Indexbuchstabe beschreibt die Schnittfläche, auf der die Spannung wirkt.
    - o Der zweite Indexbuchstabe gibt die Richtung an, in die die Spannung weist.
    - o Bei Normalspannungen wird gewöhnlich der zweite Indexbuchstabe weggelassen, da beide Buchstaben identisch sind (z. B. $\sigma_x = \sigma_{xx}$).

– Vorzeichenkonvention für Spannungen:
   o Auf jeder Schnittfläche wird ein Normalenvektor $\underline{n}$ definiert, der senkrecht auf der Schnittfläche steht und der aus dem Volumenelement hinausweist.
   o Schnittflächen, bei denen der Normalenvektor $\underline{n}$ in die gleiche (andere) Richtung weist wie die korrespondierende positive Koordinatenrichtung, werden als positive (negative) Schnittufer bezeichnet.
   o Am positiven (negativen) Schnittufer weisen die positiven Spannungen in positive (negative) Koordinatenrichtung.
– Positive bzw. negative Normalspannungen sind Zug- bzw. Druckspannungen.

- **Gleichheit der Schubspannungen** in zwei senkrecht aufeinander stehenden Schnitten bedeutet

$$\tau_{xy} = \tau_{yx}\,, \qquad \tau_{xz} = \tau_{zx}\,, \qquad \tau_{yz} = \tau_{zy}\,. \qquad (2.7)$$

- **Zweidimensionale Spannungszustände** werden abgeleitet aus dem dreidimensionalen Spannungszustand gemäß den Schnittreaktionen am Volumenelement:

   – Ebener Spannungszustand in x-y-Ebene: $\sigma_z, \tau_{xz}, \tau_{yz} = 0$, $\varepsilon_z \neq 0$
   – Ebener Verzerrungszustand in x-y-Ebene: $\varepsilon_z, \gamma_{xz}, \gamma_{yz} = 0$, $\sigma_z \neq 0$

γ_{xz}, γ_{yz}	Scherung in der x-z- bzw. y-z-Ebene
ε_z	Dehnung in z-Richtung
σ_i	Normalspannung in i-Richtung
τ_{ij}	Schubspannung auf Schnittfläche i in j-Richtung

- **Transformation eines zweidimensionalen Spannungszustandes** im x-y- in ein η-ζ-Koordinatensystem

$$\sigma_\xi(\varphi) = \frac{\sigma_x + \sigma_y}{2} + \frac{\sigma_x - \sigma_y}{2}\cos 2\varphi + \tau_{xy}\sin 2\varphi \qquad (2.8)$$

$$\sigma_\eta(\varphi) = \frac{\sigma_x + \sigma_y}{2} - \frac{\sigma_x - \sigma_y}{2}\cos 2\varphi - \tau_{xy}\sin 2\varphi \qquad (2.9)$$

$$\tau_{\xi\eta}(\varphi) = \tau_{\eta\xi}(\varphi) = -\frac{\sigma_x - \sigma_y}{2}\sin 2\varphi + \tau_{xy}\cos 2\varphi \qquad (2.10)$$

φ Transformationswinkel

Die Größen σ_i, τ_{ij} sind im Unterpunkt Spannungszustände von zuvor erläutert.

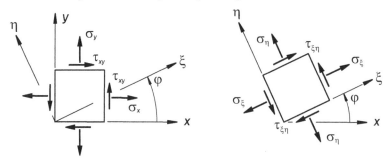

- **Hauptachsensystem**

  - **Hauptspannungen** sind extremale Normalspannungen bei verschwindenden Schubspannungen

  $$\sigma_{1,2} = \frac{1}{2}\left(\sigma_x + \sigma_y\right) \pm \frac{1}{2}\sqrt{\left(\sigma_x - \sigma_y\right)^2 + 4\tau_{xy}^2} \quad \text{mit} \quad \sigma_1 \geq \sigma_2 . \quad (2.11)$$

σ_i	Normalspannung in i-Richtung
τ_{ij}	Schubspannung auf Schnittfläche i in j-Richtung

  - **Lage des Hauptachsensystems** ermittelbar unter Nutzung von Gl. (2.8) oder Gl. (2.9) mit dem **Transformationswinkel φ^*** aus

  $$\tan 2\varphi^* = \frac{2\tau_{xy}}{\sigma_x - \sigma_y} \quad (2.12)$$

σ_i	Normalspannung in i-Richtung
τ_{ij}	Schubspannung auf Schnittfläche i in j-Richtung

- **Lineares Stoffgesetz bzw. Hookesches Gesetz** in kartesischen x-y-Koordinaten beim Ebenen Spannungszustand ($\sigma_z, \tau_{xz}, \tau_{yz} = 0$, $\varepsilon_z \neq 0$), das die **Dehnungen ε_x, ε_y** und die **Scherung γ_{xy}** mit den Spannungen verknüpft

  $$\varepsilon_x = \frac{1}{E}\left(\sigma_x - \nu\,\sigma_y\right) , \quad \varepsilon_y = \frac{1}{E}\left(\sigma_y - \nu\,\sigma_x\right) , \quad \gamma_{xy} = \frac{\tau_{xy}}{G} \quad (2.13)$$

E	Elastizitätsmodul
ν	Querkontraktionszahl
σ_i	Normalspannung in i-Richtung
τ_{ij}	Schubspannung auf Schnittfläche i in j-Richtung

- **Verschiebungs-Verzerrungsbeziehungen** in kartesischen x-y-Koordinaten im ebenen Fall, das die **Dehnungen ε_x, ε_y** und die **Scherung γ_{xy}** mit den Verschiebungen verknüpft

  $$\varepsilon_x = \frac{\partial u}{\partial x} , \quad \varepsilon_y = \frac{\partial v}{\partial y} , \quad \gamma_{xy} = \frac{\partial u}{\partial y} + \frac{\partial v}{\partial x} \quad (2.14)$$

u, v, w	Verschiebungen in x-, y- und z-Richtung
x, y, z	kartesische Koordinaten x, y und z

2.2 Aufgaben

A2.1/Aufgabe 2.1 – Beherrschende Beziehungen an Stäben

Um die Tragfähigkeit und das Steifigkeitsverhalten einer Flügelstütze bei einem Sportflugzeug zu überprüfen, wird mit einem Ersatzsystem, das aus zwei Stäben besteht, eine Analyse durchgeführt (vgl. Abb. 2.1). In der Flügelstütze des Ersatzsystems treten die gleichen Beanspruchungen auf wie im Originalmodell. Die Größen der Flügelstütze sind mit dem Index S gekennzeichnet, die des zweiten Stabes mit dem Index B. Die im Fachwerk eingesetzten Stäbe besitzen unterschiedliche Querschnittsflächen A_S und A_B. Beide Stäbe sind aus dem gleichen Material. Es handelt sich um einen isotropen, duktilen Werkstoff mit der Fließspannung σ_F.

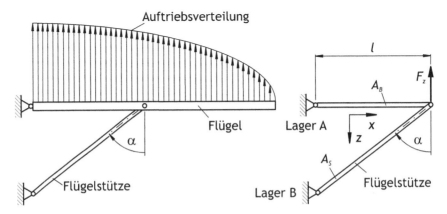

Abb. 2.1 Ersatzmodellierung zur Analyse einer Flügelstütze in Form eines Fachwerks

Gegeben Länge $l = 2,5\,\mathrm{m}$; Querschnittsflächen $A_B = 750\,\mathrm{mm}^2$, $A_S = 200\,\mathrm{mm}^2$; Winkel $\alpha = 60°$; Ersatzkraft $F_z = 6,5\,\mathrm{kN}$; Elastizitätsmodul $E = 70\,\mathrm{GPa}$; Fließspannung $\sigma_F = 300\,\mathrm{MPa}$

Gesucht

a) Berechnen Sie die Normalspannungen in den beiden Stäben.

b) Geben Sie die Sicherheit S_F gegen Fließen für die Flügelstütze nach der Schubspannungshypothese an.

   Hinweis Die Vergleichsspannung bei der Schubspannungshypothese für den Stab lautet
   $$\sigma_V = |\sigma|\ .$$

c) Ermitteln Sie die Längenänderungen der Stäbe.

Kontrollergebnisse a) $|\sigma_B| \approx 15,011\,\mathrm{MPa}$, $|\sigma_S| = 65\,\mathrm{MPa}$ **b)** $S_F \approx 4,62$ **c)** $|\Delta l_S| \approx 2,68\,\mathrm{mm}$, $|\Delta l_B| \approx 0,54\,\mathrm{mm}$

A2.2/Aufgabe 2.2 – Hauptspannungen und Gestaltänderungsenergiehypothese

In einer homogenen Scheibe ist der Spannungszustand in einem kartesischen x-y-Koordinatensystem (vgl. Abb. 2.2) bekannt. Die Scheibe besteht aus einem isotropen, duktilen Werkstoff mit der Fließspannung σ_F.

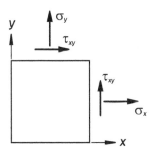

Abb. 2.2 Spannungszustand im x-y-Koordinatensystem

Gegeben Spannungszustand $\sigma_x = 16,00\,\text{MPa}$, $\sigma_y = 38,17\,\text{MPa}$, $\tau_{xy} = -35,64\,\text{MPa}$; Fließspannung $\sigma_F = 330\,\text{MPa}$

Gesucht

a) Berechnen Sie die Hauptspannungen σ_1 und σ_2.

b) Bestimmen Sie die Lage der Hauptachsen in Bezug zum x-y-Koordinatensystem. Geben Sie eindeutig an, welche Achse durch Drehung um den Winkel φ^* zur 1-Achse wird.

c) Ermitteln Sie die Sicherheit S gegen Versagen nach der Gestaltänderungsenergiehypothese.

Hinweis Die Vergleichsspannung bei der Gestaltänderungsenergiehypothese beim Ebenen Spannungszustand lautet

$$\sigma_V = \sqrt{\sigma_1^2 + \sigma_2^2 - \sigma_1\,\sigma_2}\,.$$

Kontrollergebnisse a) $\sigma_1 \approx 64,41\,\text{MPa}$, $\sigma_2 \approx -10,24\,\text{MPa}$ **b)** $\phi^* \approx 36,4°$ **c)** $S \approx 4,71$

A2.3/Aufgabe 2.3 – Abhängigkeit der Werkstoffkonstanten bei Isotropie

In dieser Aufgabe soll die Abhängigkeit der Werkstoffkonstanten ermittelt werden, was zur Beziehung nach Gl. (2.4) führt. Dazu betrachten wir einen homogenen Spannungszustand in einer Scheibe, bei dem in x-Richtung eine Druckspannung von σ_0 und in y-Richtung eine Zugspannung von σ_0 vorliegt. Der Einfachheit halber schneiden wir gedanklich aus der Scheibe ein Quadrat mit der Kantenlänge l nach Abb. 2.3 heraus. Wir gehen dabei davon aus, dass es sich um den Ebenen Spannungszustand handelt, bei dem die Spannungen, die nicht in der x-y-Ebene wirken, null sind.

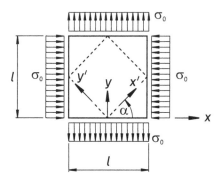

Abb. 2.3 Quadratische Scheibe beansprucht durch eine Druckspannung in x-Richtung und eine betragsmäßig gleich große Zugspannung in y-Richtung

Gegeben Länge l; Winkel $\alpha = 45°$; Elastizitätsmodul E; Querkontraktionszahl ν; Normalspannung σ_0

Gesucht

a) Definieren Sie den Spannungszustand im gegebenen x-y-Koordinatensystem.

b) Geben Sie das Hookesche Gesetz im x-y-Achssystem an, und berechnen Sie die Längenänderungen Δl_x bzw. Δl_y in x- bzw. y-Richtung des Quadrats mit der Kantenlänge l gemäß Abb. 2.3.

c) Transformieren Sie den im x-y-Koordinatensystem gegebenen Spannungszustand um den Winkel $\alpha = 45°$, in das x'-y'-System nach Abb. 2.3, und geben Sie das Hookesche Gesetz für diesen transformierten Spannungszustand an.

d) Formulieren Sie eine geometrische Beziehung zwischen der Verformung des Quadrats im x-y- und demjenigen im x'-y'-Achssystem, und leiten sie darauf aufbauend die Abhängigkeit der Werkstoffkennwerte nach Gl. (2.4) ab, d. h. bestimmen Sie den Schubmodul.

Hinweise

– Das folgende Additionstheorem kann hilfreich zur Lösung sein

$$\tan(\alpha - \beta) = \frac{\tan\alpha - \tan\beta}{1 + \tan\alpha\tan\beta} \; .$$

— Bei kleinen Verformungen gilt für die Scherung

$$\tan\gamma \approx \gamma \,.$$

— Die Verformung der quadratischen Scheibe ist wie folgt:

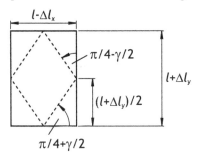

Kontrollergebnisse a) $\sigma_x = -\sigma_0$, $\sigma_y = \sigma_0$, $\tau_{xy} = 0$ **b)** $\Delta l_x = -(1+v)\,\sigma_0\,l/E$, $\Delta l_y = (1+v)\,\sigma_0\,l/E$ **c)** k. A. **d)** siehe Gl. (2.4)

A2.4/Aufgabe 2.4 – Schnittreaktionen beim Mehrfeldbalken

Um die Beanspruchungen in einem Flügel eines Sportflugzeuges beurteilen zu können, sind die Schnittreaktionen im Flügel zu ermitteln. Der Flügel ist durch eine konstante Streckenlast q_L belastet. Darüber hinaus greift eine Flügelstütze, die als Stab angenommen werden darf, im Knoten K des Flügels an. Der Flügel wird hier als ebene Balkenstruktur idealisiert. Die Koordinatensysteme, in denen die Schnittreaktionen bestimmt werden sollen, sind in Abb. 2.4 dargestellt.

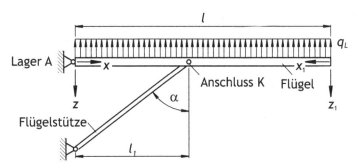

Abb. 2.4 Idealisierter Flügel zur Bestimmung der Schnittreaktionen (vgl. [5, S. 197ff.])

Gegeben Längen l, l_1; Winkel α; konstante Streckenlast q_L

Gesucht

a) Berechnen Sie die Lagerreaktionen.

b) Ermitteln Sie den Verlauf der Schnittreaktionen im x-z-Koordinatensystem entlang der Flügelachse, indem Sie

    i) die Gleichgewichtsbedingungen für geeignet gewählte Schnitte formulieren,

    ii) die Differentialgleichung des Gleichgewichts am Balken nach Gl. (2.5) verwenden.

Hinweis Der Normalkraftverlauf braucht nicht bestimmt zu werden.

c) Transformieren Sie den Querkraft- und Biegemomentenverlauf im Bereich 2 nach Aufgabenteil b) so, dass der Biegemomentenverlauf im x_1-z_1-Koordinatensystem gegeben ist.

Kontrollergebnisse

a)

$$|A_x| = \frac{q_L l^2}{2\, l_1}\tan\alpha\,,\qquad |A_z| = \frac{q_L l^2}{2\, l_1}$$

b)

$$M_{by1}(x) = \frac{q_L l x}{2}\left(\frac{l}{l_1} - 2 + \frac{x}{l}\right)\qquad \text{für}\qquad 0 \le x \le l_1$$

$$M_{by2}(x) = \frac{q_L l^2}{2}\left(1 - \frac{x}{l}\right)^2\qquad \text{für}\qquad l_1 \le x \le l$$

c) k. A.

2.3 Musterlösungen

L2.1/Lösung zur Aufgabe 2.1 – Beherrschende Beziehungen an Stäben

a) Zur Berechnung der Normalspannungen in den Stäben müssen wir zuvor die Stabkräfte ermitteln. Hierzu wenden wir das Knotenpunktverfahren an (vgl. [1, S. 155ff.]), d. h. wir schneiden den Knoten frei, an dem die Kraft F_z wirkt. Dabei beachten wir, dass einzig Normalkräfte in den Stäben wirken und diese als Zugkräfte angenommen werden (vgl. die beherrschenden Beziehungen am Stab nach Abschnitt 2.1). Wir erhalten das Freikörperbild nach Abb. 2.5.

Wir formulieren die Kräftegleichgewichte

$$\sum_i F_{iz} = 0\quad \Leftrightarrow\quad N_S\cos\alpha - F_z = 0\quad \Leftrightarrow\quad N_S = \frac{F_z}{\cos\alpha} = 2\,F_z = 13\,\text{kN} > 0\,,$$

$$\sum_i F_{ix} = 0\quad \Leftrightarrow\quad N_B + N_S\sin\alpha = 0$$

$$\Leftrightarrow\quad N_B = -N_S\sin\alpha = -\sqrt{3}\,F_z \approx -11,258\,\text{kN} < 0\,.$$

Das negative Vorzeichen kennzeichnet dabei, dass es sich um Druckkräfte handelt. Folglich ist die Flügelstütze auf Zug beansprucht und der 2. Stab auf Druck.

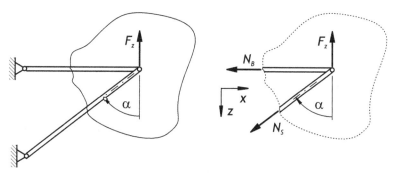

Abb. 2.5 Freigeschnittener Knoten mit skizzierter Schnittführung

Mit den Normalkräften können wir die Normalspannungen in den Stäben mit
Gl. (2.1) bestimmen

$$\sigma_B = \frac{N_B}{A_B} \approx -15{,}011\,\mathrm{MPa} < 0\,, \qquad \sigma_S = \frac{N_S}{A_S} = 65\,\mathrm{MPa} > 0\,.$$

b) Die Sicherheit berechnen wir, indem wir die zulässige Spannung σ_{zul} mit einer
Vergleichsspannung σ_V wie folgt in Beziehung setzen (vgl. [2, S. 76ff.])

$$S_F = \frac{\sigma_{\mathrm{zul}}}{\sigma_V}\,.$$

Wir setzen die zulässige Spannung mit der Fließspannung gleich (vgl. Aufgabenstellung). Die Vergleichsspannung ermitteln wir auf der Basis der Schubspannungs-
hypothese, die im Hinweis der Aufgabenstellung dargestellt ist. Mit $\sigma_V = |\sigma_S|$ er-
halten wir demnach die Sicherheit zu

$$S_F = \frac{300}{65} \approx 4{,}62\,.$$

Die gegebene Belastung F_z müsste somit um den Faktor 4,62 erhöht werden, damit
der Stab infolge von Fließen gerade versagen würde.

c) Die Längenänderung berechnen wir, indem wir die Verschiebungs-Verzerrungs-
Beziehung nach Gl. (2.2) mit dem Hookeschen Gesetz nach Gl. (2.3) koppeln. Es
folgt für die Flügelstütze

$$\sigma_S = E\,\varepsilon_S = E\,\frac{\Delta l_S}{l_S} \qquad \Leftrightarrow \qquad \Delta l_S = \frac{l_S\,N_S}{E\,A_S}\,.$$

Mit der Länge der Flügelstütze

$$l_S = \frac{l}{\sin\alpha}$$

resultiert die Längenänderung der Flügelstütze zu

$$\Delta l_S = \frac{l_S N_S}{E A_S} = \frac{l N_S}{E A_S \sin \alpha} \approx 2,68 \, \text{mm} \,.$$

Analog erhalten wir für den 2. Stab

$$\sigma_B = \frac{N_B}{A_B} = E \, \varepsilon_B = E \, \frac{\Delta l_B}{l} \qquad \Leftrightarrow \qquad \Delta l_B = \frac{l N_B}{E A_B} \approx -0,54 \, \text{mm} \,.$$

Das negative Vorzeichen bedeutet, dass der Stab zusammengedrückt bzw. verkürzt wird.

L2.2/Lösung zur Aufgabe 2.2 – Hauptspannungen und Gestaltänderungs-energiehypothese

a) Die Hauptspannungen ermitteln wir nach Gl. (2.11). Wegen der Forderung nach $\sigma_1 > \sigma_2$ erhalten wir

$$\sigma_1 = \frac{1}{2} \left(\sigma_x + \sigma_y \right) + \frac{1}{2} \sqrt{\left(\sigma_x - \sigma_y \right)^2 + 4 \, \tau_{xy}^2} \approx 64,41 \, \text{MPa} \,,$$

$$\sigma_2 = \frac{1}{2} \left(\sigma_x + \sigma_y \right) - \frac{1}{2} \sqrt{\left(\sigma_x - \sigma_y \right)^2 + 4 \, \tau_{xy}^2} \approx -10,24 \, \text{MPa} \,.$$

b) Die Lage des Hauptachsensystems können wir mit Hilfe von Gl. (2.12) bestimmen. Wir ermitteln den Winkel zu

$$\varphi^* = \frac{1}{2} \arctan \frac{2 \tau_{xy}}{\sigma_x - \sigma_y} \approx 36,4^\circ \,.$$

Mit diesem Winkel können wir allerdings noch keine Zuordnung der Achsen des Hauptachsensystems zum x-y-System herstellen. Wir setzen daher den Winkel φ^* in die Spannungstransformation nach Gl. (2.8) (alternativ ginge natürlich auch nach Gl. (2.9)) ein. Das Ergebnis muss eine der Hauptspannungen liefern. Wir erhalten

$$\sigma_\xi \left(\varphi^* \right) = \frac{\sigma_x + \sigma_y}{2} + \frac{\sigma_x - \sigma_y}{2} \cos 2\varphi^* + \tau_{xy} \sin 2\varphi^* \approx 16,00 \, \text{MPa} \,.$$

Die 2-Achse resultiert somit aus der Drehung der x-Achse um den Winkel φ^*. Die beiden Achsen sind in Abb. 2.6 skizziert.

c) Um die Sicherheit zu ermitteln, vergleichen wir eine zulässige Spannung σ_{zul} mit einer Vergleichsspannung σ_V, die hier gemäß dem Hinweis auf der Basis der Gestaltänderungsenergiehypothese bestimmt wird. Mit den Ergebnissen aus dem Aufgabenteil a) liefert diese Hypothese

$$\sigma_V = \sqrt{\sigma_1^2 + \sigma_2^2 - \sigma_1 \sigma_2} \approx 70,09 \, \text{MPa} \,.$$

Wir setzen die zulässige Spannung mit der Fließspannung des Materials gleich. Es folgt demnach

$$S = \frac{\sigma_{\text{zul}}}{\sigma_V} = \frac{\sigma_F}{\sigma_V} \approx 4,71 \,.$$

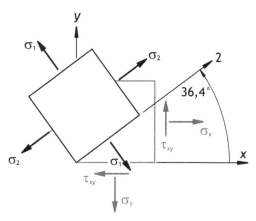

Abb. 2.6 Drehung des Spannungszustands im x-y-Koordinatensystem ins Hauptachsensystem

Der gegebene Spannungszustand darf somit um den Faktor 4,71 erhöht werden, so dass die Scheibe gerade nicht versagt.

L2.3/Lösung zur Aufgabe 2.3 – Abhängigkeit der Werkstoffkonstanten bei Isotropie

a) Um den Spannungszustand im x-y-Koordinatensystem zu definieren, müssen wir die Vorzeichenkonventionen für Spannungen nach Abschnitt 2.1 beachten. Dies bedeutet, dass am positiven Schnittufer positive Spannungen in positive Koordinatenrichtungen weisen. Das positive Schnittufer finden wir, indem wir auf jede Schnittfläche bzw. hier Schnittkante eine Normale $\underline{n}$ zeichnen, die aus dem Schnittelement herauszeigt. Wenn die Normale $\underline{n}$ in die positive Koordinatenrichtung weist, haben wir das positive Schnittufer gefunden. Für das vorliegende Quadrat erhalten wir damit die Beziehungen nach Abb. 2.7a. Der Übersichtlichkeit halber sind lediglich die Größen am positiven Schnittufer dargestellt. Der Spannungszustand ist damit im x-y-Achssystem definiert zu

$$\sigma_x = -\sigma_0 \,, \quad \sigma_y = \sigma_0 \,, \quad \tau_{xy} = 0 \,.$$

Es tritt keine Schubspannung auf, weshalb es sich um den Hauptspannungszustand handelt, für den hier die Hauptspannungen σ_1 und σ_2 lauten

$$\sigma_1 = \sigma_y = \sigma_0 \,, \quad \sigma_2 = \sigma_x = -\sigma_0 \,.$$

b) Die Beziehungen des Stoffgesetzes nach Gl. (2.13) ergeben unter Beachtung des Spannungszustandes aus dem Aufgabenteil a)

$$\varepsilon_x = \frac{1}{E} \left(\sigma_x - \nu\, \sigma_y \right) = -\frac{\sigma_0 \left(1 + \nu \right)}{E} \,, \quad \varepsilon_y = \frac{1}{E} \left(\sigma_y - \nu\, \sigma_x \right) = \frac{\sigma_0 \left(1 + \nu \right)}{E} \,,$$

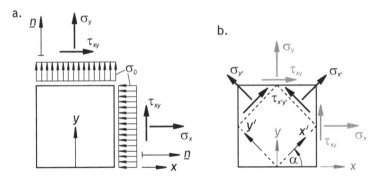

Abb. 2.7 a. Vorzeichenkonventionen im x-y-Koordinatensystem **b.** Drehung des x-y-Koordinatensystems um den Winkel α in das x'-y'-Koordinatensystem

$$\gamma_{xy} = \frac{\tau_{xy}}{G} = 0 \, .$$

Damit unterscheiden sich die Dehnungen in x- und y-Richtung lediglich im Vorzeichen, der Betrag ist gleich. Da es sich um einen homogenen Spannungszustand handelt, der in der gesamten Scheibe wirkt, können wir die Dehnungen durch die Längenänderungen Δl_x und Δl_y bezogen auf die Ausgangslänge l ausdrücken (vgl. die Beziehungen in Gl. (2.14)). Wir erhalten somit die gesuchten Längenänderungen zu

$$\varepsilon_x = \frac{\Delta l_x}{l} = -\frac{\sigma_0 \, (1+\nu)}{E} \quad \Leftrightarrow \quad \Delta l_x = -\frac{(1+\nu)}{E} \, \sigma_0 \, l = -\Delta l \, ,$$

$$\varepsilon_y = \frac{\Delta l_y}{l} \frac{\sigma_0 \, (1+\nu)}{E} \quad \Leftrightarrow \quad \Delta l_y = \frac{(1+\nu)}{E} \, \sigma_0 \, l = \Delta l \, .$$

Eine Winkeländerung bzw. Scherung γ_{xy} tritt (im x-y-Achssystem) nicht auf.

c) Wir transformieren den Spannungszustand im x-y- ins x'-y'-Achssystem mit Hilfe der Gln. (2.8) bis (2.10). Wir erhalten damit

$$\sigma_{x'} = \frac{\sigma_x + \sigma_y}{2} + \frac{\sigma_x - \sigma_y}{2} \cos\frac{\pi}{2} + \tau_{xy} \sin\frac{\pi}{2} = 0 \, ,$$

$$\sigma_{y'} = \frac{\sigma_x + \sigma_y}{2} - \frac{\sigma_x - \sigma_y}{2} \cos\frac{\pi}{2} - \tau_{xy} \sin\frac{\pi}{2} = 0 \, ,$$

$$\tau_{x'y'} = -\frac{\sigma_x - \sigma_y}{2} \sin\frac{\pi}{2} + \tau_{xy} \cos\frac{\pi}{2} = \sigma_0 \, ,$$

d. h. einen reinen Schubspannungszustand, bei dem die Normalspannungen null sind. Angemerkt sei, dass die Transformation des Spannungszustandes sehr anschaulich im Mohrschen Spannungskreis nachvollzogen werden kann (vgl. hierzu z. B. [2, S. 50ff.]).

Das lineare Stoffgesetz bzw. das Hookesche Gesetz liefert im x'-y'-Koordinatensystem (vgl. Beziehungen nach Gl. (2.13))

$$\varepsilon_{x'} = \frac{1}{E}\left(\sigma_{x'} - v\,\sigma_{y'}\right) = 0\,, \quad \varepsilon_{y'} = \frac{1}{E}\left(\sigma_{y'} - v\,\sigma_{x'}\right) = 0\,, \quad \gamma_{x'y'} = \frac{\sigma_0}{G}\,.$$

Da der Werkstoff isotrop ist, unterscheiden sich die Werkstoffkennwerte in gedrehten Koordinatensystemen nicht.

d) Wir nutzen die Abbildung nach dem Hinweis in der Aufgabenstellung, um die geometrische Beziehung herzustellen. Da die Winkeländerung γ in dieser Abbildung der ermittelten Scherung $\gamma_{x'y'}$ entspricht, können wir demnach aus den vorhandenen rechtwinkligen Dreiecken ablesen

$$\tan\left(\frac{\pi}{4} + \frac{\gamma_{x'y'}}{2}\right) = \frac{l + \Delta l_y}{l - \Delta l_x} \quad \text{und} \quad \tan\left(\frac{\pi}{4} - \frac{\gamma_{x'y'}}{2}\right) = \frac{l - \Delta l_x}{l + \Delta l_y}\,.$$

Wir setzen in die letzte Beziehung die bereits in den vorherigen Aufgabenteilen bestimmten Längenänderungen ein. Letztere Beziehung verwenden wir, da zu der auftretenden Tangens-Funktion ein Additionstheorem im Hinweis der Aufgabenstellung angegeben ist. Wir erhalten

$$\tan\left(\frac{\pi}{4} - \frac{\gamma_{x'y'}}{2}\right) = \frac{1 - \frac{\Delta l}{l}}{1 + \frac{\Delta l}{l}}\,.$$

Unter Berücksichtigung des Additionstheorems im Hinweis der Aufgabenstellung und mit $\tan\frac{\pi}{4} = 1$ folgt

$$\tan\left(\frac{\pi}{4} - \frac{\gamma_{x'y'}}{2}\right) = \frac{\tan\frac{\pi}{4} - \tan\frac{\gamma_{x'y'}}{2}}{1 + \tan\frac{\pi}{4}\tan\frac{\sigma_0}{2G}} = \frac{1 - \tan\frac{\gamma_{x'y'}}{2}}{1 + \tan\frac{\gamma_{x'y'}}{2}} = \frac{1 - \frac{\Delta l}{l}}{1 + \frac{\Delta l}{l}}\,.$$

Die linke und die rechte Seite der Beziehung kann aber nur gleich sein, wenn gilt

$$\tan\frac{\gamma_{x'y'}}{2} = \frac{\Delta l}{l}\,.$$

Weil nur kleine Verformungen im linearen Bereich auftreten, nutzen wir (vgl. Hinweis in der Aufgabenstellung)

$$\tan\frac{\gamma_{x'y'}}{2} \approx \frac{1}{2}\,\gamma_{x'y'}\,.$$

Damit folgt

$$\tan\frac{\gamma_{x'y'}}{2} \approx \frac{1}{2}\,\gamma_{x'y'} = \frac{\Delta l}{l} = \frac{(1 + v)}{E}\,\sigma_0\,.$$

Beachten wir noch die Scherung aus dem Aufgabenteil c), resultiert

$$\frac{1}{2}\,\gamma_{x'y'} = \frac{\sigma_0}{2G} = \frac{(1 + v)}{E}\,\sigma_0 \quad \Leftrightarrow \quad G = \frac{E}{2\,(1 + v)}\,.$$

Dies stellt die Abhängigkeit der drei Werkstoffkennwerte E, G und ν eines homogen isotropen Werkstoffes dar.

L2.4/Lösung zur Aufgabe 2.4 – Schnittreaktionen beim Mehrfeldbalken

a) Um die Lagerreaktionen ermitteln zu können, legen wir diese mit Hilfe eines Freikörperbilds gemäß Abb. 2.8 frei. Wir müssen zwei Kräfte im Festlager A sowie eine Kraft in Richtung der Stab- bzw. Flügelstützenachse berücksichtigen. Darüber hinaus haben wir ein globales x-z-Koordinatensystem eingeführt.

Weil es sich um eine ebene Fragestellung handelt, stehen uns drei Gleichgewichtsbeziehungen zur Verfügung, um die drei Lagerreaktionen zu bestimmen. Die Fragestellung ist statisch bestimmt. Aus dem Momentengleichgewicht um Lager A resultiert

$$\sum_i M_{iA} = 0 \quad \Leftrightarrow \quad \frac{1}{2} q_L l^2 - S\cos\alpha\, l_1 = 0 \quad \Leftrightarrow \quad S = \frac{q_L l^2}{2\, l_1 \cos\alpha}.$$

Aus den Käftegleichgewichten erhalten wir

$$\sum_i F_{ix} = 0 \quad \Leftrightarrow \quad A_x - S\sin\alpha = 0 \quad \Leftrightarrow \quad A_x = S\sin\alpha = \frac{q_L l^2}{2\, l_1}\tan\alpha,$$

$$\sum_i F_{iz} = 0 \quad \Leftrightarrow \quad A_z + S\cos\alpha = 0 \quad \Leftrightarrow \quad A_z = -S\cos\alpha = -\frac{q_L l^2}{2\, l_1}.$$

Das negative Vorzeichen der Lagerreaktion A_z kennzeichnet dabei, dass die Kraft entgegen der in Abb. 2.8 positiv angenommenen Richtung wirkt.

b.i) Um die Schnittreaktionen mit Hilfe der Gleichgewichtsbedingungen zu formulieren, müssen wir zunächst geeignete Schnitte machen. Dabei berücksichtigen wir die Definitionen für positive Schnittreaktionen gemäß den Angaben im Abschnitt 2.1. Insbesondere haben wir nach der Aufgabenstellung das x-z-Koordinatensystem gemäß Abb. 2.4 zu verwenden.

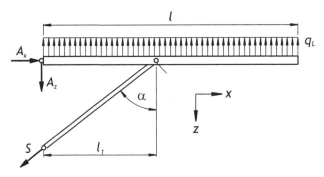

Abb. 2.8 Freikörperbild zur Ermittlung der Lagerreaktionen

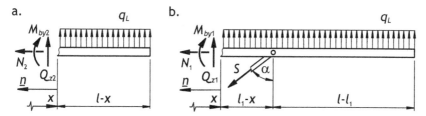

Abb. 2.9 Negatives Schnittufer am Flügel a. im Bereich 2 und b. im Bereich 1

Wir unterteilen den Flügel in zwei Bereiche, und zwar zum einen in einen zwischen dem Anschluss an den Rumpf und dem Flügelstützenanschluss (Bereich 1 mit $0 \leq x \leq l_1$) und zum anderen in einen zwischen dem Flügelstützenanschluss und der Flügelspitze (Bereich 2 mit $l_1 \leq x \leq l$). In jedem Bereich führen wir Schnitte ein und skizzieren die positiven Schnittreaktionen am negativen Schnittufer, da die Normale $\underline{n}$ auf der Schnittfläche jeweils in negative x-Richtung weist (vgl. Definition positiver Schnittreaktionen nach Abschnitt 2.1). Demnach erhalten wir die in den Abbn. 2.9a. und b. dargestellten Schnittreaktionen. Zu beachten ist, dass wir im Bereich 1 nicht nur durch den Flügel, sondern auch durch die Flügelstütze schneiden und daher auch die Stabkraft S freilegen, die in der Flügelstütze wirkt.

Wir beginnen mit den Schnittreaktionen im Außenflügelbereich mit $l_1 \leq x \leq l$. Die Gleichgewichtsbedingungen um den Schnitt liefern (vgl. Abb. 2.9a.)

$$\sum_i F_{ix} = 0 \quad \Leftrightarrow \quad N_2 = 0 \,,$$

$$\sum_i F_{iz} = 0 \quad \Leftrightarrow \quad -Q_{z2} - q_L\,(l-x) = 0 \quad \Leftrightarrow \quad Q_{z2} = -q_L\,l\left(1 - \frac{x}{l}\right)\,,$$

$$\sum_i M_i = 0 \quad \Leftrightarrow \quad -M_{by2} + \frac{1}{2}\,q_L\,(l-x)^2 = 0 \quad \Leftrightarrow \quad M_{by2} = \frac{q_L\,l^2}{2}\left(1 - \frac{x}{l}\right)^2 \,.$$

Im Bereich 1 folgt aus dem Gleichgewicht in x-Richtung

$$\sum_i F_{ix} = 0 \quad \Leftrightarrow \quad -N_1 - S\sin\alpha = 0 \,.$$

Unter Beachtung des Ergebnisses aus dem Aufgabenteil a) für die Stabkraft S folgt

$$N_1 = -S\sin\alpha = -\frac{q_L\,l^2}{2\,l_1}\tan\alpha \,.$$

Das negative Vorzeichen kennzeichnet, dass es sich um eine Druckkraft handelt.

Die beiden weiteren Gleichgewichtsbedingungen liefern

$$\sum_i F_{iz} = 0 \quad \Leftrightarrow \quad -Q_{z1} - q_L\,(l-x) + S\cos\alpha = 0$$

$$\Leftrightarrow \quad Q_{z1} = -\frac{q_L l}{2}\left(2 - \frac{l}{l_1} - 2\frac{x}{l}\right),$$

$$\sum_i M_i = 0 \quad \Leftrightarrow \quad -M_{by1} + \frac{1}{2}q_L(l-x)^2 - S\cos\alpha(l_1-x) = 0$$

$$\Leftrightarrow \quad M_{by1} = \frac{q_L l x}{2}\left(\frac{l}{l_1} - 2 + \frac{x}{l}\right).$$

b.ii) Wir verwenden hier nicht die Gleichgewichtsbeziehungen, um die Schnittreaktionen Q_{zi} und M_{byi} zu ermitteln, sondern das differentielle Gleichgewicht am Balken nach Gl. (2.5). Wir integrieren dieses und erhalten dadurch Integrationskonstanten, die wir über die Rand- und Übergangsbedingungen bestimmen. Die Integration führt unter Beachtung des Koordinatensystems nach Abb. 2.4 zum einen auf

$$\frac{\mathrm{d}Q_{zi}}{\mathrm{d}x} = -q_{zi} = q_L \quad \Rightarrow \quad Q_{z1}(x) = q_L x + C_1 \quad \text{und} \quad Q_{z2}(x) = q_L x + C_2.$$

Zum anderen folgt

$$\frac{\mathrm{d}M_{byi}}{\mathrm{d}x} = Q_{zi}$$

$$\Rightarrow \quad M_{by1}(x) = \frac{1}{2}q_L x^2 + C_1 x + C_3 \quad \text{und} \quad M_{by2}(x) = \frac{1}{2}q_L x^2 + C_2 x + C_4.$$

Wir haben somit vier Integrationskonstanten C_i zu bestimmen. Wir beginnen mit deren Berechnung im Bereich 2 ($l_1 \leq x \leq l$), in dem wir an der Flügelspitze bei $x = l$ zwei Randbedingungen beachten. Die Querkraft und auch das Biegemoment sind dort null. Wir erhalten daher

$$Q_{z2}(x = l) = q_L l + C_2 = 0 \quad \Leftrightarrow \quad C_2 = -q_L l$$

und

$$M_{by2}(x = l) = \frac{1}{2}q_L l^2 + C_2 l + C_4 = 0 \quad \Leftrightarrow \quad C_4 = \frac{1}{2}q_L l^2.$$

Die gesuchten Schnittreaktionen im Bereich 2 sind somit bekannt

$$Q_{z2}(x) = q_L x - q_L l = -q_L l\left(1 - \frac{x}{l}\right),$$

$$M_{by2}(x) = \frac{1}{2}q_L x^2 - q_L l x + \frac{1}{2}q_L l^2 = \frac{1}{2}q_L l^2\left(1 - \frac{x}{l}\right)^2.$$

Zur Bestimmung der Integrationskonstanten C_1 und C_3 nutzen wir die Übergangsbedingung zwischen Bereich 1 und 2 für das Biegemoment (d. h. es gilt $M_{by1}(x = l_1) = M_{by2}(x = l_1)$) sowie die Randbedingung im Lager A, wonach dort das Biegemoment $M_{by1}(x = 0)$ verschwinden muss. Da die Querkraft im Übergangsbereich einen hier unbekannten Sprung wegen der Flügelstütze aufweist, nutzen wir diese Information nicht. Die Bedingung für das verschwindende Biegemoment liefert

$$M_{by1}(x = 0) = C_3 = 0.$$

Die Übergangsbedingung führt auf

$$M_{by1}(x = l_1) = \frac{1}{2}q_L l_1^2 + C_1 l_1 = \frac{1}{2}q_L l_1^2 - q_L l l_1 + \frac{1}{2}q_L l^2 = M_{by2}(x = l_1)$$

$$\Leftrightarrow \quad C_1 = -\frac{1}{2}q_L l \left(2 - \frac{l}{l_1}\right) \quad \Rightarrow \quad M_{by1}(x) = \frac{q_L l x}{2}\left(\frac{l}{l_1} - 2 + \frac{x}{l}\right).$$

Erwartungsgemäß ist dies das gleiche Ergebnis wie nach dem Aufgabenteil b.i). Allerdings mussten wir jetzt lediglich eine Differentialgleichung integrieren, deren Lösung noch unbekannte Integrationskonstanten enthält. Da der Flügel statisch bestimmt gelagert ist, können wir diese über Rand- und Übergangsbedingungen ermitteln, ohne die Lagerreaktionen zu kennen.

c) Wenn wir gegebene Verläufe von Schnittreaktionen in ein anderes Koordinatensystem umrechnen, müssen wir zum einen die Koordinaten von dem einen in das andere Koordinatensystem transformieren. Zum anderen ist aber zudem auf die korrekte Vorzeichenwahl der Schnittreaktionen zu achten, d. h. wir müssen die an den jeweiligen Schnittufern positiv definierten Schnittreaktionen gemäß Abschnitt 2.1 ineinander überführen.

Wir beginnen mit der Koordinatentransformation. Es gilt

$$x = l - x_1.$$

Die Schnittreaktionen im Bereich 2 sind somit für

$$l_1 \leq x \leq l \quad \Leftrightarrow \quad l_1 \leq l - x_1 \leq l \quad \Leftrightarrow \quad 0 \leq x_1 \leq l - l_1$$

definiert. Die Koordinate z bzw. z_1 betrachten wir hier nicht, da die Verläufe der Schnittreaktionen nicht von diesen Koordinaten abhängen.

Wenn wir gemäß Abb. 2.10 die Vorzeichenunterschiede wie folgt

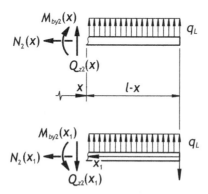

Abb. 2.10 Vorzeichenkonventionen für das x-z- und das x_1-z_1-Koordinatensystem nach Abb. 2.4

$$Q_{z2}(x_1) = -Q_{z2}(x) \quad \text{und} \quad M_{by2}(x_1) = -M_{by2}(x)$$

beachten und wir gleichzeitig die Koordinate x durch $x = l - x_1$ in den bekannten Verläufen nach dem Aufgabenteil b) ersetzen, folgt

$$Q_{z2}(x_1) = -\left[-q_L l \left(1 - \frac{l - x_1}{l} \right) \right] = q_L x_1 \,,$$

$$M_{by2}(x_1) = -\frac{1}{2} q_L l^2 \left(1 - \frac{l - x_1}{l} \right)^2 = -\frac{1}{2} q_L x_1^2 \,.$$

Kapitel 3
Biegung

3.1 Grundlegende Beziehungen

- **Flächenmomente 0. bis 2. Grades** für beliebige Profile

  - **Querschnittsfläche A** (Flächenmoment 0. Grades)

$$A = \int_A \mathrm{d}A \tag{3.1}$$

  - **Statische Momente S_y, S_z** um y- bzw. z-Achse (Flächenmomente 1. Grades)

$$S_y = \int_A z\,\mathrm{d}A \tag{3.2}$$

$$S_z = \int_A y\,\mathrm{d}A \tag{3.3}$$

A Querschnittsfläche
y, z Koordinaten eines kartesischen Achssystems

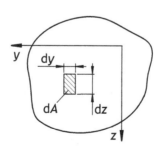

  - **Axiale Flächenmomente 2. Grades I_y, I_z** (auch als Flächenträgheitsmomente bezeichnet)

$$I_y = \int_A z^2\,\mathrm{d}A \tag{3.4}$$

© Springer-Verlag GmbH Deutschland 2018
M. Linke, *Aufgaben zur Festigkeitslehre für den Leichtbau*,
https://doi.org/10.1007/978-3-662-56149-2_3

$$I_z = \int_A y^2 \, dA \tag{3.5}$$

Die Größen A, y und z sind unter den Gln. (3.2) und (3.3) erläutert.

– **Biaxiales Flächenmoment 2. Grades I_{yz}** (auch als Deviationsmoment bezeichnet)

$$I_{yz} = I_{zy} = -\int_A y z \, dA \tag{3.6}$$

Die Größen A, y und z sind unter den Gln. (3.2) und (3.3) erläutert.

• **Flächenmomente 0. bis 2. Grades** für Profile zusammengesetzt aus i Teilflächen

– **Querschnittsfläche A** (Flächenmoment 0. Grades)

$$A = \sum_i A_i \tag{3.7}$$

A_i \qquad Querschnittsfläche der Teilfläche i

– **Statische Momente S_y, S_z** (Flächenmomente 1. Grades) im beliebigen y-z-Koordinatensystem

$$S_y = \sum_i z_{si} A_i \tag{3.8}$$

$$S_z = \sum_i y_{si} A_i \tag{3.9}$$

A_i \qquad Querschnittsfläche der Teilfläche i
y_{si} \qquad Flächenschwerpunktskoordinate der Teilfläche i in y-Richtung
z_{si} \qquad Flächenschwerpunktskoordinate der Teilfläche i in z-Richtung

– **Satz von Steiner für Flächenmomente 2. Grades I_y, I_z, I_{yz}** mit Ursprung des globalen y-z-Koordinatensystems im Flächenschwerpunkt des Gesamtprofils und mit lokalen y_{si}-z_{si}-Koordinatensystemen parallel zum globalen y-z-System

$$I_y = \sum_i I_{y_{si}} + \sum_i z_{si}^2 A_i \tag{3.10}$$

$$I_z = \sum_i I_{z_{si}} + \sum_i y_{si}^2 A_i \tag{3.11}$$

$$I_{yz} = \sum_i I_{yz_{si}} - \sum_i y_{si} z_{si} A_i \tag{3.12}$$

$I_{y_{si}}$ \qquad axiales Flächenmoment 2. Grades um lokale y_{si}-Achse mit Ursprung des lokalen y_{si}-z_{si}-Koordinatensystems im Flächenschwerpunkt der Teilfläche i

$I_{yz_{si}}$ \qquad biaxiales Flächenmoment 2. Grades mit Ursprung des lokalen y_{si}-z_{si}-Koordinatensystems im Flächenschwerpunkt der Teilfläche i

$I_{z_{si}}$ axiales Flächenmoment 2. Grades um lokale z_{si}-Achse mit Ursprung des lokalen y_{si}-z_{si}-Koordinatensystems im Flächenschwerpunkt der Teilfläche i

Die Größen A_i, y_{si} und z_{si} sind unter den Gln. (3.8) und (3.9) erläutert.

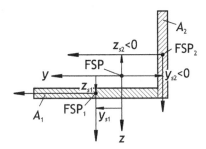

- **Flächenschwerpunktskoordinaten y_s und z_s** für beliebige Profile

$$y_s = \frac{1}{A} \int_A y\,dA \qquad (3.13)$$

$$z_s = \frac{1}{A} \int_A z\,dA \qquad (3.14)$$

Die Größen A, y und z sind unter den Gln. (3.2) und (3.3) erläutert.

- **Flächenschwerpunktskoordinaten y_s und z_s** für Profile zusammengesetzt aus i Teilflächen

$$y_s = \frac{1}{A} \sum_i y_{si} A_i \qquad (3.15)$$

$$z_s = \frac{1}{A} \sum_i z_{si} A_i \qquad (3.16)$$

Die Größe A ist in Gl. (3.7) definiert und die Größen A_i, y_{si} und z_{si} sind unter den Gln. (3.8) und (3.9) erläutert.

- **Transformation von Flächenmomenten 2. Grades**

  - **Translation** des y_s-z_s-Flächenschwerpunktkoordinatensystems in beliebiges y-z-Achssystem (Satz von Steiner)

$$I_y = I_{y_s} + z_s^2 A \qquad (3.17)$$

$$I_z = I_{z_s} + y_s^2 A \qquad (3.18)$$

$$I_{yz} = I_{yz_s} - y_s z_s A \qquad (3.19)$$

A Querschnittsfläche

I_{y_s} axiales Flächenmoment 2. Grades um y_s-Achse im lokalen y_s-z_s-Koordinatensystem mit Ursprung im Flächenschwerpunkt

I_{yz_s} biaxiales Flächenmoment 2. Grades im lokalen
           y_s-z_s-Koordinatensystem mit Ursprung im Flächenschwerpunkt
I_{z_s} axiales Flächenmoment 2. Grades um z_s-Achse im lokalen
           y_s-z_s-Koordinatensystem mit Ursprung im Flächenschwerpunkt
y_s Flächenschwerpunktskoordinate in y-Richtung
z_s Flächenschwerpunktskoordinate in z-Richtung

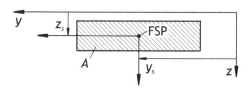

– **Rotation** eines beliebigen y-z-Koordinatensystems in ein η-ζ-Achssystem

$$I_\eta(\varphi) = \frac{1}{2}(I_y + I_z) + \frac{1}{2}(I_y - I_z)\cos 2\varphi + I_{yz}\sin 2\varphi \qquad (3.20)$$

$$I_\zeta(\varphi) = \frac{1}{2}(I_y + I_z) - \frac{1}{2}(I_y - I_z)\cos 2\varphi - I_{yz}\sin 2\varphi \qquad (3.21)$$

$$I_{\eta\zeta}(\varphi) = -\frac{1}{2}(I_y - I_z)\sin 2\varphi + I_{yz}\cos 2\varphi \qquad (3.22)$$

I_y axiales Flächenmoment 2. Grades um y-Achse
I_{yz} biaxiales Flächenmoment 2. Grades
I_z axiales Flächenmoment 2. Grades um z-Achse
φ Transformationswinkel

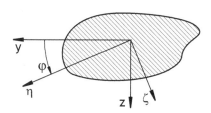

– **Hauptflächenmomente I_1 und I_2**

$$I_{1,2} = \frac{1}{2}\left(I_y + I_z \pm \sqrt{(I_y - I_z)^2 + 4I_{yz}^2}\right) \quad \text{mit} \quad I_1 > I_2 \qquad (3.23)$$

Die Größen I_y, I_{yz} und I_z sind unter den Gln. (3.20) und (3.22) erläutert.

– **Lage des Hauptachsensystems** bestimmbar unter Nutzung von Gl. (3.20) oder (3.21) mit dem **Transformationswinkel φ^*** aus

$$\tan 2\varphi^* = \frac{2I_{yz}}{I_y - I_z} \tag{3.24}$$

φ^* Transformationwinkel vom y-z-Achssystem ins 1-2-Hauptachsensystem (vgl. Abb. unter den Gln. (3.20) bis (3.22))

Die Größen I_y, I_{yz} und I_z sind unter den Gln. (3.20) und (3.22) erläutert.

• **Normalspannungen σ_x** im Balken mit Längsachse durch Flächenschwerpunkt

  – **y-z-Achssystem ist beliebig orientiert**

$$\sigma_x = \frac{N}{A} - \frac{M_{bz}I_y - M_{by}I_{yz}}{I_yI_z - I_{yz}^2}\,y + \frac{M_{by}I_z - M_{bz}I_{yz}}{I_yI_z - I_{yz}^2}\,z \tag{3.25}$$

A Querschnittsfläche
I_y axiales Flächenmoment 2. Grades um y-Achse
I_{yz} biaxiales Flächenmoment 2. Grades
I_z axiales Flächenmoment 2. Grades um z-Achse
M_{by} Biegemoment um y-Achse
M_{bz} Biegemoment um z-Achse
N Normalkraft in x-Achse
y, z Koordinaten eines kartesischen Achssystems

  – **y-z-Achssystem entspricht dem Hauptachsensystem**

$$\sigma_x = \frac{N}{A} - \frac{M_{bz}}{I_z}\,y + \frac{M_{by}}{I_y}\,z \tag{3.26}$$

A Querschnittsfläche
I_y Hauptflächenmoment 2. Grades um y-Achse
I_z Hauptflächenmoment 2. Grades um z-Achse
M_{by} Biegemoment um y-Achse
M_{bz} Biegemoment um z-Achse
N Normalkraft in x-Achse
y, z Koordinaten im Hauptachsensystem

- **Differentialgleichung 2. Ordnung für die Biegelinie**

  - **Biegung um y-Hauptachse**

$$w'' = \frac{\mathrm{d}^2 w}{\mathrm{d}x^2} = -\frac{M_{by}}{EI_y} \tag{3.27}$$

E	Elastizitätsmodul
I_y	axiales Flächenmoment 2. Grades um die y-Hauptachse
M_{by}	Biegemoment um y-Hauptachse
w	Verschiebung in z-Richtung

  - **Biegung um z-Hauptachse**

$$v'' = \frac{\mathrm{d}^2 v}{\mathrm{d}x^2} = \frac{M_{bz}}{EI_z} \tag{3.28}$$

E	Elastizitätsmodul
I_z	axiales Flächenmoment 2. Grades um die z-Hauptachse
M_{bz}	Biegemoment um z-Hauptachse
v	Verschiebung in y-Richtung

- **Differentialgleichung 4. Ordnung für die Biegelinie**

  - **Biegung um y-Hauptachse**

$$\left(EI_y w''\right)'' = -\frac{\mathrm{d}^2 M_{by}}{\mathrm{d}x^2} = -\frac{\mathrm{d}Q_z}{\mathrm{d}x} = q_z \quad \text{mit} \quad (\ )' = \frac{\mathrm{d}}{\mathrm{d}x}(\ ) \tag{3.29}$$

E	Elastizitätsmodul
I_y	axiales Flächenmoment 2. Grades um die y-Hauptachse
M_{by}	Biegemoment um y-Hauptachse
Q_z	Querkraft in z-Richtung
q_z	Streckenlast in z-Richtung
w	Verschiebung in z-Richtung

  - **Biegung um z-Hauptachse**

$$\left(EI_z v''\right)'' = \frac{\mathrm{d}^2 M_{bz}}{\mathrm{d}x^2} = -\frac{\mathrm{d}Q_y}{\mathrm{d}x} = q_y \quad \text{mit} \quad (\ )' = \frac{\mathrm{d}}{\mathrm{d}x}(\ ) \tag{3.30}$$

E	Elastizitätsmodul
I_z	axiales Flächenmoment 2. Grades um die z-Hauptachse
M_{bz}	Biegemoment um z-Hauptachse
Q_y	Querkraft in y-Richtung
q_y	Streckenlast in y-Richtung
v	Verschiebung in y-Richtung

- **Leichtbaugerechte Vereinfachungen bei Flächenmomenten**

  - Bei **dünnwandigen Profilen** werden die Flächenmomente 2. Grades für die Profilmittellinie formuliert und nur Terme der Wanddicke mit dem niedrigsten Exponenten berücksichtigt.
  - Bei **hohen, ausgesteiften Kästen** werden die Eigenanteile der Blechversteifungen vernachlässigt und nur die Steinerschen Anteile berücksichtigt. Für die Kastenwände wird Dünnwandigkeit angenommen.

3.2 Aufgaben

A3.1/Aufgabe 3.1 – Flächenmomente 2. Grades eines Dreieck-Profils

Das nicht rechtwinklige Dreieck nach Abb. 3.1 wird als Querschnittsfläche eines Biegeträgers eingesetzt. Daher sollen seine Flächenmomente 2. Grades ermittelt werden. Das skizzierte y-z-Koordinatensystem hat seinen Ursprung im Flächenschwerpunkt des Profils. Die y-Achse ist parallel zur unteren Seite des Dreiecks.

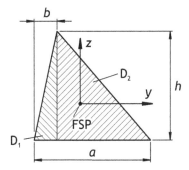

Abb. 3.1 Dreieck bestehend aus zwei rechtwinkligen Dreiecken D_1 und D_2 mit Ursprung des y-z-Koordinatensystems im Flächenschwerpunkt FSP des Gesamtprofils

Gegeben Abmessungen a, h, $b = 0{,}2\,a$

Gesucht

a) Ermitteln Sie die Koordinaten des Flächenschwerpunkts, indem Sie das Dreieck zusammengesetzt aus den Dreiecken D_1 und D_2 auffassen, für die Sie gemäß dem Hinweis unten die jeweiligen Schwerpunktskoordinaten kennen.

b) Berechnen Sie sämtliche Flächenmomente 2. Grades im y-z-Koordinatensystem mit dem Ursprung im Flächenschwerpunkt, indem Sie

   i) die integralen Formulierungen

$$I_y = \int_A z^2 \, \mathrm{d}A \,, \quad I_z = \int_A y^2 \, \mathrm{d}A \,, \quad I_{yz} = -\int_A yz \, \mathrm{d}A \quad \text{lösen,}$$

ii) den Satz von Steiner für die zwei rechtwinkligen Dreiecke D_1 und D_2 nach Abb. 3.1 anwenden.

Hinweis Für ein rechtwinkliges Dreieck lauten die Flächenmomente 2. Grades

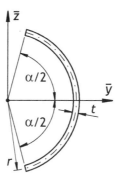

$$I_y = \frac{1}{36} ah^3 \,, \quad I_z = \frac{1}{36} a^3 h \,, \quad I_{yz} = \frac{1}{72} a^2 h^2 \,.$$

Kontrollergebnisse a) k. A. **b.i)** und **b.ii)**

$$I_y = \frac{1}{36} ah^3 \,, \quad I_z = \frac{7}{300} a^3 h \,, \quad I_{yz} = \frac{1}{120} a^2 h^2$$

A3.2/Aufgabe 3.2 – Flächenmomente eines dünnwandigen Kreisbogens

Das dünnwandige Profil mit konstanter Wandstärke t nach Abb. 3.2 wird als Querschnittsfläche eines Biegeträgers eingesetzt. Daher sollen sein Flächenschwerpunkt und seine Flächenmomente 2. Grades ermittelt werden.

Abb. 3.2 Dünnwandiger Kreisbogen mit Radius r und Wandstärke t

Gegeben Radius r; Wandstärke t; Winkel α

Gesucht

a) Bestimmen Sie den Flächenschwerpunkt des dünnwandigen Kreisbogens im gegebenen $\bar{y}$-$\bar{z}$-Koordinatensystem.

b) Berechnen Sie sämtliche Flächenmomente 2. Grades im gegebenen $\bar{y}$-$\bar{z}$-Koordinatensystem.

c) Ermitteln Sie die axialen Flächenmomente 2. Grades in einem y-z-Koordinatensystem, das seinen Ursprung im Flächenschwerpunkt hat und dessen y-Achse parallel zur $\bar{y}$-Achse ist.

Hinweis Berücksichtigen Sie so weit wie möglich die Lösung der folgenden unbestimmten Integrale

$$\int \cos^2 x \, dx = \frac{1}{2}(x + \sin x \, \cos x) + C_1 \, ,$$

$$\int \sin^2 x \, dx = \frac{1}{2}(x - \sin x \, \cos x) + C_2 \, .$$

Dabei stellen C_1 und C_2 die unbestimmten Integrationskonstanten dar.

Kontrollergebnisse a) $\bar{y}_{\text{FSP}} = 2r\sin(\alpha/2)/\alpha$, $\bar{z}_{\text{FSP}} = 0$ **b)** $I_{\bar{y}} = r^3 t(\alpha - \sin\alpha)/2$, $I_{\bar{z}} = r^3 t(\alpha + \sin\alpha)/2$, $I_{\bar{y}\bar{z}} = 0$ **c)** $I_{y_s} = r^3 t(\alpha - \sin\alpha)/2$, $I_{z_s} = r^3 t(\alpha^2 + \alpha\sin\alpha - 4 + 4\cos\alpha)/2/\alpha$, $I_{\bar{y}\bar{z}} = 0$

A3.3/Aufgabe 3.3 – Flächenmomente eines dünnwandigen C-Profils

Das dünnwandige C-Profil mit konstanter Wandstärke t nach Abb. 3.3 wird als Querschnittsfläche eines Biegeträgers eingesetzt. Daher sollen sein Flächenschwerpunkt und seine Flächenmomente 2. Grades ermittelt werden.

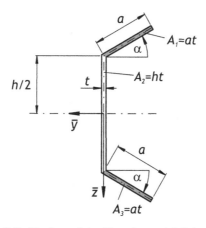

Abb. 3.3 Symmetrisches C-Profil mit geneigten Flanschen und definierten Teilflächen A_1 bis A_3

Gegeben Abmessungen $a = 100\,\text{mm}$ und $h = 200\,\text{mm}$; Wandstärke $t = 4\,\text{mm}$; Winkel $\alpha = 30°$

Gesucht

a) Bestimmen Sie den Flächenschwerpunkt des Profils.
b) Geben Sie sämtliche Flächenmomente 2. Grades an.

Hinweis Verwenden Sie die in Abb. 3.3 angegebenen Teilflächen A_i zur Lösung.

Kontrollergebnisse a) $\bar{y}_s = -21,65\,\text{mm}$, $\bar{z}_s = 0$ **b)** $I_y = 1,5333 \cdot 10^7\,\text{mm}^4$, $I_z = 4,25 \cdot 10^6\,\text{mm}^4$, $I_{yz} = 0$

A3.4/Aufgabe 3.4 – Flächenmomente eines dünnwandigen T-Profils

In Abb. 3.4 ist ein dünnwandiges T-Profil dargestellt, für desssen strukturmechanische Analyse die Flächenmomente 2. Grades bekannt sein müssen. Der Steg weist die Wandstärke t_a und der Flansch die Wandstärke t_b auf.

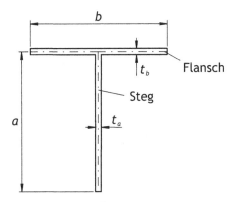

Abb. 3.4 Dünnwandiges T-Profil

Gegeben Abmessungen a und b; konstante Wandstärken t_a und t_b

Gesucht Ermitteln Sie die Flächenmomente 2. Grades in einem Koordinatensystem, das seinen Ursprung im Flächenschwerpunkt des Profils hat und das parallel zur Profilmittellinie ist.

Kontrollergebnisse Für y-Achse parallel zur Stegmittellinie ergibt sich mit $\xi = \frac{at_a}{bt_b}$

$$I_y = \frac{a^3 t_a (4 + \xi)}{12(1 + \xi)}, \qquad I_z = \frac{b^3 t_b}{12}, \qquad I_{yz} = 0 \,.$$

A3.5/Aufgabe 3.5 – Hauptflächenmomente und Normalspannungen

Das dünnwandige Profil mit konstanter Wandstärke t nach Abb. 3.5a. stellt die Querschnittsfläche eines Biegeträgers dar, der gemäß Abb. 3.5b. belastet ist. Es handelt sich um einen langen Träger, d. h. seine Querschnittsabmessungen sind klein im Vergleich zur Trägerlänge l. Dieser Träger soll hinsichtlich seiner maximalen Beanspruchung untersucht werden.

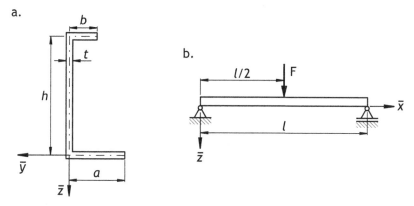

Abb. 3.5 a. Dünnwandiges Profil b. Belastung des Trägers

Gegeben Abmessungen $h = 100\,\text{mm}$, $a = \frac{h}{2} = 50\,\text{mm}$, $b = \frac{a}{2} = 25\,\text{mm}$; Wandstärke $t = 2,5\,\text{mm}$; Länge $l = 2\,\text{m}$

Gesucht

a) Bestimmen Sie die Koordinaten des Flächenschwerpunkts im dargestellten $\bar{y}$-$\bar{z}$-Koordinatensystem.

b) Ermitteln Sie die Flächenmomente 2. Grades in einem Koordinatensystem, das seinen Ursprung im Flächenschwerpunkt hat und das parallel zum $\bar{y}$-$\bar{z}$-Koordinatensystem ist.

c) Bestimmen Sie die Hauptflächenmomente und geben Sie Lage des Hauptachsensystems eindeutig an.

d) Berechnen Sie die betragsmäßig maximale Normalspannung auf der Profilmittellinie. Geben Sie den Ort ihres Auftretens an. Wie groß ist der Unterschied zu der größten Spannung im Querschnitt, die nicht auf der Profilmittellinie liegt?

Hinweis Um die Ergebnisse der Musterlösung zu erhalten, nutzen Sie dezimale Gleitkommaarithmetik mit einer Genauigkeit der Mantisse von vier Stellen hinter dem Komma (vgl. Abschnitt 9.1).

Kontrollergebnisse a) $\bar{y}_s \approx -8,9\,\text{mm}$, $\bar{z}_s \approx -42,9\,\text{mm}$ **b)** $I_y \approx 1,2670 \cdot 10^6\,\text{mm}^4$, $I_z \approx 8,2310 \cdot 10^4\,\text{mm}^4$, $I_{yz} \approx 8,9286 \cdot 10^4\,\text{mm}^4$ **c)** $I_1 \approx 1,2737 \cdot 10^6\,\text{mm}^4$, $\varphi^* \approx 4,20^\circ$ **d)** $|\sigma_{x_{\max}}| \approx 63,73\,\text{MPa}$, $\Delta\sigma_{x_{\max}} = 1,02\,\%$

A3.6/Aufgabe 3.6 – Hauptflächenmomente und Spannungsnulllinie beim Z-Profil

Das dünnwandige Profil nach Abb. 3.6 wird für einen Biegeträger verwendet, bei dem das maximale Biegemoment $M_{by_{\max}}$ um die y-Achse auftritt. Weitere Beanspruchungen treten nicht auf. Die Abmessungen a, b und h des Profils sind klein im Vergleich zur Trägerlänge l. Die Wandstärke t ist konstant.

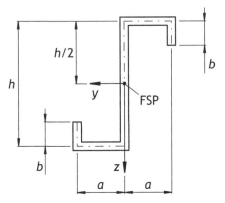

Abb. 3.6 Dünnwandiges Profil mit Flächenschwerpunkt FSP

Gegeben Abmessungen $h = 100\,\mathrm{mm}$, $a = 40\,\mathrm{mm}$, $b = 20\,\mathrm{mm}$; Wandstärke $t = 2\,\mathrm{mm}$; Biegemoment $M_{b y_{\max}} = 1\,\mathrm{kN\,m}$

Gesucht

a) Ermitteln Sie die Flächenmomente 2. Grades I_y, I_z, I_{yz} im gegebenen y-z-Koordinatensystem.

b) Berechnen Sie die Hauptflächenmomente und geben Sie die Lage der Hauptachsen eindeutig an.

c) Bestimmen Sie die betragsmäßig maximale Normalspannung. Geben Sie den Ort ihres Auftretens an.

Hinweis Um die Ergebnisse der Musterlösung zu erhalten, nutzen Sie dezimale Gleitkommaarithmetik mit einer Genauigkeit der Mantisse von vier Stellen hinter dem Komma (vgl. Abschnitt 9.1).

Kontrollergebnisse a) $I_y = 6,9734 \cdot 10^5\,\mathrm{mm^4}$ **b)** $I_1 = 8,3152 \cdot 10^5\,\mathrm{mm^4}$, $I_2 = 7,9155 \cdot 10^4\,\mathrm{mm^4}$, $\varphi^* = -24,98°$ **c)** Gleichung der Spannungsnulllinie $z = 1,35\,y$

A3.7/Aufgabe 3.7 – Flächenmomente und Normalspannungen beim Kastenträger

Der in Abb. 3.7 dargestellte hohe Kastenträger konstanter Wandstärke t ist in seinen Ecken sowie auf Ober- und Unterseite durch einzelne Profile konstanter Wandstärke t_E und t_V versteift. Die Eckprofile haben die gleichen Abmessungen. Sie sind nur unterschiedlich orientiert. Auf der Oberseite sind Z-Profile und auf der Unterseite T-Profile aufgebracht. Die Abmessungen der Profile sind im Vergleich zur Kastenhöhe h und Kastenbreite b sehr klein (d. h. $a, a_E \ll b, h$). Außerdem können Sie davon ausgehen, dass es sich sowohl um einen dünnwandigen Kasten als auch um dünnwandige Versteifungsprofile handelt (d. h. $t, t_E, t_V \ll a_E, a$). Der Querschnitt ist durch die Momente M_{by} und M_{bz} belastet. Sie sind im dargestellten Koordinatensystem gegeben.

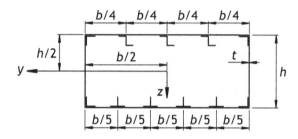

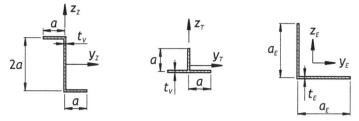

Abb. 3.7 Hoher Kastenträger und seine Versteifungsprofile

Gegeben Abmessungen a, $a_E = 4a$; Kastenbreite $b = 3{,}5h$; Kastenhöhe h; Wandstärken t, $t_E = 4t$, $t_v = 2t$; Biegemomente $M_{by} = 3M_{bz}$, M_{bz}

Gesucht

a) Ermitteln Sie die Hauptflächenmomente.
b) Bestimmen Sie den Ort, wo die betragsmäßig maximale Normalspannung auftritt.

Kontrollergebnisse a) $I_1 = \frac{147}{16}\left(1 + \frac{228}{5}\frac{a}{h}\right)h^3 t$, $I_2 = \frac{23}{12}\left(1 + \frac{528}{23}\frac{a}{h}\right)h^3 t$
b) $P_1(y = b/2, z = -h/2)$, $P_2(y = -b/2, z = h/2)$

A3.8/Aufgabe 3.8 – Biegelinie von Einfeldbalken bei gerader Biegung

Für die in den Abbn. 3.8a. bis d. dargestellten Biegebalken sollen die Biegelinien mittels Integration der Differentialgleichung 4. Ordnung der Biegelinie nach Gl. (3.29) ermittelt werden. Verwenden Sie dazu die gegebenen Koordinatensysteme. Gehen Sie davon aus, dass es sich bei der z-Achse um eine Hauptachse handelt. Die Biegesteifigkeit EI_y ändert sich in x-Richtung jeweils nicht.

Gegeben Länge l; Biegesteifigkeit EI_y; Streckenlast q_0

Gesucht Ermitteln Sie die Biegelinie $w(x)$ und daraus die Lagerreaktionen für den Balken unter konstanter Streckenlast bei

a) einseitiger Einspannung (s. Abb. 3.8a.) und bei
b) beidseitig gelenkiger Lagerung (s. Abb. 3.8b.)

wie auch unter linear veränderlicher Streckenlast bei

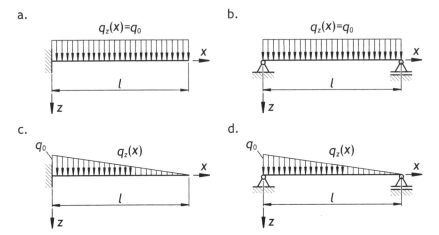

Abb. 3.8 Balkenstrukturen mit unterschiedlicher Lagerungsform und Belastungsart

c) einseitiger Einspannung (s. Abb. 3.8c.) und bei
d) beidseitig gelenkiger Lagerung (s. Abb. 3.8d.).

Hinweis Lagerkräfte in x-Richtung sind null.

Kontrollergebnisse

a)
$$w(x) = \frac{q_0 l^2 x^2}{24 EI_y} \left(6 - 4\frac{x}{l} + \frac{x^2}{l^2} \right)$$

b)
$$w(x) = \frac{q_0 l^3 x}{24 EI_y} \left(1 - 2\frac{x^2}{l^2} + \frac{x^3}{l^3} \right)$$

c)
$$w(x) = \frac{q_0 l^2 x^2}{120 EI_y} \left(10 - 10\frac{x}{l} + 5\frac{x^2}{l^2} - 5\frac{x^3}{l^3} \right)$$

d)
$$w(x) = \frac{q_0 l^3 x}{360 EI_y} \left(8 - 20\frac{x^2}{l^2} + 15\frac{x^3}{l^3} - 3\frac{x^4}{l^4} \right)$$

A3.9/Aufgabe 3.9 – Biegelinie eines statisch unbestimmten Einfeldbalkens

Die Lagerreaktionen für einen statisch unbestimmt gelagerten Einfeldbalken nach
Abb. 3.9 sollen sowohl mit Hilfe der Differentialgleichung 4. Ordnung der Biegelinie als auch mit der 2. Ordnung berechnet werden. Das Koordinatensystem ist
gegeben. Bei der z-Achse handelt es sich um eine Hauptachse. Die Biegesteifigkeit
EI_y ändert sich in x-Richtung nicht.

Gegeben Länge l; Biegesteifigkeit EI_y; Streckenlast q_0

Gesucht

a) Ermitteln Sie die Reaktionen im Lager A, indem Sie die Differentialgleichung
   4. Ordnung der Biegelinie verwenden.

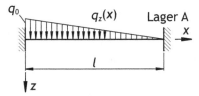

Abb. 3.9 Statisch unbestimmt gelagerter Balken

b) Berechnen Sie die Reaktionen im Lager A unter Verwendung der Differentialgleichung 2. Ordnung der Biegelinie, indem Sie die Reaktionen im Lager A als
statisch unbestimmte Größen im Biegemomentenverlauf $M_{by}(x)$ berücksichtigen.

Hinweis Lagerkräfte in x-Richtung sind null.

Kontrollergebnisse a) und **b)** $A_z = 3\,q_0\,l/20$, $M_A = q_0\,l^2/30$

A3.10/Aufgabe 3.10 – Biegelinie eines Mehrfeldbalkens bei gerader Biegung

Für die Vordimensionierung eines Kleinflugzeugs soll die Biegelinie eines Flügel-
entwurfs ermittelt werden. Hierzu sind zwei Bereiche entlang der Balkenachse des
Flügels nach Abb. 3.10 (als Strichpunktlinie dargestellt) definiert. Die Verschiebung w_K des Knotens K bzw. des Anschlusses der Flügelstütze an den Flügel in
z-Richtung ist bereits bekannt. Ferner kennen wir den Biegemomentenverlauf. Der
Knoten K greift im Flächenschwerpunkt an. Außerdem darf der Einfachheit halber
davon ausgegangen werden, dass die Biegesteifigkeit EI_y des Flügels entlang der
Balkenachse konstant ist und dass der Auftrieb durch eine konstante Streckenlast q_L
ausreichend genau idealisiert wird.

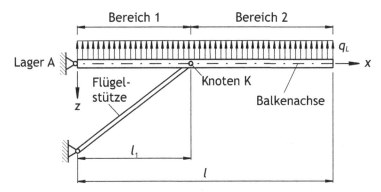

Abb. 3.10 Idealisierter Flügel zur Bestimmung der Flügelbiegung (vgl. [5, S. 197ff.])

Gegeben Längen $l = 5,5$ m und $l_1 = 2,5$ m; Elastizitätsmodul $E = 70$ GPa; axiales Flächenmoment 2. Grades um die y-Hauptachse $I_y = 4,3152 \cdot 10^6$ mm^4; Verschiebung des Knotens K in z-Richtung $w_K = -6,5$ mm; konstante Streckenlast $q_L = 1,1$ N/mm; Biegemomente M_{byi} im Koordinatensystem nach Abb. 3.10 sind

$$M_{by1}(x) = \frac{q_L\, l\, x}{2}\left(\frac{l}{l_1} - 2 + \frac{x}{l}\right) \quad \text{für} \quad 0 \le x \le l_1\,,$$

$$M_{by2}(x) = \frac{q_L\, l^2}{2}\left(1 - \frac{x}{l}\right)^2 \quad \text{für} \quad l_1 \le x \le l\,.$$

Bemerkt sei, dass die Herleitung dieser Verläufe in der Aufgabe 2.4 dargestellt ist.

Gesucht

a) Ermitteln Sie die Biegelinie $w(x)$ und die Verdrehung $\varphi(x)$ des Flügels.

b) Bestimmen Sie die extremalen Durchbiegungen und geben Sie den Wert und den Ort der betragsmäßig größten Auslenkung an. Skizzieren Sie die Biegelinie entlang des Flügels.

Hinweis Gehen Sie davon aus, dass Schubverformungen klein sind und dass sie daher vernachlässigt werden dürfen.

Kontrollergebnisse

a) Bereich 1 ($0 \le x \le l_1$)

$$w_1(x) = \frac{x}{l_1} w_K + \frac{q_L\, l^4}{24 E I_y}\left[x\left(\frac{2\, l_1}{l^2} - \frac{4\, l_1^2}{l^3} + \frac{l_1^3}{l^4}\right) - \frac{2 x^3}{l_1\, l^2} + \frac{4 x^3}{l^3} - \frac{x^4}{l^4}\right]$$

Bereich 2 ($l_1 \le x \le l$)

$$w_2(x) = -\frac{q_L\, l^4}{24 E I_y}\left(1 - \frac{x}{l}\right)^4 + \left[\frac{w_K}{l_1} - \frac{q_L\, l^3}{24 E I_y}\left(4 - \frac{8\, l_1}{l} + \frac{4\, l_1^2}{l^2} - \frac{l_1^3}{l^3}\right)\right] x$$
$$+ \frac{q_L\, l^4}{24 E I_y}\left(1 - \frac{2\, l_1^2}{l^2}\right)$$

b) $|w_{\max}| = 85,03\,\text{mm}$

3.3 Musterlösungen

L3.1/Lösung zur Aufgabe 3.1 – Flächenmomente 2. Grades eines Dreieck-Profils

a) Zunächst berechnen wir die Lage des Flächenschwerpunkts. Hierzu nutzen wir die Gln. (3.15) und (3.16), die für zusammengesetzte Querschnitte verwendet werden können, d. h. auch für das aus den zwei Dreiecken D_1 und D_2 aufgebaute nicht rechtwinklige Dreieck nach Abb. 3.1. Wir legen das $\bar{y}$-$\bar{z}$-Koordinatensystem, in dem wir die Flächenschwerpunktskoordinaten ermitteln, in die linke untere Ecke des Dreiecks (vgl. Abb. 3.11) und erhalten mit den Flächen und Flächenschwerpunkts-koordinaten der Dreiecke D_1 und D_2 (vgl. Hinweis in der Aufgabenstellung)

$$A_1 = \frac{1}{2}bh = \frac{1}{10}ah, \quad \bar{y}_{s1} = \frac{2}{3}b = \frac{2}{15}a, \quad \bar{z}_{s1} = \frac{1}{3}h$$

und

$$A_2 = \frac{1}{2}(a-b)h = \frac{2}{5}ah, \quad \bar{y}_{s2} = b + \frac{1}{3}(a-b) = \frac{7}{15}a, \quad \bar{z}_{s2} = \frac{1}{3}h$$

die gesuchten Flächenschwerpunktskoordinaten (vgl. die Gln. (3.15) und (3.16))

$$\bar{y}_s = \frac{\bar{y}_{s1}A_1 + \bar{y}_{s2}A_2}{A_1 + A_2} = \frac{2}{5}a,$$

$$\bar{z}_s = \frac{\bar{z}_{s1}A_1 + \bar{z}_{s2}A_2}{A_1 + A_2} = \frac{1}{3}h.$$

b.i) Für die integrale Berechnung der Flächenmomente müssen wir die Ränder, die nicht parallel zu unserem verwendeten Koordinatensystem sind, als Funktionen f_i bestimmen. Wir beachten die geometrischen Verhältnisse nach Abb. 3.12 und bestimmen die Ränder mit Hilfe von Geradenfunktionen zu

$$f_1(y) = \frac{5}{3}h\left(3\frac{y}{a} + 1\right) \quad \text{für} \quad -\frac{2}{5}a \leq y \leq -\frac{1}{5}a,$$

$$f_2(y) = \frac{5}{12}h\left(1 - 3\frac{y}{a}\right) \quad \text{für} \quad -\frac{1}{5}a \leq y \leq \frac{3}{5}a.$$

Damit berechnen wir nun die Flächenmomente 2. Grades.

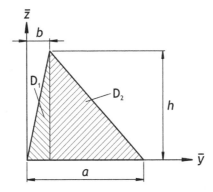

Abb. 3.11 $\bar{y}$-$\bar{z}$-Koordinatensystem zur Bestimmung der Flächenschwerpunktskoordinaten

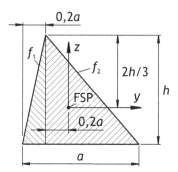

Abb. 3.12 Geometrische Verhältnisse am Dreieck mit y-z-Koordinatensystem, dessen Ursprung sich im Flächenschwerpunkt FSP befindet, und Funktionen f_i, die die Ränder des Dreiecks beschreiben

Axiales Flächenmoment I_y

Wir starten mit dem axialen Flächenmoment um die y-Achse (vgl. Gl. (3.4)). Es folgt mit der infinitesimalen Fläche $dA = dy\,dz$

$$I_y = \int_A z^2\,dA = \int\int z^2\,dz\,dy = \int_{y=-\bar{y}_s}^{b-\bar{y}_s} \int_{z=-\frac{h}{3}}^{f_1(y)} z^2\,dz\,dy + \int_{y=b-\bar{y}_s}^{-\bar{y}_s+a} \int_{z=-\frac{h}{3}}^{f_2(y)} z^2\,dz\,dy\ .$$

Wir berechnen die beiden Doppelintegrale jeweils einzeln. Es resultiert

$$\int_{y=-\bar{y}_s}^{b-\bar{y}_s} \int_{z=-\frac{h}{3}}^{f_1(y)} z^2\,dz\,dy = \int_{-\bar{y}_s}^{b-\bar{y}_s} \left[\frac{1}{3}z^3\right]_{-\frac{h}{3}}^{f_1(y)} dy = \frac{h^3}{81}\int_{-\frac{2a}{5}}^{-\frac{a}{5}} \left[125\left(3\frac{y}{a}+1\right)^3 + 1\right] dy$$

$$= \frac{h^3}{81}\left[\frac{125\,a}{12}\left(3\frac{y}{a}+1\right)^4 + y\right]_{-\frac{2a}{5}}^{-\frac{a}{5}} = \frac{1}{180}a h^3$$

und

$$\int_{y=b-\bar{y}_s}^{-\bar{y}_s+a} \int_{z=-\frac{h}{3}}^{f_2(y)} z^2\,dz\,dy = \int_{y=b-\bar{y}_s}^{-\bar{y}_s+a} \left[\frac{1}{3}z^3\right]_{-\frac{h}{3}}^{f_2(y)} dy = \frac{h^3}{81}\int_{-\frac{a}{5}}^{\frac{3a}{5}} \left[\frac{125}{64}\left(1-3\frac{y}{a}\right)^3 + 1\right] dy$$

$$= \frac{h^3}{81}\left[-\frac{125\,a}{4\cdot 192}\left(1-3\frac{y}{a}\right)^4 + y\right]_{-\frac{a}{5}}^{\frac{3a}{5}} = \frac{1}{45}a h^3\ .$$

Das axiale Flächenmoment 2. Grades um die y-Achse lautet demnach

$$I_y = \frac{1}{180}a h^3 + \frac{1}{45}a h^3 = \frac{1}{36}a h^3\ .$$

Eine alternative integrale Formulierung zum vorherigen Berechnungsvorgehen stellt die Darstellung der infinitesimalen Fläche dA durch die variable, endliche Länge

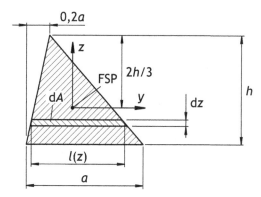

Abb. 3.13 Geometrische Verhältnisse am Dreieck mit y-z-Koordinatensystem (Ursprung im Flächenschwerpunkt FSP) und infinitesimaler Fläche dA

$l(z)$ und der infinitesimalen Dicke dz dar (vgl. Abb. 3.13). Dadurch ist nur eine Integration in z-Richtung erforderlich. Wir müssen dann nur konstante Integrationsränder beachten. Der Anschaulichkeit halber demonstrieren wir dieses Vorgehen hier. In Abb. 3.13 ist die infinitesimale Fläche dA skizziert, die wir benutzen werden. Dafür müssen wir allerdings die linear veränderliche Länge $l(z)$ definieren. Mit

$$l\left(z = -\frac{h}{3}\right) = a \quad \text{und} \quad l\left(z = \frac{2h}{3}\right) = 0$$

resultiert die variable Länge zu

$$l(z) = \frac{2}{3}a - \frac{a}{h}z \,.$$

Wir berücksichtigen die infinitesimale Fläche d$A = l(z)$ dz und erhalten

$$I_y = \int_A z^2 \, \mathrm{d}A = \int_{-\frac{h}{3}}^{\frac{2h}{3}} z^2 \, l(z) \, \mathrm{d}z = \int_{-\frac{h}{3}}^{\frac{2h}{3}} a\left(\frac{2}{3}z^2 - \frac{1}{h}z^3\right) \mathrm{d}z$$

$$= a\left[\frac{2}{9}z^3 - \frac{1}{4h}z^4\right]_{-\frac{h}{3}}^{\frac{2h}{3}} = \frac{1}{36}ah^3 \,.$$

Erwartungsgemäß resultiert das gleiche Ergebnis wie zuvor. Allerdings haben wir nun einen deutlich reduzierten Berechnungsaufwand.

Axiales Flächenmoment I_z

Für das axiale Flächenmoment um die z-Achse gehen wir zunächst analog zum Vorgehen mit Hilfe der variablen Ränder f_1 und f_2 vor, d. h. wir erhalten (vgl. Gl. (3.5))

$$I_z = \int_A y^2 \, dA = \int \int y^2 \, dz \, dy = \int_{y=-\bar{y}_s}^{b-\bar{y}_s} \int_{z=-\frac{h}{3}}^{f_1(y)} y^2 \, dz \, dy + \int_{y=b-\bar{y}_s}^{-\bar{y}_s+a} \int_{z=-\frac{h}{3}}^{f_2(y)} y^2 \, dz \, dy .$$

Die einzelnen Doppelintegrale ergeben

$$\int_{y=-\bar{y}_s}^{b-\bar{y}_s} \int_{z=-\frac{h}{3}}^{f_1(y)} y^2 \, dz \, dy = \int_{y=-\bar{y}_s}^{b-\bar{y}_s} y^2 \left[5 \left(3 \frac{y}{a} + 1 \right) + 1 \right] \frac{h}{3} \, dy \qquad (3.31)$$

$$= \frac{h}{3} \left[\frac{15}{4} \frac{y^4}{a} + 2 y^3 \right]_{-\frac{2a}{5}}^{-\frac{a}{5}} = \frac{11}{1500} a^3 h$$

und

$$\int_{y=b-\bar{y}_s}^{-\bar{y}_s+a} \int_{z=-\frac{h}{3}}^{f_2(y)} y^2 \, dz \, dy = \int_{y=b-\bar{y}_s}^{-\bar{y}_s+a} y^2 \left[\frac{5}{4} \left(1 - 3 \frac{y}{a} \right) + 1 \right] \frac{h}{3} \, dy \qquad (3.32)$$

$$= \frac{h}{3} \left[\frac{3}{4} y^3 - \frac{15}{16} \frac{y^4}{a} \right]_{-\frac{a}{5}}^{\frac{3a}{5}} = \frac{2}{125} a^3 h .$$

Das axiale Flächenmoment 2. Grades um die z-Achse ergibt sich somit zu

$$I_z = \frac{11}{1500} a^3 h + \frac{2}{125} a^3 h = \frac{7}{300} a^3 h .$$

Ein alternatives Berechnungsvorgehen ist wie beim axialen Flächenmoment I_y auch hier möglich. Allerdings vereinfacht sich die Berechnung nicht so wie zuvor, da wir diesmal anstatt der Integration in z- nur diejenige in y-Richtung ersetzen können. Dazu müssen wir jedoch zwei infinitesimale Streifen bzw. Flächen dA_i definieren, die in Abb. 3.14 skizziert sind. Diese Flächen ergeben sich zu

$$dA_1 = h_1(y) \, dy \quad \text{und} \quad dA_2 = h_2(y) \, dy .$$

Die darin vorkommenden Höhen $h_1(y)$ und $h_2(y)$ lauten

$$h_1(y) = h \left(2 + 5 \frac{y}{a} \right) \quad \text{und} \quad h_2(y) = \frac{h}{4} \left(3 - 5 \frac{y}{a} \right) .$$

Diese sind aber bereits in den Integranden der Gln. (3.31) und (3.32) zu finden; denn es gilt

$$\int_{y=-\bar{y}_s}^{b-\bar{y}_s} y^2 \underbrace{\left[5 \left(3 \frac{y}{a} + 1 \right) + 1 \right] \frac{h}{3}}_{=h_1(y)} \, dy = \int_{y=-\bar{y}_s}^{b-\bar{y}_s} y^2 \underbrace{h_1(y) \, dy}_{dA_1} = \int_{y=-\bar{y}_s}^{b-\bar{y}_s} y^2 \, dA_1$$

sowie

$$\int_{y=b-\bar{y}_s}^{-\bar{y}_s+a} y^2 \underbrace{\left[\frac{5}{4} \left(1 - 3 \frac{y}{a} \right) + 1 \right] \frac{h}{3}}_{=h_2(y)} \, dy = \int_{y=b-\bar{y}_s}^{-\bar{y}_s+a} y^2 \underbrace{h_2(y) \, dy}_{=dA_2} = \int_{y=b-\bar{y}_s}^{-\bar{y}_s+a} y^2 \, dA_2 .$$

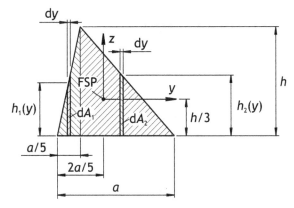

Abb. 3.14 Geometrische Verhältnisse am Dreieck mit y-z-Koordinatensystem (Ursprung im Flächenschwerpunkt FSP) und infinitesimalen Flächen dA_1 und dA_2

Demnach werden mit diesem Ansatz zwei Integrationen weniger durchgeführt. Weil die resultierenden Integrale identisch zu denen in den Gln. (3.31) und (3.32) sind, ist hier keine weitere Berechnung mehr erforderlich.

Biaxiales Flächenmoment I_{yz}

Das biaxiale Flächenmoment 2. Grades berechnen wir mit (vgl. Gl. (3.6))

$$I_{yz} = -\int_A yz\,dA = -\int\int yz\,dz\,dy$$

$$= -\int_{y=-\bar{y}_s}^{b-\bar{y}_s} \int_{z=-\frac{h}{3}}^{f_1(y)} yz\,dz\,dy - \int_{y=b-\bar{y}_s}^{-\bar{y}_s+a} \int_{z=-\frac{h}{3}}^{f_2(y)} yz\,dz\,dy \,.$$

Wir untersuchen wieder die einzelnen Doppelintegrale alleine. Es resultiert

$$\int_{y=-\bar{y}_s}^{b-\bar{y}_s} \int_{z=-\frac{h}{3}}^{f_1(y)} yz\,dz\,dy = \int_{-\bar{y}_s}^{b-\bar{y}_s} y\left[\frac{1}{2}z^2\right]_{z=-\frac{h}{3}}^{f_1(y)} dy = \frac{1}{2}\int_{-\frac{2a}{5}}^{-\frac{a}{5}} \left(f_1(y)^2 - \frac{h^2}{9}\right) y\,dy$$

$$= \frac{h^2}{18}\int_{-\frac{2a}{5}}^{-\frac{a}{5}} \left[225\frac{y^3}{a^2} + 150\frac{y^2}{a} + 24y\right] dy = \frac{h^2}{18}\left[\frac{225}{4}\frac{y^4}{a^2} + 50\frac{y^3}{a} + 12y^2\right]_{-\frac{2a}{5}}^{-\frac{a}{5}}$$

$$= \frac{1}{1800}a^2 h^2$$

und

$$\int_{y=b-\bar{y}_s}^{-\bar{y}_s+a} \int_{z=-\frac{h}{3}}^{f_2(y)} yz\,dz\,dy = \frac{1}{2}\int_{y=b-\bar{y}_s}^{-\bar{y}_s+a} \left(f_2(y)^2 - \frac{h^2}{9}\right) y\,dy$$

$$= \frac{h^2}{288}\int_{-\frac{a}{5}}^{\frac{3a}{5}} \left(9y - 150\frac{y^2}{a} + 225\frac{y^3}{a^2}\right) dy = \frac{h^2}{288}\left[\frac{9}{2}y^2 - 50\frac{y^3}{a} + \frac{225}{4}\frac{y^4}{a^2}\right]_{-\frac{a}{5}}^{\frac{3a}{5}}$$

$$= -\frac{2}{255} a^2 h^2 \ .$$

Für das biaxiale Flächenmoment 2. Grades folgt somit

$$I_{yz} = -\frac{1}{1800} a^2 h^2 + \frac{2}{255} a^2 h^2 = \frac{1}{120} a^2 h^2 \ .$$

Grundsätzlich sei allerdings angemerkt, dass die integrale Berechnung von Flächenmomenten sehr schnell sehr aufwendig wird. Für eine einfache Ermittlung ist es daher zu empfehlen, möglichst den Satz von Steiner anzuwenden.

b.ii) Für die Anwendung des Satzes von Steiner stellen wir alle erforderlichen Größen übersichtlich in einer Tabelle zusammen.

Mit den in Abb. 3.15 skizzierten geometrischen Verhältnissen

$$y_{s1} = -\frac{1}{5} a - \frac{1}{15} a = -\frac{4}{15} a \ , \quad y_{s2} = \frac{1}{15} a \ , \quad z_{s1} = z_{s2} = 0$$

und den Flächen A_i nach dem Aufgabenteil a) ergeben sich die Schwerpunktskoordinaten und die Flächen der Dreiecke D_1 und D_2 in Tab. 3.1.

Größere Aufmerksamkeit müssen wir den Flächenmomenten 2. Grades schenken, die sich für jedes Teildreieck im lokalen Flächenschwerpunktkoordinatensystem ergeben. Beim Dreieck D_1 müssen wir die Flächenmomente um $-90°$ drehen, um im gewünschten Flächenschwerpunktsystem die Werte zu erhalten (vgl. hierzu insbesondere Abb. 3.16). Mit den Transformationsbeziehungen nach den Gln. (3.20) bis (3.22) folgt

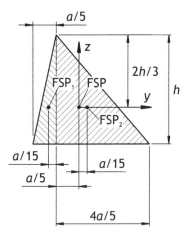

Abb. 3.15 Geometrische Verhältnisse zur Ermittlung der Flächenmomente 2. Grades mit Hilfe des Satzes von Steiner (Abkürzung FSP für Flächenschwerpunkt)

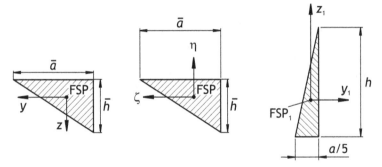

Abb. 3.16 Drehung des gegebenen Dreiecks zur Bestimmung der Größen im Teildreieck D_1

$$I_\eta(-90°) = \frac{1}{36}\bar{a}^3\bar{h}, \quad I_\zeta(-90°) = \frac{1}{36}\bar{a}\bar{h}^3, \quad I_{\eta\zeta}(-90°) = -\frac{1}{72}\bar{a}^2\bar{h}^2.$$

Der besseren Unterscheidbarkeit halber verwenden wir für die geometrischen Angaben im Hinweis der Aufgabenstellung überstrichene Variablen. Wegen $\bar{a} = h$ und $\bar{h} = a$ folgen die Eigenanteile für das Teildreieck D_1 gemäß Tab. 3.1.

Tab. 3.1 Querschnittsgrößen der Dreiecke D_1 und D_2 nach Abb. 3.1 zur Berechnung der Flächenmomente 2. Grades

i	1	2
y_{si}	$-\frac{4}{15}a$	$\frac{1}{15}a$
z_{si}	0	0
A_i	$\frac{1}{10}ah$	$\frac{2}{5}ah$
$I_{y_{si}}$	$\frac{1}{180}ah^3$	$\frac{1}{45}ah^3$
$I_{z_{si}}$	$\frac{1}{4500}a^3h$	$\frac{16}{1125}a^3h$
$I_{yz_{si}}$	$-\frac{1}{1800}a^2h^2$	$\frac{2}{225}a^2h^2$
$z_{si}^2 A_i$	0	0
$y_{si}^2 A_i$	$\frac{8}{1125}a^3h$	$\frac{2}{1125}a^3h$
$-y_{si}z_{si}A_i$	0	0

Die Ermittlung der Eigenanteile für das Teildreieck D_2 sind weniger aufwendig zu bestimmen. Wir müssen lediglich beachten, dass im Vergleich zum Hinweis die Koordinatenachsen vertauscht werden müssen.

Die letzten drei Zeilen in Tab. 3.1 berechnen wir mit Hilfe der vorherigen Einträge in der Tabelle. Damit ergeben sich die Flächenmomente 2. Grades für das aus den Teildreiecken D_1 und D_2 zusammengesetzte Dreieck nach den Gln. (3.10) bis (3.12) zu

$$I_y = \sum_{i=1}^{2} I_{y_{si}} + \sum_{i=1}^{2} z_{si}^2 A_i = \frac{1}{180}a^3h + \frac{1}{45}a^3h = \frac{1}{36}a^3h,$$

$$I_z = \sum_{i=1}^{2} I_{z_{si}} + \sum_{i=1}^{2} y_{si}^2 A_i = \frac{1}{4500}ah^3 + \frac{16}{1125}ah^3 + \frac{8}{1125}ah^3 + \frac{2}{1125}ah^3 = \frac{7}{300}ah^3,$$

$$I_{yz} = -\frac{1}{1800}a^2h^2 + \frac{2}{255}a^2h^2 = \frac{1}{120}a^2h^2.$$

L3.2/Lösung zur Aufgabe 3.2 – Flächenmomente eines dünnwandigen Kreisbogens

a) Im gegebenen Koordinatensystem ist das Profil symmetrisch zur $\bar{y}$-Achse. Daher liegt auch der Flächenschwerpunkt auf dieser Achse und es gilt

$$\bar{z}_{\text{FSP}} = 0.$$

Die $\bar{y}$-Koordinate des Flächenschwerpunkts müssen wir allerdings berechnen. Wir nutzen die integrale Formulierung nach Gl. (3.13).

$$\bar{y}_{\text{FSP}} = \frac{1}{A}\int_A \bar{y}\,\mathrm{d}A = \frac{\int_A \bar{y}\,\mathrm{d}A}{\int_A \mathrm{d}A}. \tag{3.33}$$

Um die infinitesimale Fläche $\mathrm{d}A$ zu definieren, verwenden wir eine infinitesimale Bogenlänge $r\mathrm{d}\varphi$ auf dem Kreisringabschnitt nach Abb. 3.17a., so dass mit konstanter Wandstärke t gilt

$$\mathrm{d}A = rt\,\mathrm{d}\varphi.$$

Wir berechnen damit zunächst die Fläche A und erhalten (vgl. Gl. (3.1))

$$A = \int_A \mathrm{d}A = rt\int_{-\frac{\alpha}{2}}^{\frac{\alpha}{2}} \mathrm{d}\varphi = rt\left[\varphi\right]_{-\frac{\alpha}{2}}^{\frac{\alpha}{2}} = r\alpha t.$$

Dieses Ergebnis können wir so interpretieren, dass die Bogenlänge des Kreisringabschnitts $r\varphi$ multipliziert mit der Wandstärke t die Fläche ergibt.

Somit fehlt uns zur Ermittlung des Flächenschwerpunkts noch das Integral im Zähler von Gl. (3.33). Die infinitesimale Fläche $\mathrm{d}A$ kennen wir bereits. Wir müssen lediglich die Koordinate $\bar{z}$ durch die neu eingeführte Koordinate φ ausdrücken und das resultierende Integral lösen. Nach Abb. 3.17a. gilt die folgende Beziehung

$$\bar{y} = r\cos\varphi.$$

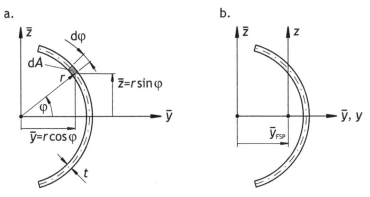

Abb. 3.17 a. Infinitesimaler Winkel $d\varphi$ und infinitesimale Fläche dA auf dem Kreisring b. Distanz zwischen dem y-z-Koordinatensystem und dem lokalen Flächenschwerpunktsystem

Das Integral lösen wir wie folgt

$$\int_A \bar{y} \, dA = r^2 t \int_{-\frac{\alpha}{2}}^{\frac{\alpha}{2}} \cos \varphi \, d\varphi = r^2 t \left[\sin \varphi \right]_{-\frac{\alpha}{2}}^{\frac{\alpha}{2}} = r^2 t \left[\sin \left(\frac{\alpha}{2} \right) - \sin \left(-\frac{\alpha}{2} \right) \right]$$

$$= 2 r^2 t \sin \left(\frac{\alpha}{2} \right) .$$

Nach Gl. (3.33) resultiert demnach die $\bar{y}$-Koordinate des Flächenschwerpunkts

$$\bar{y}_{\text{FSP}} = \frac{2 r^2 t \sin \left(\frac{\alpha}{2} \right)}{r \alpha t} = r \frac{\sin \left(\frac{\alpha}{2} \right)}{\frac{\alpha}{2}} .$$

b) Die wesentliche Arbeit zur Berechnung der Flächenmomente 2. Grades ist bereits im Aufgabenteil a) geleistet worden; denn die infinitesimale Fläche dA sowie die erforderliche Koordinatentransformation sind dort definiert. Wir demonstrieren dies zuerst anhand des axialen Flächenmomentes $I_{\bar{z}}$. Wir führen die infinitesimale Fläche $dA = rt \, d\varphi$ und $\bar{y} = r \cos \varphi$ in Gl. (3.5) ein. Es folgt

$$I_{\bar{z}} = \int_A \bar{y}^2 \, dA = r^3 t \int_{-\frac{\alpha}{2}}^{\frac{\alpha}{2}} \cos^2 \varphi \, d\varphi .$$

Beachten wir den Hinweis in der Aufgabenstellung zur Integration von trigonometrischen Funktionen, erhalten wir

$$I_{\bar{z}} = \frac{r^3 t}{2} \left[\varphi + \sin \varphi \, \cos \varphi \right]_{-\frac{\alpha}{2}}^{\frac{\alpha}{2}} = \frac{r^3 t}{2} \left(\alpha + \sin \alpha \right) .$$

Beim axialen Flächenmoment um die $\bar{y}$-Achse benötigen wir im Vergleich zu zuvor nur noch die Abhängigkeit der Koordinate $\bar{z}$ vom Winkel φ. Nach Abb. 3.17a. gilt (vgl. auch Gl. (3.4))

$$\bar{z} = r \sin \varphi \, .$$

Demnach können wir das axiale Flächenmoment $I_{\bar{y}}$ umformulieren zu

$$I_{\bar{y}} = \int_A \bar{z}^2 \, \mathrm{d}A = r^3 t \int_{-\frac{\alpha}{2}}^{\frac{\alpha}{2}} \sin^2 \varphi \, \mathrm{d}\varphi \, .$$

Den Hinweis in der Aufgabenstellung nutzend resultiert

$$I_{\bar{y}} = \frac{r^3 t}{2} \left[\varphi - \sin \varphi \, \cos \varphi \right]_{-\frac{\alpha}{2}}^{\frac{\alpha}{2}} = \frac{r^3 t}{2} \left(\alpha - \sin \alpha \right) \, .$$

Aufgrund der Symmetrie ist das Deviationsmoment null. Erwartungsmäß folgt dies auch aus

$$I_{\bar{y}\bar{z}} = -\int_A \bar{y}\bar{z} \, \mathrm{d}A = -r^3 t \int_{-\frac{\alpha}{2}}^{\frac{\alpha}{2}} \sin \varphi \, \cos \varphi \, \mathrm{d}\varphi = -\frac{r^3 t}{2} \int_{-\frac{\alpha}{2}}^{\frac{\alpha}{2}} \sin \left(2\varphi \right) \mathrm{d}\varphi$$

$$= \frac{r^3 t}{4} \left[\cos \left(2\varphi \right) \right]_{-\frac{\alpha}{2}}^{\frac{\alpha}{2}} = \frac{r^3 t}{4} \left[\cos \left(\varphi \right) - \cos \left(-\varphi \right) \right] = \frac{r^3 t}{4} \left[\cos \left(\varphi \right) - \cos \left(\varphi \right) \right] = 0 \, .$$

c) Die Flächenmomente 2. Grades im Flächenschwerpunktsystem bestimmen wir mit Hilfe des Satzes von Steiner (vgl. die Gln. (3.17) bis (3.19)). Es gilt somit

$$I_{\bar{y}} = I_{y_s} + z_s^2 A \, , \qquad I_{\bar{z}} = I_{z_s} + y_s^2 A \, , \qquad I_{\bar{y}\bar{z}} = I_{y_s z_s} - y_s z_s A \, .$$

Aus Abb. 3.17b. können die Koordinaten y_s und z_s abgelesen werden. Mit $y_s = \bar{y}_{\mathrm{FSP}}$ und $z_s = 0$ können wir die vorherigen Beziehungen nach den gesuchten Flächenmomenten umformen und erhalten

$$I_{y_s} = I_{\bar{y}} = \frac{r^3 t}{2} \left(\alpha - \sin \alpha \right) \, , \qquad I_{\bar{y}\bar{z}} = 0 \, ,$$

$$I_{z_s} = I_{\bar{z}} - \bar{y}_{\mathrm{FSP}}^2 A = \frac{r^3 t}{2\alpha} \left(\alpha^2 + \alpha \sin \alpha - 4 + 4 \cos \alpha \right) \, .$$

L3.3/Lösung zur Aufgabe 3.3 – Flächenmomente eines dünnwandigen C-Profils

a) Da das Profil symmetrisch zur $\bar{y}$-Achse ist, liegt der Flächenschwerpunkt auf der Symmetrieachse, d. h. es gilt

$$\bar{z}_s = 0 \, .$$

Zur Bestimmung der Flächenschwerpunktskoordinate $\bar{y}_s$ benötigen wir die entsprechenden Schwerpunktskoordinaten der Teilflächen sowie die Größe der jeweiligen Teilfläche A_i. Aufgrund der Dünnwandigkeit idealisieren wir das Profil entlang seiner Profilmittellinie mit Hilfe von Rechtecken. Ferner kennzeichnen wir der Übersichtlichkeit halber in der Skizze gemäß Abb. 3.18a. die Flächenschwerpunktskoordinaten der jeweiligen Teilfläche und verwenden Tab. 3.2, um die erfor-

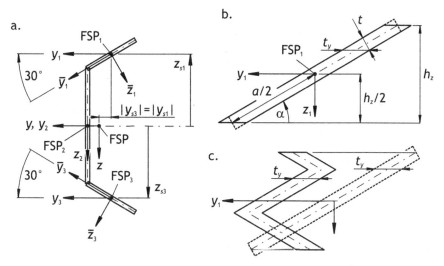

Abb. 3.18 a. Gewählte Koordinatensysteme bei Bekanntheit des globalen Achssystems mit Flächenschwerpunkt FSP b. Vereinfachung beim Rechteckprofil infolge von Dünnwandigkeit durch gestrichelte Linie gekennzeichnet c. Profil mit gleichem axialen Flächenmoment 2. Grades um y_1-Achse im Vergleich zum Rechteckprofil

Tab. 3.2 Querschnittsgrößen für Teilflächen nach Abb. 3.3 zur Berechnung des Flächenschwerpunkts

i	1	2	3
$\bar{y}_{si}$	$-\frac{a}{2}\cos\alpha$	0	$-\frac{a}{2}\cos\alpha$
A_i	at	ht	at

derlichen Werte systematisch aufzuführen. Angemerkt sei, dass wir die Teilflächen rechteckig gemäß den zulässigen Vereinfachungen bei Dünnwandigkeit idealisieren. Nach Gl. (3.15) resultiert

$$\bar{y}_s = -\frac{a\cos\alpha}{2+\frac{h}{a}} = -21,65\,\text{mm}\,.$$

Der Flächenschwerpunkt ist somit bekannt.

b) Die Flächenmomente 2. Grades berechnen wir, indem wir für die Teilflächen A_i nach Abb. 3.3 die Flächenmomente im jeweiligen lokalen Flächenschwerpunktkoordinatensystem bestimmen und dann jeweils auf das globale Koordinatensystem mit dem Ursprung im Flächenschwerpunkt des Gesamtprofils umrechnen. Hierzu ist es erforderlich, dass die jeweiligen Flächenmomente der betrachteten Teilflächen in einem Koordinatensystem bekannt sind, das parallel zum globalen Koordinatensystem ist. Dann kann mit dem Satz von Steiner die Parallelverschiebung des jeweiligen Koordinatensystems durchgeführt werden.

In Abb. 3.18a. haben wir die jeweiligen lokalen Koordinatensysteme gekennzeichnet, in denen wir die axialen Flächenmomente der jeweiligen Teilfläche kennen; es handelt sich um Rechteckflächen, da das Profil als dünnwandig angenommen werden darf. Da die Achsen des jeweiligen lokalen Koordinatensystems Symmetrielinien sind, sind die Deviationsmomente null. Wir erhalten

$$I_{\bar{y}s1} = I_{\bar{y}s3} = \frac{1}{12} at^3, \quad I_{\bar{y}s2} = \frac{1}{12} h^3 t,$$

$$I_{\bar{z}s1} = I_{\bar{z}s3} = \frac{1}{12} a^3 t \quad \text{und} \quad I_{\bar{z}s2} = \frac{1}{12} ht^3.$$

Der gewählte Index si kennzeichnet, dass es sich um ein lokales Koordinatensystem im Flächenschwerpunkt der Teilfläche i handelt.

Die lokalen Koordinatensysteme der Teilflächen 1 und 3 sind nicht parallel zum globalen y-z-System. Wir müssen sie daher rotieren, und zwar mit Hilfe der Gln. (3.20) bis (3.22).

Für das axiale Flächenmoment der Teilfläche 1 um die y_1-Achse erhalten wir mit dem Winkel $\alpha_1 = -30°$

$$I_{ys1} = \frac{1}{2}\left(I_{\bar{y}s1} + I_{\bar{z}s1}\right) + \frac{1}{2}\left(I_{\bar{y}s1} - I_{\bar{z}s1}\right)\underbrace{\cos 2\alpha_1}_{=\frac{1}{2}} + \underbrace{I_{\bar{y}\bar{z}s1} \sin 2\alpha_1}_{=0} = \frac{3}{4}I_{\bar{y}s1} + \frac{1}{4}I_{\bar{z}s1}.$$

Unter Berücksichtigung der Dünnwandigkeit des Profils, d. h. es gilt $t \ll a$, resultiert

$$I_{ys1} = \frac{3}{48} at^3 + \frac{1}{48} a^3 t \approx \frac{1}{48} a^3 t.$$

Analog bestimmen wir das axiale Flächenmoment um die z_1-Achse zu

$$I_{zs1} = \frac{1}{2}\left(I_{\bar{y}s1} + I_{\bar{z}s1}\right) - \frac{1}{2}\left(I_{\bar{y}s1} - I_{\bar{z}s1}\right)\underbrace{\cos 2\alpha_1}_{=\frac{1}{2}} - \underbrace{I_{\bar{y}\bar{z}s1} \sin 2\alpha_1}_{=0} = \frac{1}{4}I_{\bar{y}s1} + \frac{3}{4}I_{\bar{z}s1} \approx \frac{1}{16} a^3 t.$$

Wegen $I_{\bar{y}\bar{z}s1} = I_{\bar{y}\bar{z}s3} = 0$ und $\cos \alpha_1 = \cos \alpha_3$ entsprechen die axialen Flächenmomente der Teilfläche 3 denen von Teilfläche 1 im y_3-z_3-System

$$I_{ys3} = \frac{1}{48} a^3 t \quad \text{und} \quad I_{zs3} = \frac{1}{16} a^3 t.$$

Die jeweiligen Deviationsmomente, die durch die Rotation des Koordinatensystems entstehen, brauchen wir nicht zu ermitteln, da das Gesamtprofil symmetrisch zum gewählten globalen Achssystem ist und somit kein Deviationsmoment aufweist.

Die axialen Flächenmomente 2. Grades für das Gesamtprofil ermitteln wir mit Hilfe der Gln. (3.17) sowie (3.18) unter Beachtung von Tab. 3.3 zu

$$I_y = \frac{1}{24} a^3 t \left[1 + 2 \left(\frac{h}{a} \right)^3 \right] + \frac{1}{2} at \, (h + a \sin \alpha)^2 = 1,5333 \cdot 10^7 \, \text{mm}^4$$

sowie

$$I_z = \frac{1}{8} a^3 t + 2 at \left(\bar{y}_s - \frac{a}{2} \cos \alpha \right)^2 + ht \, \bar{y}_s^2$$

$$= \frac{1}{8} a^3 t \left[1 + 4 \cos^2 \alpha \, \frac{16 + 10\frac{h}{a} + \left(\frac{h}{a} \right)^2}{4 + 4\frac{h}{a} + \left(\frac{h}{a} \right)^2} \right] = 4,2500 \cdot 10^6 \, \text{mm}^4 \,.$$

Das Deviationsmoment verschwindet aufgrund der Symmetrie zum gewählten globalen Koordinatensystem

$$I_{yz} = 0 \,.$$

Die axialen Flächenmomente 2. Grades werden zuvor im lokalen Achssystem basierend auf einer Drehung des Koordinatensystems berechnet. Dieses Vorgehen ist rechentechnisch gewöhnlich aufwendig, da die Transformationsbeziehungen nach den Gln. (3.17) bis (3.19) angewendet werden müssen.

Für die dünnwandigen Teilflächen 1 und 3 können wir ein schnelleres Verfahren nutzen, das wir nachfolgend veranschaulichen. Hierzu betrachten wir die in Abb. 3.18b. dargestellte Fläche, die wir zur Bestimmung des axialen Flächenmomentes um die lokale y_1-Achse verwenden. Diese Fläche besitzt die gleiche Länge der Profilmittellinie sowie die gleiche Wandstärke t wie die Teilfläche 1 nach Abb. 3.3. Da die Wanddicke in y_1-Richtung konstant ist, können wir mit der infinitesimalen Fläche $dA = t_y \, dy$ das gesuchte Flächenmoment wie folgt bestimmen

Tab. 3.3 Querschnittsgrößen für Teilflächen nach Abb. 3.3 zur Berechnung der axialen Flächenmomente

i	1	2	3
y_{si}	$\bar{y}_s - \frac{a}{2} \cos \alpha$	$\bar{y}_s$	$\bar{y}_s - \frac{a}{2} \cos \alpha$
z_{si}	$-\frac{1}{2}(h + a \sin \alpha)$	0	$\frac{1}{2}(h + a \sin \alpha)$
A_i	at	ht	at
I_{ysi}	$\frac{1}{48} a^3 t$	$\frac{1}{12} h^3 t$	$\frac{1}{48} a^3 t$
I_{zsi}	$\frac{1}{16} a^3 t$	$\frac{1}{12} ht^3 \approx 0$	$\frac{1}{16} a^3 t$
$z_{si}^2 A_i$	$\frac{1}{4} at \, (h + a \sin \alpha)^2$	0	$\frac{1}{4} at \, (h + a \sin \alpha)^2$
$y_{si}^2 A_i$	$at \left(\bar{y}_s - \frac{a}{2} \cos \alpha \right)^2$	$ht \, \bar{y}_s^2$	$at \left(\bar{y}_s - \frac{a}{2} \cos \alpha \right)^2$

$$I_{y_{s1}} = \int_A z^2 \, \mathrm{d}A = t_y \int_{-\frac{h_z}{2}}^{\frac{h_z}{2}} z^2 \, \mathrm{d}z = \frac{t_y}{3} \left[z^3 \right]_{-\frac{h_z}{2}}^{\frac{h_z}{2}} = \frac{1}{12} t_y h_z^3 \; .$$

Demnach können wir das axiale Flächenmoment 2. Grades für ein im Raum gedrehtes dünnwandiges Rechteck ermitteln, indem wir die Abmessungen des Rechtecks in die Richtungen des gedrehten Koordinatensystems bestimmen, d. h. t_y und h_z für $I_{y_{s1}}$, und diese in der gewöhnlichen Formel für die axialen Flächenmomente 2. Grades des Rechtecks verwenden. Nach Abb. 3.18b. gilt

$$t_y = \frac{t}{\sin \alpha} \quad \text{und} \quad h_z = a \sin \alpha \; .$$

Erwartungsgemäß erhalten wir damit das bereits oben ermittelte axiale Flächenmoment $I_{y_{s1}}$ für Teilfläche 1 zu

$$I_{y_{s1}} = \frac{1}{12} t_y h_z^3 = \frac{1}{12} \frac{t}{\sin \alpha} a^3 \sin^3 \alpha = \frac{1}{12} t \, a^3 \underbrace{\sin^2 \alpha}_{= \frac{1}{4}} = \frac{1}{48} a^3 t \; .$$

Analog kann das axiale Flächenmoment um die z-Achse bestimmt werden. Es resultiert mit $t_z = \frac{t}{\cos \alpha}$ und $h_y = a \cos \alpha$

$$I_{z_{s1}} = \frac{1}{12} t_z h_y^3 = \frac{1}{12} t \, a^3 \underbrace{\cos^2 \alpha}_{= \frac{3}{4}} = \frac{1}{16} a^3 t \; .$$

Zu beachten ist, dass das vorgestellte Vorgehen bei dünnwandigen Rechteckprofilen angewendet werden darf. Dann ist der Modellierungsfehler am Querschnittsende aufgrund der kleinen Wandstärke vernachlässigbar (vgl. gestrichelte Linie für Rechteckfläche nach Abb. 3.18b.). Für das Flächenmoment $I_{y_{s1}}$ beträgt die Abweichung $\frac{3}{48} at^3$ und ist damit bei $t \ll a$ sehr klein.

Exemplarisch ist in Abb. 3.18c. ein Profil dargestellt, das ebenfalls das zuvor ermittelte Flächenmoment $I_{y_{s1}}$ besitzt, da bei der Berechnung des axialen Flächenmoments 2. Grades um die y_1-Achse lediglich der Abstand zur y_1-Achse entscheidend ist.

L3.4/Lösung zur Aufgabe 3.4 – Flächenmomente eines dünnwandigen T-Profils

Da der Flächenschwerpunkt des Profils unbekannt ist, werden wir zunächst diesen berechnen. Hierzu unterteilen wir gedanklich das Profil in zwei Teilflächen gemäß Abb. 3.19a., d. h. in eine Fläche für den Steg und in eine für den Flansch. Die jeweiligen Flächenschwerpunkte kennen wir, weil es sich um Rechtecke handelt. Da es sich ferner um ein dünnwandiges Profil handelt, idealisieren wir die Rechtecke entlang der Profilmittellinie. Den Ursprung unseres Koordinatensystems legen wir in den Verbindungspunkt der Profilmittellinien von beiden Teilflächen. Außerdem wählen wir die $\bar{z}$-Achse parallel zur Profilmittellinie des Steges, da das Profil symmetrisch zu dieser Achse ist und wir demnach kein Deviationsmoment ermitteln

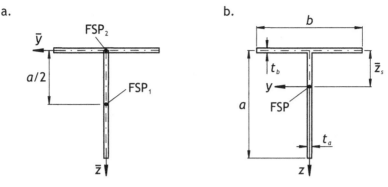

Abb. 3.19 Dünnwandiges T-Profil mit a. Koordinatensystem im Verbindungspunkt von Flansch und Steg und b. mit Koordinatensytem im Flächenschwerpunkt (jeweils mit Abkürzung FSP für Flächenschwerpunkt)

müssen, da es null ist. Im $\bar{y}$-$\bar{z}$-Koordinatensystem berechnen wir nun den Flächenschwerpunkt. Wir erhalten die jeweiligen Flächenschwerpunktskoordinaten zu

$$\bar{y}_{s1} = \bar{y}_{s2} = 0\,, \quad \bar{z}_{s1} = \frac{a}{2} \quad \text{und} \quad \bar{z}_{s2} = 0\,.$$

Mit den Teilflächen $A_1 = a t_a$ und $A_2 = b t_b$ resultiert der Flächenschwerpunkt im gestrichenen System zu

$$\bar{y}_s = 0 \quad \text{und} \quad \bar{z}_s = \frac{1}{2}\frac{a^2 t_a}{a t_a + b t_b} = \frac{\xi}{1+\xi}\frac{a}{2}\,.$$

Hierbei haben wir von der Abkürzung $\xi = \frac{a t_a}{b t_b}$ Gebrauch gemacht.

Wir sind nun in der Lage die Flächenmomente 2. Grades für das Koordinatensystem mit Ursprung im Flächenschwerpunkt zu bestimmen (vgl. Abb. 3.19b.). Wir beachten, dass es sich um ein dünnwandiges Profil handelt und erhalten

$$I_y = \frac{a^3 t_a}{12} + \left(\frac{a}{2} - \bar{z}_s\right)^2 a t_a + \bar{z}_s^2 b t_b = \frac{a^3 t_a (4+\xi)}{12(1+\xi)}$$

sowie

$$I_z = \frac{b^3 t_b}{12}\,.$$

Das Deviationsmoment bzw. biaxiale Flächenmoment 2. Grades I_{yz} ist null, da das Profil zur gewählten z-Achse symmetrisch ist.

L3.5/Lösung zur Aufgabe 3.5 – Hauptflächenmomente und Normalspannungen

a) Da es sich um ein dünnwandiges Profil handelt, idealisieren wir den Querschnitt nur entlang seiner Profilmittellinie gemäß Abb. 3.20a. Hierbei haben wir den

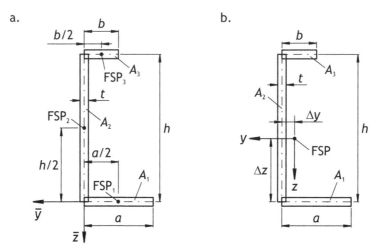

Abb. 3.20 a. Dünnwandige Profilidealisieurng mit den lokalen Flächenschwerpunkten FSP$_i$
b. dünnwandiges Profil mit y-z-Koordinatensystem im Flächenschwerpunkt FSP

Querschnitt in drei Teilflächen A_i unterteilt. Die Flächenschwerpunkte dieser drei
Teilflächen können wir im $\bar{y}$-$\bar{z}$-Koordinatensystem ermitteln. Zusammen mit den
Teilflächen sind diese in Tab. 3.4 angegeben. Unter Berücksichtigung der Gln. (3.15)
und (3.16) resultieren die Flächenschwerpunktskoordinaten

$$\bar{y}_s = \frac{\sum_i \bar{y}_{si} A_i}{\sum_i A_i} = -\frac{1}{2}\frac{a^2+b^2}{a+b+h} = -\frac{5}{56}h \approx -8,9\,\text{mm},$$

$$\bar{z}_s = \frac{\sum_i \bar{z}_{si} A_i}{\sum_i A_i} = -\frac{h}{2}\frac{2b+h}{a+b+h} = -\frac{3}{7}h \approx -42,9\,\text{mm}.$$

b) Das Koordinatensystem, in dem wir die Flächenmomente 2. Grades bestimmen,
ist in Abb. 3.20b. dargestellt. Dieses Achssystem entsteht, indem wir das $\bar{y}$-$\bar{z}$-Ko-
ordinatensystem um Δy in negative $\bar{y}$-Richtung und um Δz in negative $\bar{z}$-Richtung

Tab. 3.4 Querschnittsgrößen für Teilflächen nach Abb. 3.20a.

i	1	2	3
$\bar{y}_{si}$	$-\frac{a}{2} = -\frac{h}{4}$	0	$-\frac{b}{2} = -\frac{h}{8}$
$\bar{z}_{si}$	0	$-\frac{h}{2}$	$-h$
A_i	$at = \frac{1}{2}ht$	ht	$bt = \frac{1}{4}ht$

Tab. 3.5 Querschnittsgrößen für Teilflächen nach Abb. 3.20b.

i	1	2	3
y_{si}	$\Delta y - \frac{a}{2}$	Δy	$\Delta y - \frac{b}{2}$
z_{si}	Δz	$\Delta z - \frac{h}{2}$	$\Delta z - h$
A_i	at	ht	bt
$I_{y_{si}}$	$\frac{1}{12}t^3 a \approx 0$	$\frac{1}{12}h^3 t$	$\frac{1}{12}t^3 b \approx 0$
$I_{z_{si}}$	$\frac{1}{12}a^3 t$	$\frac{1}{12}t^3 h \approx 0$	$\frac{1}{12}b^3 t$
$z_{si}^2 A_i$	$\Delta z^2 at$	$\left(\Delta z - \frac{h}{2}\right)^2 ht$	$\left(\Delta z - h\right)^2 bt$
$y_{si}^2 A_i$	$\left(\Delta y - \frac{a}{2}\right)^2 at$	$\Delta y^2 ht$	$\left(\Delta y - \frac{b}{2}\right)^2 bt$
$-y_{si}z_{si}A_i$	$-\left(\Delta y - \frac{a}{2}\right)\Delta z at$	$-\Delta y\left(\Delta z - \frac{h}{2}\right) ht$	$-\left(\Delta y - \frac{b}{2}\right)\left(\Delta z - h\right) bt$

verschieben. Für den Betrag der Verschiebungen gilt unter Beachtung der Ergebnisse von zuvor

$$\Delta y = \frac{5}{56}h \approx 8,9\,\text{mm} \quad \text{und} \quad \Delta z = \frac{3}{7}h \approx 42,9\,\text{mm}\,.$$

Mit diesen Verschiebungen können wir die Koordinaten $\bar{y}_{si}$ und $\bar{z}_{si}$ nach Tab. 3.4 unter Berücksichtigung der Transformationsbeziehungen

$$y_{si} = \bar{y}_{si} - \Delta y \quad \text{und} \quad z_{si} = \bar{z}_{si} - \Delta z$$

in das neue y-z-Koordinatensystem umrechnen. Wir erhalten die in Tab. 3.5 dargestellten Koordinaten. Ferner haben wir auch alle zur Berechnung der Flächenmomente 2. Grades erforderlichen Größen unter Beachtung von Dünnwandigkeit aufgeführt. Unter den Teilflächen A_i sind die axialen Flächenmomente 2. Grades $I_{y_{si}}$ und $I_{z_{si}}$ im lokalen Flächenschwerpunkt der Teilflächen und die Steiner-Anteile in den letzten drei Zeilen der Tabelle berücksichtigt. Wir nutzen die Gln. (3.17) bis (3.19) zur Berechnung der gesuchten Flächenmomente und erhalten

$$I_y = \frac{149}{294}h^3 t \approx 1,2670 \cdot 10^6\,\text{mm}^4\,, \quad I_z = \frac{59}{1792}h^3 t \approx 8,2310 \cdot 10^4\,\text{mm}^4\,,$$

$$I_{yz} = \frac{1}{28}h^3 t \approx 8,9286 \cdot 10^4\,\text{mm}^4\,.$$

(3.34)

c) Die Hauptflächenmomente ermitteln wir mit Gl. (3.23). Es resultiert unter Berücksichtigung von $I_1 > I_2$

$$I_1 = \frac{1}{2}\left(I_y + I_z + \sqrt{(I_y - I_z)^2 + 4I_{yz}^2}\right) \approx 1{,}2737 \cdot 10^6\,\text{mm}^4\,,$$

$$I_2 = \frac{1}{2}\left(I_y + I_z - \sqrt{(I_y - I_z)^2 + 4I_{yz}^2}\right) \approx 7{,}5619 \cdot 10^4\,\text{mm}^4\,.$$

Die Lage des Hauptachsensystem wird basierend auf Gl. (3.24) bestimmt, d. h. wir berechnen den Winkel, um den das y-z-Koordinatensystem (bei einem positiven Winkel im Gegenuhrzeigersinn) gedreht werden muss, um das 1-2-Hauptachsensystem zu erhalten. Es folgt

$$\tan 2\varphi^* = \frac{2I_{yz}}{I_y - I_z} \quad\Leftrightarrow\quad \varphi^* \approx 4{,}29^\circ\,.$$

Bei Nutzung der vorherigen Beziehungen wissen wir allerdings nicht, ob die y-Achse in die 1- oder 2-Richtung gedreht wird. Um dies herauszufinden, setzen wir den Winkel φ^* in die Transformationsbeziehung für I_η gemäß Gl. (3.20) ein, da dann das Hauptflächenmoment ermittelt wird, das bei Drehung der y-Achse um den Winkel φ^* resultiert. Wir erhalten

$$I_\eta\left(\varphi = \varphi^*\right) = \frac{1}{2}\left(I_y + I_z\right) + \frac{1}{2}\left(I_y - I_z\right)\cos 2\varphi^* + I_{yz}\sin 2\varphi^* \approx 1{,}2737 \cdot 10^6\,\text{mm}^4\,.$$

Da dies das Hauptflächenmoment I_1 ist, resultiert folglich die 1-Achse durch Drehung der y-Achse um den Winkel φ^* im Gegenuhrzeigersinn. Die entsprechenden Verhältnisse sind in Abb. 3.21a. skizziert.

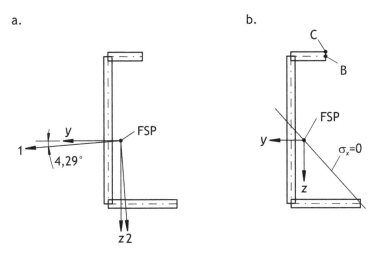

Abb. 3.21 a. Lage des Hauptachsensystems b. Spannungsnulllinie

d) Um die maximale Normalspannung zu ermitteln, müssen wir zunächst den durch Normalspannungen am höchsten beanspruchten Querschnitt des Trägers bestimmen. Die Belastung des Trägers ist in Abb. 3.5b. dargestellt. Es handelt sich um einen beidseitig gelenkig gestützten Balken, bei dem im Lasteinleitungsbereich an der Stelle $\bar{x} = \frac{l}{2}$ das maximale Biegemoment auftritt. Infolge der Einzellast tritt ein Biegemoment um die $\bar{y}$-Achse auf. Es treten kein Biegemoment um die $\bar{z}$-Achse sowie keine Normalkraft auf. Es gilt

$$N = 0, \qquad M_{b\bar{y}} = \frac{F\,l}{2} \qquad \text{und} \qquad M_{b\bar{z}} = 0.$$

Zur Bestimmung der Normalspannungen steht uns Gl. (3.25) zur Verfügung. Voraussetzung ihrer Anwendbarkeit ist, dass die Balkenachse durch den Flächenschwerpunkt des Profils verläuft. Wir nutzen daher das im Aufgabenteil a) verwendete Koordinatensystem und die dort berechneten Querschnittsgrößen. Die zuvor angegebenen Schnittkraftgrößen lauten im y-z-Koordinatensystem

$$N = 0, \qquad M_{by} = \frac{F\,l}{2} \qquad \text{und} \qquad M_{bz} = 0.$$

Nutzen wir ferner die Angaben zu den Flächenmomenten gemäß Gl. (3.34), resultiert aus Gl. (3.25)

$$\sigma_x = \frac{M_{by}\,I_{yz}}{I_y\,I_z - I_{yz}^2}\,y + \frac{M_{by}\,I_z}{I_y\,I_z - I_{yz}^2}\,z = \frac{147}{8119}\frac{F\,l}{h^3\,t}\left(64y + 59z\right).$$

Die maximale Normalspannung ermitteln wir hier, indem wir den Punkt auf der Profilmittellinie mit dem größten Abstand zur Spannungsnulllinie bestimmen. Aufgrund des linearen Verhaltens der Spannungsgleichung tritt in diesem Punkt die größte Normalspannung auf. Daher setzen wir die vorherige Gleichung zu null und erhalten

$$\sigma_x(y,z) = \frac{147}{8119}\frac{F\,l}{h^3\,t}\left(64y + 59z\right) = 0 \quad \Leftrightarrow \quad z = -\frac{64}{59}y \approx -1{,}0847\,y.$$

Es handelt sich um eine Geradengleichung, die durch den Ursprung bzw. Flächenschwerpunkt verläuft. Wir tragen diese Gerade in eine Skizze des Querschnitts (vgl. Abb. 3.21b.) ein und schätzen denjenigen Punkt auf der Profilmittellinie ab, der am weitesten von der Spannungsnulllinie entfernt ist. Nach Abb. 3.21b. ist dies der Punkt B. Seine Koordinaten sind

$$y_{\mathrm{B}} = \Delta y - b = -\frac{9}{56}h, \qquad z_{\mathrm{B}} = \Delta z - h = -\frac{4}{7}h.$$

Die betragsmäßig maximale Normalspannung auf der Profilmittellinie ergibt sich somit zu

$$\sigma_x(y_{\mathrm{B}}, z_{\mathrm{B}}) = -\frac{147}{8119}\frac{F\,l}{h^3\,t}\left(\frac{9 \cdot 64}{56}h + \frac{4 \cdot 59}{7}h\right) = -\frac{6468}{8119}\frac{F\,l}{h^2\,t} \approx -63{,}73\,\mathrm{MPa}.$$

Wegen $\sigma_x(y_B, z_B) < 0$ liegt eine Druckspannung vor.

Die tatsächlich größte Normalspannung tritt im Punkt C nach Abb. 3.21b. auf. Wir untersuchen, wie viel diese Spannung größer ist, als die zuvor ermittelte. Der Punkt C besitzt die Koordinaten

$$y_C = y_B = \Delta y - b = -\frac{9}{56}h\,, \quad z_C = \Delta z - h - \frac{1}{2}t = -\frac{4}{7}h - \frac{1}{2}t\,.$$

Damit erhalten wir

$$\sigma_x(y_C, z_C) = -\frac{147}{8119}\frac{Fl}{h^3 t}\left(\frac{9 \cdot 64}{56}h + \frac{4 \cdot 59}{7}h + \frac{59}{2}t\right) \approx -64,80\,\text{MPa}\,.$$

Die betragsmäßig maximale Normalspannung wird auf der Profilmittellinie daher um 1,02 % unterschätzt.

L3.6/Lösung zur Aufgabe 3.6 – Hauptflächenmomente und Spannungsnulllinie beim Z-Profil

a) Da das Profil als dünnwandig angenommen werden darf, idealisieren wir es gemäß Abb. 3.22 mit Hilfe von fünf Teilflächen A_i. Für diese rechteckigen Teilflächen bestimmen wir die Flächenschwerpunktskoordinaten y_{si} sowie z_{si}, die axialen Flächenmomente 2. Grades $I_{y_{si}}$ sowie $I_{z_{si}}$ im jeweiligen lokalen Flächenschwerpunktsystem der Teilfläche und die Steiner-Anteile bezogen auf den Flächenschwerpunkt des Gesamtprofils. Der Übersichtlichkeit halber fassen wir diese Größen in Tab. 3.6 zusammen.

Mit Hilfe der Beziehungen des Satzes von Steiner gemäß den Gln. (3.17) bis (3.19) resultiert für die gesuchten Flächenmomente 2. Grades unter Berücksichtigung der Angaben in Tab. 3.6

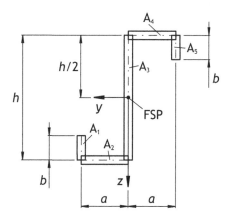

Abb. 3.22 Dünnwandige Idealisierung des Profils nach Abb. 3.6

Tab. 3.6 Querschnittsgrößen der Teilflächen nach Abb. 3.22

i	1	2	3	4	5
y_{si} [mm]	40	20	0	-20	-40
z_{si} [mm]	40	50	0	-50	-40
A_i [mm^2]	40	80	200	80	40
I_{ysi} [mm^4]	$1,3333 \cdot 10^3$	≈ 0	$1,6667 \cdot 10^5$	≈ 0	$1,3333 \cdot 10^3$
I_{zsi} [mm^4]	≈ 0	$1,0667 \cdot 10^4$	≈ 0	$1,0667 \cdot 10^4$	≈ 0
$z_{si}^2 A_i$ [mm^4]	$6,4 \cdot 10^4$	$2 \cdot 10^5$	0	$2 \cdot 10^5$	$6,4 \cdot 10^4$
$y_{si}^2 A_i$ [mm^4]	$6,4 \cdot 10^4$	$3,2 \cdot 10^4$	0	$3,2 \cdot 10^4$	$6,4 \cdot 10^4$
$-y_{si} z_{si} A_i$ [mm^4]	$-6,4 \cdot 10^4$	$-8 \cdot 10^4$	0	$-8 \cdot 10^4$	$-6,4 \cdot 10^4$

$$I_y = \sum_{i=1}^{5} I_{ysi} + \sum_{i=1}^{5} z_{si}^2 A_i = 6,9734 \cdot 10^5 \, \text{mm}^4 \, ,$$

$$I_z = \sum_{i=1}^{5} I_{zsi} + \sum_{i=1}^{5} y_{si}^2 A_i = 2,133 \cdot 10^5 \, \text{mm}^4 \, ,$$

$$I_{yz} = \sum_{i=1}^{5} I_{yzsi} - \sum_{i=1}^{5} y_{si} z_{si} A_i = -2,88 \cdot 10^5 \, \text{mm}^4 \, .$$

b) Basierend auf den Flächenmomenten nach dem Aufgabenteil a) ermitteln wir die Hauptflächenmomente nach Gl. (3.23)

$$I_{1,2} = \frac{1}{2} \left(I_y + I_z \pm \sqrt{(I_y - I_z)^2 + 4 I_{yz}^2} \right) \quad \text{mit} \quad I_1 > I_2 \, .$$

Es folgt

$$I_{1,2} = \frac{1}{2} (9,1067 \pm 7,5236) \cdot 10^5 \, \text{mm}^4$$

$$\Rightarrow \quad I_1 = 8,3152 \cdot 10^5 \, \text{mm}^4 \, , \quad I_2 = 7,9155 \cdot 10^4 \, \text{mm}^4 \, .$$

Den Winkel, um den das y-z-Koordinatensystem gedreht werden muss, um das Hauptachsensystem zu erhalten, lässt sich mit Gl. (3.24) ermitteln zu

$$\tan 2\varphi^* = \frac{2I_{yz}}{I_y - I_z} \approx -1,1901 \quad \Rightarrow \quad \varphi^* \approx -24,98° \,.$$

Der Drehwinkel ist also bekannt. Allerdings wissen wir noch nicht, wie die Hauptachsen zu den ursprünglichen Achsen im y-z-Koordinatensystem orientiert sind. Um dies herauszufinden, nutzen wir die allgemeinen Transformationsbeziehungen bei Rotation des Koordinatensystems nach den Gln. (3.20) bis (3.22), d. h. wir setzen hier in I_η den Winkel $\varphi^* = -24,98°$ ein. Da die η-Achse durch Rotation der y-Achse hervorgeht, können wir am Ergebnis ablesen, welche Hauptachse durch Drehung der y-Achse entsteht; denn das Ergebnis muss den Wert eines Hauptflächenmomentes ergeben. Es folgt

$$I_\eta \left(\varphi = -24,98°\right) = \frac{1}{2}\left(I_y + I_z\right) + \frac{1}{2}\left(I_y - I_z\right)\cos\left(-49,96°\right) + I_{yz}\sin\left(-49,96°\right)$$
$$\approx 8,3152 \cdot 10^5 \,\text{mm}^4 \,.$$

Da dies dem Hauptflächenmoment I_1 entspricht, resultiert die 1-Achse aus der Drehung der y-Achse um den Winkel φ^*. Unter Beachtung eines Rechtshandsystem erhalten wir die Lage des Hauptachsensystems gemäß Abb. 3.23a.

c) Die betragsmäßig maximale Normalspannung bestimmen wir aufgrund der Dünnwandigkeit des Profils auf der Profilmittellinie. Wir nutzen Gl. (3.25), um die Spannungsnulllinie zu ermitteln, auf deren Basis wir den Punkt der Maximalspannung im Profil abschätzen. Mit $N = 0$, $M_{bz} = 0$ und $M_{bz} \neq 0$ folgt für die Spannungsnulllinie

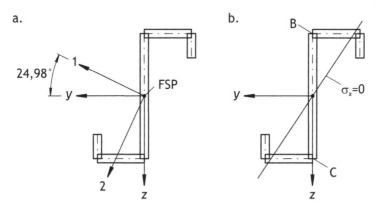

Abb. 3.23 a. Lage des Hauptachsensystems mit Flächenschwerpunkt FSP b. Spannungsnulllinie und Punkte der betragsmäßig maximalen Normalspannung bei Dünnwandigkeit

$$\sigma_x = \frac{M_{by} I_{yz}}{I_y I_z - I_{yz}^2} y + \frac{M_{by} I_z}{I_y I_z - I_{yz}^2} z = 0 \quad \Leftrightarrow \quad z(y) = -\frac{I_{yz}}{I_z} y \approx 1,35\, y\,.$$

Wir beachten die Gleichung der Spannungsnulllinie maßstabsgetreu in Abb. 3.23b. Damit ist ersichtlich, dass die Punkte B und C am weitesten von der Spannungsnulllinie entfernt sind (sofern Dünnwandigkeit des Profils vorausgesetzt werden darf). In diesen Punkten muss daher die betragsmäßig größte Normalspannung auftreten. Mit B($y_B = 0$, $z_B = -50\,$mm) und C($y_C = 0$, $z_C = 50\,$mm) folgen die Normalspannungen zu

$$\sigma_x(y_B, z_B) = \frac{M_{by} I_{yz}}{I_y I_z - I_{yz}^2} y_B + \frac{M_{by} I_z}{I_y I_z - I_{yz}^2} z_B = \frac{M_{by} I_z}{I_y I_z - I_{yz}^2} z_B$$

$$\approx -162,06\,\text{MPa} \approx -\sigma_x(y_C, z_C)\,.$$

L3.7/Lösung zur Aufgabe 3.7 – Flächenmomente und Normalspannungen beim Kastenträger

a) Bei dem Kasten handelt es sich um einen hohen Träger, d. h. die Eigenanteile der Versteifungsprofile können im Vergleich zu den Steiner-Anteilen bei den Flächenmomenten vernachlässigt werden. Gleichzeitig brauchen wir wegen $a, a_E \ll b, h$ uns nicht näher um die Flächenschwerpunktslage der Versteifungsprofile zu kümmern. Wir erhalten daher für das aus den Kastenwänden und den Versteifungsprofilen zusammengesetzte Profil hinsichtlich des axialen Flächenmomentes um die y-Achse (vgl. die Gln. (3.10) bis (3.12))

$$I_y = \frac{1}{6} h^3 t + 2\,bt \left(\frac{h}{2}\right)^2 + \left[4\,(2\,a_E\, t_E) + 3\,(4\,a t_V) + 4\,(3\,a t_V)\right] \left(\frac{h}{2}\right)^2$$

$$= \left(\frac{23}{12} h + 44\,a\right) h^2 t = \frac{23}{12} \left(1 + \frac{528}{23} \frac{a}{h}\right) h^3 t\,.$$

Auch wenn die Abmessung a sehr viel kleiner ist als die Höhe h, können wir im Klammerausdruck den zweiten Summanden nicht vernachlässigen, weil der Faktor $\frac{528}{23}$ bzgl. üblicher Verhältnisse von $\frac{a}{h} < 0,1$ bis 0,01 so groß ist, dass das Produkt aus beiden nicht mehr vernachlässigbar ist.

Für das axiale Flächenmoment um die z-Achse resultiert

$$I_z = \frac{1}{6} b^3 t + 2\,ht \left(\frac{b}{2}\right)^2 + 4\,(2\,a_E\, t_E) \left(\frac{b}{2}\right)^2 + 2\,(4\,a t_V) \left(\frac{b}{4}\right)^2 + 2\,(3\,a t_V) \left(\frac{3b}{10}\right)^2$$

$$+ 2\,(3\,a t_V) \left(\frac{b}{10}\right)^2 = \frac{3}{4} h b^2 t \left(1 + \frac{228}{5} \frac{a}{h}\right) = \frac{147}{16} \left(1 + \frac{228}{5} \frac{a}{h}\right) h^3 t\,.$$

Der zweite Summand in der Klammer ist aufgrund der gleichen Begründung wie zuvor nicht vernachlässigbar.

Das Deviationsmoment I_{yz} brauchen wir hier nicht zu berechnen, weil wir von den Versteifungsprofilen lediglich die jeweilige Querschnittsfläche berücksichtigen müssen, jedoch nicht die Querschnittsform. Aus diesem Grunde dürfen wir das Profil symmetrisch zur z-Achse auffassen, so dass das biaxiale Flächenmoment für diese Achse verschwindet

$$I_{yz} = 0 \,.$$

Folglich ist das y-z-Koordinatensystem das Hauptachsensystem. Wegen $I_z > I_y$ setzen wir

$$I_1 = I_z = \frac{147}{16}\left(1 + \frac{228}{5}\frac{a}{h}\right)h^3 t \,, \quad I_2 = I_y = \frac{23}{12}\left(1 + \frac{528}{23}\frac{a}{h}\right)h^3 t \,.$$

b) Weil das y-z-Koordinatensystem das Hauptachsensystem ist, nutzen wir hier Gl. (3.26), um die Normalspannungen zu ermitteln. Wir erhalten

$$\sigma_x = -\frac{M_{bz}}{I_z}y + \frac{M_{by}}{I_y}z = -\frac{M_{bz}}{I_z}y + \frac{3M_{bz}}{I_y}z = 3\frac{M_{bz}}{I_y}\left(z - \frac{I_y}{3I_z}y\right) \,.$$

Setzen wir diese Beziehung gleich null, resultiert die Spannungsnulllinie, mit deren Hilfe wir die Punkte mit der betragsmäßig maximalen Normalspannung abschätzen können. Die Spannungsnulllinie lautet

$$\sigma_x = 0 \quad \Leftrightarrow \quad z = \frac{I_y}{3I_z}y = \underbrace{\frac{92}{441}\frac{1 + \frac{528}{23}\frac{a}{h}}{1 + \frac{228}{5}\frac{a}{h}}}_{=m}y = my \,.$$

Da die Steigung m größer null ist, verläuft die Spannungsnulllinie im 1. und 3. Quadranten des y-z-Koordinatensystems nach Abb. 3.7. Die Punkte mit dem maximalen Abstand zu dieser Linie sind die linke obere und die rechte untere Ecke des Kastens. Die betragsmäßig maximalen Normalspannungen treten daher in den Punkten $P_1(y = b/2, z = -h/2)$ sowie $P_2(y = -b/2, z = h/2)$ auf. Dabei resultiert in P_1 eine Zug- und in P_2 eine Druckspannung.

L3.8/Lösung zur Aufgabe 3.8 – Biegelinie von Einfeldbalken bei gerader Biegung

a) Da die Biegesteifigkeit EI_y entlang der Balkenachse konstant ist, leiten wir eine vereinfachte Gleichung aus der beherrschenden Differentialgleichung (3.29) ab. Wir differenzieren den Klammerausdruck auf der linken Gleichungsseite und erhalten unter Beachutng von $EI_y =$konst.

$$EI_y w^{(IV)} = q_z(x) = q_0 \,.$$

Wir integrieren diese Differentialgleichung viermal. Es folgt

$$EI_y w''' = q_0 x + C_1 \,, \tag{3.35}$$

$$EI_y w'' = q_0 \frac{x^2}{2} + C_1 x + C_2 \,, \tag{3.36}$$

$$EI_y w' = q_0 \frac{x^3}{6} + C_1 \frac{x^2}{2} + C_2 x + C_3 \,, \tag{3.37}$$

$$EI_y w = q_0 \frac{x^4}{24} + C_1 \frac{x^3}{6} + C_2 \frac{x^2}{2} + C_3 x + C_4 \,. \tag{3.38}$$

Zu beachten ist, dass die Biegelinie nach Gl. (3.38) sowohl für den einseitig eingespannten als auch für den beidseitig gelenkig gelagerten Balken gemäß den Abbn. 3.8a. und b. gilt. Der Unterschied zwischen beiden Lagerungsformen wird durch die Integrationskonstanten C_i berücksichtigt, die wir in Abhängigkeit von den Randbedingungen bestimmen. Darüber hinaus ist zu beachten, dass die Verschiebungsfunktionen und ihre Ableitungen für $0 \le x \le l$ definiert sind.

Der Übersichtlichkeit halber sind die Randbedingungen für die beiden unterschiedlichen Lagerungsformen in Tab. 3.7 bei einer Belastung durch eine Streckenlast dargestellt. Das Fragezeichen kennzeichnet, dass die entsprechende Größe nicht durch die gewählte Lagerungsform festgelegt ist, sondern berechnet werden muss. Das Biegemoment und die Querkraft ermitteln wir basierend auf Gl. (3.29) über

$$M_{by}(x) = -EI_y w''(x) \tag{3.39}$$

und

$$Q_z(x) = -EI_y w'''(x) \,. \tag{3.40}$$

Anzumerken ist, dass für jede Belastungsart immer vier bekannte Randbedingungen existieren. Somit kann ein eindeutig lösbares Gleichungssystem für die vier unbekannten Integrationskonstanten C_i formuliert werden, dessen Lösung die gesuchten Integrationskonstanten liefert.

Tab. 3.7 Randbedingungen für einseitig eingespannten und beidseitig gelenkig gelagerten Balken unter einer Streckenlast $q_z(x)$; das Fragezeichen kennzeichnet Größen, die nicht aus der Betrachtung der gewählten Lagerungsform angegeben werden können, sondern berechnet werden müssen

	$x = 0$	$x = l$	$x = 0$	$x = l$
$w(x)$	$= 0$	$= ?$	$= 0$	$= 0$
$w'(x)$	$= 0$	$= ?$	$= ?$	$= ?$
$M_{by}(x)$	$= ?$	$= 0$	$= 0$	$= 0$
$Q_z(x)$	$= ?$	$= 0$	$= ?$	$= ?$

Wir bestimmen zuerst die Integrationskonstanten für den Fall der einseitigen Einspannung nach Abb. 3.8a. An der Stelle $x = 0$ sind Verformungsrandbedingun-
gen bekannt; hier verschwinden die Absenkung w und die Verdrehung $\varphi = -w'$
(vgl. Spalte 2 in Tab. 3.7). Demnach ergibt sich für die Bedingung der Verdrehung
$\varphi(x = 0) = 0$ nach Gl. (3.37)

$$-EI_y w'(x = 0) = -C_3 = 0 \quad \Leftrightarrow \quad C_3 = 0 \, .$$

Ferner können wir aus der Bedingung für die Absenkung $w(x = 0) = 0$ nach
Gl. (3.38) eine weitere Integrationskonstante bestimmen

$$EI_y w(x = 0) = C_4 = 0 \, .$$

Im nächsten Schritt nutzen wir die Randbedingungen am freien Balkenende an der
Stelle $x = l$. Dort sind Kraftrandbedingungen bekannt (vgl. Spalte 3 in Tab. 3.7 und
Abb. 3.8a.), d. h. sowohl das Biegemoment M_{by} als auch die Querkraft Q_z sind null.
Wir nutzen zuerst die Bedingung für die Querkraft. Unter Berücksichtigung von
Gl. (3.35) resultiert

$$-EI_y w'''(x = l) = -(q_0 l + C_1) = 0 \quad \Leftrightarrow \quad C_1 = -q_0 l \, .$$

Das verschwindende Biegemoment an der Stelle $x = l$ liefert die letzte Integrationskonstante. Mit Gl. (3.36) folgt

$$-EI_y w''(x = l) = -\left(q_0 \frac{l^2}{2} + C_1 l + C_2 \right) = 0 \quad \Leftrightarrow \quad C_2 = -q_0 \frac{l^2}{2} - C_1 l = q_0 \frac{l^2}{2} \, .$$

Damit folgt für die Biegelinie beim einseitig eingespannten Balken nach Abb. 3.8a.

$$w(x) = \frac{q_0 l^2 x^2}{24 EI_y} \left(6 - 4\frac{x}{l} + \frac{x^2}{l^2} \right) \, .$$

Um - wie gefordert - aus der Biegelinie die Lagerreaktionen zu berechnen, müssen
wir die Schnittreaktionen M_{by} und Q_z bestimmen und diese in Beziehung zu den
Lagerreaktionen setzen. Wie oben in den Gln. (3.39) und (3.40) dargestellt ist, gilt

$$M_{by}(x) = -EI_y w''(x) \quad \text{und} \quad Q_z(x) = -EI_y w'''(x) \, .$$

Wir müssen daher die 2. und die 3. Ableitung der Biegelinie berechnen. Für das
Biegemoment resultiert

$$M_{by}(x) = -EI_y w''(x) = -\frac{q_0 l^2}{2} \left(1 - 2\frac{x}{l} + \frac{x^2}{l^2} \right) = -\frac{q_0 l^2}{2} \left(1 - \frac{x}{l} \right)^2$$

und für die Querkraft

$$Q_z(x) = -EI_y w'''(x) = q_0 l \left(1 - \frac{x}{l} \right) \, .$$

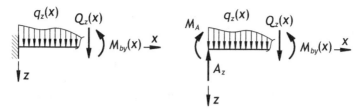

Abb. 3.24 Schnitt- und Lagerreaktionen am Balken bei einseitiger Einspannung

Anzumerken ist, dass diese Schnittreaktionen durch die Lösung der beherrschenden Differentialgleichung 4. Ordnung nach Gl. (3.29) gewonnen werden und keine Ermittlung der Schnittreaktionen über das Schneiden der Struktur und die Anwendung der Gleichgewichtsbedingungen erforderlich ist. Hätten wir die Differentialgleichung 2. Ordnung nach Gl. (3.27) verwendet, hätten wir zuvor Letzteres tun müssen, d. h. zuerst die Schnittreaktionen ermitteln müssen, um dann die beherrschende Differentialgleichung integrieren zu können. Da wir die Schnittreaktionen mit Hilfe der Gleichgewichtsbedingungen nur dann bestimmen können, wenn das zu untersuchende System statisch bestimmt ist, reduziert sich ihr Anwendungsgebiet im Prinzip auf statisch bestimmte Probleme. Die Differentialgleichung 4. Ordnung ist hingegen immer auf statisch unbestimmte Systeme anwendbar.

Um die Lagerreaktionen zu berechnen, müssen wir die jetzt bekannten Schnittreaktionen noch mit den Reaktionen in den Lagern in Beziehung setzen. Hierzu sind in Abb. 3.24 die Schnitt- und die Lagerreaktionen bei einseitiger Einspannung skizziert. Die Streckenlast ist der Allgemeingültigkeit halber als beliebige Funktion der Koordinate x angenommen. Dadurch können wir sowohl die konstante als auch die linear veränderliche Streckenlast berücksichtigen. Die Lagerkraft in x-Richtung ist nicht dargestellt, da diese - wie in der Aufgabenstellung angegeben - null ist.

Unter Beachtung der Gleichgewichtsbedingungen folgt

$$A_z = Q_z(x=0) = q_0\, l \quad \text{und} \quad M_A = M_{by}(x=0) = -\frac{q_0\, l^2}{2} < 0\,.$$

Das negative Vorzeichen des Biegemomentes M_A bedeutet, dass es entgegen der angenommenen Drehrichtung nach Abb. 3.24 wirkt, d.h. es wirkt im Gegenuhrzeigersinn. Die vertikale Lagerkraft A_z weist von unten nach oben.

b) Im Vergleich zur Aufgabenstellung a) ändern sich bei gleicher Streckenlast, aber anderer Lagerungsform die Randbedingungen, die zur Bestimmung der Integrationskonstanten erforderlich sind. Die allgemeine Lösung der Differentialgleichung, wie sie mit den Gln. (3.35) bis (3.38) gegeben ist, ändert sich nicht. Wir brauchen also für den Balken in Abb. 3.8b. keine Integration mehr durchzuführen und nutzen direkt die Gln. (3.35) bis (3.38).

Im nächsten Schritt formulieren wir die Randbedingungen für den Balken, so dass wir die noch unbekannten Integrationskonstanten berechnen können. Die gültigen Randbedingungen sind in den Spalten 4 und 5 von Tab. 3.7 dargestellt. In den Lagern ist keine Verschiebung möglich. Ferner sind die Biegemomente dort null, weshalb die 2. Ableitung der Biegelinie w'' aufgrund der Beziehung $M_{by}(x) = -EI_y w''(x)$ ebenfalls verschwindet.

Wir nutzen zuerst die Randbedingungen für w'', d. h. $w''(x = 0) = 0$ wie auch $w''(x = l) = 0$, da nur die Konstanten C_1 und C_2 in den resultierenden Gleichungen auftauchen und wir dann leichter nach den Unbekannten auflösen können. Es folgt

$$EI_y w''(x = 0) = C_2 = 0$$

und

$$EI_y w''(x = l) = q_0 \frac{l^2}{2} + C_1 l + C_2 = 0 \quad \Leftrightarrow \quad C_1 = -q_0 \frac{l}{2}.$$

Jetzt stehen noch die Randbedingungen für verschwindende Verschiebungen zur Verfügung mit $w(x = 0) = 0$ und $w(x = l) = 0$. Wir erhalten

$$EI_y w(x = 0) = C_4 = 0$$

und unter Beachtung von C_2, C_4=0

$$EI_y w(x = l) = q_0 \frac{l^4}{24} + C_1 \frac{l^3}{6} + C_3 l = 0.$$

Mit $C_1 = -q_0 \frac{l}{2}$ folgt

$$q_0 \frac{l^4}{24} - q_0 \frac{l^4}{12} + C_3 l = 0 \quad \Leftrightarrow \quad C_3 = q_0 \frac{l^3}{24}.$$

Die Biegelinie lautet somit

$$w(x) = \frac{q_0 l^3 x}{24 EI_y} \left(1 - 2\frac{x^2}{l^2} + \frac{x^3}{l^3} \right) = \frac{q_0 l^3 x}{24 EI_y} \left(1 - \frac{x}{l} \right) \left(1 + \frac{x}{l} - \frac{x^2}{l^2} \right).$$

Da wir aus der Biegelinie die Lagerreaktionen berechnen sollen, nutzen wir die Gln. (3.39) und (3.40), um das Biegemoment $M_{by}(x)$ und die Querkraft $Q_z(x)$ zu ermitteln. Die 2. und 3. Ableitung der Biegelinie ergeben

$$w''(x) = -\frac{q_0 l x}{2 EI_y} \left(1 - \frac{x}{l} \right) \quad \text{und} \quad w'''(x) = -\frac{q_0 l}{2 EI_y} \left(1 - 2\frac{x}{l} \right).$$

Wir erhalten demnach

$$M_{by}(x) = -EI_y w''(x) = \frac{q_0 l x}{2} \left(1 - \frac{x}{l} \right),$$

$$Q_z(x) = -EI_y w'''(x) = \frac{q_0 l}{2} \left(1 - 2\frac{x}{l} \right).$$

Unter Beachtung der Gleichgewichtsbedingungen in den Lagern resultiert nach Abb. 3.25

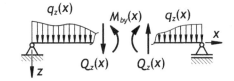

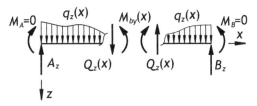

Abb. 3.25 Schnitt- und Lagerreaktionen am Balken bei beidseitg gelenkiger Lagerung

$$A_z = Q_z(x=0) = \frac{q_0 l}{2} \quad \text{und} \quad B_z = -Q_z(x=l) = \frac{q_0 l}{2} .$$

Die Biegemomente sind in den Lagern erwartungsgemäß null.

c) Im Vergleich zur Aufgabenstellung a) gemäß Abb. 3.8a. untersuchen wir jetzt einen einseitig eingespannten Balken, der nicht durch eine konstante, sondern durch eine linear veränderliche Streckenlast belastet ist. Die Integration der beherrschenden Differentialgleichung (3.29) wird daher ein anderes Ergebnis liefern als das in Gl. (3.38). Die Randbedingungen sind jedoch die gleichen.

Im gegebenen Koordinatensystem für $0 \leq x \leq l$ ergibt sich die linear veränderliche Streckenlast mit ihrem Maximum in der Einspannung zu

$$q(x) = q_0 \left(1 - \frac{x}{l} \right) .$$

Die beherrschende Differentialgleichung lautet somit

$$EI_y w^{(IV)} = q_z(x) = q_0 \left(1 - \frac{x}{l} \right) .$$

Die viermalige Integration liefert

$$EI_y w''' = \frac{q_0 x}{2} \left(2 - \frac{x}{l} \right) + C_1 , \tag{3.41}$$

$$EI_y w'' = q_0 \left(\frac{x^2}{2} - \frac{x^3}{6l} \right) + C_1 x + C_2 , \tag{3.42}$$

$$EI_y w' = \frac{q_0 x^3}{24} \left(4 - \frac{x}{l} \right) + C_1 \frac{x^2}{2} + C_2 x + C_3 , \tag{3.43}$$

$$EI_y w = \frac{q_0 x^4}{120} \left(5 - \frac{x}{l} \right) + C_1 \frac{x^3}{6} + C_2 \frac{x^2}{2} + C_3 x + C_4 . \tag{3.44}$$

Bei der Bestimmung der Integrationskonstanten C_i gehen wir genauso wie in der Aufgabenstellung a) vor. Wir beginnen mit den Bedingungen in der Einspannung bei $x = 0$ (vgl. Spalte 2 in Tab. 3.7) und erhalten

$$EI_y w'(x=0) = C_3 = 0 \quad \text{und} \quad EI_y w(x=0) = C_4 = 0 \,.$$

Außerdem nutzen wir die Bedingungen am freien Balkenende bei $x = l$ (vgl. Spalte 3 in Tab. 3.7). Es folgt

$$EI_y w'''(x=l) = \frac{q_0 l}{2} + C_1 = 0 \quad \Leftrightarrow \quad C_1 = -\frac{q_0 l}{2}$$

und

$$EI_y w''(x=l) = \frac{q_0 l^2}{3} + C_1 l + C_2 = 0 \quad \Leftrightarrow \quad C_2 = \frac{q_0 l^2}{6} \,.$$

Damit erhalten wir die Biegelinie zu

$$w(x) = \frac{q_0 l^2 x^2}{120 EI_y} \left(10 - 10\frac{x}{l} + 5\frac{x^2}{l^2} - 5\frac{x^3}{l^3} \right) \,.$$

Da wir den Biegemomenten- und Querkraftverlauf zur Ermittlung der Lagerreaktionen benötigen, berechnen wir die 2. und 3. Ableitung der Biegelinie (vgl. die Gln. (3.39) und (3.40)). Es resultiert

$$w''(x) = \frac{q_0 l^2}{6 EI_y} \left(1 - 3\frac{x}{l} + 3\frac{x^2}{l^2} - 5\frac{x^3}{l^3} \right) \,,$$

$$w'''(x) = -\frac{q_0 l}{6 EI_y} \left(3 - 6\frac{x}{l} + 15\frac{x^2}{l^2} \right) \,.$$

Die gesuchten Verläufe sind mit $0 \leq x \leq l$ somit

$$M_{by}(x) = -EI_y w''(x) = -\frac{q_0 l^2}{6} \left(1 - 3\frac{x}{l} + 3\frac{x^2}{l^2} - 5\frac{x^3}{l^3} \right) \,,$$

$$Q_z(x) = -EI_y w'''(x) = \frac{q_0 l}{6} \left(3 - 6\frac{x}{l} + 15\frac{x^2}{l^2} \right) \,.$$

Wir formulieren wieder die Gleichgewichtsbedingungen in der Einspannung in Abhängigkeit von den Schnittreaktionen und erhalten gemäß Abb. 3.24

$$A_z = Q_z(x=0) = \frac{q_0 l}{2} \quad \text{und} \quad M_A = M_{by}(x=0) = -\frac{q_0 l^2}{6} \,.$$

Wegen des negativen Vorzeichens des Biegemomentes M_A wirkt dieses entgegen der angenommenen Richtung.

d) Die belastete Struktur nach Abb. 3.8d. weist im Vergleich zu der der vorherigen Aufgabenstellung die gleiche äußere Belastung auf, sie ist aber anders gelagert, so dass andere Randbedingungen gelten. Die allgemeine Lösung der beherrschenden Differentialgleichung nach den Gln. (3.41) bis (3.44) bleibt daher gleich. Wir müssen also nur noch die Randbedingungen in den Spalten 4 und 5 nach Tab. 3.7 berücksichtigen, um die Integrationskonstanten zu bestimmen.

Wir starten mit den Randbedingungen an der Stelle $x = 0$. Die Absenkung verschwindet dort. Es folgt wegen Gl. (3.44)

$$EI_y w(x = 0) = C_4 = 0 \,.$$

Das Biegemoment ist ebenfalls null, weshalb die 2. Ableitung der Biegelinie nach Gl. (3.42) verschwindet

$$M_{by}(x = 0) = -EI_y w''(x = 0) = -C_2 = 0 \quad \Leftrightarrow \quad C_2 = 0 \,.$$

Die beiden noch unbekannten Integrationskonstanten C_1 und C_3 ermitteln wir mit Hilfe der Randbedingungen am rechten Rand, d. h. bei $x = l$. Wir untersuchen zuerst die Bedingung für das verschwindende Biegemoment, da wir dann eine Gleichung mit einer Unbekannten erhalten und daher schneller eine Lösung generieren können. Es gilt

$$M_{by}(x = l) = -EI_y w''(x = l) = -\frac{q_0 l^2}{3} - C_1 l = 0 \quad \Leftrightarrow \quad C_1 = -\frac{q_0 l}{3} \,.$$

Als Letztes nutzen wir die Bedingung, dass im Lager keine Absenkung möglich ist. Wir erhalten

$$EI_y w(x = l) = -\frac{q_0 l^4}{45} + C_3 l = 0 \quad \Leftrightarrow \quad C_3 = \frac{q_0 l^3}{45} \,.$$

Die Biegelinie unter Beachtung von Gl. (3.44) ergibt sich damit zu

$$w(x) = \frac{q_0 l^3 x}{360 EI_y} \left(8 - 20\frac{x^2}{l^2} + 15\frac{x^3}{l^3} - 3\frac{x^4}{l^4} \right) \,.$$

Berücksichtigen wir die entsprechenden Ableitungen der Biegelinie, so können wir den Biegemomenten- und Querkraftverlauf für $0 \leq x \leq l$ wie folgt angeben

$$M_{by}(x) = -EI_y w''(x) = \frac{q_0 lx}{6} \left(2 - 3\frac{x}{l} + \frac{x^2}{l^2} \right) \,,$$

$$Q_z(x) = -EI_y w'''(x) = \frac{q_0 l}{6} \left(2 - 6\frac{x}{l} + 3\frac{x^2}{l^2} \right) \,.$$

Erwartungsgemäß sind die Biegemomente in den Lagern null. Berücksichtigen wir das Freikörperbild in Abb. 3.25, ergeben sich die Lagerkräfte wie folgt

$$A_Z = Q_z(x = 0) = \frac{q_0 l}{3} \quad \text{und} \quad B_z = -Q_z(x = l) = \frac{q_0 l}{6} \,.$$

L3.9/Lösung zur Aufgabe 3.9 – Biegelinie eines statisch unbestimmten Einfeldbalkens

a) Wir arbeiten zunächst mit der Differentialgleichung 4. Ordnung der Biegelinie nach Gl. (3.29). Bevor wir diese Differentialgleichung integrieren können, müssen wir allerdings den funktionalen Zusammenhang für die in Abb. 3.9 skizzierte Streckenlast in Abhängigkeit vom gegebenen Koordinatensystem ermitteln. Die linear veränderliche Streckenlast besitzt ihr Maximum im linken Lager. Wir erhalten daher

$$q(x) = q_0 \left(1 - \frac{x}{l}\right) \quad \text{für} \quad 0 \leq x \leq l.$$

Die beherrschende Differentialgleichung lautet also

$$EI_y w^{(IV)} = q_z(x) = q_0 \left(1 - \frac{x}{l}\right).$$

Wir integrieren diese Gleichung viermal und erhalten

$$EI_y w''' = \frac{q_0 x}{2} \left(2 - \frac{x}{l}\right) + C_1,$$

$$EI_y w'' = \frac{q_0 x^2}{6} \left(3 - \frac{x}{l}\right) + C_1 x + C_2,$$

$$EI_y w' = \frac{q_0 x^3}{24} \left(4 - \frac{x}{l}\right) + C_1 \frac{x^2}{2} + C_2 x + C_3, \tag{3.45}$$

$$EI_y w = \frac{q_0 x^4}{120} \left(5 - \frac{x}{l}\right) + C_1 \frac{x^3}{6} + C_2 \frac{x^2}{2} + C_3 x + C_4. \tag{3.46}$$

Im nächsten Schritt müssen wir die Randbedingungen berücksichtigen, um die noch unbekannten Integrationskonstanten C_i bestimmen zu können. Sowohl im linken als auch im rechten Lager verschwinden die Absenkung $w(x)$ und die 1. Ableitung der Biegelinie $w'(x)$ (bzw. Verdrehung wegen $\varphi(x) = -w'(x)$), d. h. es gilt

$$w(x = 0) = 0 = w(x = l) \quad \text{und} \quad w'(x = 0) = 0 = w'(x = l).$$

Wir nutzen zunächst die Randbedingungen im linken Lager. Es folgt mit den Gln. (3.45) und (3.46)

$$EI_y w(x = 0) = C_4 = 0 \quad \text{und} \quad EI_y w'(x = 0) = C_3 = 0.$$

Die Randbedingungen im rechten Lager führen auf

$$EI_y w(x = l) = \frac{q_0 l^4}{30} + C_1 \frac{l^3}{6} + C_2 \frac{l^2}{2} = 0, \tag{3.47}$$

$$EI_y w'(x = l) = \frac{q_0 l^3}{8} + C_1 \frac{l^2}{2} + C_2 l = 0. \tag{3.48}$$

Multiplizieren wir Gl. (3.48) mit dem Faktor $\frac{l}{2}$ und subtrahieren vom Ergebnis Gl. (3.47), resultiert

$$C_1 = -\frac{7 q_0 l}{20} \, .$$

Wird dies in Gl. (3.47) eingesetzt, folgt für die noch fehlende Integrationskonstante

$$C_2 = \frac{q_0 l^2}{20} \, .$$

Die Biegelinie ergibt sich demnach zu

$$w(x) = \frac{q_0 l^2 x^2}{120 E I_y} \left(3 - 7\frac{x}{l} + 5\frac{x^2}{l^2} - \frac{x^3}{l^3} \right) \, . \tag{3.49}$$

Um daraus die Lagerreaktionen ermitteln zu können, müssen die Schnittreaktionen mit Hilfe von Gl. (3.29) bestimmt werden, d. h. wir nutzen die folgenden Zusammenhänge

$$M_{by}(x) = -E I_y \, w''(x) \quad \text{und} \quad Q_z(x) = -E I_y \, w'''(x) \, .$$

Die entsprechenden Differentiationen der Biegelinie nach Gl. (3.49) liefern

$$w''(x) = \frac{q_0 l^2}{120 E I_y} \left(6 - 42\frac{x}{l} + 60\frac{x^2}{l^2} - 20\frac{x^3}{l^3} \right) \, ,$$

$$w'''(x) = -\frac{q_0 l}{20 E I_y} \left(7 - 20\frac{x}{l} + 10\frac{x^2}{l^2} \right) \, .$$

Damit resultiert für die Schnittreaktionen mit $0 \leq x \leq l$

$$M_{by}(x) = -E I_y \, w''(x) = -\frac{q_0 l^2}{120} \left(6 - 42\frac{x}{l} + 60\frac{x^2}{l^2} - 20\frac{x^3}{l^3} \right) \, ,$$

$$Q_z(x) = -E I_y \, w'''(x) = \frac{q_0 l}{20} \left(7 - 20\frac{x}{l} + 10\frac{x^2}{l^2} \right) \, .$$

Im letzten Schritt drücken wir die Reaktionen im Lager A durch diese Schnittreaktionen aus. Hierzu nutzen wir das in Abb. 3.26 dargestellte Schnittbild, in dem die Wirkung der Lagerung A auf den Balken durch die Lagerreaktionen A_z und M_A beschrieben wird. Angemerkt sei, dass die Lagerreaktion in x-Richtung nach der Aufgabenstellung zu null angenommen werden darf und daher nicht dargestellt ist. Die Gleichgewichtsbetrachtungen liefern bei $x = l$

$$M_A = -M_{by}(x = l) = \frac{q_0 l^2}{30} \quad \text{und} \quad A_Z = -Q_z(x = l) = \frac{3}{20} q_0 l \, .$$

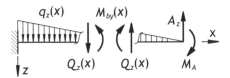

Abb. 3.26 Schnittreaktionen

b) In diesem Aufgabenteil benutzen wir die Differentialgleichung der Biegelinie
2. Ordnung nach Gl. (3.27), um die Reaktionen im Lager A zu berechnen. In diesem
Fall müssen wir den Biegemomentenverlauf angeben. Allerdings handelt es sich um
ein statisch unbestimmtes Problem, d. h. mit Hilfe der Gleichgewichtsbedingungen
können wir den Biegemomentenverlauf nicht alleine in Abhängigkeit der äußeren
Lasten angeben. Es existieren zu viele Lagerreaktionen (d. h. insgesamt sechs) für
die drei Gleichgewichtsbedingungen in der Ebene. Wir können jedoch die Lagerreaktionen, die nicht mit Hilfe der Gleichgewichtsbedingungen ermittelt werden
können, als unbekannte statisch überzählige Größen einführen. Der Biegemomentenverlauf ist dann in Abhängigkeit der äußeren Lasten und der gewählten statisch
Überzähligen definierbar. Da mit der Differentialgleichung der Biegelinie alle Ver-
formungsrandbedingungen der Struktur berücksichtigt werden können, lassen sich
auch die statisch Überzähligen ermitteln. Dieses Vorgehen demonstrieren wir hier.

Zunächst definieren wir die statisch überzähligen Größen. Nach der Aufgabenstellung brauchen wir die Lagerreaktionen in x-Richtung nicht zu berechnen, da diese null sind. Folglich behandeln wir das System als zweifach statisch unbestimmtes
Problem. Als statisch Überzählige dürfen wir jede verbleibende Lagerreaktion definieren. Da wir allerdings die Reaktionen im Lager A bestimmen wollen, definieren
wir diese als die statisch überzähligen Größen; denn dann müssen wir nicht nach
der Integration der Differentialgleichung der Biegelinie noch die Gleichgewichtsbedingungen formulieren. Das Momentengleichgewicht im rechten Schnittbild nach
Abb. 3.26 führt auf

$$M_{by}(x) = -M_A + A_z \, (l-x) - \frac{q_0}{6l} \, (l-x)^3 \ .$$

Bzgl. der Streckenlast ist hierbei davon Gebrauch gemacht worden, dass im Schnitt
die dreiecksförmige Streckenlast

$$q_z(x) = \frac{q_0}{l} \, (l-x)$$

herrscht und dass die daraus resultierende Querkraft

$$R(x) = \frac{q_0}{2l} \, (l-x)^2$$

einen Hebel von $\frac{1}{3} \, (l-x)$ zum Schnitt aufweist.

Wir führen den abgeleiteten Biegemomentenverlauf in die beherrschende Differentialgleichung ein und erhalten

$$w''(x) = -\frac{M_{by}}{EI_y} = \frac{1}{EI_y}\left(M_A - A_z(l-x) + \frac{q_0}{6l}(l-x)^3\right).$$

Die zweimalige Integration liefert

$$w'(x) = \frac{1}{EI_y}\left(M_A x + \frac{A_z}{2}(l-x)^2 - \frac{q_0}{24l}(l-x)^4\right) + C_1,$$

$$w(x) = \frac{1}{EI_y}\left(\frac{M_A x^2}{2} - \frac{A_z}{6}(l-x)^3 + \frac{q_0}{120l}(l-x)^5\right) + C_1 x + C_2.$$

Die Biegelinie enthält insgesamt vier unbekannte Größen, und zwar zwei unbekannte Integrationskonstanten C_1 sowie C_2 wie auch die statisch Überzähligen A_z sowie M_A. Da wir insgesamt vier Randbedingungen definieren können, lassen sich diese unbekannten Größen bestimmen.

Wir beginnen mit den Randbedingungen im rechten Lager. Da die Verdrehung dort verschwindet (d. h. $\varphi(x=l) = -w'(x=l) = 0$), folgt

$$w'(x=l) = \frac{M_A l}{EI_y} + C_1 = 0 \quad \Leftrightarrow \quad C_1 = -\frac{M_A l}{EI_y}.$$

Ebenso ist die Absenkung im rechten Lager null

$$w(x=l) = \frac{M_A l^2}{2EI_y} + C_1 l + C_2 = 0 \quad \Leftrightarrow \quad C_2 = -\frac{M_A l^2}{2EI_y} - C_1 l = \frac{M_A l^2}{2EI_y}.$$

Die Biegelinie und ihre 1. Ableitung ergeben sich dann zu

$$w(x) = \frac{1}{EI_y}\left(\frac{M_A}{2}(l-x)^2 - \frac{A_z}{6}(l-x)^3 + \frac{q_0}{120l}(l-x)^5\right),$$

$$w'(x) = \frac{1}{EI_y}\left(-M_A(l-x) + \frac{A_z}{2}(l-x)^2 - \frac{q_0}{24l}(l-x)^4\right).$$

Am linken Rand des Balkens, d. h. bei $x = 0$ kennen wir zudem zwei Randbedingungen. Sowohl die Absenkung w als auch die Verdrehung $\varphi = -w'$ sind dort null. Unter Berücksichtigung der beiden vorherigen Gleichungen erhalten wir somit zwei Gleichungen für die zwei unbekannten Lagerreaktionen A_z und M_A. Es folgt

$$w(x=0) = \frac{l^2}{120EI_y}\left(60M_A - 20A_z l + q_0 l^2\right) = 0$$

$$\Leftrightarrow \quad 60M_A - 20A_z l + q_0 l^2 = 0 \tag{3.50}$$

und

$$w'(x = 0) = \frac{l}{EI_y}\left(-M_A + \frac{A_z l}{2} - \frac{q_0 l^2}{24}\right) = 0$$

$$\Leftrightarrow \quad -M_A + \frac{A_z l}{2} - \frac{q_0 l^2}{24} = 0.$$

(3.51)

Wir multiplizieren Gl. (3.51) mit dem Faktor 60 und addieren Gl. (3.50) hinzu, woraus folgt

$$A_z = \frac{3}{20} q_0 l.$$

Setzen wir die Lagerreaktion A_z in Gl. (3.51) ein, erhalten wir

$$M_A = \frac{A_z l}{2} - \frac{q_0 l^2}{24} = \frac{q_0 l^2}{30}.$$

Erwartungsgemäß resultiert das gleiche Ergebnis wie im Aufgabenteil a). Allerdings haben wir jetzt die Differentialgleichung 2. Ordnung für die Biegelinie genutzt, um die gesuchten Lagerreaktionen zu ermitteln.

L3.10/Lösung zur Aufgabe 3.10 – Biegelinie eines Mehrfeldbalkens bei gerader Biegung

a) Die Biegemomente entlang des Flügels sind bekannt. Daher arbeiten wir hier mit der Differentialgleichung 2. Ordnung für die Biegelinie nach Gl. (3.27). Infolge der Flügelstütze müssen wir zwei Bereiche unterscheiden, d. h. wir stellen zweimal die Differentialgleichung auf und integrieren diese jeweils zweimal. Aufgrunddessen ergeben sich vier Integrationskonstanten, die wir mit Hilfe von geeigneten Rand- und Übergangsbedingungen ermitteln müssen.

Wir beginnen mit der Formulierung und Integration der beiden Differentialgleichungen.

Im Bereich 1 mit $0 \leq x \leq l_1$ erhalten wir

$$w_1''(x) = -\frac{M_{by1}}{EI_y} = -\frac{q_L l x}{2 EI_y}\left(\frac{l}{l_1} - 2 + \frac{x}{l}\right) = -\frac{q_L l}{2 EI_y}\left(\frac{x l}{l_1} - 2x + \frac{x^2}{l}\right).$$

Die Integration dieser Differentialgleichung führt auf

$$w_1'(x) = -\frac{q_L l}{2 EI_y}\left(\frac{x^2 l}{2 l_1} - x^2 + \frac{x^3}{3 l}\right) + C_1,$$

$$w_1(x) = -\frac{q_L l}{2 EI_y}\left(\frac{x^3 l}{6 l_1} - \frac{x^3}{3} + \frac{x^4}{12 l}\right) + C_1 x + C_2.$$

Analog folgt im Bereich 2 mit $l_1 \leq x \leq l$

$$w_2''(x) = -\frac{M_{by2}}{EI_y} = -\frac{q_L l^2}{2 EI_y}\left(1 - \frac{x}{l}\right)^2.$$

Mittels Integration (unter Beachtung der Kettenregel, vgl. [6, S. 337ff.]) resultiert

$$w_2'(x) = \frac{q_L l^3}{6EI_y}\left(1-\frac{x}{l}\right)^3 + C_3\,,$$

$$w_2(x) = -\frac{q_L l^4}{24EI_y}\left(1-\frac{x}{l}\right)^4 + C_3 x + C_4\,.$$

Im nächsten Schritt stellen wir Randbedingungen auf, um die noch unbekannten Integrationskonstanten zu bestimmen.

Im Lager A ist die Auslenkung null. Wir erhalten demnach

$$w_1(x=0) = 0 \quad \Rightarrow \quad C_2 = 0\,.$$

Darüber hinaus ist die Auslenkung w_K im Stützenanschluss im Knoten K nach der Aufgabenstellung bekannt. Es ergibt sich für die Biegelinie bei $x = l_1$

$$w_1(x=l_1) = w_K \quad \Rightarrow \quad C_1 = \frac{w_K}{l_1} + \frac{q_L l l_1^2}{24EI_y}\left(\frac{2l}{l_1} - 4 + \frac{l_1}{l}\right)\,.$$

Damit kann die Biegelinie im Bereich 1 mit $0 \le x \le l_1$ angegeben werden

$$w_1(x) = \frac{x}{l_1}w_K + \frac{q_L l^4}{24EI_y}\left[x\left(\frac{2l_1}{l^2} - \frac{4l_1^2}{l^3} + \frac{l_1^3}{l^4}\right) - \frac{2x^3}{l_1 l^2} + \frac{4x^3}{l^3} - \frac{x^4}{l^4}\right]\,. \tag{3.52}$$

Die Verdrehung resultiert aus $\varphi_1 = -w_1'$ zu

$$\varphi_1(x) = -\frac{w_K}{l_1} - \frac{q_L l^3}{24EI_y}\left[\frac{2l_1}{l} - \frac{4l_1^2}{l^2} + \frac{l_1^3}{l^3} - \frac{6x^2}{l_1 l} + \frac{12x^2}{l^2} - \frac{4x^3}{l^3}\right]\,. \tag{3.53}$$

Im Knoten K grenzen beide Bereiche aneinander. Hier müssen wir Übergangsbedingungen definieren. Da der Biegemomentenverlauf bekannt ist und daher bereits die Übergangsbedingungen für die Kraftgrößen berücksichtigt sind, müssen wir am Übergang von dem einen zum anderen Bereich die Verschiebungsrandbedingungen formulieren. Am Übergang müssen sowohl die Verschiebung als auch die Verdrehung gleich sein.

Wir beginnen mit der Übergangsbedingung für die Verdrehung, weil wir dann direkt die Integrationskonstante C_3 ermitteln können. Wegen $\varphi_2 = -w_2'$ muss gelten

$$\varphi_2(x=l_1) = -w_2'(x=l_1) = -w_1'(x=l_1) = \varphi_1(x=l_1)\,.$$

Daraus folgt

$$C_3 = \frac{w_K}{l_1} - \frac{q_L l^3}{24EI_y}\left(4 - \frac{8l_1}{l} + \frac{4l_1^2}{l^2} - \frac{l_1^3}{l^3}\right)\,.$$

Außerdem ist die Verschiebung im Knoten K gleich. Da diese Verschiebung aus der Aufgabenstellung bekannt ist, setzen wir

$$w_2(x=l_1) = w_K \quad \Rightarrow \quad C_4 = \frac{q_L l^4}{24EI_y}\left(1 - \frac{2l_1^2}{l^2}\right)\,.$$

Die Biegelinie im Bereich 2 ($l_1 \leq x \leq l$) lautet somit

$$w_2(x) = -\frac{q_L l^4}{24 EI_y}\left(1 - \frac{x}{l}\right)^4 + \left[\frac{w_K}{l_1} - \frac{q_L l^3}{24 EI_y}\left(4 - \frac{8 l_1}{l} + \frac{4 l_1^2}{l^2} - \frac{l_1^3}{l^3}\right)\right] x$$
$$+ \frac{q_L l^4}{24 EI_y}\left(1 - \frac{2 l_1^2}{l^2}\right) . \tag{3.54}$$

Wir multiplizieren hier die Biegelinie im Bereich 2 nicht weiter aus, da die gefundene Darstellungsform Vorteile bei der Lösung des Aufgabenteils b) besitzt.

Mit Hilfe der Differentialrechnung erhalten wir die Verdrehung wegen $\varphi_2 = -w'_2$

$$\varphi_2(x) = -\frac{q_L l^3}{6 EI_y}\left(1 - \frac{x}{l}\right)^3 - \frac{w_K}{l_1} + \frac{q_L l^3}{24 EI_y}\left(4 - \frac{8 l_1}{l} + \frac{4 l_1^2}{l^2} - \frac{l_1^3}{l^3}\right) . \tag{3.55}$$

Die Biegelinie $w(x)$ und die Verdrehung $\varphi(x)$ entlang des Flügels können demnach angegeben werden zu

$$w(x) = \begin{cases} w_1(x) & \text{nach Gl. (3.52) für } 0 \leq x \leq l_1 \\ w_2(x) & \text{nach Gl. (3.54) für } l_1 \leq x \leq l \end{cases}$$

und

$$\varphi(x) = \begin{cases} \varphi_1(x) & \text{nach Gl. (3.53) für } 0 \leq x \leq l_1 \\ \varphi_2(x) & \text{nach Gl. (3.55) für } l_1 \leq x \leq l \end{cases} .$$

b) Um die maximale Durchbiegung bestimmen zu können, müssen wir eine Kurvendiskussion der im Aufgabenteil a) erzielten Biegelinie durchführen. Da die Biegelinie abschnittsweise definiert ist, betrachten wir die beiden Bereiche zunächst einzeln und vergleichen abschließend die Einzelresultate.

Wir beginnen mit Bereich 1. An den Rändern von Bereich 1 sind die Verschiebungen aus der Aufgabenstellung bekannt. An der Stelle $x = 0$ verschwindet die Verschiebung (d. h. $w_1 = 0$), und an der Stelle des Flügelstützenanschlusses im Punkt K ist die Verschiebung mit $w_1(x = l_1) = w_K$ vorgegeben. Folglich kann im Bereich 1 nur dann eine betragsmäßig größere Verschiebung als $|w_K|$ auftreten, wenn die Funktion bzw. die Biegelinie $w_1(x)$ zwischen $x = 0$ und $x = l_1$ ein Extremum aufweist. Da die Biegelinie eine stetig differenzierbare Funktion zwischen den Rändern ist, muss im Extremum eine waagerechte Tangente an die Biegelinie angelegt werden können bzw. die 1. Ableitung der Biegelinie verschwinden. D. h. es muss gelten

$$\frac{dw_1(x)}{dx} = w'_1 = 0 ,$$

und wegen $\varphi_1 = -w'_1$ suchen wir die Stelle, an der der Verdrehwinkel verschwindet. Es folgt

$$\frac{x^3}{l^3} - \frac{3 x^2}{l^2}\left(1 - \frac{l}{2 l_1}\right) - \frac{6 EI_y w_K}{q_L l_1 l^3} - \frac{l_1}{4 l}\left(2 - 4 \frac{l_1}{l} + \frac{l_1^2}{l^2}\right) = 0 . \tag{3.56}$$

Diese Gleichung kann mit Hilfe der Cardanischen Formeln (vgl. Abschnitt 9.2 zum allgemeinen Lösungsvorgehen) gelöst werden. Da dies allerdings rechentechnisch sehr aufwendig ist, stellen wir den Lösungsweg im Abschnitt 9.2.1 dar. Grundsätzlich führt die Lösung auf eine reellwertige und zwei komplexe Lösungen. Physikalisch sinnvoll ist hier die reellwertige Lösung. Sie lautet

$$x_1 \approx 1062,18\,\text{mm}\,.$$

Die Stelle x_1 befindet sich im Definitionsbereich der Biegelinie $w_1(x)$. Die Biegelinie besitzt folglich eine waagerechte Tangente im Bereich $0 \leq x \leq l_1$. Außerdem verschwindet das Biegemoment M_{by1} ($\sim w_1''$) an der Stelle x_1 nicht. Die 2. Ableitung der Biegelinie ist somit verschieden von null, so dass bei x_1 tatsächlich ein lokales Extremum vorliegt. Die Verschiebung im Extremum ist

$$w_1(x = x_1) = 1,379\,\text{mm}\,.$$

Dies ist jedoch nicht die betragsmäßig größte Verschiebung im Bereich 1. Wir müssen noch die Ränder beachten. Die betragsmäßig größte Verschiebung $w_{1\text{max}}$ tritt bei $x = l_1$ auf und entspricht dem Betrag der gegebenen Verschiebung w_K. Es resultiert

$$w_{1\text{max}} = |w_K| = 6,5\,\text{mm}\,.$$

Im nächsten Schritt untersuchen wir den Bereich 2. Das Vorgehen ist analog zu dem, das wir im Bereich 1 angewendet haben, d. h. wir ermitteln die Verschiebungen am Rand des Definitionsbereiches bzw. des Bereiches 2 und untersuchen, ob zwischen den Rändern ein Extremum auftritt.

Die Verschiebungen am Rand des Bereiches 2 sind

$$w_2(x = l_1) = w_K = -6,5\,\text{mm}\,,$$

$$w_2(x = l) = \frac{l}{l_1}w_K - \frac{q_L l^4}{24EI_y}\left(3 - \frac{8l_1}{l} + \frac{6l_1^2}{l^2} - \frac{l_1^3}{l^3}\right) \approx -85,03\,\text{mm}\,.$$

Ferner suchen wir im Bereich 2 Extrema. Wir erhalten daher mit $\varphi_2 = 0$ nach Gl. (3.55) und der dimensionslosen Koordinate $\xi = \frac{x}{l}$

$$(1-\xi)^3 = -\frac{6EI_y w_K}{q_L l^3 l_1} + 1 - \frac{2l_1}{l} + \frac{l_1^2}{l^2} - \frac{l_1^3}{4l^3}\,. \tag{3.57}$$

Jetzt zahlt sich die gewählte Schreibweise bei der Integration der Biegelinie im Bereich 2 aus. Wir können direkt die 3. Wurzel ziehen und erhalten die Lösung zu

$$\xi_2 = 1 - \sqrt[3]{1 - \frac{2l_1}{l} + \frac{l_1^2}{l^2} - \frac{l_1^3}{4l^3} - \frac{6EI_y w_K}{q_L l^3 l_1}} \quad \Rightarrow \quad x_2 = l\xi_2 \approx 1818,98\,\text{mm}\,.$$

Die gefundene Stelle x_2 liegt allerdings nicht im Bereich 2 ($l_1 \leq x \leq l$). Aufgrunddessen tritt kein lokales Extremum zwischen den Rändern des Bereiches 2 auf. Die

betragsmäßig maximale Verschiebung $w_{2\max}$ tritt daher an der Flügelspitze auf und
beträgt

$$w_{2\max} = |w_2(x = l)| = 85,03\,\text{mm}\,.$$

Dies ist zugleich auch die betragsmäßig maximale Verschiebung entlang des kompletten Flügels.

Um die Biegelinie entlang des Flügels zu skizzieren, nutzen wir die zuvor ermittelten Resultate. Zudem berechnen wir an weiteren Stellen x_i die Verschiebungen
$w(x_i)$ (vgl. Tab. 3.8) und interpolieren dazwischen linear. Wir erhalten dann den
in Abb. 3.27 skizzierten Verlauf der Biegelinie. Angemerkt sei, dass mit Hilfe eines
grafikfähigen Taschenrechners oder mit einem Computeralgebraprogramm der Kurvenverlauf wesentlich einfacher und weniger aufwendig erzeugt werden kann. Der
Nachvollziehbarkeit halber sehen wir von einem solchen Vorgehen hier aber ab.

Tab. 3.8 Verschiebungen $w(x_i)$ des Flügels an diskreten Stellen x_i

i	3	4	5	6	7	8	9	10	11
x_i [m]	0,5	1,0	1,5	2,0	3,0	3,5	4,0	4,5	5,0
$w(x_i)$ [mm]	0,88	1,37	0,89	-1,38	-15,27	-26,91	-40,39	-54,91	-69,90

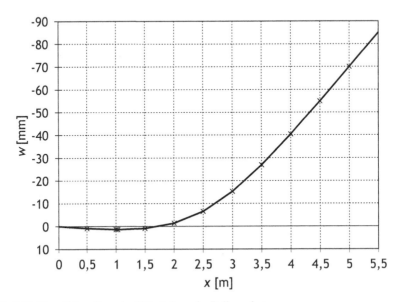

Abb. 3.27 Biegelinie entlang des Flügels bzw. der Balkenachse

Kapitel 4
Querkraftschub

4.1 Grundlegende Beziehungen

- **Schubfluss q'_y, q'_z** im y-z-Hauptachsensystem in y- bzw. z-Richtung beim offenen dünnwandigen Profil (auch als QSI-Formel bezeichnet)

$$q'_y = \pm Q_y \frac{S_z(s)}{I_z} \qquad (4.1)$$

$$q'_z = \pm Q_z \frac{S_y(s)}{I_y} \qquad (4.2)$$

mit positiven bzw. negativen Vorzeichen bei Ermittlung des variablen Statischen Momentes am negativen bzw. positiven Schnittufer

$\quad$ I_y, I_z $\qquad$ axiale Flächenmomente 2. Grades um die y- bzw. z-Hauptachse
$\quad$ Q_y, Q_z $\qquad$ Querkraft in y- bzw. z-Richtung
$\quad$ S_y, S_z $\qquad$ vom Schnitt abhängiges variables Statisches Moment um die y-
$\qquad\qquad\quad$ bzw. z-Hauptachse
$\quad$ s $\qquad\qquad$ Koordinate entlang der Profilmittellinie

- **Gesamtschubfluss q'_{ges}** bei Dünnwandigkeit beim offenen Profil durch Überlagerung

$$q'_{ges} = q'_y + q'_z \qquad (4.3)$$

$\quad$ q'_y $\qquad$ Schubfluss im y-z-Hauptachsensystem infolge der Querkraft Q_y
$\quad$ q'_z $\qquad$ Schubfluss im y-z-Hauptachsensystem infolge der Querkraft Q_z

- **Schubkorrekturfaktoren κ_y, κ_z** für Querkraft in y- bzw. z-Richtung im y-z-Hauptachsensystem

$$\kappa_y = \frac{A_{Q_y}}{A} = \frac{Q_y^2}{A \int_A \tau^2 \, dA} \qquad (4.4)$$

$$\kappa_z = \frac{A_{Q_z}}{A} = \frac{Q_z^2}{A \int_A \tau^2 \, \mathrm{d}A} \tag{4.5}$$

A Querschnittsfläche

A_{Q_y}, A_{Q_z} Querkraftschub tragende Fläche infolge der Querkraft Q_y bzw. Q_z im y-z-Hauptachsensystem

τ Schubspannung infolge der Querkraft Q_y bzw. Q_z, wenn die Querkraft im Schubmittelpunkt angreift

- **Konstanter Schubfluss $q_{0\mathrm{SMP}}$ im Einzeller bei drillfreiem Querkraftschub**, der mit dem variablen Anteil q' nach Gl. (4.1) oder (4.2) überlagert bzw. superponiert wird

$$q_{0\mathrm{SMP}} = - \frac{\oint \dfrac{q'(s)}{t(s)} \, \mathrm{d}s}{\oint \dfrac{1}{t(s)} \, \mathrm{d}s} \tag{4.6}$$

q' variabler Schubfluss des geöffneten Profils infolge der Querkraft Q_y oder Q_z im y-z-Hauptachsensystem

s Umfangskoordinate entlang der Profilmittellinie

t Wandstärke

- **Konstante Schubflüsse $q_{0i\mathrm{SMP}}$ im Mehrzeller bei drillfreiem Querkraftschub** (zur Superposition mit dem variablen Anteil q' nach Gl. (4.1) oder (4.2)) über die Formulierung eines Gleichungssystems, das sich aus der Auswertung der folgenden Beziehung für jede Zelle ergibt

$$\oint \frac{q'(s) + q_{0i\mathrm{SMP}}}{t(s)} \, \mathrm{d}s - \sum_{j \neq i} \int_{ij} \frac{q_{0j\mathrm{SMP}}}{t_{ij}(s)} \, \mathrm{d}s = 0 \tag{4.7}$$

q' variabler Schubfluss des vollständig geöffneten Profils infolge der Querkraft Q_y oder Q_z im y-z-Hauptachsensystem

$q_{0i\mathrm{SMP}}$ konstant umlaufender Schubfluss in Zelle i

$q_{0j\mathrm{SMP}}$ konstant umlaufender Schubfluss in Zelle j, die an Zelle i grenzt

s Umfangskoordinate entlang der Profilmittellinie der Zelle i

t Wandstärke entlang der Profilmittellinie der Zelle i

t_{ij} Dicke der Wand zwischen Zelle i und j

- **Gesamtschubfluss q_{ges}** aus Überlagerung eines variablen mit einem konstanten Anteil

$$q_{ges} = q' + q_0 \tag{4.8}$$

q' Schubfluss des geöffneten bzw. des komplett offenen Profils

q_0 konstant umlaufender Schubfluss im geschlossenen Profil

- **Schubspannung τ**

$$\tau = \frac{q(s)}{t(s)} \tag{4.9}$$

q	Schubfluss im dünnwandigen Profil
s	Koordinate entlang der Profilmittellinie
t	Wandstärke

- **Schubmittelpunkt** wird aus der Momentengleichheit zwischen den Schubflüssen im Profil und den aus diesen resultierenden Querkräften Q_y und Q_z ermittelt.

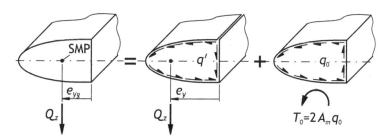

- **Absenkung infolge von Querkraftschub** bei konstanten Querschnittsabmessungen bei alleiniger Nutzung von Verschiebungsrandbedingungen zur Bestimmung der Absenkung

  – Gesamtabsenkung aus Biege- und Schubanteil

$$v = v_b + v_s \quad \text{bzw.} \quad w = w_b + w_s \tag{4.10}$$

v_b, w_b	Biegeanteil der Absenkung in y- bzw. z-Hauptachsenrichtung
v_s, w_s	Schubabsenkung in y- bzw. z-Hauptachsenrichtung

  – Biegeanteil aus

$$v_b'' = \frac{\mathrm{d}^2 v_b}{\mathrm{d}x^2} = \frac{M_{bz}}{EI_z} \quad \text{bzw.} \quad w_b'' = \frac{\mathrm{d}^2 w_b}{\mathrm{d}x^2} = -\frac{M_{by}}{EI_y} \tag{4.11}$$

E	Elastizitätsmodul
I_y, I_z	axiales Flächenmoment 2. Grades um y- bzw. z-Hauptachse
M_{by}, M_{bz}	Biegemoment um y- bzw. z-Hauptachse
x	Koordinate entlang der Balkenachse

  – Schubanteil aus

$$v_s' = \frac{\mathrm{d}v_s}{\mathrm{d}x} = \frac{Q_y}{GA_{Q_y}} \quad \text{bzw.} \quad w_s' = \frac{\mathrm{d}w_s}{\mathrm{d}x} = \frac{Q_z}{GA_{Q_z}} \tag{4.12}$$

A_{Q_y}, A_{Q_z}	Querkraftschub tragende Fläche in y- bzw. z-Hauptachsenrichtung infolge der Querkraft Q_y bzw. Q_z
G	Schubmodul

Q_y, Q_z Querkraft in y- bzw. z-Hauptachsenrichtung

x Koordinate entlang der Balkenachse

- **Differentialgleichung für die Absenkung infolge eines Querschubeinflusses**
  bei konstanten Querschnittsabmessungen und bei Nutzung von Verschiebungs-
  und Kraftrandbedingungen zur Bestimmung der Absenkung

$$\frac{\mathrm{d}^4 v}{\mathrm{d}x^4} = \frac{q_y}{EI_z} - \frac{1}{GA_{Q_y}}\frac{\mathrm{d}^2 q_y}{\mathrm{d}x^2} \quad \text{bzw.} \quad \frac{\mathrm{d}^4 w}{\mathrm{d}x^4} = \frac{q_z}{EI_y} - \frac{1}{GA_{Q_z}}\frac{\mathrm{d}^2 q_z}{\mathrm{d}x^2} \quad (4.13)$$

q_y, q_z Streckenlast in y- bzw. z-Richtung

Die weiteren Größen A_{Q_z}, A_{Q_y}, E, G, I_y, I_z und x sind unter den Gln. (4.11) und
(4.12) erläutert.

4.2 Aufgaben

A4.1/Aufgabe 4.1 – Schubfluss und Schubspannung im T-Profil

Der Schubflussverlauf entlang der Profilmittellinie des dünnwandigen T-Profils nach
Abb. 4.1, das durch die Querkräfte Q_y und Q_z belastet ist, soll für die angegebenen
Koordinaten s_i ermittelt werden. Wir können davon ausgehen, dass das Profil im
Schubmittelpunkt belastet wird.

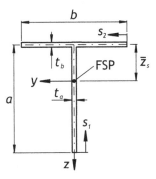

Abb. 4.1 Allgemeines T-Profil mit Koordinatensystem im Flächenschwerpunkt FSP und mit lokalen Koordinaten s_i entlang der Profilmittellinie

Gegeben Abmessungen a und b; konstante Wandstärken t_a und t_b; Flächenmomente
2. Grades im gegebenen Koordinatensystem mit Abkürzung $\xi = \frac{at_a}{bt_b}$

$$I_y = \frac{a^3 t_a (4+\xi)}{12(1+\xi)}, \quad I_z = \frac{b^3 t_b}{12} \quad \text{und} \quad I_{yz} = 0$$

und Lage des Flächenschwerpunkts

$$\bar{z}_s = \frac{\xi}{1+\xi}\frac{a}{2}$$

Gesucht

a) Bestimmen Sie den Schubflussverlauf für eine alleine wirkende Querkraft Q_y und skizzieren Sie den Verlauf qualitativ.

b) Ermitteln Sie den Schubflussverlauf im Profil, wenn die Querkraft Q_z wirkt. Stellen Sie den Verlauf des Schubflusses qualitativ grafisch dar.

c) Geben Sie den betragsmäßig maximalen Schubfluss an, wenn gilt

$$a = b - 100\,\text{mm}, \quad t_a = 4\,\text{mm}, \quad t_b = 6\,\text{mm}, \quad Q_y = 2,50\,\text{kN}, \quad Q_z = 4,33\,\text{kN}.$$

d) Berechnen Sie die betragsmäßig maximale Schubspannung für die in der Aufgabenstellung c) definierten Größen.

Kontrollergebnisse

a)   b)

$$|q_{max}| = \frac{3}{2}\frac{|Q_y|}{b} \qquad\qquad |q_{max}| = \frac{3\,(2+\xi)^2}{2\,(4+\xi)(1+\xi)}\frac{|Q_z|}{a}$$

c) $|q_{max}| = 65,34\,\text{N/mm}$ d) $|\tau_{max}| = 14,85\,\text{MPa}$

A4.2/Aufgabe 4.2 – Schubfluss und Schubmittelpunkt beim C-Profil

Ein dünnwandiges Profil mit konstanter Wandstärke t nach Abb. 4.2 ist durch eine Querkraft Q_z belastet. Damit das Profil keine Torsion infolge der aufgebrachten Querkraft erfährt, ist der Schubmittelpunkt zu berechnen, in dem die Querkraft eingeleitet werden soll.

Gegeben Abmessungen $a = 100\,\text{mm}$ und $h = 2a = 200\,\text{mm}$, $\Delta y = 21,65\,\text{mm}$; Wandstärke $t = 4\,\text{mm}$; Winkel $\alpha = 30°$; Querkraft $Q_z = 10\,\text{kN}$; axiale Flächenmomente 2. Grades im Hauptachsensystem

$$I_y = \frac{23}{6}a^3 t = 1,5333 \cdot 10^7\,\text{mm}^4 \qquad \text{und} \qquad I_z = \frac{17}{16}a^3 t = 4,2500 \cdot 10^6\,\text{mm}^4$$

Gesucht

a) Bestimmen Sie den Schubfluss im Profil, wenn die Querkraft Q_z wirkt. Skizzieren Sie den Schubflussverlauf qualitativ und geben Sie die betragsmäßig maximale Schubspannung an.

b) Ermitteln Sie den Schubmittelpunkt des Profils. Geben Sie seine Koordinaten im Achssystem an, das seinen Ursprung im Flächenschwerpunkt nach Abb. 4.2 hat.

Kontrollergebnisse a) $|q_A| = 32,61\,\text{N/mm}$, $|q_{max}| = 45,65\,\text{N/mm}$, $|q_B| = |q_A|$
b) $y_{SMP} = 51,77\,\text{mm}$, $z_{SMP} = 0$

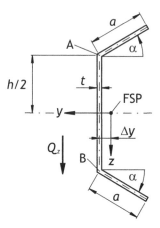

Abb. 4.2 Dünnwandiges C-Profil mit geneigten Flanschen unter einer Querkraftbelastung Q_z mit Flächenschwerpunkt FSP

A4.3/Aufgabe 4.3 – Schubmittelpunkt beim offenen Profil

Für das dünnwandige Profil mit konstanter Wandstärke t nach Abb. 4.3 soll der Schubmittelpunkt ermittelt werden. Die Hauptflächenmomente I_y, I_z und die Lage des dazugehörigen Koordinatensystems, d. h. φ^* sind bekannt.

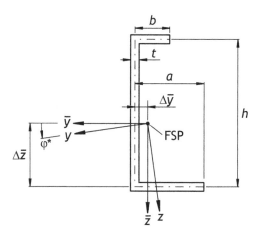

Abb. 4.3 Profil mit y-z-Hauptachsensystem mit Ursprung im Flächenschwerpunkt FSP

Gegeben Abmessungen $h = 100\,\text{mm}$, $a = \frac{h}{2} = 50\,\text{mm}$, $b = \frac{a}{2} = 25\,\text{mm}$; Wandstärke $t = 2,5\,\text{mm}$; Abstände $\Delta \bar{y} = 8,93\,\text{mm}$, $\Delta \bar{z} = 42,86\,\text{mm}$; Winkel $\varphi^* = 4,3°$; Hauptflächenmomente $I_y = 1,2737 \cdot 10^6\,\text{mm}^4$, $I_z = 7,5619 \cdot 10^4\,\text{mm}^4$

Gesucht Bestimmen Sie die Lage des Schubmittelpunkts. Geben Sie seine Koordinaten im gegebenen $\bar{y}$-$\bar{z}$-Koordinatensystem an.

Kontrollergebnisse $\bar{y}_{SMP} \approx 13,31\,\text{mm}$, $\bar{z}_{SMP} \approx 30,75\,\text{mm}$

A4.4/Aufgabe 4.4 – Schubmittelpunkt beim Einzeller

Die Torsionslast eines einfachen Rechteckflügels infolge der Luftlasten wird hier mit Hilfe einer sogenannten Torsionsnase getragen, die in Abb. 4.4a. gekennzeichnet ist. Es handelt sich um einen dünnwandigen Einzeller, dessen Querschnittsidealisierung in Abb. 4.4b. skizziert ist. Für die Vordimensionierung des Flügels ist der Schubmittelpunkt zu bestimmen. Gehen Sie davon aus, dass der Flügel durch eine Querkraft Q_z in z-Richtung belastet ist und dass die Torsionsnase so versteift ist, dass die Querschnittsform erhalten bleibt. Ferner dürfen Sie annehmen, dass die Struktur wölbspannungsfrei ist.

Gegeben Abmessungen h; $\Delta y \approx 1,9982 \cdot 10^{-1}\,h$; Wandstärken t_S, $t_N = \frac{4}{5}\,t_S$, $t_G = 5\,t_S$; axiales Flächenmoment 2. Grades um die y-Hauptachse $I_y = (3\pi + 80)\,h^3\,t_S/60$

Gesucht

a) Bestimmen Sie den Schubflussverlauf q' in der Torsionsnase für den Fall, dass das Profil im Punkt A geöffnet ist. Skizzieren Sie den resultierenden Verlauf.
b) Berechnen und skizzieren Sie den Schubflussverlauf, wenn die Querkraft Q_z im Schubmittelpunkt angreift.
c) Geben Sie die Lage des Schubmittelpunkts an.

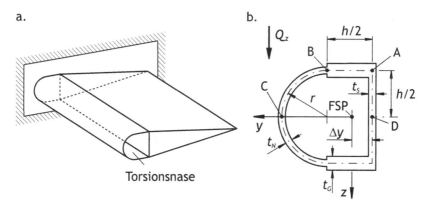

Abb. 4.4 a. Rechteckflügel mit Torsionsnase b. idealisierte Profilgeometrie der lasttragenden Torsionsnase mit Flächenschwerpunkt FSP

Kontrollergebnisse a) $|q'_A| = 0$, $|q'_B| \approx 8,3869 \cdot 10^{-1}\,Q_z/h$, $|q'_C| \approx 9,7288 \cdot 10^{-1}\,Q_z/h$, $|q'_D| \approx 8,3869 \cdot 10^{-2}\,Q_z/h$, **b)** $|q_{0_{SMP}}| \approx 5,8241 \cdot 10^{-1}\,Q_z/h$ **c)** $y_{SMP} \approx 6,75 \cdot 10^{-2}\,h$, $z_{SMP} = 0$

A4.5/Aufgabe 4.5 – Schubmittelpunkt beim Zweizeller

Das dünnwandige zweizellige Profil nach Abb. 4.5 soll durch eine Querkraft Q_z belastet werden. Damit nicht neben der Querkraft- noch eine Torsionsbeanspruchung im Träger resultiert, soll die Querkraft im Schubmittelpunkt angreifen. Aus diesem Grunde ist der Schubmittelpunkt zu bestimmen.

Gegeben Abmessung a; konstante Wandstärken $t_1 = 2t$ und $t_2 = t$; axiales Flächenmoment 2. Grades um die y-Achse $I_y = 23\,a^3 t/12$

Gesucht

a) Berechnen Sie den Schubflussverlauf infolge der Querkraft Q_z für den Fall, dass beide Zellen des Profils in den oberen Blechen links und rechts neben dem Punkt A in Abb. 4.5 geöffnet sind.

b) Bestimmen Sie den Schubflussverlauf, wenn die Querkraft Q_z im Schubmittelpunkt des geschlossenen Zweizellers angreift.

c) Ermitteln Sie den Schubmittelpunkt. Geben Sie seine Koordinaten im gegebenen y-z-Koordinatensystem an.

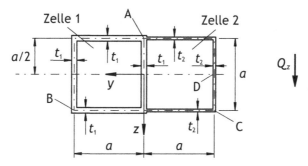

Abb. 4.5 Symmetrischer dünnwandiger Zweizeller unter Querkraftbelastung Q_z

Kontrollergebnisse a) $|q_A'| = 0$, $|q_B'| = 0,5217\,Q_z/a$, $|q_C'| = 0,2609\,Q_z/a$, $|q_D'| = 0,3261\,Q_z/a$ **b)** $|q_B| = 0,2899\,Q_z/a$, $|q_C| = 0,1449\,Q_z/a$, $|q_D| = 0,2101\,Q_z/a$ **c)** $y_{\text{SMP}} \approx 0,2029\,a$, $z_{\text{SMP}} = 0$

A4.6/Aufgabe 4.6 – Schubkorrekturfaktor beim U-Profil

Für das in Abb. 4.6a. dargestellte dünnwandige U-Profil soll der Schubkorrekturfaktor κ_y ermittelt werden. Der Schubflussverlauf infolge einer Querkraft Q_y ist in Abb. 4.6b. skizziert. Mit den definierten Koordinaten s_i resultiert für die Schubflüsse

$$q_{y1}(s_1) = \frac{3Q_y}{5a^3}\left(3as_1 - 2s_1^2\right) \quad \text{für} \quad 0 \le s_1 \le a\,,$$

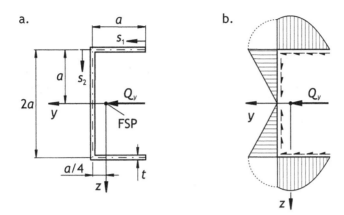

Abb. 4.6 a. U-Profil belastet mit Querkraft Q_y b. qualitativ resultierender Schubflussverlauf infolge der Querkraft Q_y

$$q_{y2}(s_2) = \frac{3\,Q_y}{5\,a^2}(a - s_2) \quad \text{für} \quad 0 \le s_2 \le a\,.$$

Der Schubflussverlauf ist symmetrisch zur y-Achse, so dass mit diesen Angaben die Schubbeanspruchung eindeutig bestimmt ist.

Gegeben Abmessung a; konstante Wandstärke t; Querkraftbelastung Q_y

Gesucht Berechnen Sie den Schubkorrekturfaktor κ_y.

Kontrollergebnis $\kappa_y \approx 0,3064$

A4.7/Aufgabe 4.7 – Schubkorrekturfaktor beim T-Profil

Die Schubflussverläufe infolge der Querkräfte Q_y und Q_z entlang der Profilmittellinie des dünnwandigen T-Profils nach Abb. 4.7a. sind bekannt. Die qualitativen Schubflussverläufe sind in den Abbn. 4.7b. und 4.7c. skizziert. Für eine Verformungsanalyse eines Biegeträgers mit dem illustrierten Querschnitt sind die Schubkorrekturfaktoren zu ermitteln.

Gegeben Abmessungen a und b; konstante Wandstärken t_a und t_b; Schubflussverlauf infolge der Querkraft Q_y mit lokalen Koordinaten s_i nach Abb. 4.7a. und Verlauf in Abb. 4.7b. Es gilt

$$q_{y1}(s_1) = 0 \quad \text{für} \quad 0 \le s_1 \le a\,,$$

$$q_{y2}(s_2) = \frac{6\,Q_y}{b^3}s_2(b - s_2) \quad \text{für} \quad 0 \le s_2 \le b\,.$$

Schubflussverlauf infolge der Querkraft Q_z mit der Abkürzung $\xi = \frac{a t_a}{b t_b}$ und mit lokalen Koordinaten s_i nach Abb. 4.7a. Der qualitative Verlauf ist in Abb. 4.7c. dargestellt. Es gilt

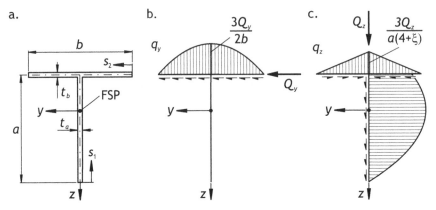

Abb. 4.7 a. Abmessungen des T-Profils und gewählte lokale Koordinaten s_i b. qualitativer Schubflussverlauf infolge der Querkraft Q_y c. qualitativer Schubflussverlauf infolge der Querkraft Q_z

$$q_{z1}(s_1) = -\frac{Q_z s_1}{a^3} \frac{6}{4+\xi} \left[(2+\xi) a - (1+\xi) s_1 \right] \quad \text{für} \quad 0 \le s_1 \le a,$$

$$q_{z2}(s_2) = \frac{Q_z t_b s_2}{a^2 t_a} \frac{6\xi}{4+\xi} \quad \text{für} \quad 0 \le s_2 \le \frac{b}{2}.$$

Gesucht Berechnen Sie

a) den Schubkorrekturfaktor κ_y und
b) den Schubkorrekturfaktor κ_z.

Kontrollergebnisse
a)

$$\kappa_y = \frac{5}{6} \frac{1}{1+\xi}$$

b)

$$\kappa_z = \frac{5\xi^2}{3(1+\xi)} \frac{(4+\xi)^2}{5 \left(\dfrac{t_a}{t_b} \right)^2 + 32\xi + 14\xi^2 + 2\xi^3}$$

A4.8/Aufgabe 4.8 – Schubmittelpunkt und Schubkorrekturfaktor beim Einzeller

Der Schubmittelpunkt für einen Einzeller soll ermittelt werden. Es handelt sich um eine vereinfachte Idealisierung eines einzelligen Flügelkastens für ein Kleinflugzeug. Es darf angenommen werden, dass der Kasten symmetrisch und dünnwandig ist. Die zu verwendenden lokalen Koordinaten s_i sind unter Beachtung der Dünnwandigkeit des Trägers in Abb. 4.8a. skizziert. Für das Profil ist der variable Schubfluss q_i' entlang der Profilmittellinie bekannt, der sich ergibt, wenn das Profil in der unteren rechten Ecke aufgeschnitten wird (vgl. Abb. 4.8b.).

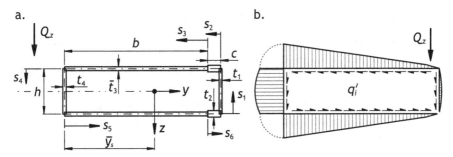

Abb. 4.8 a. Geometrie des idealisierten Flügelkastens b. variabler Schubflussverlauf q'_i infolge der Querkraft Q_z bei Öffnung des Profils in der rechten unteren Ecke [5, S. 196]

Gegeben Querkraft Q_z; Abmessungen $b = 660\,\text{mm}$, $c = 20\,\text{mm}$, $h = 165\,\text{mm}$, $\bar{y}_s = 350,34\,\text{mm}$; Wanddicken $t_1 = 0,6\,\text{mm}$, $t_2 = 1,0\,\text{mm}$, $\bar{t}_3 = 0,4\,\text{mm}$, $t_4 = 0,6\,\text{mm}$; axiales Flächenmoment 2. Grades um die y-Hauptachse $I_y = 4,3152 \cdot 10^6\,\text{mm}^4$; Schubflüsse infolge einer Querkraft Q_z sind gegeben durch

$$q'_1(s_1) = -\frac{t_1 s_1 Q_z}{2 I_y}(h - s_1) \quad \text{mit} \quad 0 \le s_1 \le h, \tag{4.14}$$

$$q'_2(s_2) = \frac{t_2 s_2 h Q_z}{2 I_y} \quad \text{mit} \quad 0 \le s_2 \le c, \tag{4.15}$$

$$q'_3(s_3) = \frac{h Q_z}{2 I_y}(\bar{t}_3 s_3 + t_2 c) \quad \text{mit} \quad 0 \le s_3 \le b, \tag{4.16}$$

$$q'_4(s_4) = \frac{Q_z}{2 I_y}\left[t_4 s_4 (h - s_4) + \bar{t}_3 b h + t_2 c h\right] \quad \text{mit} \quad 0 \le s_4 \le h, \tag{4.17}$$

$$q'_5(s_5) = \frac{Q_z}{2 I_y}\left[(b - s_5)\,\bar{t}_3 h + t_2 c h\right] \quad \text{mit} \quad 0 \le s_5 \le b, \tag{4.18}$$

$$q'_6(s_6) = \frac{t_2 h Q_z}{2 I_y}(c - s_6) \quad \text{mit} \quad 0 \le s_6 \le c \tag{4.19}$$

und in Abb. 4.8b. skizziert.

Gesucht

a) Berechnen Sie die Lage des Schubmittelpunkts und geben Sie seine Koordinaten (y_{SMP}, z_{SMP}) im Achssystem nach Abb. 4.8a. an.

b) Ermitteln Sie den Schubkorrekturfaktor κ_z für das geschlossene Profil.

Hinweis Um die Ergebnisse der Musterlösung zu erhalten, nutzen Sie dezimale Gleitkommaarithmetik mit einer Genauigkeit von 4 Stellen hinter dem Komma der Mantisse (vgl. Abschnitt 9.1).

Kontrollergebnisse a) $y_{\text{SMP}} = 7,74\,\text{mm}$ **b)** $\kappa_z \approx 0,1055$

A4.9/Aufgabe 4.9 – Beidseitig gelenkig gelagerter schubweicher Balken

Für den beidseitig gelenkig gelagerten Balken in Abb. 4.9, der mit einer Einzelkraft in der Balkenmitte belastet ist, wird die Absenkung infolge des Querkraftschubes ermittelt. Der Balken ist aus einem homogen isotropen Material mit dem Elastizitätsmodul E und der Querkontraktionszahl v aufgebaut. Die Querschnittsabmessungen ändern sich entlang der Balkenachse nicht. Die Querschnittsfläche ist A und das axiale Flächenmoment 2. Grades um die y-Achse ist I_y. Das dargestellte Koordinatensystem ist das Hauptachsensystem.

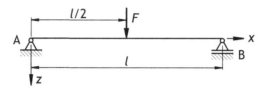

Abb. 4.9 Gelenkig gelagerter Balken mit Einzelkraft in Balkenmitte

Gegeben Länge l; Fläche A; axiales Flächenmoment 2. Grades um die y-Achse I_y; Schubkorrekturfaktor $\kappa_z = A_{Q_z}/A$; Kraft F; Elastizitätsmodul E; Querkontraktionszahl v

Gesucht

a) Berechnen Sie die Gesamtabsenkung des Balkens unter Berücksichtigung der Schubabsenkung.

b) Bestimmen Sie die maximale Absenkung.

Hinweis Die Biegelinie eines schubstarren Balkens, der gemäß Abb. 4.9 gelagert und belastet ist, lautet

$$w_b(x) = \frac{F\,l^2}{48\,E I_y}\,x\left(3 - 4\frac{x^2}{l^2}\right) \quad \text{für} \quad 0 \le x \le \frac{l}{2}\,.$$

Kontrollergebnisse a) k. A. **b)** $w_{\max} = \frac{F\,l^2}{48\,E I_y}\left(1 + \frac{12\,E I_y}{\kappa_z\,G A l^2}\right)$

A4.10/Aufgabe 4.10 – Querkraftschubeinfluss beim Flügel

Für die Vordimensionierung eines Kleinflugzeugs soll abgeschätzt werden, inwieweit sich die maximale Flügelverschiebung infolge des Querkraftschubeinflusses verändert. Der Flügel ist durch die konstant angenommene Luftkraft q_L (Streckenlast) belastet. Die maximale Flügelverschiebung tritt an der Flügelspitze auf. Wenn nur die Biegeverformung berücksichtigt wird, beträgt die Verschiebung $w_{\max}$ dort.

Für die Berechnung wird der Flügel in zwei Bereiche entlang der Balkenachse (als Strichpunktlinie dargestellt) nach Abb. 4.10a. unterteilt. Die Verschiebung w_K

des Knotens K bzw. des Anschlusses der Flügelstütze an den Flügel in z-Richtung darf vernachlässigt werden, d. h. sie wird zu null angenommen. Dadurch darf der Knoten K als gelenkige Lagerung bzw. Loslager gemäß Abb. 4.10b. aufgefasst werden. Ferner kennen wir den Biegemomentenverlauf. Der Einfachheit halber darf davon ausgegangen werden, dass die Biegesteifigkeit EI_y des Flügels entlang der Balkenachse konstant ist.

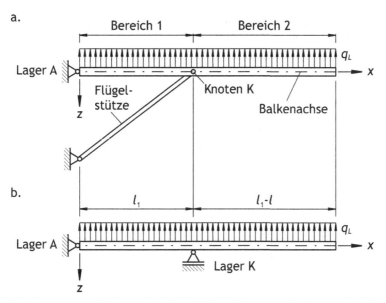

Abb. 4.10 a. Lagerung und Belastung des Flügels b. Idealisierung zur Bestimmung der Flügelverschiebung

Gegeben Längen $l = 5,5\,\text{m}$ und $l_1 = 2,5\,\text{m}$; Flügelspitzenverschiebung bei Schubstarrheit $|w_{\text{max}}| = 70,7\,\text{mm}$; Elastizitätsmodul $E = 70\,\text{GPa}$; Querkontraktionszahl $\nu = 0,3$; axiales Flächenmoment 2. Grades um die y-Hauptachse $I_y = 4,3152 \cdot 10^6\,\text{mm}^4$; konstante Streckenlast $q_L = 1,1\,\text{N/mm}$; Biegemomente M_{byi} im Koordinatensystem nach Abb. 4.10b.

$$M_{by1}(x) = \frac{q_L l x}{2}\left(\frac{l}{l_1} - 2 + \frac{x}{l}\right) \quad \text{für} \quad 0 \le x \le l_1\,,$$

$$M_{by2}(x) = \frac{q_L l^2}{2}\left(1 - \frac{x}{l}\right)^2 \quad \text{für} \quad l_1 \le x \le l$$

Angemerkt sei, dass die Flügelbiegelinie bei Schubstarrheit in der Aufgabe 3.10 ermittelt ist.

Gesucht Bestimmen Sie den Anteil der Schubverformung an der maximalen Verschiebung der Flügelspitze.

Kontrollergebnis $7,1\%$

4.3 Musterlösungen

L4.1/Lösung zur Aufgabe 4.1 – Schubfluss und Schubspannung im T-Profil

a) In Abb. 4.1a. der Aufgabenstellung sind bereits lokale Koordinaten s_i eingeführt, die wir hier für die sogenannte QSI-Formel verwenden. Wir nutzen Gl. (4.1) zur Ermittlung des Schubflusses.

Im Bereich 1 ist das Statische Moment immer null, da die mit der Koordinate s_1 überstrichene Fläche keinen Hebel aufweist

$$S_{z1}(s_1) = \int_A y\,\mathrm{d}A = 0 \cdot s_1 \cdot t_a = 0\,.$$

Daher ist im Bereich 1 für $0 \le s_1 \le a$ der Schubfluss ebenfalls null

$$q_{y1}(s_1) = -Q_y \frac{S_{z1}}{I_z} = 0\,.$$

Im Bereich 2 berechnen wir das Statische Moment unter Beachtung der geometrischen Zusammenhänge nach Abb. 4.11a. Es resultiert mit der grau gekennzeichneten Fläche $A_2 = t_b s_2$ und der Koordinate $y_2 = -\frac{1}{2}(b - s_2)$ des Flächenschwerpunkts von Fläche A_2 (vgl. Gl. (3.9))

$$S_{z2}(s_2) = y_2 A_2 = -\frac{1}{2}(b - s_2)\,t_b s_2\,.$$

Alternativ können wir das Statische Moment berechnen, indem wir die Integralformulierung für das Statische Moment verwenden. Dann erhalten wir mit der infinitesimalen Fläche $\mathrm{d}A_2 = t_b\,\mathrm{d}s_2$ und der Koordinatentransformation $y = s_2 - \frac{b}{2}$

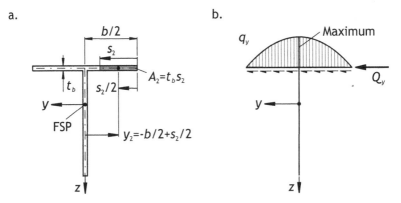

Abb. 4.11 a. Geometrische Verhältnisse zur Ermittlung der Statischen Momente um die z-Achse b. resultierender qualitativer Schubflussverlauf q_y infolge einer Querkraft Q_y

$$S_{z2}(s_2) = \int_A y \, dA = \int \left(s_2 - \frac{b}{2} \right) t_b \, ds_2 = \frac{t_b}{2} \left(s_2^2 - b s_2 \right) + \underbrace{C}_{=0} = -\frac{1}{2} \left(b - s_2 \right) t_b s_2 \, .$$

Die Integrationskonstante C ergibt sich wegen der freien Oberfläche bei $s_2 = 0$ zu null. Wir erhalten erwartungsgemäß das gleiche Ergebnis wie zuvor.

Der Schubfluss lautet somit

$$q_{y2}(s_2) = -Q_y \frac{S_{z2}(s_2)}{I_z} = \frac{6 Q_y}{b^3} s_2 \left(b - s_2 \right) \, .$$

Dieser gilt für $0 \leq s_2 \leq b$, da der Steg ohne Einfluss auf den Schubflussverlauf ist. In Abb. 4.11b. ist der resultierende Schubflussverlauf infolge einer Querkraft Q_y qualitativ dargestellt. An den Profilenden bei $s_2 = 0$ und $s_2 = b$ verschwindet der Schubfluss, da dort eine freie Oberfläche existiert. Das Extremum erreichen wir beim Kreuzen der zugehörigen Hauptachse bei $y = 0$. Der Schubflussverlauf ist parabelförmig.

b) Zur Bestimmung des Schubflusses infolge der Querkraft Q_z nutzen wir Gl. (4.2). Wir ermitteln zunächst die Statischen Momente für die beiden relevanten Profilabschnitte. Wir erhalten im Bereich 1 mit der infinitesimalen Fläche $dA = t_a \, ds_1$ und der Koordinatentransformation $z = a - \bar{z}_s - s_1$

$$S_{y1}(s_1) = \int_A z \, dA = \int \left(a - \bar{z}_s - s_1 \right) t_a \, ds_1 = \frac{t_a s_1}{2} \left(2a - \frac{\xi a}{1 + \xi} - s_1 \right) + \underbrace{C}_{=0}$$

$$\Rightarrow \quad S_{y1}(s_1) = \frac{t_a s_1}{2 \left(1 + \xi \right)} \left[a \left(2 + \xi \right) - s_1 \left(1 + \xi \right) \right] \, . \tag{4.20}$$

Die Integrationskonstante C ist null, weil bei $s_1 = 0$ eine freie Oberfläche vorliegt und somit auch das Statische Moment dort verschwindet.

Im Bereich 2 ermitteln wir mit $dA = t_b \, ds_2$ und $z = -\bar{z}_s$

$$S_{y2}(s_2) = \int_A z \, dA = -\int \bar{z}_s t_b \, ds_2 = -\frac{\xi a t_b s_2}{2 \left(1 + \xi \right)} \, . \tag{4.21}$$

Die Integrationskonstante infolge der unbestimmten Integration haben wir wieder zu null bestimmt.

Überprüfen können wir unsere Berechnungen am Übergang vom Steg zu den Flanschen. Dort muss betragsmäßig das gleiche Statische Moment resultieren, egal ob es über S_{y1} oder S_{y2} bestimmt wird. Wir müssen lediglich beachten, dass das Statische Moment $S_{y1}(s_1 = a)$ doppelt so groß ist wie $S_{y2}(s_2 = \frac{b}{2})$. Wegen

$$S_{y1}(s_1 = a) = \frac{t_a a}{2 \left(1 + \xi \right)} \left[a \left(2 + \xi \right) - a \left(1 + \xi \right) \right] = \frac{t_a a^2}{2 \left(1 + \xi \right)}$$

und

$$S_{y2}(s_2 = \frac{b}{2}) = -\frac{\xi a t_b b}{4 \left(1 + \xi \right)} = -\frac{t_a a^2}{4 \left(1 + \xi \right)}$$

resultiert

$$|S_{y1}(s_1 = a)| = 2|S_{y2}(s_2 = \frac{b}{2})|\,.$$

Mit den bekannten Statischen Momenten können wir mit Hilfe von Gl. (4.2) die Schubflüsse formelmäßig angeben. Wir erhalten nach einigen Umformungen

$$q_{z1}(s_1) = -\frac{Q_z s_1}{a^3}\frac{6}{4+\xi}\left[(2+\xi)\,a - (1+\xi)\,s_1\right] \quad \text{für} \quad 0 \le s_1 \le a\,,$$

$$q_{z2}(s_2) = \frac{Q_z t_b s_2}{a^2 t_a}\frac{6\xi}{4+\xi} \quad \text{für} \quad 0 \le s_2 \le \frac{b}{2}\,.$$

Da der Schubfluss $q_{z1}(s_1)$ kleiner null ist (bei $Q_z > 0$), d. h. es gilt im gesamten Definitionsbereich $q_{z1}(s_1) \le 0$, wirkt der Schubfluss entgegen der positiven Richtung der Koordinate s_1. Sein Verlauf ist parabelförmig.

Der Schubflussverlauf $q_{z2}(s_2)$ ist linear. Seine Wirkungsrichtung stimmt mit der gewählten positiven Koordinate s_2 überein. Seine Angabe ist hier jedoch auf den rechten Flansch begrenzt. Im linken Flansch wirkt betragsmäßig der gleiche Schubfluss, der allerdings jetzt von links nach rechts wirkt. Um Letzteres zu zeigen, bestimmen wir ihn mit Hilfe unserer vorherigen Berechnungen.

Im Bereich 3 mit $\frac{b}{2} \le s_2 \le b$ müssen wir für das Statische Moment neben dem Flansch zusätzlich den Anteil des Steges beachten. Wir erhalten

$$S_{y3}(s_2) = S_{y1}(s_1 = a) + S_{y2}(s_2) = \frac{t_a a^2}{2\,(1+\xi)} - \frac{\xi\,a t_b s_2}{2\,(1+\xi)} = \frac{t_a a^2}{2\,(1+\xi)}\left(1 - \frac{s_2}{b}\right)\,.$$

Für den Schubfluss resultiert

$$q_{z3}(s_2) = -\frac{Q_z}{a}\frac{6\xi}{4+\xi}\left(1 - \frac{s_2}{b}\right) \quad \text{für} \quad \frac{b}{2} \le s_2 \le b\,.$$

Erwartungsgemäß ist die Bedingung des verschwindenden Schubflusses bei $s_2 = b$ erfüllt. Zudem ist der Verlauf linear. Da im angegebenen Bereich $q_{z3}(s_2) \le 0$ gilt (bei $Q_z > 0$), wirkt der Schubfluss von links nach rechts entgegen der gewählten positiven Koordinatenrichtung s_2. Der resultierende qualitative Schubflussverlauf im gesamten Profil infolge der Querkaft Q_z ist in Abb. 4.12a. illustriert.

Alternativ zur Berechnung der Statischen Momente basierend auf ihrer integralen Beschreibung werden wir nachfolgend die Statischen Momente als Produkt aus Schwerpunktkoordinate und Fläche interpretieren. Hierzu sind entsprechende Flächenabschnitte in Abb. 4.12b. gekennzeichnet.

Im Bereich 1 resultiert mit der Fläche $A_1 = t_a s_1$ und der Flächenschwerpunktskoordinate $z_1 = a - \bar{z}_s - \frac{s_1}{2}$ das bereits in Gl. (4.20) erzielte Ergebnis

$$S_{y1}(s_1) = \left(a - \frac{a\xi}{2\,(1+\xi)} - \frac{s_1}{2}\right)t_a s_1 = \frac{t_a s_1}{2\,(1+\xi)}\left[a\,(2+\xi) - s_1\,(1+\xi)\right]\,.$$

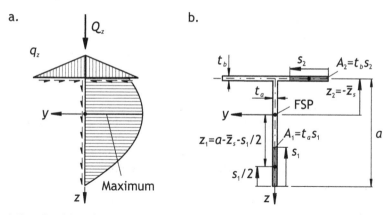

Abb. 4.12 a. Resultierender qualitativer Schubflussverlauf q_z infolge einer Querkraft Q_z b. geometrische Verhältnisse am T-Profil zur Berechnung von Statischen Momenten

Im Bereich 2 erhalten wir mit der Fläche $A_2 = t_b s_2$ und der nicht von s_2 abhängigen Flächenschwerpunktskoordinate $z_2 = -\bar{z}_s$ ebenfalls das bekannte Ergebnis nach Gl. (4.21)

$$S_{y2}(s_2) = -\frac{\xi}{1+\xi}\frac{at_b s_2}{2}.$$

c) Mit Hilfe der Aufgabenteile a) und b) können wir beim T-Profil Orte des betragsmäßig maximalen Schubflusses abschätzen, weil bei Dünnwandigkeit die Schubflüsse überlagert bzw. superponiert werden können (vgl. Gl. (4.3)). Nach den Abbn. 4.11b. und 4.12a. kann zudem nur bei $s_1 = a - \bar{z}_s$ oder bei $s_2 = \frac{b}{2}$ der maximale Schubfluss bei anliegenden Querkräften in y- wie auch z-Richtung auftreten; denn im Bereich des Stegs mit $0 \le s_1 \le a$ verursacht nur die Querkraft Q_z einen Schubfluss, nicht jedoch die Querkraft Q_y, und im Bereich des Flansches mit $0 \le s_2 \le b$ tritt das Extremum sowohl für die Querkraft Q_y als auch die Querkraft Q_z an der selben Stelle auf. Die superponierten Schubflüsse ergeben

$$q_{ges1} = q_{y1}(s1 = a - \bar{z}_s) + q_{z1}(s1 = a - \bar{z}_s) = -\frac{3(2+\xi)^2}{2(4+\xi)(1+\xi)}\frac{Q_z}{a}$$

und

$$q_{ges2} = q_{y2}\left(s2 = \frac{b}{2}\right) + q_{z2}\left(s2 = \frac{b}{2}\right) = \frac{3}{2}\frac{Q_y}{b} + \frac{3Q_z\xi t_b b}{a^2 t_a(4+\xi)}.$$

Wir berücksichtigen die numerischen Werte nach der Aufgabenstellung und erhalten betragsmäßig

$$|q_{ges1}| = 59{,}38\,\frac{\text{N}}{\text{mm}} \quad \text{und} \quad |q_{ges2}| = 65{,}34\,\frac{\text{N}}{\text{mm}}.$$

Bemerkt sei, dass wir nur Beträge beachten, weil für die Werkstoffbeanspruchung infolge von reinem Schub das Vorzeichen nicht relevant ist.

Der maximale Schubfluss tritt daher bei $s_2 = \frac{b}{2}$ auf. Sein Betrag ist

$$q_{max} = 65,34 \frac{N}{mm} .$$

d) Die Schubspannung können wir bei dünnwandigen Profilen aus dem Schubfluss nach Gl. (4.9) ermitteln, indem wir den Schubfluss auf die Wandstärke beziehen. Wenn die Wandstärken im Querschnitt allerdings variieren, fällt nicht notwendigerweise das betragsmäßige Maximum des Schubflusses mit dem der Schubspannung zusammen. Für das untersuchte T-Profil kann das betragsmäßige Schubspannungsmaximum nur in den Profilpunkten auftreten, die wir bereits im Aufgabenteil c) untersucht haben, d. h. bei $s_1 = a - \bar{z}_s$ oder bei $s_2 = \frac{b}{2}$. Wir müssen also nur noch die aus dem Aufgabenteil c) bekannten Schubflüsse auf die jeweilige Wandstärke beziehen. Es folgt demnach

$$|\tau_1| = \frac{|q_{ges1}|}{t_a} = 14,85\,\mathrm{MPa}\,, \qquad |\tau_2| = \frac{|q_{ges2}|}{t_b} = 10,89\,\mathrm{MPa}\,.$$

Somit tritt die betragsmäßig maximale Schubspannung bei $s_1 = a - \bar{z}_s$ auf und beträgt

$$\tau_{max} = |\tau_1| = \frac{|q_{ges1}|}{t_b} = 14,85\,\mathrm{MPa}\,.$$

L4.2/Lösung zur Aufgabe 4.2 – Schubfluss und Schubmittelpunkt beim C-Profil

a) Zur Berechnung des Schubflussverlaufs idealisieren wir das dünnwandige Profil entlang seiner Mittellinie durch Rechtecke und führen drei Bereiche mit Hilfe der lokalen Koordinaten s_i ein. In jedem Bereich kennzeichnen wir nach Abb. 4.13a. einen Schnitt, in dem wir in Abhängigkeit der jeweiligen Koordinate den Schubfluss ermitteln. Da das Profil durch eine Querkraft in z-Richtung belastet ist, müssen wir das Statische Moment S_y bestimmen (vgl. Gl. (4.2)).

Mit Hilfe der in Abb. 4.13b. gekennzeichneten Schwerpunktskoordinate

$$z_1(s1) = -\frac{1}{2}\left[h + (2a - s_1)\sin\alpha\right]$$

sowie der Fläche $A_1(s_1) = s_1 t$ erhalten wir im Bereich 1 mit $0 \leq s_1 \leq a$

$$S_{y1}(s_1) = -\frac{s_1 t}{2}\left[h + (2a - s_1)\sin\alpha\right] = -\frac{at s_1}{4}\left(6 - \frac{s_1}{a}\right). \qquad (4.22)$$

Demnach resultiert unter Beachtung von Gl. (4.2) für $Q_z > 0$ der Schubfluss im Bereich 1 zu

$$q_{z1}(s_1) = \frac{3Q_z}{46a}\left[6\frac{s_1}{a} - \left(\frac{s_1}{a}\right)^2\right] > 0\,.$$

In Gl. (4.2) haben wir dabei das negative Vorzeichen verwendet, weil wir für das Statische Moment die mit der Koordinate s_1 überstrichene Fläche berücksichtigen, d. h. wir betrachten die Kraftgrößen am positiven Schnittufer. Der Schubfluss $q_{z1}(s_1)$ ist größer null und verläuft somit positiv in Richtung der gewählten positiven Koordinate s_1.

Im Bereich 2 mit $0 \leq s_2 \leq h$ setzt sich das Statische Moment zum einen aus dem Anteil des oberen Flansches mit der Fläche at und der Schwerpunktskoordinate $z_{s1} = -\frac{1}{2}(h + a\sin\alpha)$ zusammen (vgl. Abb. 4.13c.). Zum anderen steuert die mit der Koordinate s_2 hinzukommende Fläche $A_2(s_2) = s_2 t$ über ihren vorzeichenbehafteten Hebel

$$z_2(s_2) = -\frac{h}{2} + \frac{s_2}{2}$$

einen weiteren Beitrag hinzu. Wegen (vgl. die Gln. (3.2) und (3.8))

$$S_{y2}(s_2) = \int_{A^*} z\,\mathrm{d}A = \sum_i z_i A_i = z_{s1} A_1 + z_2(s_2) A_2(s_2)$$

lautet daher das Statische Moment im Bereich 2

$$S_{y2}(s_2) = -\frac{s_2 t}{2}(h - s_2) - \frac{at}{2}(h + a\sin\alpha) = -\frac{a^2 t}{4}\left[5 + 4\frac{s_2}{a} - 2\left(\frac{s_2}{a}\right)^2\right].$$

Es resultiert für $Q_z > 0$ im Bereich 2

$$q_{z2}(s_2) = \frac{3 Q_z}{46 a}\left[5 + 4\frac{s_2}{a} - 2\left(\frac{s_2}{a}\right)^2\right] > 0.$$

Der Schubfluss ist positiv und fließt bzw. wirkt somit in positive s_2-Richtung.

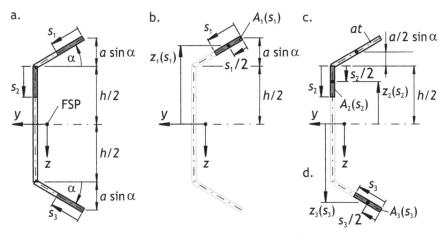

Abb. 4.13 a. Definition der lokalen Koordinaten s_i; geometrische Verhältnisse zur Bestimmung des Statischen Momentes b. im Bereich 1 und c. in den Bereichen 2 und 3

Den Schubfluss im unteren Flansch ermitteln wir unter Berücksichtigung der geometrischen Verhältnisse in Abb. 4.13c. Mit der Schwerpunktskoordinate

$$z_3\,(s_3) = \frac{1}{2}\left[h + (2a - s_3)\sin\alpha\right]$$

und der Fläche $A_3\,(s_3) = s_3\,t$ folgt das Statische Moment im Bereich 3 $(0 \le s_3 \le a)$

$$S_{y3}\,(s_3) = \frac{a\,t\,s_3}{4}\left(6 - \frac{s_3}{a}\right).$$

Dies ist aber betragsmäßig das gleiche Ergebnis für das Statische Moment wie für Bereich 1 nach Gl. (4.22), wenn die Laufkoordinaten s_1 und s_3 gleich lang gewählt werden. Einzig das Vorzeichen ist unterschiedlich.

Zur Verdeutlichung dieses Zusammenhangs betrachten wir Abb. 4.14a., in der die Koordinaten s_1 und s_3 gleich lang gewählt sind. Ferner ist das Profil in drei Teilflächen unterteilt. Da die Flächen A_1 und A_3 gleich groß sind, besitzt die Fläche A_2 aufgrund der Querschnittssymmetrie die Schwerpunktskoordinate null. Demnach müssen die Statischen Momente der Flächen A_1 und A_3 betragsmäßig gleich sein, da die Fläche A_2 keinen Beitrag leistet. Wir hätten also aufgrund der Symmetrie direkt davon ausgehen können, dass das Statische Moment im Bereich 3 genauso verläuft wie das im Bereich 1.

Für den Schubfluss im Bereich 3 folgt mit $Q_z > 0$

$$q_{z3}\,(s_3) = -\frac{3\,Q_z}{46\,a}\left[6\frac{s_3}{a} - \left(\frac{s_3}{a}\right)^2\right] < 0\,.$$

Der Schubfluss ist jetzt jedoch kleiner null. Er verläuft damit positiv in negative

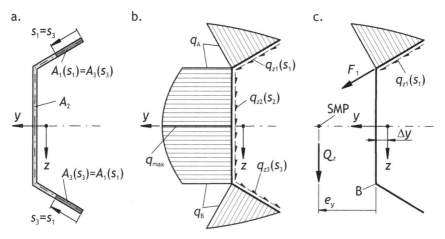

Abb. 4.14 a. C-Profil unterteilt in drei Teilflächen mit gleich großen Flächen A_1 und A_3 b. qualitativ resultierender Schubflussverlauf c. Verhältnisse zur Bestimmung des Schubmittelpunkts SMP des Profils

s_3-Richtung.

In Abb. 4.14b. ist der qualitativ resultierende Schubfluss im Profil dargestellt. Der Schubfluss ist symmetrisch zur y-Achse. Auf der y-Hauptachse ist der Schubfluss maximal, da dort der Zuwachs des Statischen Momentes aufgrund des verschwindenden Hebels der infinitesimal hinzuaddierten Fläche null ist.

Weil die Wandstärke konstant ist, tritt die maximale Schubspannung dort auf, wo auch der Schubfluss maximal wird. Sie beträgt

$$\tau_{\max} = \frac{q_{z2}\left(s_2 = \frac{h}{2}\right)}{t} = \frac{21}{46}\frac{Q_z}{at} = 11,41 \text{ MPa} \,.$$

b) Die Schubmittelpunktslage kann ermittelt werden, wenn die Schubflüsse infolge zweier Querkräfte bekannt sind, die jeweils in die Richtungen der Hauptachsen wirken. Im Aufgabenteil a) ist der Schubfluss infolge einer Querkraft Q_z berechnet. Wir müssten daher nun noch den Schubfluss infolge der Querkraft Q_y bestimmen. Allerdings können wir das Vorgehen hier vereinfachen, weil das Profil symmetrisch zur y-Hauptachse ist. In diesem Fall wird auch der Schubfluss symmetrisch zur y-Achse sein, weshalb auch der Schubmittelpunkt auf der Symmetrielinie liegen muss. Wir bestimmen daher nachfolgend die Lage des Schubmittelpunkts infolge der Querkraft Q_z, d. h. die Wirkungslinie der Querkraft Q_z. Der Schnittpunkt dieser Wirkungslinie mit der Symmetrieachse stellt dann den gesuchten Schubmittelpunkt dar.

Den Schubmittelpunkt ermitteln wir mit Hilfe von Abb. 4.14c. Die Querkraft Q_z haben wir auf der Wirkungslinie positioniert, die durch den noch unbekannten Schubmittelpunkt verläuft. Die Lage der Querkraft kennzeichnen wir mit e_y. Dabei handelt es sich um eine vorzeichenbehaftete Größe; ist sie negativ, dann befindet sich die Querkraft Q_z rechts vom Punkt B in Abb. 4.14c.

Da die Querkraft die Resultierende der aufaddierten Schubflüsse ist, formulieren wir die Momentengleichheit (nicht das Momentengleichgewicht). Wenn wir die Momentengleichheit um den Punkt B in Abb. 4.14c. aufstellen, müssen wir nur den Schubfluss im oberen Flansch berücksichtigen. Zur Ermittlung des Schubmittelpunkts hätte es somit ausgereicht, nur den Schubflussverlauf im oberen Flansch infolge der Querkraft Q_z zu berechnen. Wir integrieren den Schubfluss im Bereich 1. Es folgt

$$F_1 = \int_0^a q_{z1}\, \mathrm{d}s_1 = \frac{3Q_z}{46a}\int_0^a \left[6\frac{s_1}{a} - \left(\frac{s_1}{a}\right)^2\right]\mathrm{d}s_1 = \frac{3Q_z}{46a}\left[3\frac{s_1^2}{a} - \frac{s_1^3}{3a^2}\right]_0^a = \frac{4}{23}Q_z \,.$$

Die Momentengleichheit um den Punkt B liefert

$$Q_z e_y = F_1 h\cos\alpha \qquad \Leftrightarrow \qquad e_y = \frac{2\sqrt{3}}{23}\cdot h = 30,12 \text{ mm} \,.$$

Der Schubmittelpunkt besitzt damit die Koordinaten

$$y_{\mathrm{SMP}} = e_y + \Delta y = 51,77 \text{ mm} \qquad \text{und} \qquad z_{\mathrm{SMP}} = 0 \,.$$

L4.3/Lösung zur Aufgabe 4.3 – Schubmittelpunkt beim offenen Profil

Zur Berechnung des Schubmittelpunkts benötigen wir die Schubflüsse entlang der Profilmittellinie. Mit Hilfe der Momentengleichheit zwischen den Schubflüssen und der jeweilig resultierenden Schnittreaktion Q_y bzw. Q_z können wir dann auf die Lage des Schubmittelpunkts schließen.

Wir können den Berechnungsaufwand deutlich reduzieren, wenn wir den Punkt, um den wir die Momentengleichheit formulieren, so definieren, dass möglichst viele aus den Schubflüssen resultierende Kräfte keinen Hebelarm um den gewählten Bezugspunkt aufweisen. Da die Schubflüsse im Steg und im unteren Flansch alle auf Wirkungslinien liegen, die durch den unteren Eckpunkt A verlaufen, stellen wir die Momentengleichheit um diesen Punkt auf (vgl. Abb. 4.15a.).

Wenn nur die Querkraft Q_y anliegt, erhalten wir mit der Kraft F_y, die aus den Schubflüssen im oberen Flansch infolge der Querkraft Q_y resultiert,

$$Q_y e_z = F_y h \quad \Leftrightarrow \quad e_z = \frac{F_y}{Q_y} h \,. \tag{4.23}$$

Analog folgt bei alleiniger Beanspruchung durch die Querkraft Q_z

$$Q_z e_y = F_z h \quad \Leftrightarrow \quad e_y = \frac{F_z}{Q_z} h \,. \tag{4.24}$$

Dabei stellt die Kraft F_z die aus den Schubflüssen infolge der Querkraft Q_z resultierende Größe dar. Durch die Wahl des Bezugspunktes A können wir somit die Bestimmung der Schubflüsse auf den oberen Flansch beschränken.

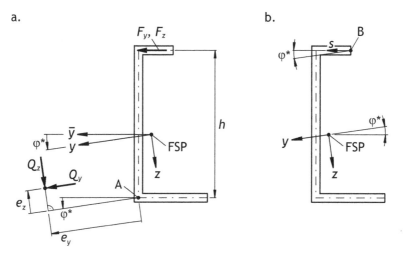

Abb. 4.15 a. Verhältnisse zur Aufstellung der Momentengleichheit b. lokale Koordinate s auf dem oberen Flansch entlang der Profilmittellinie

Wir führen die lokale Koordinate s auf der Profilmittellinie des oberen Flansches nach Abb. 4.15b. ein. Diese lokale Koordinate ist um den Winkel φ^* zum y-z-Hauptachsensystem gedreht und muss daher in das Hauptachsensystem transformiert werden, in dem die Statischen Momente zur Berechnung der Schubflüsse nach den Gln. (4.1) und (4.2) ermittelt werden müssen. Für die Koordinatentransformation benötigen wir dabei die Koordinaten vom Punkt B, in dem die lokale Koordinate ihren Ursprung hat (vgl. Abb. 4.15b.).

Im $\bar{y}$-$\bar{z}$-Achssystem (vgl. Abb. 4.3) besitzt der Punkt B die Koordinaten

$$\bar{y}_B = \Delta\bar{y} - b = -16,07\,\text{mm} \quad \text{und} \quad \bar{z}_B = \Delta\bar{z} - h = -57,14\,\text{mm}\,.$$

Wir müssen also diese Koordinaten zunächst ins Hauptachsensystem transformieren. Es gelten für einen beliebigen Punkt die folgenden Beziehungen

$$y = \bar{y}\cos\varphi^* + \bar{z}\sin\varphi^* \quad \text{und} \quad z = -\bar{y}\sin\varphi^* + \bar{z}\cos\varphi^*\,.$$

Der Übersichtlichkeit halber sind diese Beziehungen in Abb. 4.16a. verdeutlicht. Anzumerken ist dabei, dass der Winkel φ^* vergrößert dargestellt ist, um die Verhältnisse deutlicher skizzieren zu können.

Mit den vorherigen Zusammenhängen folgt demnach für den Punkt B

$$y_B \approx -20,31\,\text{mm} \quad \text{und} \quad z_B \approx -55,77\,\text{mm}\,.$$

Damit sind wir nun in der Lage, die lokale Koordinate s in die y-z-Hauptrichtungen zu transformieren. Unter Berücksichtigung von Abb. 4.16b. erhalten wir

$$y = y_B + s\cos\varphi^* \quad \text{und} \quad z = z_B - s\sin\varphi^*\,.$$

Folglich können wir jetzt die Statischen Momente ermitteln. Wir starten mit

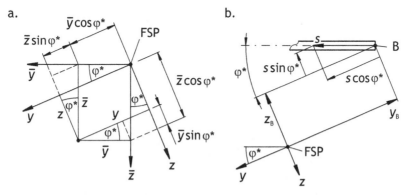

Abb. 4.16 a. Transformationsbeziehungen mit Flächenschwerpunkt FSP b. lokale Koordinate s auf dem oberen Flansch entlang der Profilmittellinie

$$S_y(s) = \int z \, dA = t \int (z_B - s \sin \varphi^*) \, ds = t \left(s z_B - \frac{s^2}{2} \sin \varphi^* \right) + C_1 \, .$$

C_1 ist die Integrationkonstante, die wir über die Bedingung des verschwindenden Statischen Momentes an der freien Oberfläche bei $s = 0$ bestimmen. Es gilt

$$S_y(s = 0) = C_1 = 0 \, .$$

Das Statische Moment um die z-Achse resultiert zu

$$S_z(s) = \int y \, dA = t \int (y_B + s \cos \varphi^*) \, ds = t \left(s y_B + \frac{s^2}{2} \cos \varphi^* \right) + C_2 \, .$$

Die Integrationskonstante C_2 ist analog zu zuvor wegen $S_z(s = 0) = 0$ ebenfalls null.

Damit stehen alle Größen zur Verfügung, um basierend auf den Gln. (4.1) und (4.2) die Schubflüsse zu berechnen. Der Schubfluss q_y infolge der Querkraft Q_y ergibt sich zu

$$q_y = -Q_y \frac{S_z}{I_z} = -\frac{Q_y t s}{2 I_z} (2 y_B + s \cos \varphi^*) \, .$$

Für den Schubfluss q_z infolge der Querkraft Q_z resultiert

$$q_z = -Q_z \frac{S_y}{I_y} = \frac{Q_z t s}{2 I_y} (s \sin \varphi^* - 2 z_B) \, .$$

Um nun die Lage des Schubmittelpunkts nach den Gl. (4.23) und (4.24) bestimmen zu können, müssen wir nur noch aus den Schubflüssen die auf dem oberen Flansch jeweils resultierende Kraft F_y bzw. F_z ermitteln. Wir erhalten

$$F_y = \int_0^b q_y \, ds = -\frac{Q_y t}{2 I_z} \int_0^b (2 s y_B + s^2 \cos \varphi^*) \, ds = -\frac{Q_y t b^2}{6 I_z} (3 y_B + b \cos \varphi^*) \, ,$$

$$F_z = \int_0^b q_z \, ds = \frac{Q_z t}{2 I_y} \int_0^b (s^2 \sin \varphi^* - 2 s z_B) \, ds = \frac{Q_z t b^2}{6 I_y} (b \sin \varphi^* - 3 z_B) \, .$$

Folglich ergibt sich für die Abstände zum Bezugspunkt A

$$e_y = \frac{F_y}{Q_y} h = -\frac{t b^2 h}{6 I_z} (3 y_B + b \cos \varphi^*) \approx 3,46 \, \text{mm} \, ,$$

$$e_z = \frac{F_z}{Q_z} h = \frac{t b^2 h}{6 I_y} (b \sin \varphi^* - 3 z_B) \approx 12,40 \, \text{mm} \, .$$

Im $\bar{y}$-$\bar{z}$-Koordinatensystem resultieren die Koordinaten des Schubmittelpunkts unter Berücksichtigung von $\bar{y}_A = \Delta \bar{y} = 8,93 \, \text{mm}$ und $\bar{z}_A = \Delta \bar{z} = 42,86 \, \text{mm}$ zu

$$\bar{y}_{SMP} = \bar{y}_A + e_y \cos \varphi^* + e_z \sin \varphi^* \approx 13,31 \, \text{mm} \, ,$$

$$\bar{z}_{SMP} = \bar{z}_A + e_y \sin \varphi^* - e_z \cos \varphi^* \approx 30,75 \, \text{mm} \, .$$

L4.4/Lösung zur Aufgabe 4.4 – Schubmittelpunkt beim Einzeller

a) Für die Berechnung des Schubflusses führen wir die lokalen Koordinaten s_i nach Abb. 4.17a. ein. Wir beachten dabei, dass alle lokalen Koordinaten im Gegenuhrzeigersinn orientiert sind, was mit der positiven Drehrichtung eines Torsionsmomentes übereinstimmt.

Wir beginnen mit der Ermittlung des Schubflusses im Bereich der Koordinate s_1 basierend auf der QSI-Formel nach Gl. (4.2). Da wir das positive Schnittufer betrachten, verwenden wir das negative Vorzeichen in der vorgenannten Gleichung. Für das Statische Moment $S_{y1}(s_1)$ resultiert mit $z_{s1} = -\frac{h}{2}$

$$S_{y1}(s_1) = \int_A z\,\mathrm{d}A = z_{s1} A_1 = -\frac{1}{2} h t_G s_1 = -\frac{5}{2} h t_S s_1 \;.$$

Es folgt für $0 \leq s_1 \leq \frac{h}{2}$ demnach

$$q_1'(s_1) = -\frac{Q_z}{I_y} S_{y1}(s_1) = \frac{150}{3\pi+80} \frac{Q_z}{h} \frac{s_1}{h} \;. \tag{4.25}$$

Der Schubfluss $q_1'(s_1)$ ist für $Q_z > 0$ größer null und ist daher in Richtung der positiven s_1-Koordinate gerichtet.

Im Bereich des Halbkreisrings haben wir die lokale Koordinate über den Winkel φ definiert (vgl. Abb. 4.17a.). Wir verwenden die integrale Formulierung des Statischen Momentes und erhalten mit $z = -\frac{h}{2}\cos\varphi$ und $\mathrm{d}A = t_N \frac{h}{2}\,\mathrm{d}\varphi$

$$S_{y2}(\varphi) = \int_A z\,\mathrm{d}A = -\frac{h^2 t_N}{4} \int \cos\varphi\,\mathrm{d}\varphi = -\frac{h^2 t_S}{5}\sin\varphi + C_1 \;.$$

Da wir unbestimmt integrieren, müssen wir noch die Integrationskonstante C_1 er-

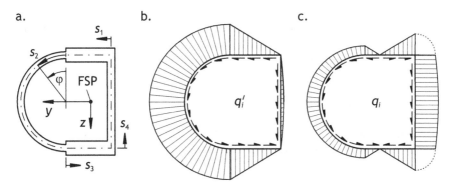

Abb. 4.17 a. Torsionsnase mit lokalen Koordinaten s_i b. variabler Schubflussverlauf infolge der Querkraft Q_z bei geöffnetem Profil (im Punkt A nach Abb. 4.4b.) c. Schubflussverlauf bei Querkraftangriff im Schubmittelpunkt

mitteln, welche über das Statische Moment aus dem oberen Gurt mit

$$S_{y1}\left(s_1 = \frac{h}{2}\right) = S_{y2}\left(\varphi = 0\right)$$

bestimmt wird. Es resultiert somit

$$C_1 = -\frac{5}{4}h^2 t_S \quad \text{und} \quad S_{y2}\left(\varphi\right) = -\frac{h^2 t_S}{5}\sin\varphi - \frac{5}{4}h^2 t_S \ .$$

Im Bereich 2 mit $0 \leq \varphi \leq \pi$ erhalten wir den Schubfluss zu

$$q_2'\left(\varphi\right) = -\frac{Q_z}{I_y}S_{y1}\left(s_1\right) = \frac{3\left(4\sin\varphi + 25\right)}{3\pi + 80}\frac{Q_z}{h} \ . \tag{4.26}$$

Am Anfang von Bereich 3 entspricht das Statische Moment demjenigen aus dem Bereich 2 für $\varphi = \pi$. Wir ermitteln dieses Statische Moment zu

$$S_{y2}\left(\varphi = \pi\right) = -\frac{5}{4}h^2 t_S = S_{y3}\left(s_3 = 0\right) \ .$$

Mit $z_{s3} = \frac{h}{2}$ und $A_3 = t_G s_3$ folgt das Statische Moment im Bereich 3 $(0 \leq s_3 \leq \frac{h}{2})$

$$S_{y3}\left(s_3\right) = z_{s3}A_3 + S_{y2}\left(\varphi = \pi\right) = \frac{1}{2}h t_G s_3 + S_{y2}\left(\varphi = \pi\right) = -\frac{5}{4}h^2 t_S \left(1 - 2\frac{s_3}{h}\right) \ .$$

Demnach erhalten wir im Bereich 3 den Schubfluss wie folgt

$$q_3'\left(s_3\right) = -\frac{Q_z}{I_y}S_{y3}\left(s_3\right) = \frac{75}{3\pi + 80}\left(1 - 2\frac{s_3}{h}\right)\frac{Q_z}{h} \ .$$

Da der Schubfluss größer null ist (bei $Q_z > 0$), fließt er in positive s_3-Koordinaten-richtung.

Damit fehlt nur noch Bereich 4. Das Statische Moment ermitteln wir, indem wir die Integralschreibweise nutzen. Die unbestimmte Integration führt mit $z = \frac{h}{2} - s_4$ und $dA = t_S ds_4$ unter Beachtung von $0 \leq s_4 \leq h$ auf

$$S_{y4}\left(s_4\right) = \int_A z \, dA = \int\left(\frac{h}{2} - s_4\right)t_S \, ds_4 = \frac{1}{2}t_S h s_4 \left(1 - \frac{s_4}{h}\right) + C_2 \ .$$

Die Integrationskonstante C_2 berechnen wir über die Bedingung, dass in dem Punkt, in dem Bereich 3 und 4 aneinandergrenzen, das gleiche Statische Moment vorliegt, d. h. es gilt

$$S_{y3}\left(s_3 = \frac{h}{2}\right) = 0 = S_{y4}\left(s_4 = 0\right) = C_2 \quad \Leftrightarrow \quad C_2 = 0 \ .$$

Für den Schubfluss folgt

$$q'_4(s_4) = -\frac{Q_z}{I_y} S_{y4}(s_4) = -\frac{1}{2} t_S s_4 (h - s_4) = -\frac{30}{3\pi + 80} \left(1 - \frac{s_4}{h}\right) \frac{s_4}{h} \frac{Q_z}{h}. \quad (4.27)$$

Die qualitativen Schubflussverläufe sind in Abb. 4.17b. dargestellt.

b) Der Gesamtschubfluss im Querschnitt ergibt sich bei drillfreiem Querkraftschub aus einem variablen und einem konstanten Schubflussanteil. Den variablen Anteil erhält man, wenn man das Profil an einer beliebigen Stelle aufschneidet und den Schubfluss gemäß den Bedingungen des offenen Profils unter drillfreiem Querkraftschub berechnet. Da wir das Profil gedanklich im Aufgabenteil a) aufgeschnitten haben und daher bereits den variablen Schubfluss kennen, müssen wir nun den an der Stelle A (vgl. Abb. 4.4b.) zu null gesetzten konstanten Schubfluss bestimmen, und zwar unter der Bedingung, dass das Profil nicht tordiert. In Gl. (4.6) ist diese Bedingung eingearbeitet, so dass wir den konstanten Schubfluss $q_{0_{SMP}}$ direkt über diese Gleichung ermitteln können.

Wir berechnen Gl. (4.6) schrittweise, indem wir zunächst die auftretenden Integrale

$$\oint \frac{1}{t(s)} \, ds \quad \text{und} \quad \oint \frac{q'(s)}{t(s)} \, ds \qquad (4.28)$$

bestimmen und dann in Gl. (4.6) berücksichtigen.

Wir starten mit dem erstgenannten Umfangsintegral und erhalten

$$\oint \frac{1}{t(s)} \, ds = \frac{1}{t_G} \int_0^{\frac{h}{2}} ds_1 + \frac{h}{2t_N} \int_0^\pi d\varphi + \frac{1}{t_G} \int_0^{\frac{h}{2}} ds_3 + \frac{1}{t_S} \int_0^h ds_4$$
$$= \frac{h}{t_G} + \frac{\pi h}{2t_N} + \frac{h}{t_S} = \frac{48 + 25\pi}{40} \frac{h}{t_S} \approx 3,1635 \frac{h}{t_S}. \qquad (4.29)$$

Dieses Integral ist stets positiv. Das 2. Integral in Gl. (4.28) kann allerdings ein negatives Vorzeichen besitzen. Dies kann auftreten, wenn der Schubfluss q' entgegen der Integrationsrichtung wirkt. Hier müssen wir jedoch nicht darauf im Besonderen achten, da wir den variablen Schubfluss im Aufgabenteil a) mit lokalen Koordinaten definiert haben, die alle den gleichen Orientierungssinn aufweisen; sie sind im Gegenuhrzeigersinn definiert. Ferner gibt das Vorzeichen des Schubflusses q'_i an, ob der Schubfluss in Richtung der lokalen Koordinate weist (bei positivem Vorzeichen) oder entgegengesetzt (bei negativem Vorzeichen).

Wir zerlegen das Umfangsintegral in Integrale über die gewählten vier Teilgebiete nach dem Aufgabenteil a) gemäß Abb. 4.17a. wie folgt

$$\oint \frac{q'(s)}{t(s)} \, ds = \frac{1}{t_G} \int_0^{\frac{h}{2}} q'_1 \, ds_1 + \frac{1}{t_N} \int_0^{\frac{\pi h}{2}} q'_2 \, ds_2 + \frac{1}{t_G} \int_0^{\frac{h}{2}} q'_3 \, ds_3 + \frac{1}{t_S} \int_0^h q'_4 \, ds_4$$

und erhalten für die Bereiche 1 und 2

$$\frac{1}{t_G} \int_0^{\frac{h}{2}} q'_1 \, ds_1 = \frac{15}{4(3\pi + 80)} \frac{Q_z}{t_s} \approx 4,1935 \cdot 10^{-2} \frac{Q_z}{t_s},$$

$$\frac{1}{t_N} \int_0^{\frac{\pi h}{2}} q_2' \, \mathrm{d}s_2 = \frac{5h}{8 t_S} \int_0^{\pi} q_2' \, \mathrm{d}\varphi = \frac{15}{8} \frac{25\pi + 8}{3\pi + 80} \frac{Q_z}{t_s} \approx 1{,}8145 \frac{Q_z}{t_s} \, .$$

Das Integral im Bereich des unteren Gurtes entspricht dem des oberen, da in beiden Bereichen der gleiche Schubfluss wirkt und die geometrischen Verhältnisse identisch sind, d. h. es gilt

$$\frac{1}{t_G} \int_0^{\frac{h}{2}} q_3' \, \mathrm{d}s_3 = \frac{1}{t_G} \int_0^{\frac{h}{2}} q_1' \, \mathrm{d}s_1 = \frac{15}{4\,(3\pi + 80)} \frac{Q_z}{t_s} \approx 4{,}1935 \cdot 10^{-2} \frac{Q_z}{t_s} \, .$$

Für den Steg resultiert

$$\frac{1}{t_S} \int_0^h q_4' \, \mathrm{d}s_4 = -\frac{5}{3\pi + 80} \frac{Q_z}{t_s} \approx -5{,}5913 \cdot 10^{-2} \frac{Q_z}{t_s} \, .$$

Demnach folgt

$$\oint \frac{q'(s)}{t(s)} \, \mathrm{d}s = \frac{5}{8} \frac{75\pi + 28}{3\pi + 80} \frac{Q_z}{t_s} \approx 1{,}8425 \frac{Q_z}{t_s} \, . \tag{4.30}$$

Unter Berücksichtigung der Ergebnisse in den Gln. (4.29) und (4.30) erhalten wir den konstanten Schubfluss gemäß Gl. (4.6) zu

$$q_{0_{\mathrm{SMP}}} = -\frac{25\,(75\pi + 28)}{(3\pi + 80)\,(25\pi + 48)} \frac{Q_z}{h} \approx -5{,}8241 \cdot 10^{-1} \frac{Q_z}{h} \, . \tag{4.31}$$

Für $Q_z > 0$ wirkt dieser Schubfluss entgegen der gewählten Integrationsrichtung, d. h. im Uhrzeigersinn. Überlagern wir diesen Schubfluss mit dem variablen Anteil aus Aufgabenteil a), so resultiert der in Abb. 4.17c. dargestellte Schubflussverlauf.

c) Es handelt sich um ein zur y-Achse symmetrisches Profil. Aus diesem Grunde befindet sich der Schubmittelpunkt auf der Symmetrielinie, und wir müssen lediglich den Einfluss durch eine Querkraft Q_z bestimmen.

Der Schubflussverlauf infolge einer Querkraft Q_z ist in den beiden vorangehenden Aufgabenteilen bestimmt worden. Dieses Ergebnis nutzen wir hier, um die Lage des Schubmittelpunkts für das Profil zu ermitteln. Wir formulieren dazu die Momentengleichheit um den Punkt E zwischen der Querkraft Q_z und den im Querschnitt resultierenden Schubflüssen (vgl. Abb. 4.18a.). Vorteilhaft ist bei der Wahl des Bezugspunktes E, dass die Schubflüsse entlang der Profilmittellinie des Halbkreisrings alle den gleichen Hebel aufweisen und wir daher in einfacher Weise ihr Moment berechnen können. Darüber hinaus sei angemerkt, dass wir die Position des Angriffspunktes der Querkraft Q_z vorzeichenbehaftet berücksichtigen. Aus diesem Grunde ist das Abmaß e_y in Abb. 4.18a. nur einseitg mit einem Pfeil bemaßt.

Die Berechnung führen wir in zwei Schritten durch. Im ersten Schritt ermitteln wir den Schubmittelpunkt des geöffneten Profils. Wir nutzen den Schubflussverlauf gemäß Abb. 4.17b. Der besseren Übersicht halber fassen wir diese Schubflüsse entlang der geraden Profilabschnitte zu Kräften und die Schubflüsse entlang des Halbkreisrings zu einem Moment nach Abb. 4.18a. zusammen. Zu beachten ist dabei,

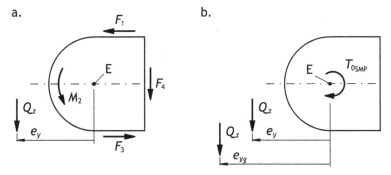

Abb. 4.18 a. Resultierende Kraftgrößen zur Ermittlung des Schubmittelpunkts des geöffneten Profils b. Momentengleichheit am geschlossenen Profil

dass wir die Kräfte neben den Bereich gezeichnet haben; sie wirken jedoch auf der Profilmittellinie. Mit dem Schubfluss im Bereich 1 nach Gl. (4.25) erhalten wir

$$F_1 = \int_0^{\frac{h}{2}} q_1'(s_1)\,\mathrm{d}s_1 = \frac{150}{3\pi+80}\frac{Q_z}{h}\int_0^{\frac{h}{2}}\frac{s_1}{h}\,\mathrm{d}s_1 = \frac{75\,Q_z}{4\,(3\pi+80)} \approx 2,0967\cdot 10^{-1}Q_z\,.$$

Dieses Ergebnis resultiert auch im Bereich 3, da der Schubflussverlauf dort identisch mit dem in Bereich 1 ist (vgl. Abb. 4.17b.), d. h. es gilt

$$F_3 = \int_0^{\frac{h}{2}} q_3'(s_3)\,\mathrm{d}s_3 = F_1 = \frac{75\,Q_z}{4\,(3\pi+80)} \approx 2,0967\cdot 10^{-1}Q_z\,.$$

Für den Halbkreisring berechnen wir keine resultierende Kraft, sondern das resultierende Moment der Schubflüsse um den Punkt E. Es folgt mit dem Schubfluss nach Gl. (4.26)

$$M_2 = \int_0^{\pi} \frac{h}{2} q_2'(\varphi)\frac{h}{2}\,\mathrm{d}\varphi = \frac{3hQ_z}{4\,(3\pi+80)}\int_0^{\pi}(4\sin\varphi+25)\,\mathrm{d}\varphi$$

$$= \frac{3\,(25\pi+8)\,hQ_z}{4\,(3\pi+80)} \approx 7,2580\cdot 10^{-1}hQ_z\,.$$

Im Steg ergibt sich die resultierende Kraft mit dem Schubfluss nach Gl. (4.27) zu

$$F_4 = \int_0^{h} q_4'(s_4)\,\mathrm{d}s_4 = -\frac{30}{3\pi+80}\frac{Q_z}{h}\int_0^{h}\left(1-\frac{s_4}{h}\right)\frac{s_4}{h}\,\mathrm{d}s_4$$

$$= -\frac{5\,Q_z}{3\pi+80} \approx -5,5913\cdot 10^{-2}Q_z\,.$$

Das Minuszeichen bedeutet bei $Q_z > 0$, dass die Kraft F_4 entgegen der positiven Koordinate s_4 orientiert ist und die in Abb. 4.18a. dargestellte Wirkungsrichtung aufweist.

Mit den Hebelarmen gemäß Abb. 4.18a. folgt die Momentengleichheit um den Punkt E zu

$$Q_z e_y = F_1 \frac{h}{2} - |F_4| \frac{h}{2} + F_3 \frac{h}{2} + M_2 \quad \Leftrightarrow \quad e_y = \frac{75\,\pi + 89}{4\,(3\,\pi + 80)}\,h \approx 9,0752 \cdot 10^{-1} h\,.$$

Da die Kraft F_4 im Steg im Uhrzeigersinn wirkt, d. h. entgegen der positiv angenommenen Richtung, haben wir das Vorzeichen des Moments der Kraft F_4 so gewählt, dass es negativ ist.

Im zweiten und letzten Schritt müssen wir noch die Lage des Schubmittelpunkts für das geschlossene Profil berechnen. Hierzu formulieren wir die Momentengleichheit zwischen der Querkraft, die im Schubmittelpunkt des geschlossenen Profils angreift, d. h. die den Abstand e_{y_g} zum Punkt E aufweist, und den resultierenden Schubflüssen im Querschnitt gemäß Abb. 4.17c. Da wir die Wirkung der variablen Schubflüsse q_i' bereits mit Hilfe des Schubmittelpunkts des geöffneten Profils mit e_y ermittelt haben, können wir die Momentengleichheit für die Kraftgrößen nach Abb. 4.18b. aufstellen. Es folgt

$$Q_z e_{y_g} = Q_z e_y - \underbrace{2A_m\,|q_{0_{\mathrm{SMP}}}|}_{=\,|T_{0_{\mathrm{SMP}}}|}\,.$$

Bei A_m handelt es sich um die von der Profilmittellinie eingeschlossene Fläche. Ferner stellt der zweite Summand auf der rechten Seite das Torsionsmoment $T_{0_{\mathrm{SMP}}}$ infolge des konstanten Schubflusses $q_{0_{\mathrm{SMP}}}$ dar. Dieser Schubfluss ist in Gl. (4.31) bereits bestimmt. Wir verwenden den Betrag, da wir die Richtung anschaulich Abb. 4.18b. entnehmen. Formen wir die vorherige Gleichung nach der gesuchten Schubmittelpunktslage um, erhalten wir nach einigen mathematischen Umformungen mit $A_m = \frac{1}{8}\,(\pi + 4)\,h^2$

$$e_{y_g} = -\frac{h}{4}\,\frac{2375\,\pi - 1472}{(3\,\pi + 80)\,(25\,\pi + 48)} \approx -1,3232 \cdot 10^{-1} h\,.$$

Das negative Vorzeichen kennzeichnet, dass der Schubmittelpunkt rechts vom Punkt E liegt (vgl. Abb. 4.18b.). Damit können wir die Koordinaten des Schubmittelpunkts berechnen. Unter Beachtung der geometrischen Verhältnisse und der Symmetrie des Profils resultiert

$$y_{\mathrm{SMP}} = \delta y + e_{y_g} \approx 6,75 \cdot 10^{-2} h\,, \qquad z_{\mathrm{SMP}} = 0\,.$$

L4.5/Lösung zur Aufgabe 4.5 – Schubmittelpunkt beim Zweizeller

a) Wir öffnen jede Zelle des Profils gedanklich mit jeweils einem Schnitt, wie in Abb. 4.19a. dargestellt, und führen die lokalen Koordinaten s_i ein. Wir beachten dabei, dass die Größe der einzelnen Schlitze im Vergleich zur Abmessung a vernachlässigbar ist. Da wir zur Berechnung des variablen Schubflusses q_i' im geöffneten Profil die Statischen Momente S_{yi} gemäß der QSI-Formel nach Gl. (4.2) benötigen, ermitteln wir diese zunächst. Da das Profil symmetrisch zur y-Achse ist, ist

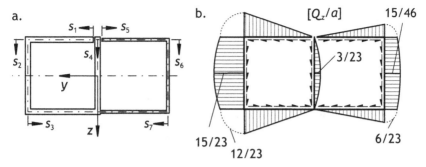

Abb. 4.19 a. Geöffneter Zweizeller mit den lokalen Koordinaten s_i b. variabler Schubflussverlauf q'_i bei Öffnung des Profils gemäß der Aufgabenstellung a)

diese Achse zugleich Hauptachse, so dass direkt die Statischen Momente um die y-Achse ermittelt werden können. Im Bereich 1 für $0 \leq s_1 \leq a$ erhalten wir mit $z_{s1} = -\frac{a}{2}$ und $A_1(s_1) = t_1 s_1$

$$S_{y1}(s_1) = \int z\,\mathrm{d}A = z_{s1} A_1(s_1) = -\frac{1}{2} a t_1 s_1 = -a t s_1 \,.$$

Im Bereich 2 mit $0 \leq s_2 \leq a$ nutzen wir die integrale Formulierung des Statischen Moments. Mit der Koordinatentransformation $z = -\frac{a}{2} + s_2$ resultiert unter Beachtung von $\mathrm{d}A = t_1\,\mathrm{d}s_2$

$$S_{y2}(s_2) = \int z\,\mathrm{d}A = -t_1 \int \left(\frac{a}{2} - s_2\right)\mathrm{d}s_2 = -\frac{t_1}{2}\left(a s_2 - s_2^2\right) + C \,.$$

Die Integrationskonstante C bestimmen wir über das Statische Moment bei $s_2 = 0$. D. h. es muss gelten

$$S_{y2}(s_2 = 0) = C = S_{y1}(s_1 = a) = -\frac{1}{2} a^2 t_1 \quad \Leftrightarrow \quad C = -\frac{1}{2} a^2 t_1 \,.$$

Demnach folgt

$$S_{y2}(s_2) = -\frac{t_1 a^2}{2}\left[1 + \frac{s_2}{a} - \left(\frac{s_2}{a}\right)^2\right] = -t a^2 \left[1 + \frac{s_2}{a} - \left(\frac{s_2}{a}\right)^2\right] \,.$$

Im Bereich 3 $(0 \leq s_3 \leq a)$ resultiert mit $z_{s3} = \frac{a}{2}$ und $A_3(s_3) = t_1 s_3$

$$S_{y3}(s_3) = z_{s3} A_3(s_3) + S_{y2}(s_2 = a) = -\frac{1}{2} t_1 a^2 \left(1 - \frac{s_3}{a}\right) = -t a^2 \left(1 - \frac{s_3}{a}\right) \,.$$

Für den Bereich 4 $(0 \leq s_4 \leq a)$ erhalten wir mit der Koordinatentransformation $z = -\frac{a}{2} + s_4$ und $A_4(s_4) = t_1 s_4$ unter Beachtung der freien Oberfläche bei $s_4 = 0$ (d. h. wegen $S_{y4}(s_4 = 0) = 0$)

$$S_{y4}(s_4) = \int z\,\mathrm{d}A = -t_1 \int \left(\frac{a}{2} - s_4\right)\mathrm{d}s_4 = -\frac{t_1}{2}\left(a s_4 - s_4^2\right) + \underbrace{C}_{=0}$$

$$= -\frac{1}{2}t_1\,a^2 \left[\frac{s_4}{a} - \left(\frac{s_4}{a}\right)^2\right] = -t\,a^2 \left[\frac{s_4}{a} - \left(\frac{s_4}{a}\right)^2\right].$$

Die Statischen Momente in den Bereichen 5 bis 7 (mit $0 \leq s_5, s_6, s_7 \leq a$) sind analog zu den Bereichen 1 bis 3 zu bestimmen; einzig die Wanddicke ändert sich. Wir erhalten daher

$$S_{y5}(s_5) = -\frac{1}{2}a t s_5\,, \quad S_{y6}(s_6) = -\frac{t a^2}{2}\left[1 + \frac{s_6}{a} - \left(\frac{s_6}{a}\right)^2\right],$$

$$S_{y7}(s_7) = -\frac{1}{2}t\,a^2\left(1 - \frac{s_7}{a}\right).$$

Die QSI-Formel nach Gl. (4.2), d. h.

$$q_i' = -Q_z\frac{S_{yi}(s_i)}{I_y}\,,$$

können wir somit anwenden und erhalten für die variablen Schubflüsse

$$q_1'(s_1) = \frac{12}{23}\frac{s_1}{a}\frac{Q_z}{a}\,, \quad q_2'(s_2) = \frac{12}{23}\left[1 + \frac{s_2}{a} - \left(\frac{s_2}{a}\right)^2\right]\frac{Q_z}{a}\,,$$

$$q_3'(s_3) = \frac{12}{23}\left(1 - \frac{s_3}{a}\right)\frac{Q_z}{a}\,, \quad q_4'(s_4) = \frac{12}{23}\left[\frac{s_4}{a} - \left(\frac{s_4}{a}\right)^2\right]\frac{Q_z}{a}\,,$$

$$q_5'(s_5) = \frac{6}{23}\frac{s_5}{a}\frac{Q_z}{a}\,, \quad q_6'(s_6) = \frac{6}{23}\left[1 + \frac{s_6}{a} - \left(\frac{s_6}{a}\right)^2\right]\frac{Q_z}{a}\,,$$

$$q_7'(s_7) = \frac{6}{23}\left(1 - \frac{s_7}{a}\right)\frac{Q_z}{a} \quad \text{mit} \quad 0 \leq s_i \leq a \quad \text{für} \quad i = 1, 2, ..., 7\,.$$

In der QSI-Formel verwenden wir dabei das negative Vorzeichen, da wir die Statischen Momente am positiven Schnittufer berechnet haben. Der resultierende Schubflussverlauf ist in Abb. 4.19b. skizziert.

b) Wenn die Querkraft Q_z im Schubmittelpunkt angreift, dann wird dem variablen Schubflussanteil q_i', der sich bei geöffnetem Profil ergibt, noch ein konstanter Anteil in jeder Zelle überlagert, der die Absenkung des Schubflusses in den gedanklichen Öffnungen des Profils auf null rückgängig macht. Wir führen daher die konstanten Schubflüsse $q_{0i_{\mathrm{SMP}}}$ nach Abb. 4.20a. ein und formulieren für jede Zelle i die Verdrillfreiheit, so dass für Zelle 1 nach Gl. (4.7) folgt

$$\frac{1}{t_1}\oint_{\text{Zelle 1}} q'(s)\,\mathrm{d}s + \frac{4a}{t_1}q_{01_{\mathrm{SMP}}} - \frac{a}{t_1}q_{02_{\mathrm{SMP}}} = 0\,. \tag{4.32}$$

Angemerkt sei, dass wir die Integrationsrichtung in Übereinstimmung mit der positiven Richtung des konstant umlaufenden Schubflusses $q_{01\,\text{SMP}}$ wählen, da wir uns dann weniger Gedanken zu den Vorzeichen machen müssen.

Das auftretende Umfangintegral in Zelle 1 über den variablen Schubfluss zerlegen wir in vier Integrale wie folgt

$$\oint_{\text{Zelle 1}} q'(s)\,ds = \int_0^a q_1{}'\,ds_1 + \int_0^a q_2{}'\,ds_2 + \int_0^a q_3{}'\,ds_3 - \int_0^a q_4{}'\,ds_4 \,.$$

Da das erste und das dritte Integral gleich sind, erhalten wir (z. B. unter Beachtung von Zeile 1 und Spalte 2 in der Koppeltafel nach Tab. 9.3 im Abschnitt 9.4.8)

$$\int_0^a q_1{}'\,ds_1 = \int_0^a q_3{}'\,ds_3 = \frac{1}{2}\,a q_1'(s_1 = a) = \frac{6}{23}\,Q_z \,.$$

Das zweite Integral schreiben wir wegen der Symmterie bei $s_2 = \frac{a}{2}$ um

$$\int_0^a q_2{}'\,ds_2 = 2\int_0^{\frac{a}{2}} q_2{}'\,ds_2 \,.$$

Dann nutzen wir Zeile 1 und Spalte 1 zusammen mit Zeile 1 und Spalte 5 aus Tab. 9.3. Es folgt daher

$$\int_0^{\frac{a}{2}} q_2{}'\,ds_2 = \frac{a}{2}\,q_1'(s_1 = a) + \frac{2}{3}\frac{a}{2}\left(q_2'(s_1 = \frac{a}{2}) - q_1'(s_1 = a)\right)$$

$$= \frac{6}{23}\,Q_z + \frac{1}{23}\,Q_z = \frac{7}{23}\,Q_z \,.$$

Für das vierte Integral resultiert (vgl. Zeile 1 und Spalte 5 in Tab. 9.3)

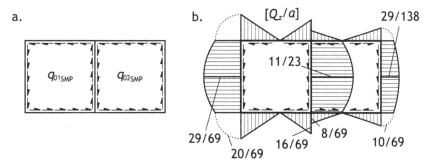

Abb. 4.20 a. Konstant in jeder Zelle umlaufender Schubfluss $q_{0i\text{SMP}}$ b. qualitativer Schubflussverlauf bei Querkraftangriff im Schubmittelpunkt

$$\int_0^a q_4{}' \, ds_4 = 2 \int_0^{\frac{a}{2}} q_4{}' \, ds_4 = 2 \frac{2}{3} \frac{a}{2} q_4'(s_4 = \frac{a}{2}) = \frac{2}{3} \frac{3}{23} Q_z = \frac{2}{23} Q_z \,.$$

Somit resultiert wegen

$$\oint_{\text{Zelle}\,1} q'(s) \, ds = \frac{24}{23} Q_z$$

aus der Verdrillfreiheit für Zelle 1 gemäß Gl. (4.32)

$$4 q_{01_{\text{SMP}}} - q_{02_{\text{SMP}}} = -\frac{24}{23} \frac{Q_z}{a} \,. \tag{4.33}$$

Analog erhalten wir für Zelle 2 nach Gl. (4.7)

$$\oint_{\text{Zelle}\,2} \frac{q'(s)}{t(s)} \, ds + \oint_{\text{Zelle}\,2} \frac{q_{02_{\text{SMP}}}}{t(s)} \, ds - \frac{a}{t_1} q_{01_{\text{SMP}}} = 0 \,. \tag{4.34}$$

Das Umfangsintegral über den variablen Schubfluss zerlegen wir wieder in vier Teilintegrale

$$\oint_{\text{Zelle}\,2} \frac{q'(s)}{t(s)} \, ds = \frac{1}{t_1} \int_0^a q_4{}' \, ds_4 - \frac{1}{t_2} \int_0^a q_5{}' \, ds_5 - \frac{1}{t_2} \int_0^a q_6{}' \, ds_6 - \frac{1}{t_2} \int_0^a q_7{}' \, ds_7 \,.$$

Mit den Integralen

$$\int_0^a q_4{}' \, ds_4 = \frac{2}{23} Q_z \,, \quad \int_0^a q_5{}' \, ds_5 = \int_0^a q_7{}' \, ds_7 = \frac{3}{23} Q_z \,, \quad \int_0^a q_6{}' \, ds_6 - \frac{7}{23} Q_z$$

resultiert

$$\oint_{\text{Zelle}\,2} \frac{q'(s)}{t(s)} \, ds = \frac{1}{t} \frac{1}{23} Q_z - \frac{2}{t} \frac{3}{23} Q_z - \frac{1}{t} \frac{7}{23} Q_z = -\frac{12}{23} \frac{Q_z}{t} \,.$$

Mit

$$\oint_{\text{Zelle}\,2} \frac{q_{02_{\text{SMP}}}}{t(s)} \, ds = q_{02_{\text{SMP}}} \oint_{\text{Zelle}\,2} \frac{1}{t(s)} \, ds = q_{02_{\text{SMP}}} \left(\frac{a}{t_1} + 3 \frac{a}{t_2} \right) = \frac{7}{2} \frac{a}{t} q_{02_{\text{SMP}}}$$

erhalten wir für Gl. (4.34)

$$-\frac{12}{23} \frac{Q_z}{t} + \frac{7}{2} \frac{a}{t} q_{02_{\text{SMP}}} - \frac{1}{2} \frac{a}{t} q_{01_{\text{SMP}}} = 0 \quad \Leftrightarrow \quad 7 q_{02_{\text{SMP}}} - q_{01_{\text{SMP}}} = \frac{24}{23} \frac{Q_z}{a} \,. \tag{4.35}$$

Damit stehen die Gln. (4.33) und (4.35) zur Ermittlung der Unbekannten $q_{01_{\text{SMP}}}$ und $q_{02_{\text{SMP}}}$ zur Verfügung. Wir multiplizieren Gl. (4.35) mit dem Faktor 4 und addieren anschließend Gl. (4.33). Es folgt

$$q_{02_{\text{SMP}}} = \frac{8}{69}\frac{Q_z}{a} \ .$$

Wir setzen dieses Ergebnis in Gl. (4.33) ein und erhalten

$$q_{01_{\text{SMP}}} = \frac{1}{4}\left(\frac{8}{69}\frac{Q_z}{a} - \frac{24}{23}\frac{Q_z}{a}\right) = -\frac{16}{69}\frac{Q_z}{a} \ .$$

Diese konstant umlaufenden Schubflüsse überlagern wir noch mit den variablen, die in Abb. 4.19b. skizziert sind, um die Schubflüsse im Profil zu erhalten, die bei einem Kraftangriff im Schubmittelpunkt wirken. Wegen

$$q_i(s_i) = q_i'(s_i) + q_{01_{\text{SMP}}} \qquad \text{für} \qquad i = 1,2,3 \ ,$$

$$q_4(s_4) = q_4'(s_i) - q_{01_{\text{SMP}}} + q_{02_{\text{SMP}}} \ ,$$

$$q_i(s_i) = q_i'(s_i) - q_{02_{\text{SMP}}} \qquad \text{für} \qquad i = 5,6,7$$

resultiert mit $0 \leq s_i \leq a$ für $i = 1,2,...,7$

$$q_1(s_1) = \frac{4}{23}\left(3\frac{s_1}{a} - \frac{4}{3}\right)\frac{Q_z}{a} \ ,$$

$$q_2(s_2) = \frac{4}{69}\left[5 + 9\frac{s_2}{a} - 9\left(\frac{s_2}{a}\right)^2\right]\frac{Q_z}{a} \ , \qquad q_3(s_3) = \frac{4}{69}\left(5 - 9\frac{s_3}{a}\right)\frac{Q_z}{a} \ ,$$

$$q_4(s_4) = \frac{4}{23}\left[2 + 3\frac{s_4}{a} - 3\left(\frac{s_4}{a}\right)^2\right]\frac{Q_z}{a} \ , \qquad q_5(s_5) = \frac{2}{69}\left(4 - 9\frac{s_5}{a}\right)\frac{Q_z}{a} \ ,$$

$$q_6(s_6) = -\frac{2}{69}\left[5 + 9\frac{s_6}{a} - 9\left(\frac{s_6}{a}\right)^2\right]\frac{Q_z}{a} \ , \qquad q_7(s_7) = -\frac{2}{69}\left(5 - 9\frac{s_7}{a}\right)\frac{Q_z}{a} \ .$$

Angemerkt sei, dass der entsprechende Schubfluss positiv ist, wenn seine Wirkungsrichtung mit der positiven Koordinatenrichtung s_i übereinstimmt. Der qualitative Schubflussverlauf ist in Abb. 4.20b. dargestellt.

c) Weil das Profil symmetrisch zur y-Achse ist, liegt der Schubmittelpunkt auf dieser Achse. Wir brauchen daher die Schubflussberechnung infolge einer Querkraft Q_y nicht durchzuführen. Wir benötigen lediglich für die Schubmittelpunktsberechnung den in den Aufgabenteilen a) und b) ermittelten Schubflussverlauf infolge einer Querkraft Q_z.

Die Lage des Schubmittelpunkts bei einer alleine wirkenden Querkraft Q_z berechnen wir, indem wir die Momentengleichheit zwischen den Schubflüssen und der Querkraft Q_z bestimmen. Hierzu wählen wir den Bezugspunkt E nach Abb. 4.21. Vorteilhaft ist dabei, dass die Kräfte, die aus den Schubflüssen q_3 bis q_5 resultieren, keinen Hebelarm um den Bezugspunkt besitzen und daher nicht in der Momentengleichheit auftauchen. Aus diesem Grunde haben wir sie auch nicht in Abb. 4.21 eingezeichnet. Die weiteren Schubflüsse erzeugen Momente um den Punkt E. Wir fassen diese einzelnen Schubflüsse zu Kräften zusammen und erhalten

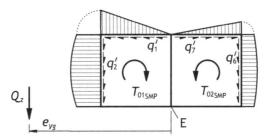

Abb. 4.21 Kraftgrößen zur Bestimmung der Schubmittelpunktslage

$$F_1 = \left| \int_0^a q_1'(s_1)\,\mathrm{d}s_1 \right| = \frac{6\,Q_z}{23} \left[\left(\frac{s_1}{a}\right)^2 \right]_0^a = \frac{6}{23}\,Q_z\,,$$

$$F_2 = \left| \int_0^a q_2'(s_2)\,\mathrm{d}s_2 \right| = \frac{12\,Q_z}{23} \left[\frac{s_2}{a} + \frac{1}{2}\left(\frac{s_2}{a}\right)^2 - \frac{1}{3}\left(\frac{s_2}{a}\right)^3 \right]_0^a = \frac{14}{23}\,Q_z\,,$$

$$F_6 = \left| \int_0^a q_6'(s_6)\,\mathrm{d}s_6 \right| = \frac{6\,Q_z}{23} \left[\frac{s_6}{a} + \frac{1}{2}\left(\frac{s_6}{a}\right)^2 - \frac{1}{3}\left(\frac{s_6}{a}\right)^3 \right]_0^a = \frac{7}{23}\,Q_z\,,$$

$$F_7 = \left| \int_0^a q_7'(s_7)\,\mathrm{d}s_7 \right| = \frac{6\,Q_z}{23} \left[\frac{s_7}{a} - \frac{1}{2}\left(\frac{s_7}{a}\right)^2 \right]_0^a = \frac{3}{23}\,Q_z\,.$$

Zu beachten ist dabei, dass wir die Beträge der Kräfte verwenden, da wir die Wirkungsrichtung der Schubflüsse bzw. der Kräfte nach Abb. 4.21 nutzen.

Die Wirkung der konstant umlaufenden Schubflüsse $q_{0i_{\mathrm{SMP}}}$ berücksichtigen wir in den Torsionsmomenten $T_{0i_{\mathrm{SMP}}}$. Unter Beachtung von $A_{m1} = A_{m2} = a^2$ folgt

$$T_{01_{\mathrm{SMP}}} = 2A_{m1}\,|q_{01_{\mathrm{SMP}}}| = \frac{32}{69}\,Q_z\,a\,, \qquad T_{02_{\mathrm{SMP}}} = 2A_{m2}\,|q_{02_{\mathrm{SMP}}}| = \frac{16}{69}\,Q_z\,a\,.$$

Damit können wir die Momentengleichheit formulieren. Es resultiert

$$Q_z\,e_{y_g} = (F_1 + F_2 - F_6 - F_7)\,a - T_{01_{\mathrm{SMP}}} + T_{02_{\mathrm{SMP}}} = \frac{14}{69}\,Q_z\,a \quad \Leftrightarrow \quad e_{y_g} = \frac{14}{69}\,a\,.$$

Die Lage des Schubmittelpunkts kann somit angegeben werden

$$y_{\mathrm{SMP}} = e_{y_g} = \frac{14}{69}\,a \approx 0{,}2029\,a\,, \qquad z_{\mathrm{SMP}} = 0\,.$$

L4.6/Lösung zur Aufgabe 4.6 – Schubkorrekturfaktor beim U-Profil

Wir ermitteln zuerst das Integral in der zugrunde liegenden Gl. (4.4), auf deren Basis der Schubkorrekturfaktor definiert ist. Die Schubspannung ergibt sich gemäß $\tau = \frac{q}{t}$ (vgl. Gl. (4.9)) aus dem Schubfluss. Es resultiert

$$\int_A \tau^2 \, \mathrm{d}A = \frac{1}{t^2} \int_A q^2 \, \mathrm{d}A = \frac{2}{t} \left(\int_0^a q_{y1}^2 \, \mathrm{d}s_1 + \int_0^a q_{y2}^2 \, \mathrm{d}s_2 \right).$$

Wegen der Symmetrie integrieren wir lediglich über die halbe Querschnittsfläche und verdoppeln das Integrationsergebnis. Außerdem haben wir von $\mathrm{d}A_i = t \, \mathrm{d}s_i$ Gebrauch gemacht.

Die Integration im Bereich 1 führt auf

$$\frac{2}{t} \int_0^a q_{y1}^2 \, \mathrm{d}s_1 = \frac{18 \, Q_y^2}{25 \, a^6 t} \int_0^a \left(9 \, a^2 s_1^2 - 12 \, a s_1^3 + 4 s_1^4 \right) \mathrm{d}s_1$$

$$= \frac{18 \, Q_y^2}{25 \, a^6 t} \left[3 \, a^2 s_1^2 - 3 \, a s_1^4 + \frac{4}{5} s_1^5 \right]_0^a = \frac{72 \, Q_y^2}{125 \, a t}.$$

Im Bereich 2 erhalten wir

$$\frac{2}{t} \int_0^a q_{y2}^2 \, \mathrm{d}s_2 = \frac{18 \, Q_y^2}{25 \, a^4 t} \int_0^a \left(a^2 - 2 \, a s_2 + s_2^2 \right) \mathrm{d}s_2$$

$$= \frac{18 \, Q_y^2}{25 \, a^4 t} \left[a^2 s_2 - a s_2^2 + \frac{s_2^3}{3} \right]_0^a = \frac{6 \, Q_y^2}{25 \, a t}.$$

Mit der Fläche $A = 4 \, at$ resultiert der Schubkorrekturfaktor zu

$$\kappa_y = \frac{Q_y^2}{A \int_A \tau^2 \, \mathrm{d}A} = \frac{Q_y^2}{4 \, at} \cdot \frac{25 \, at}{6 \, Q_y^2 \left(1 + \frac{12}{5} \right)} = \frac{125}{408} \approx 0,3064.$$

L4.7/Lösung zur Aufgabe 4.7 – Schubkorrekturfaktor beim T-Profil

a) Da der Schubflussverlauf gegeben ist, können wir mit der Beziehung (vgl. Gl. (4.9))

$$\tau_i = \frac{q_i}{t_i}$$

die Schubspannungen ermitteln

$$\tau_{y1} = \frac{q_{y1}}{t_a} = 0 \quad \text{und} \quad \tau_{y2} = \frac{6 \, Q_y}{b^3 \, t_b} s_2 \left(b - s_2 \right).$$

Dabei haben wir für die Schubspannungen die gleiche Indexierung genutzt wie für die Schubflüsse.

Zur Bestimmung des Schubkorrekturfaktors κ_y muss gemäß Gl. (4.4) das Integral des Querschubquadrats über der Querschnittsfläche bekannt sein. Da nur im Bereich der Koordinate s_2 der Schubfluss ungleich null ist, brauchen wir nur diesen Abschnitt in der Integration berücksichtigen. Außerdem ist der Verlauf symmetrisch zur z-Achse; wir integrieren daher nur von 0 bis $\frac{b}{2}$ und verdoppeln das Integrationsergebnis. Mit $\mathrm{d}A_2 = t_b \, \mathrm{d}s_2$ erhalten wir

$$\int_A \tau^2 \, \mathrm{d}A = 2 \int_{A_2} \tau_{y2}^2 \, \mathrm{d}A_2 = \frac{72 \, Q_y^2}{b^6 \, t_b} \int_0^{\frac{b}{2}} s_2^2 \, (b - s_2)^2 \, \mathrm{d}s_2$$

$$= \frac{72 \, Q_y^2}{b^6 \, t_b} \int_0^{\frac{b}{2}} \left(b^2 s_2^2 - 2 \, b \, s_2^3 + s_2^4 \right) \mathrm{d}s_2 = \frac{72 \, Q_y^2}{b^6 \, t_b} \left[\frac{b^2 s_2^3}{3} - \frac{b \, s_2^4}{2} + \frac{s_2^5}{5} \right]_0^{\frac{b}{2}} = \frac{6 \, Q_y^2}{5 \, b \, t_b} \, .$$

Das Integral kann auch mit der Koppeltafel nach Tab. 9.3 im Abschnitt 9.4.8 (d. h. Zelle in 5. Spalte, 7. Zeile) gelöst werden. Da im Integranden zwei identische Parabeln miteinander multipliziert werden, die ihren Scheitelpunkt bei $s_2 = \frac{b}{2}$ haben, resultiert mit dem Funktionswert

$$\tau_{y2} \left(s_2 = \frac{b}{2} \right) = \frac{3 \, Q_y}{2 \, b \, t_b}$$

erwartungsgemäß

$$2 \int_{A_2} \tau_{y2}^2 \, \mathrm{d}A_2 = 2 t_b \int_0^{\frac{b}{2}} \tau_{y2}^2 \, \mathrm{d}s_2 = 2 t_b \cdot \frac{8}{15} \cdot \left(\frac{3 \, Q_y}{2 \, b \, t_b} \right)^2 \cdot \frac{b}{2} = \frac{6 \, Q_y^2}{5 \, b \, t_b} \, .$$

Mit der Fläche $A = a t_a + b t_b$ und $\xi = \frac{a t_a}{b t_b}$ resultiert der Schubkorrekturfaktor κ_y zu

$$\kappa_y = \frac{Q_y^2}{A \int_A \tau^2 \, \mathrm{d}A} = \frac{Q_y^2}{a t_a + b t_b} \cdot \frac{5 \, b \, t_b}{6 \, Q_y^2} = \frac{5}{6} \frac{1}{1 + \xi} \, .$$

b) Das Integral $\int_A \tau^2 \mathrm{d}A$ zur Berechnung des Schubkorrekturfaktors κ_z ist komplexer als das im Aufgabenteil a). Aus diesem Grunde betrachten wir die Integration in den einzelnen Abschnitten 1 und 2, um nachfolgend das Ergebnis wie folgt

$$\int_A \tau^2 \mathrm{d}A = \int_{A_1} \tau^2 \, \mathrm{d}A_1 + \int_{A_2} \tau^2 \, \mathrm{d}A_2$$

zusammenzufügen.

Im Bereich 1 ergibt sich mit $\mathrm{d}A_1 = t_a s_1$ und $\tau = \frac{q_{z1}}{t_a}$

$$\int_{A_1} \tau^2 \, \mathrm{d}A_1 = \int_0^a \frac{q_{z1}^2}{t_a} \, \mathrm{d}s_1$$

$$= \frac{36 Q_z^2 a^4}{t_a (4 + \xi)^2} \left[\frac{(2 + \xi)^2}{3} \left(\frac{s_1}{a} \right)^3 - \frac{(2 + \xi)(1 + \xi)}{2} \left(\frac{s_1}{a} \right)^4 + \frac{(1 + \xi)^2}{5} \left(\frac{s_1}{a} \right)^5 \right]_0^a \, .$$

Es resultiert somit

$$\int_{A_1} \tau^2 \, \mathrm{d}A_1 = \frac{6 \left(16 + 7 \xi + \xi^2 \right)}{5 \left(4 + \xi \right)^2} \frac{Q_z^2}{a t_a} \, . \qquad (4.36)$$

Eine Integration mit Hilfe der Koppeltafel ist hier nicht möglich, da in der Koppeltafel nur für diejenigen Fälle das Integrationsergebnis aufgeführt ist, bei denen die Parabeln am Integrationsrand einen Scheitelpunkt aufweisen.

Im Bereich 2 nutzen wir wieder die Koppeltafel zur Integration. Mit $dA_2 = t_b s_2$ und $\tau = \frac{q_{z2}}{t_b}$ folgt zunächst

$$\int_{A_2} \tau^2 \, dA_2 = \int_0^b \left(\frac{q_{z2}}{t_b} \right)^2 t_b \, ds_2 = \frac{2}{t_b} \int_0^{\frac{b}{2}} q_{z2}^2 \, ds_2 \; .$$

Unter Beachtung von $q_{z2}(s_2 = b/2) = 3\,Q_z/[a(4+\xi)]$ und der Koppeltafel nach Tab. 9.3 (d. h. Zelle in 2. Spalte, 2. Zeile) lässt sich das gesuchte Integral im Bereich 2 bestimmen zu

$$\int_{A_2} \tau^2 \, dA_2 = \frac{2}{t_b} \int_0^{\frac{b}{2}} q_{z2}^2 \, ds_2 = \frac{2}{t_b} \cdot \frac{1}{3} \cdot \left(\frac{3\,Q_z}{a(4+\xi)} \right)^2 \cdot \frac{b}{2} = \frac{3\,Q_z^2 \, b}{a^2 \, t_b \, (4+\xi)^2} \; . \qquad (4.37)$$

Wir können jetzt das gesamte Integral mit den Gln. (4.36) und (4.37) ermitteln zu

$$\int_A \tau^2 \, dA = \frac{3\,Q_z^2}{a t_a (4+\xi)^2} \left[\frac{1}{5} \left(32 + 14\,\xi + 2\,\xi^2 \right) + \frac{b}{a} \cdot \frac{t_a}{t_b} \right] \; .$$

Unter Berücksichtigung von $\frac{b}{a} = \frac{t_a}{\xi \, t_b}$ folgt

$$\int_A \tau^2 \, dA = \frac{3\,Q_z^2}{5\,a t_a \xi \, (4+\xi)^2} \left[5 \left(\frac{t_a}{t_b} \right)^2 + 32\,\xi + 14\,\xi^2 + 2\,\xi^3 \right] \; .$$

Da die Gesamtfläche mit $A = a t_a + b t_b = a t_a (1+\xi)$ bekannt ist, erhalten wir für den Schubkorrekturfaktor κ_z

$$\kappa_z = \frac{5\,\xi^2}{3\,(1+\xi)} \frac{(4+\xi)^2}{5 \left(\dfrac{t_a}{t_b} \right)^2 + 32\,\xi + 14\,\xi^2 + 2\,\xi^3} \; .$$

L4.8/Lösung zur Aufgabe 4.8 – Schubmittelpunkt und Schubkorrekturfaktor beim Einzeller

a) Da das Profil symmetrisch zur gekennzeichneten y-Achse ist, wird der Schubmittelpunkt auf der Symmetrielinie liegen. Wir müssen daher nur die Schubmittelpunktslage infolge einer Querkraft Q_z untersuchen. Der variable Anteil q'_i ist in der Aufgabenstellung gegeben. Aus diesem Grunde können wir direkt den konstanten Schubflussanteil $q_{0_{SMP}}$ nach Gl. (4.6), d. h. mit

$$q_{0_{SMP}} = -\frac{\displaystyle\oint \frac{q'(s)}{t(s)} \, ds}{\displaystyle\oint \frac{1}{t(s)} \, ds}$$

bestimmen, um den der Schubfluss durch das gedankliche Öffnen des Profils in der rechten unteren Ecke abgesunken ist.

Den konstanten Schubfluss $q_{0_{SMP}}$ berechnen wir, indem wir zunächst die Integrale ermitteln, die in der vorherigen Beziehung bzw. in Gl. (4.6) auftreten. Für das Umfangsintegral im Nenner erhalten wir

$$\oint \frac{1}{t(s)}\,\mathrm{d}s = \frac{h}{t_1} + \frac{2c}{t_2} + \frac{2b}{\bar{t}_3} + \frac{h}{t_4} \approx 3,8900 \cdot 10^3$$

Das Umfangsintegral im Zähler

$$\oint \frac{q'(s)}{t(s)}\,\mathrm{d}s \tag{4.38}$$

kann grundsätzlich entweder ein positives oder negatives Vorzeichen aufweisen. Wir integrieren im Gegenuhrzeigersinn, was der positiven Richtung der gewählten lokalen Koordinaten s_i entspricht (vgl. Abb. 4.8a.). Da die Schubflüsse in den lokalen Koordinaten positiv in positive Koordinatenrichtung definiert sind, resultiert ein positives Vorzeichen für das Umfangsintegral, wenn die Fläche unter der Kurve nach Abb. 4.8b. für die im Gegenuhrzeigersinn orientierten Schubflüsse größer ist als für die im Uhrzeigersinn orientierten Schubflüsse. Zu erwarten ist demnach, dass das Umfangsintegral gemäß der Schubflussrichtungen nach Abb. 4.8b. größer null ist (bei $Q_z > 0$).

Das Umfangsintegral nach Gl. (4.38) überführen wir in sechs Teilintegrale über die lokalen Bereiche. Da die Integrale bzw. die Flächen unter der Kurve des Schubflusses nach Abb. 4.8b. in den Bereichen 2 und 6 (d. h. für die Koordinaten s_2 und s_6) wie auch in den Bereichen 3 und 5 (d. h. für die Koordinaten s_3 und s_5) gleich sind, folgt

$$\oint \frac{q'(s)}{t(s)}\,\mathrm{d}s = \frac{1}{t_1}\int_0^h q'_1\,\mathrm{d}s_1 + \frac{2}{t_2}\int_0^c q'_2\,\mathrm{d}s_2 + \frac{2}{\bar{t}_3}\int_0^b q'_3\,\mathrm{d}s_3 + \frac{1}{t_4}\int_0^h q'_4\,\mathrm{d}s_4 . \tag{4.39}$$

Für die einzelnen Integrale erhalten wir

$$\frac{1}{t_1}\int_0^h q'_1\,\mathrm{d}s_1 = -\frac{Q_z}{2I_y}\int_0^h \left(h s_1 - s_1^2\right)\,\mathrm{d}s_1 = -\frac{h^3 Q_z}{12 I_y} \approx -8,6750 \cdot 10^{-2}\frac{1}{\mathrm{mm}} Q_z ,$$

$$\frac{2}{t_2}\int_0^c q'_2\,\mathrm{d}s_2 = \frac{h Q_z}{I_y}\int_0^c s_2\,\mathrm{d}s_2 = \frac{h c^2 Q_z}{2 I_y} \approx 7,6474 \cdot 10^{-3}\frac{1}{\mathrm{mm}} Q_z ,$$

$$\frac{2}{\bar{t}_3}\int_0^b q'_3\,\mathrm{d}s_3 = \frac{h Q_z}{\bar{t}_3 I_y}\int_0^b \left(\bar{t}_3 s_3 + t_2 c\right)\,\mathrm{d}s_3 = \frac{b h Q_z}{2\bar{t}_3 I_y}\left(\bar{t}_3 b + 2 t_2 c\right) \approx 9,5898\frac{1}{\mathrm{mm}} Q_z ,$$

$$\frac{1}{t_4}\int_0^h q'_4\,\mathrm{d}s_4 = \frac{Q_z}{2 t_4 I_y}\int_0^h \left[t_4 s_4\left(h - s_4\right) + \bar{t}_3 b h + t_2 c h\right]\,\mathrm{d}s_4$$

$$= \frac{h^2\,Q_z}{12\,t_4\,I_y}\,(t_4\,h + 6\,\bar{t}_3\,b + 6\,t_2\,c) \approx 1{,}5799\,\frac{1}{\mathrm{mm}}\,Q_z\;.$$

Zu beachten ist, dass wir Formelzeichen kursiv und Einheiten nicht kursiv schreiben.

Alternativ zur mathematisch formalen Integration - wie oben gezeigt - können wir auch die Koppeltafel nach Abschnitt 9.4.8, Tab. 9.3, zur Lösung verwenden; denn wir kennen den qualitativen Verlauf des Schubflusses (vgl. Abb. 4.8b.). Wir demonstrieren dieses Vorgehen exemplarisch für den Bereich 1.

Der Schubflussverlauf im Bereich 1 ist parabelförmig mit dem Betragsmaximum auf der Symmetrielinie. Der extreme Schubfluss lautet

$$q_1'\left(s_1 = \frac{h}{2}\right) = -\frac{t_1\,h^2}{8\,I_y}\,Q_z\;.$$

Nach Tab. 9.3 (Zeile 2, Spalte 6) resultiert - wie bereits oben auf andere Art gezeigt - für das Integral des Schubflusses

$$\frac{1}{t_1}\int_0^h q_1'(s_1)\,\mathrm{d}s_1 = \frac{2}{t_1}\int_0^{\frac{h}{2}} 1\cdot q_1'(s_1)\,\mathrm{d}s_1 = \frac{2}{3}\frac{h}{t_1}\,q_1'\left(s_1 = \frac{h}{2}\right) = -\frac{h^3\,Q_z}{12\,I_y}\;.$$

Mit den zuvor berechneten Integralen bestimmen wir das gesuchte Umfangsintegral zu

$$\oint \frac{q'(s)}{t(s)}\,\mathrm{d}s = \frac{h^3\,Q_z}{2\,I_y}\left[\frac{b\,\bar{t}_3}{h\,t_4} + \frac{c\,t_2}{h\,t_4} + 2\frac{b\,c\,t_2}{h\,h\,\bar{t}_3} + \frac{b^2}{h^2} + \frac{c^2}{h^2}\right] \approx 11{,}0906\,\frac{1}{\mathrm{mm}}\,Q_z\;.$$

Der gesuchte Schubfluss ergibt sich folglich nach Gl. (4.6) zu

$$q_{0_{\mathrm{SMP}}} = -\frac{\dfrac{h}{t_1} + \dfrac{2\,c}{t_2} + \dfrac{2\,b}{\bar{t}_3} + \dfrac{h}{t_4}}{\dfrac{h^3\,Q_z}{2\,I_y}\left(\dfrac{b\,\bar{t}_3}{h\,t_4} + \dfrac{c\,t_2}{h\,t_4} + 2\dfrac{b\,c\,t_2}{h\,h\,\bar{t}_3} + \dfrac{b^2}{h^2} + \dfrac{c^2}{h^2}\right)} \approx -2{,}8511\cdot 10^{-3}\frac{1}{\mathrm{mm}}\,Q_z\;.$$

Das negative Vorzeichen bedeutet, dass der Schubfluss entgegen der Integrationsrichtung wirkt, d. h. im Uhrzeigersinn.

Damit kennen wir die Schubflüsse im Profil, wenn die Querkraft im Schubmittelpunkt angreift. Wir kennen diesen Punkt allerdings noch nicht. Wir können ihn jedoch über die Momentengleichheit zwischen der Querkraft Q_z und den im Querschnitt wirkenden Schubflüssen ermitteln. Hierzu formulieren wir die Momentengleichheit um den in Abb. 4.22 gekennzeichneten Punkt A. Der Übersichtlichkeit halber sind in dieser Abbildung die Kräfte F_i, die aus den Schubflüssen in den einzelnen Bereichen $i = 1, 2, \ldots 6$ resultieren, dargestellt. Darüber hinaus ist das Torsionsmoment skizziert, das sich aus dem konstanten Schubfluss $q_{0_{\mathrm{SMP}}}$ ergibt. Das Torsionsmoment lautet mit $A_m = (b+c)\,h = 1{,}1220\cdot 10^5\ \mathrm{mm}^2$

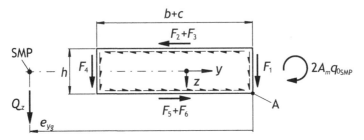

Abb. 4.22 Momentengleichheit zwischen resultierender Querkraft Q_z und den im Querschnitt wirkenden Kraftgrößen zur Ermittlung des Schubmittelpunkts SMP (vgl. [5, S. 197])

$$T = 2A_m \,|\, q_{0_{\mathrm{SMP}}}| \approx 6,3978 \cdot 10^2 \,\mathrm{mm}\, Q_z \,.$$

Wir benutzen den Betrag für den Schubfluss $q_{0_{\mathrm{SMP}}}$, da wir die Wirkungsrichtung des daraus resultierenden Momentes bereits in Abb. 4.22 berücksichtigt haben.

Für die Momentengleichheit um den Punkt A benötigen wir zudem die aus den variablen Schubflüssen resultierenden Kräfte in den Bereichen 2 bis 4, die wir mit F_2, F_3 und F_4 bezeichnen. Zu beachten ist, dass wir die Kräfte F_2 und F_3 in Abb. 4.22 zu einer Kraft zusammengefasst haben.

Da wir bei der Berechnung des konstanten Schubflussanteils Integrale über die Teilbereiche formulieren (vgl. Gl. (4.39)), können wir in einfacher Weise aus den obigen Ergebnissen die gesuchten Kräfte ermitteln

$$F_2 = \int_0^c q_2' \,\mathrm{d}s_2 = \frac{h t_2 c^2 Q_z}{4 I_y} \approx 3,8237 \cdot 10^{-3} Q_z \,,$$

$$F_3 = \int_0^b q_3' \,\mathrm{d}s_3 = \frac{b h Q_z}{4 I_y} \left(\bar{t}_3 b + 2 t_2 c \right) \approx 1,9180 \, Q_z \,,$$

$$F_4 = \int_0^h q_4' \,\mathrm{d}s_4 = \frac{h^2 Q_z}{12 I_y} \left(t_4 h + 6 \bar{t}_3 b + 6 t_2 c \right) \approx 9,4794 \cdot 10^{-1} Q_z \,.$$

Die Momentengleichheit um den Punkt A liefert

$$Q_z \, e_{y_g} = (F_2 + F_3) \, h + F_4 \, (b + c) - 2 A_m \, q_{0_{\mathrm{SMP}}} \qquad \Leftrightarrow \qquad e_{y_g} \approx 321,92 \,\mathrm{mm} \,.$$

Damit erhalten wir die Koordinaten des Schubmittelpunkts zu

$$y_{\mathrm{SMP}} = b + c - \bar{y}_s - e_{y_g} = 7,74 \,\mathrm{mm} \qquad \text{und} \qquad z_{\mathrm{SMP}} = 0 \,.$$

Die z-Koordinate berechnen wir nicht explizit, da der Schubmittelpunkt sich immer auf der Symmetrielinie befindet.

b) Den Schubkorrekturfaktor können wir beim geschlossenen Profil nach Gl. (4.5) bestimmen. Wir müssen allerdings darauf achten, dass sich der bei der Berechnung zugrunde gelegte Schubspannungsverlauf nur aus einer Querkraftschubbeanspruchung ergibt und nicht noch zusätzlich aus einer Torsionsbeanspruchung. Aus diesem Grunde verwenden wir zur Ermittlung des Schubkorrekturfaktors κ_z den Schubspannungsverlauf für den Fall, dass die Querkraft Q_z im Schubmittelpunkt des Einzellers angreift. Diesen Verlauf kennen wir bereits aus dem Aufgabenteil a) und müssen ihn nicht mehr berechnen. Unter Berücksichtigung des konstant umlaufenden Schubflusses $q_{0_{SMP}}$ und Gl. (4.9) können wir die Schubspannungen ermitteln mit $i = 1, 2, ..., 6$

$$\tau_i(s_i) = \frac{1}{t_i} \left(q_i'(s_i) + q_{0_{SMP}} \right) .$$
(4.40)

Für die Wandstärken gilt dabei

$$t_3 = \bar{t}_3 , \qquad t_5 = \bar{t}_3 \quad \text{und} \quad t_6 = t_2 .$$

Die resultierenden Schubspannungen führen wir in

$$\kappa_z = \frac{Q_z^2}{A \int_A \tau^2 \, dA}$$

ein (vgl. Gl. (4.5)). Rechentechnisch ist dabei das Integral im Nenner, dem wir hier besondere Aufmerksamkeit schenken, aufwendiger zu ermitteln. Empfehlenswert ist die Benutzung eines Computeralgebrasystems bei der Lösung. Der Nachvollziehbarkeit halber sehen wir hier davon ab und integrieren schrittweise.

Weil auch nach der Überlagerung des konstant umlaufenden Schubflusses $q_{0_{SMP}}$ mit dem variablen Schubfluss nach Abb. 4.8b. (vgl. Gl. (4.40)) ein zur y-Achse symmetrischer Verlauf resultiert, können wir das Integral über die halbe Querschnittsfläche ausführen. Es gilt

$$\int_A \tau^2 \, dA = \sum_{i=1}^{6} \int_{A_i} \tau_i^2 \, dA = \sum_{i=1}^{6} \int_{s_i} \tau_i^2 \, t_i \, ds_i$$

$$= 2 \left(t_1 \int_{\frac{h}{2}}^{h} \tau_1^2 \, ds_1 + t_2 \int_0^c \tau_2^2 \, ds_2 + \bar{t}_3 \int_0^b \tau_3^2 \, ds_3 + t_4 \int_0^{\frac{h}{2}} \tau_4^2 \, ds_4 \right) .$$

Die verbliebenen Integrale formen wir wie folgt um

$$t_1 \int_{\frac{h}{2}}^{h} \tau_1^2 \, ds_1 = t_1 \int_0^{\frac{h}{2}} \tau_1^2 \, ds_1 = \frac{1}{t_1} \int_0^{\frac{h}{2}} \left(q_1'(s_1) + q_{0_{SMP}} \right)^2 \, ds_1$$

$$= \frac{1}{t_1} \int_0^{\frac{h}{2}} q_1'(s_1)^2 \, ds_1 + \frac{2}{t_1} q_{0_{SMP}} \int_0^{\frac{h}{2}} q_1'(s_1) \, ds_1 + \frac{h}{2 t_1} q_{0_{SMP}}^2 ,$$

$$t_2 \int_0^c \tau_2^2 \, ds_2 = \frac{1}{t_2} \int_0^c q_2'(s_2)^2 \, ds_2 + \frac{2}{t_2} q_{0_{SMP}} \int_0^c q_2'(s_2) \, ds_2 + \frac{c}{t_2} q_{0_{SMP}}^2 ,$$

$$\bar{t}_3 \int_0^b \tau_3^2 \, ds_3 = \frac{1}{\bar{t}_3} \int_0^b q_3'(s_3)^2 \, ds_3 + \frac{2}{\bar{t}_3} q_{0_{SMP}} \int_0^b q_3'(s_3) \, ds_3 + \frac{b}{\bar{t}_3} q_{0_{SMP}}^2 ,$$

$$t_4 \int_0^{\frac{h}{2}} \tau_4^2 \, ds_4 = \frac{1}{t_4} \int_0^{\frac{h}{2}} q_4'(s_4)^2 \, ds_4 + \frac{2}{t_4} q_{0\text{SMP}} \int_0^{\frac{h}{2}} q_4'(s_4) \, ds_4 + \frac{h}{2t_4} q_{0\text{SMP}}^2 \, .$$

Damit treten nur noch Integranden aus den variablen Schubflüssen q_i' auf. Es folgt für die korrespondierenden Integrale

$$\int_0^{\frac{h}{2}} q_1'(s_1) \, ds_1 = -\frac{t_1 \, h^3 \, Q_z}{24 \, I_y} \, , \qquad \int_0^c q_2'(s_2) \, ds_2 = \frac{t_2 \, h \, c^2 \, Q_z}{4 \, I_y} \, ,$$

$$\int_0^b q_3'(s_3) \, ds_3 = \frac{h \, b \, Q_z}{4 \, I_y} \left(\bar{t}_3 \, b + 2 \, t_2 \, c \right) \, ,$$

$$\int_0^{\frac{h}{2}} q_4'(s_4) \, ds_4 = \frac{h^2 \, Q_z}{24 \, I_y} \left(6 \bar{t}_3 \, b + 6 \, t_2 \, c + t_4 \, h \right) \, ,$$

$$\int_0^{\frac{h}{2}} q_1'(s_1)^2 \, ds_1 = \frac{t_1^2 \, h^5 \, Q_z^2}{240 \, I_y^2} \, , \qquad \int_0^c q_2'(s_2)^2 \, ds_2 = \frac{t_2^2 \, h^2 \, c^3 \, Q_z^2}{12 \, I_y^2} \, ,$$

$$\int_0^b q_3'(s_3)^2 \, ds_3 = \frac{b \, h^2 \, Q_z^2}{12 \, I_y^2} \left(\bar{t}_3^2 \, b^2 + 3 \, t_2 \, \bar{t}_3 \, b \, c + 3 \, t_2^2 \, c^2 \right) \, ,$$

$$\int_0^{\frac{h}{2}} q_4'(s_4)^2 \, ds_4 = \frac{h^3 \, Q_z^2}{240 \, I_y^2} \left[t_4 \, h \left(t_4 \, h + 10 \, \bar{t}_3 \, b + 10 \, t_2 \, c \right) \right.$$

$$\left. + 30 \, \bar{t}_3 \, b \left(\bar{t}_3 \, b + 2 \, t_2 \, c \right) + 30 \, t_2^2 \, c^2 \right] \, .$$

Berücksichtigen wir neben der Querschnittsfläche

$$A = (t_1 + t_4) \, h + 2 \left(\bar{t}_3 \, b + t_2 \, c \right) = 766 \, \text{mm}^2$$

die numerischen Werte gemäß der Aufgabenstellung, dann erhalten wir für den gesuchten Schubkorrekturfaktor

$$\kappa_z \approx 0,1055 \, .$$

L4.9/Lösung zur Aufgabe 4.9 – Beidseitig gelenkig gelagerter schubweicher Balken

a) Im beschriebenen Belastungsfall können wir den im Hinweis gegebenen Anteil der Absenkung infolge der Biegung direkt zur Lösung beim schubweichen Balken nutzen. Hintergrund ist, dass wir für den Schubanteil lediglich eine einzige Verschiebungsrandbedingung bei $x = 0$ berücksichtigen müssen. Dann können der Biege- und Schubanteil unabhängig voneinander berechnet werden.

Den Schubanteil bestimmen wir nach Gl. (4.12) zu

$$w_s' = \frac{dw_s}{dx} = \frac{Q_z}{GA_{Q_z}} = \frac{Q_z}{\kappa_z \, GA} \, .$$

Die Querkraft Q_z ermitteln wir aus der Biegeverschiebung nach dem Hinweis gemäß den Gln. (2.5) und (4.11) zu

$$M_{by} = -EI_y w_b'' = \frac{1}{2} F x \quad \Rightarrow \quad Q_z = \frac{\mathrm{d}M_{by}}{\mathrm{d}x} = \frac{F}{2} \,.$$

Wenn wir dies in der Schubverformung beachten, folgt

$$w_s' = \frac{Q_z}{\kappa_z GA} = \frac{F}{2\,\kappa_z GA} \,.$$

Die Integration dieser Beziehung liefert

$$w_s = \frac{F}{2\,\kappa_z GA} x + C \,.$$

Wir überlagern den Biege- und Schubanteil (vgl. Gl. (4.10)) und erhalten

$$w = w_b + w_s = \frac{F l^2}{48 E I_y} x \left(3 - 4\frac{x^2}{l^2}\right) + \frac{F}{2\,\kappa_z GA} x + C \,.$$

Die noch unbekannte Integrationskonstante C ermitteln wir über die Verschiebungs-randbedingung im Lager A. Dort ist die Verschiebung null, und es resultiert

$$w(x=0) = C = 0 \,.$$

Die Verschiebungsfunktion beim schubweichen Balken ist demnach

$$w = \frac{F l^2}{48 E I_y} x \left(3 - 4\frac{x^2}{l^2}\right) + \frac{F}{2\,\kappa_z GA} x \quad \text{für} \quad 0 \le x \le \frac{l}{2} \,.$$

b) Der mathematische Nachweis der maximalen Absenkung kann mit Hilfe einer Kurvendiskussion geführt werden, bei dem wir im Definitionsbereich $0 \le x \le \frac{l}{2}$ lokale Extrema suchen und diese dann mit den Randwerten vergleichen. Wir differenzieren daher die gefundene Verschiebungsfunktion aus dem Aufgabenteil a) und suchen Tangenten an die Funktion mit der Steigung null

$$\frac{\mathrm{d}w}{\mathrm{d}x} = \frac{F l^2}{48 E I_y} \left(3 - 12\frac{x^2}{l^2}\right) + \frac{F}{2\,\kappa_z GA} = 0$$

$$\Rightarrow \quad x = \pm \frac{l}{2} \underbrace{\sqrt{1 + \frac{8 E I_y}{\kappa_z GA l^2}}}_{>1} \,.$$

Weil der Wurzelausdruck immer größer eins ist, befindet sich die ermittelte Stelle außerhalb des Definitionsbereiches. Es existiert somit kein Extremum im Bereich $0 < x < \frac{l}{2}$. Da bei $x = 0$, d. h. im Lager die Verschiebung null ist, tritt die maximale Absenkung in der Balkenmitte bzw. am rechten Rand des Definitionsbereiches auf. Sie beträgt

$$w\left(x = \frac{l}{2}\right) = \frac{Fl^2}{48EI_y} + \frac{F}{4\kappa_z GA} = \frac{Fl^2}{48EI_y}\left(1 + \frac{12EI_y}{\kappa_z GAl^2}\right).$$

L4.10/Lösung zur Aufgabe 4.10 – Querkraftschubeinfluss beim Flügel

Um die Schubverformung in der Flügelverschiebung zu berücksichtigen, müssen wir neben dem Biegeanteil nach Gl. (4.11) zusätzlich noch den Schubanteil nach Gl. (4.12) formulieren.

Wir starten mit der Berechnung des Biegeanteils w_{bi} an der Gesamtverformung. Der Index i kennzeichnet dabei den jeweiligen Flügelbereich gemäß Abb. 4.10a. Im Vergleich zum schubstarren Flügel dürfen wir nun den Biegeanteil nur bis zur 1. Ableitung w'_{bi} und nicht bis w_{bi} integrieren, da wir den Biege- und Schubanteil für die 1. Ableitung zu einer Gesamtverschiebungsänderung $w'_i = w'_{bi} + w'_{si}$ zusammenführen müssen. Unter Berücksichtigung der gegebenen Biegemomentenverläufe nach der Aufgabenstellung erhalten wir (vgl. Gl. (4.11))

$$w''_{b1} = -\frac{M_{by1}}{EI_y} = -\frac{q_L lx}{2EI_y}\left(\frac{l}{l_1} - 2 + \frac{x}{l}\right), \quad w''_{b2} = -\frac{M_{by2}}{EI_y} = -\frac{q_L l^2}{2EI_y}\left(1 - \frac{x}{l}\right)^2.$$

Wir integrieren jeweils einmal. Es folgt

$$w'_{b1} = -\frac{q_L lx^2}{2EI_y}\left(\frac{l}{2l_1} - 1 + \frac{x}{3l}\right) + C_1, \quad w'_{b2} = \frac{q_L l^3}{6EI_y}\left(1 - \frac{x}{l}\right)^3 + C_2.$$

Der Schubanteil resultiert nach Gl. (4.12) unter Beachtung von $A_{Q_z} = \kappa_z A$ (vgl. Gl. 4.5)) zu

$$w'_{s1} = \frac{Q_{z1}}{GA_{Q_z}} = \frac{Q_{z1}}{\kappa_z GA}, \quad w'_{s2} = \frac{Q_{z2}}{GA_{Q_z}} = \frac{Q_{z2}}{\kappa_z GA}.$$

Den Schubmodul berechnen wir dabei nach Gl. (2.4). Und die vorkommenden Querkraftverläufe Q_{z1} und Q_{z2} könnten wir mit Hilfe der Gleichgewichtsbeziehungen ermitteln, da es sich um ein statisch bestimmtes System handelt. Wir nutzen hier allerdings die differentiellen Gleichgewichtsbeziehungen am infinitesimalen Balken nach Gl. (2.5). Dadurch können wir durch Differentiation der Biegemomente die Querkräfte ermitteln. Wir erhalten

$$Q_{z1} = \frac{dM_{by1}}{dx} = \frac{q_L l}{2}\left(\frac{l}{l_1} - 2 + 2\frac{x}{l}\right), \quad Q_{z2} = \frac{dM_{by2}}{dx} = -q_L l\left(1 - \frac{x}{l}\right).$$

Damit resultiert für die Gesamtverschiebungsänderungen

$$w'_1 = w'_{b1} + w'_{s1} = -\frac{q_L lx^2}{2EI_y}\left(\frac{l}{2l_1} - 1 + \frac{x}{3l}\right) + \frac{q_L l}{2\kappa_z GA}\left(\frac{l}{l_1} - 2 + 2\frac{x}{l}\right) + C_1,$$

$$w'_2 = w'_{b2} + w'_{s2} = \frac{q_L l^3}{6EI_y}\left(1 - \frac{x}{l}\right)^3 - \frac{q_L l}{\kappa_z GA}\left(1 - \frac{x}{l}\right) + C_2.$$

Durch Integration der beiden vorherigen Beziehungen folgen die Verschiebungsfunktionen der Flügel- bzw. Balkenachse

$$w_1 = -\frac{q_L l x^3}{24 E I_y}\left(2\frac{l}{l_1} - 4 + \frac{x}{l}\right) + \frac{q_L l x}{2\,\kappa_z GA}\left(\frac{l}{l_1} - 2 + \frac{x}{l}\right) + C_1 x + C_3\,,$$

$$w_2 = -\frac{q_L l^4}{24 E I_y}\left(1 - \frac{x}{l}\right)^4 - \frac{q_L l x}{2\,\kappa_z GA}\left(2 - \frac{x}{l}\right) + C_2 x + C_4\,.$$

Die Integrationskonstanten C_i mit $i = 1, 2, 3, 4$ bestimmen wir über die Rand- und Übergangsbedingungen. Gemäß der Aufgabenstellung verschwinden die Verschiebungen im Bereich 1 im Lager A und im Knoten K, d. h. es gilt

$$w_1(x = 0) = C_3 = 0\,,$$

$$w_1(x = l_1) = -\frac{q_L l l_1^3}{24 E I_y}\left(2\frac{l}{l_1} - 4 + \frac{l_1}{l}\right) + \frac{q_L l l_1}{2\,\kappa_z GA}\left(\frac{l}{l_1} - 2 + \frac{l_1}{l}\right) + C_1 l_1 = 0$$

$$\Leftrightarrow\quad C_1 = \frac{q_L l^2 l_1}{24 E I_y}\left[2 - 4\frac{l_1}{l} + \frac{l_1^2}{l^2} - \frac{12 E I_y}{\kappa_z GA l_1^2}\left(1 - 2\frac{l_1}{l} + \frac{l_1^2}{l^2}\right)\right] \approx 3{,}5471 \cdot 10^{-3}\,.$$

Außerdem gilt im Übergang vom Bereich 1 zum Bereich 2, dass sowohl die Verschiebung als auch die Verdrehung gleich sind. Aus der Übergangsbedingung für die Verdrehung resultiert

$$w'_{b1}(x = l_1) = w'_{b2}(x = l_1)\quad \Leftrightarrow\quad C_2 = C_1 - \frac{q_L l^3}{6 E I_y}\left(1 - \frac{3 l_1}{2 l}\right)$$

$$\Leftrightarrow\quad C_2 = \frac{q_L l^2 l_1}{24 E I_y}\left[8 - 4\frac{l}{l_1} - 4\frac{l_1}{l} + \frac{l_1^2}{l^2} - \frac{12 E I_y}{\kappa_z GA l_1^2}\left(1 - 2\frac{l_1}{l} + \frac{l_1^2}{l^2}\right)\right]$$

$$\approx -2{,}8582 \cdot 10^{-2}\,.$$

Die Verschiebung am Übergang verschwindet im Bereich 2 wie für den Bereich 1

$$w_2(x = l_1) = 0\quad \Leftrightarrow\quad C_4 = -\frac{q_L l^2 l_1^2}{24 E I_y}\left[2 - \frac{l^2}{l_1^2} - \frac{12 E I_y}{\kappa_z GA l_1^2}\right] \approx 89{,}118\,\text{mm}\,.$$

Somit sind die Integrationskonstanten ermittelt, so dass auch die Verschiebungsfunktionen der Flügelachse bekannt sind. Weil wir allerdings nur die Verschiebung an der Flügelspitze zur Lösung benötigen, setzen wir $x = l$ in $w_2(x)$ ein und erhalten

$$w_2(x = l) = -\frac{q_L l^2}{2\,\kappa_z GA} + C_2 l + C_4 \approx -75{,}73\,\text{mm}\,.$$

Diese Verschiebung beziehen wir auf die gegebene maximale Verschiebung $|w_{\max}| = 70{,}7\,\text{mm}$ und es folgt der Anteil der Schubverformung an der Gesamtverschiebung zu

$$\frac{|w_2(x=l)|}{|w_{max}|} - 1 = \frac{75,73}{70,7} - 1 = 0,071 = 7,1\,\% \,.$$

Auch wenn dies nicht in der Aufgabenstellung gefordert ist, sind der Anschaulichkeit halber in Abb. 4.23 die Verläufe mit und ohne Berücksichtigung der Schubverformung dargestellt. Es ist deutlich zu erkennen, wie die Verläufe mit zunehmender
Koordinate x auseinanderlaufen und an der Flügelspitze die Differenz zwischen den
Verläufen maximal wird.

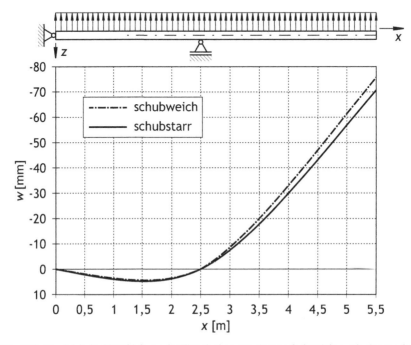

Abb. 4.23 Vergleich der Verschiebung der Flügelachse von einem schubweichen mit einem schubstarren Balken

Kapitel 5
Torsion

5.1 Grundlegende Beziehungen

- **Allgemeine Beziehungen der Torsionstheorie bei dünnwandigen Profilen**

  - **Torsionsmoment T**

$$T = M_x + Q_y e_z - Q_z e_y \qquad (5.1)$$

e_y, e_z	y- bzw. z-Koordinate des Schubmittelpunkts (SMP)
M_x	Schnittmoment um Längsachse bzw. x-Achse, die durch den Flächenschwerpunkt (FSP) verläuft
Q_y, Q_z	Querkraft in y- bzw. z-Richtung

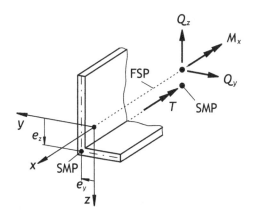

  - **Schubfluss q**

$$q = \tau(s) \cdot t(s) \qquad (5.2)$$

s	Umfangskoordinate entlang der Profilmittellinie
t	Wandstärke
τ	Schubspannung

© Springer-Verlag GmbH Deutschland 2018
M. Linke, *Aufgaben zur Festigkeitslehre für den Leichtbau*,
https://doi.org/10.1007/978-3-662-56149-2_5

– **Verdrehwinkel ϑ bzw. Winkeländerung $\Delta\vartheta$**

$$\vartheta = \int_l \vartheta'\,dx \quad \text{und} \quad \Delta\vartheta = \int_l \vartheta'\,dx \tag{5.3}$$

l	Trägerlänge
x	Koordinate in Längsrichtung des Trägers
ϑ'	Verdrillung

– **Maximale Schubspannung τ_{max}**

$$\tau_{max} = \frac{T}{W_T} \tag{5.4}$$

T	Torsionsmoment
W_T	Torsionswiderstandsmoment

• **St. Venantsche Torsionstheorie**

– **Verdrillung ϑ' bzw. Elastizitätsgesetz der St. Venantschen Torsion**

$$\vartheta' = \frac{T}{GI_T} \tag{5.5}$$

G	Schubmodul
I_T	Torsionsflächenmoment
T	Torsionsmoment

– **Dünnwandige Einzeller**

o **Konstanter Schubfluss q** entlang der Profilmittellinie

$$q = \frac{T}{2A_m} \tag{5.6}$$

A_m	von Profilmittellinie eingeschlossene Fläche
T	Torsionsmoment

o **Schubspannung τ** (1. Bredtsche Formel)

$$\tau(s) = \frac{T}{2A_m t(s)} \tag{5.7}$$

A_m	von Profilmittellinie eingeschlossene Fläche
s	Koordinate in Umfangsrichtung entlang der Profilmittellinie
T	Torsionsmoment
t	Wandstärke

o **Torsionsflächenmoment I_T** (2. Bredtsche Formel)

$$I_T = \frac{4A_m^2}{\oint \frac{1}{t(s)}\,\mathrm{d}s} \tag{5.8}$$

A_m von Profilmittellinie eingeschlossene Fläche
s Koordinate in Umfangsrichtung entlang der Profilmittellinie
t Wandstärke

o **Torsionswiderstandsmoment W_T**

$$W_T = 2A_m t_{\min} \tag{5.9}$$

A_m von Profilmittellinie eingeschlossene Fläche
$t_{\min}$ kleinste Wandstärke im Querschnitt

– **Dünnwandige n-zellige Profile: Berechnungsvorgehen**

o In jeder Zelle i wird ein konstanter Schubfluss q_i angesetzt.
o Gesamttorsionsmoment T

$$T = \sum_{i=1}^{n} T_i = 2\sum_{i=1}^{n} A_{m_i} q_i \tag{5.10}$$

A_{m_i} von Profilmittellinie in Zelle i eingeschlossene Fläche
T_i Torsionsmoment in Zelle i

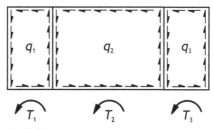

o Verdrillung ϑ_i' jeder Zelle i

$$\vartheta_i' = \frac{1}{2GA_{m_i}} \left(\oint_i \frac{q_i}{t_i(s)}\,\mathrm{d}s - \sum_{j \neq i} \int_{ij} \frac{q_j}{t_{ij}(s)}\,\mathrm{d}s \right) \tag{5.11}$$

G Schubmodul
q_j konstant umlaufender Schubfluss in Zelle j, die an Zelle i grenzt
s Umfangskoordinate in Zelle i entlang der Profilmittellinie
t_i Wandstärke in Zelle i
t_{ij} Dicke der Verbindungswand zwischen Zelle i und j

o Verdrillungen in allen Zellen sind gleich

$$\vartheta_1' = \vartheta_2' = ... = \vartheta_n' = \vartheta' \,. \tag{5.12}$$

o Resultierendes Gleichungssystem mit den $n+1$ Unbekannten q_i und ϑ' lösen.
o Schubfluss $\tilde{q}_k$ in jeder Zellwand k aus den Schubflüssen der angrenzenden Zellen berechnen.
o Schubspannung in Zellwand k

$$\tau_k = \frac{\tilde{q}_k}{t_k} \tag{5.13}$$

t_k Dicke der Wand k

o Maximale Schubspannung τ_{max}

$$\tau_{max} = \max\left(|\,\tau_1\,|, |\,\tau_2\,|, ... |\,\tau_k\,|, ...\right) \tag{5.14}$$

o Torsionssteifigkeit GI_T bzw. Torsionsflächenmoment I_T aus

$$GI_T = \frac{T}{\vartheta'} \qquad \text{bzw.} \qquad I_T = \frac{T}{G\,\vartheta'} \tag{5.15}$$

- **Dünnwandige zusammengesetzte offene Profile**

  – **Torsionsflächenmoment I_T**

$$I_T = \frac{1}{3}\sum_i h_i t_i^3 \tag{5.16}$$

h_i Länge der Profilmittellinie des Abschnitts i
i Abschnitt i entlang der Profilmittellinie mit konstanter Wandstärke
t_i Wandstärke des Abschnitts i

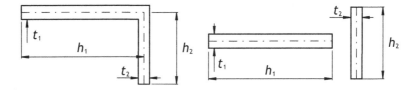

– **Maximale Schubspannung τ_{max}**

$$\tau_{max} = \frac{T}{I_T} t_{max} \tag{5.17}$$

I_T	Torsionsflächenmoment
T	Torsionsmoment
t_{max}	maximale Wandstärke des Profils

– **Torsionswiderstandsmoment W_T**

$$W_T = \frac{1}{3\,t_{max}} \sum_i h_i t_i^3 \tag{5.18}$$

Die Größen i, h_i und t_i sind unter Gl. (5.16) und t_{max} unter Gl. (5.17) erläutert.

- **Verwölbung bei Wölbspannungsfreiheit**

  – **Verwölbung u bei Ein- und Mehrzellern auf einer Zellenwand**

  $$u(x,s) = \frac{q}{G} \int \frac{1}{t(s)}\,\mathrm{d}s - \vartheta' \int r_\perp\,\mathrm{d}s + u_0 \tag{5.19}$$

G	Schubmodul
q	Schubfluss auf betrachteter Zellenwand
$r_\perp$	vorzeichenbehafteter Hebel um Schubmittelpunkt
s	Koordinate entlang der Profilmittellinie in betrachteter Zellenwand
t	Wandstärke
u_0	Integrationskonstante bei $s = 0$
x	Koordinate in Trägerlängsrichtung
ϑ'	Verdrillung

  – **Verwölbung u bei Einzellern**

  $$u(x,s) = \frac{T}{2A_m G} \left(\int \frac{1}{t(s)}\,\mathrm{d}s - \frac{1}{2A_m} \oint \frac{1}{t(s)}\,\mathrm{d}s \int r_\perp\,\mathrm{d}s \right) + u_0 \tag{5.20}$$

A_m	von Profilmittellinie eingeschlossene Fläche
G	Schubmodul
$r_\perp$	vorzeichenbehafteter Hebel um Schubmittelpunkt
s	Koordinate entlang der Profilmittellinie in betrachteter Zellenwand
T	Torsionsmoment
t	Wandstärke
u_0	Integrationskonstante bei $s = 0$
x	Koordinate in Trägerlängsrichtung

– **Verwölbung u bei dünnwandigen offenen Profilen**

$$u(x,s) = -\vartheta' \left(\int r_\perp \, \mathrm{d}s + \omega_0 \right) = -\vartheta' \int r_\perp \, \mathrm{d}s + u_0 \qquad (5.21)$$

$r_\perp$	vorzeichenbehafteter Hebel um Schubmittelpunkt
s	Koordinate entlang der Profilmittellinie auf betrachtetem Profilabschnitt
u_0	Integrationskonstante bei $s = 0$
x	Koordinate in Trägerlängsrichtung
ϑ'	Verdrillung
ω_0	Einheitsverwölbung bei $s = 0$

– **Einheitsverwölbung u^***

$$u^* = -\frac{u}{\vartheta'} \qquad (5.22)$$

u	Verwölbung
ϑ'	Verdrillung

– **Bedingung der verschwindenden Normalkräfte zur Berechnung von Integrationskonstanten**

$$\int_A u^* \, \mathrm{d}A = 0 \qquad (5.23)$$

A	Querschnittsfläche
u^*	Einheitsverwölbung

● **Theorie der Wölbkrafttorsion**

– **Wölbwiderstand C_T**

$$C_T = \int_A u^{*2} \mathrm{d}A \qquad (5.24)$$

A	Querschnittsfläche
u^*	Einheitsverwölbung

– **Differentialgleichung der Wölbkrafttorsion 3. Ordnung**

$$T = \underbrace{G I_T \vartheta'}_{=T_{SV}} - \underbrace{E C_T \vartheta'''}_{=-T_W} = T_{SV} + T_W \, . \qquad (5.25)$$

C_T	Wölbwiderstand
E	Elastizitätsmodul
G	Schubmodul
I_T	Torsionsflächenmoment
T	Torsionsmoment
T_{SV}	Torsionsmoment nach St. Venant
T_W	Biegetorsionsmoment
ϑ'	Verdrillung
ϑ'''	3. Ableitung des Verdrehwinkels in Längsrichtung

– **Differentialgleichung der Wölbkrafttorsion 4. Ordnung**

$$\vartheta^{IV} - \frac{G I_T}{E C_T} \vartheta'' = -\frac{T'}{E C_T} \tag{5.26}$$

bzw. bei Nutzung einer dimensionslosen Koordinate $\xi = \frac{x}{l}$

$$\frac{d^4 \vartheta}{d\xi^4} - \chi^2 \frac{d^2 \vartheta}{d\xi^2} = -\mu$$

$$\text{mit} \quad \chi^2 = \frac{G I_T l^2}{E C_T} = \frac{l^2}{l_w^2} \quad \text{und} \quad \mu = \frac{T' l^4}{E C_T} \tag{5.27}$$

C_T	Wölbwiderstand
E	Elastizitätsmodul
G	Schubmodul
I_T	Torsionsflächenmoment
l	Länge
l_w	Wölblänge
T'	konstante Änderung des Torsionsmomentes in x-Richtung
ϑ	Verdrehwinkel
ϑ''	2. Ableitung des Verdrehwinkels in Längsrichtung x
ϑ^{IV}	4. Ableitung des Verdrehwinkels in Längsrichtung x

– **Allg. Lösung der Differentialgleichung der Wölbkrafttorsion 4. Ordnung für den Verdrehwinkel mit $\xi = \frac{x}{l}$**

$$\vartheta(\xi) = \frac{1}{\chi^2} \left(C_1 e^{\chi \xi} + C_2 e^{-\chi \xi} \right) + C_3 \xi + C_4 + \frac{\mu}{2\chi^2} \xi^2 \tag{5.28}$$

und für die Ableitungen gilt

$$\vartheta'(\xi) = \frac{1}{l\chi} \left(C_1 e^{\chi \xi} - C_2 e^{-\chi \xi} \right) + \frac{1}{l} C_3 + \frac{\mu}{l\chi^2} \xi \tag{5.29}$$

$$\vartheta''(\xi) = \frac{1}{l^2} \left(C_1 e^{\chi \xi} + C_2 e^{-\chi \xi} \right) + \frac{\mu}{l^2 \chi^2} \tag{5.30}$$

$$\vartheta'''(\xi) = \frac{\chi}{l^3} \left(C_1 e^{\chi \xi} - C_2 e^{-\chi \xi} \right) \tag{5.31}$$

C_i	Integrationskonstante
l	Länge
μ	Konstante nach Gl. (5.27)
ξ	dimensionslose Koordinate
χ	Konstante nach Gl. (5.27)

– **Wölbnormalspannungen σ_w**

$$\sigma_w = -E\,u^*(s)\,\vartheta\,''(x) \tag{5.32}$$

E	Elastizitätsmodul
s	Koordinate entlang der Profilmittellinie
u^*	Einheitsverwölbung
x	Koordinate in Trägerlängsrichtung
$\vartheta\,''$	2. Ableitung der Verdrehung ϑ in Längsrichtung x

5.2 Aufgaben

A5.1/Aufgabe 5.1 – St. Venantsche Torsion eines Einzellers

Eine dünnwandige Röhre ist durch ein äußeres Moment M_0 gemäß Abb. 5.1a. belastet. Die Röhre kann sich in Längsrichtung frei verwölben. Das Profil ist in Abb. 5.1b. qualitativ skizziert. Verwenden Sie die dargestellte Umfangskoordinate s bei der Lösung der Aufgabenteile.

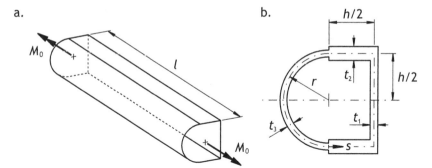

Abb. 5.1 a. Röhre unter Torsionsbelastung b. idealisierte Profilgeometrie mit Koordinate s entlang der Profilmittellinie

Gegeben Abmessungen $h = 220\,\text{mm}$, $l = 5,5\,\text{m}$; Moment $M_0 = 1,5\,\text{kN}\,\text{m}$; Wandstärken $t_1 = 0,8\,\text{mm}$, $t_2 = 8,9\,\text{mm}$, $t_3 = 0,7\,\text{mm}$

Gesucht

a) Ermitteln Sie das Torsionsflächenmoment I_T.

b) Berechnen Sie die Schubspannungen im Profil und skizzieren Sie diese. Geben Sie an, in welchem Bereich der Träger unter einem Torsionsmoment M_0 zuerst versagen wird.

c) Bestimmen Sie den Verdrehwinkel $\Delta\vartheta$ zwischen den Trägerenden.

Kontrollergebnisse a) $I_T = 9,4117 \cdot 10^6\,\text{mm}^4$ **b)** $|\tau_A| = 21,7\,\text{MPa}$, $|\tau_B| = 24,8\,\text{MPa}$
c) $\Delta\vartheta \approx 1,86°$

A5.2/Aufgabe 5.2 – Einzeller mit veränderlicher Wandstärke

Bei der Produktion eines dünnwandigen einzelligen Hohlquerschnitts ist eine fertigungsbedingte Abweichung aufgetreten. Das dadurch veränderte Verhalten bei Torsionsbeanspruchung soll abgeschätzt werden.

Bei dem fehlerfreien Hohlquerschnitt handelt es sich um ein dünnwandiges Halbkreisringprofil mit einer konstanten Wandstärke $\bar{t}$ (vgl. Profil 1 in Abb. 5.2a.). Die
fertigungsbedingte Abweichung hat zu einer Abnahme der Wandstärke im Bereich
des Halbkreisrings von maximal 10 % der Nennstärke geführt (vgl. Profil 2 in
Abb. 5.2b.). Der Wandstärkenverlauf $t(s)$ ist in diesem Bereich bekannt. Der Hohlquerschnitt wird mit einem Moment T beansprucht. Die zulässige Schubspannung
ist τ_{zul}. Gehen Sie davon aus, dass der Träger wölbspannungsfrei ist. Verwenden Sie
die Indizes 1 und 2 zur Kennzeichnung der Größen des Profils 1 bzw. 2.

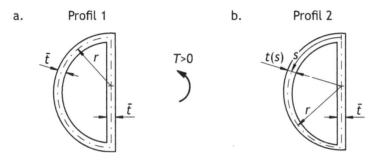

Abb. 5.2 a. Fehlerfreies Halbkreisringprofil b. Halbkreisringprofil infolge der fertigungsbedingten
Abweichung

Gegeben Torsionsmoment $T = 1\,\text{kN}\,\text{m}$; Radius $r = 15\,\text{cm}$; zulässige Schubspannung
$\tau_{\text{zul}} = 20\,\text{MPa}$; Wandstärke $\bar{t} = 2\,\text{mm}$; Wandstärke im Bereich des Halbkreisrings für
Profil 2

$$t(s) = \bar{t}\left(1 - \frac{s}{10\,\pi\,r}\right) \quad \text{mit} \quad 0 \leq s \leq \pi r$$

Gesucht

a) Berechnen Sie das Torsionsflächenmoment für das Profil 1 und 2. Geben Sie den
   prozentualen Unterschied an.
b) Bestimmen Sie die betragsmäßig maximale Schubspannung in beiden Profilen,
   wenn das Torsionsmoment T anliegt. Wo tritt das Maximum auf?
c) Wie groß ist jeweils das maximal übertragbare Torsionsmoment T_{max}? Mit welchem Profil kann ein höheres Torsionsmoment übertragen werden?

Hinweis Die Lösung des bestimmten Integrals in den Grenzen von x_0 bis x_1 ist

$$\int_{x_0}^{x_1} \frac{1}{a-bx} \, \mathrm{d}x = \left[-\frac{1}{b} \ln|a-bx| \right]_{x_0}^{x_1} \quad \text{mit den Konstanten } a \text{ und } b \, .$$

Kontrollergebnisse a) Fertigungsabweichung führt zu einer Reduktion des Torsionsflächenmoments von 3,2 %. **b)** $|\tau_{\max}| \approx 7,86\,\mathrm{MPa}$ **c)** Für Profil 2 ist das maximal übertragbare Torsionsmoment 10 % niedriger.

A5.3/Aufgabe 5.3 – Statisch unbestimmter Träger mit Kreisringprofil

Der in Abb. 5.3a. skizzierte Träger ist beidseitig eingespannt und wird durch zwei äußere Momente M_{T1} und M_{T2} tordiert. Es handelt sich um ein dünnwandiges Kreisringprofil mit dem Radius r zur Profilmittellinie und der Wandstärke t (vgl. Abb. 5.3b.).

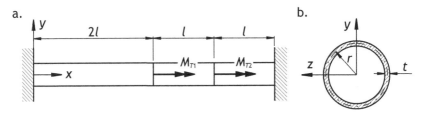

Abb. 5.3 a. Träger belastet mit zwei Torsionsmomenten M_{T1} und M_{T2} b. Trägerquerschnitt

Gegeben Radius $r = 250\,\mathrm{mm}$; Wandstärke $t = 1\,\mathrm{mm}$; Abmessung $l = 1\,\mathrm{m}$; Schubmodul $G = 26,9\,\mathrm{GPa}$; Torsionsmomente $M_{T1} = 1,5\,\mathrm{kN\,m}$, $M_{T2} = 4,5\,\mathrm{kN\,m}$

Gesucht Bestimmen Sie die betragsmäßig maximale Schubspannung im Träger.

Kontrollergebnis $|\tau_{\max}| = 10,05\,\mathrm{MPa}$

A5.4/Aufgabe 5.4 – Vergleich eines Einzellers mit einem dreizelligen Träger

Der einzellige und der dreizellige Träger nach den Abbn. 5.4a. und b. mit jeweils konstanter Wandstärke t sollen bzgl. ihres Torsionsverhaltens untersucht werden. Die Träger sind dünnwandig und besitzen die gleiche Länge l. Sie sind beidseitig mit dem Torsionsmoment T belastet. Sie dürfen jeweils als wölbspannungsfrei angenommen werden.

Gegeben Abmessungen a, l; Wandstärke t; Schubmodul G; Torsionsmoment T

Gesucht

a) Ermitteln Sie die Torsionssteifigkeiten GI_T beider Träger und geben Sie den prozentualen Unterschied an.

b) Berechnen Sie jeweils die betragsmäßig maximal auftretende Schubspannung $\tau_{\max}$.

a. Einzeller   b. Dreizeller

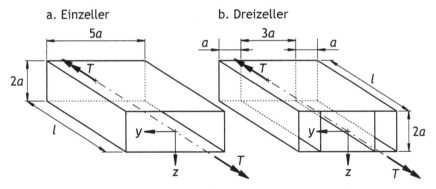

Abb. 5.4 Geometrische Verhältnisse am dünnwandigen a. Einzeller und b. Dreizeller

c) Wie groß ist der jeweils auftretende Verdrehwinkel $\Delta\vartheta$ zwischen den Trägerenden?

Kontrollergebnisse a) $\Delta GI_T \approx 5,54\,\%$ **b)** $\tau_{\mathrm{max,Einzeller}} = T/(20\,a^2 t)$, $\tau_{\mathrm{max,Dreizeller}} = 11\,T/(196\,a^2 t)$ **c)** k. A.

A5.5/Aufgabe 5.5 – Einzeller aus zwei Materialien

Ein doppelt-symmetrischer dünnwandiger Kastenträger, der aus zwei verschiedenen Materialien aufgebaut ist, unterliegt im Betrieb einer Torsionsbeanspruchung. Um die Verformungen der Struktur zu ermitteln, ist daher die Torsionssteifigkeit des Kastenträgers zu bestimmen. Der Kastenträger ist in Abb. 5.5 dargestellt. Die Seitenwände sind aus einem anderen Material als die Ober- und Unterseite. Die Kennwerte für die Seitenwände sind mit dem Index 1 und die der Ober- sowie Unterseite mit dem Index 2 gekennzeichnet.

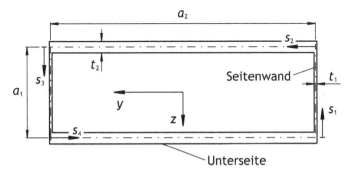

Abb. 5.5 Kastenträger mit lokalen Koordinaten s_i

Gegeben Längen a_1 und $a_2 = 3\,a_1$; Dicken t_1 und $t_2 = 4\,t_1$; Schubmoduli G_1 und $G_2 = 1,5\,G_1$

Gesucht Ermitteln Sie die Torsionssteifigkeit des Kastenträgers.

Hinweis Bei veränderlichem Schubmodul im Querschnitt ist

$$\vartheta' = \frac{1}{2A_m} \oint \frac{q}{Gt}\, ds$$

für die Verdrillung zu verwenden, d. h. der jeweilige Schubmodul muss wie die jeweilige Wandstärke bei der Integration im Integranden beachtet werden.

Kontrollergebnis $GI_T = 12\,G_1\,t_1\,a_1^3$

A5.6/Aufgabe 5.6 – Dreizeller aus zwei Materialien

Der in Aufgabe 5.5 beschriebene doppelt-symmetrische einzellige Hohlquerschnitt wird durch zwei Stege in z-Richtung versteift, die die Dicke t_1 der Seitenwände aufweisen. Dadurch entsteht ein Träger mit drei Zellen. Dieser Kastenträger ist in Abb. 5.6 skizziert. Die Seitenwände und die Stege sind aus einem anderen Material als die Ober- und Unterseite. Die Kennwerte für die Seitenwände sind mit dem Index 1 und die der Ober- sowie Unterseite mit dem Index 2 gekennzeichnet. Der Träger ist durch ein Torsionsmoment T belastet. Gehen Sie davon aus, dass der Träger wölbspannungsfrei ist.

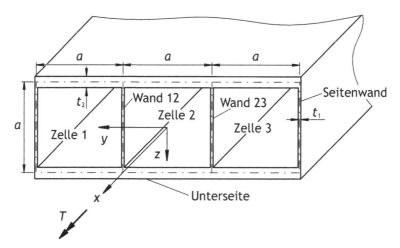

Abb. 5.6 Dreizelliges Hohlprofil aus zwei verschiedenen Materialien [5, S. 110]

Gegeben Länge a; Dicken t_1, $t_2 = 4t_1$; Schubmoduli G_1 und $G_2 = 1,5\,G_1$; Torsionsmoment T

Gesucht

a) Berechnen Sie die Schubfluss- und Schubspannungsverteilung im Profil. Geben Sie die am höchsten beanspruchten Bereiche im Träger an.

b) Bestimmen Sie die Torsionssteifigkeit GI_T des Trägers.

Hinweise

- Ist der Träger aus mehreren Materialien aufgebaut, so gilt für die Verdrillung statt Gl. (5.11) die folgende Beziehung

$$\vartheta_i' = \frac{1}{2A_{m_i}} \left(\oint_i \frac{q_i}{G_i t_i} \, \mathrm{d}s - \sum_{j \neq i} \int_{ij} \frac{q_j}{G_{ij} t_{ij}} \, \mathrm{d}s \right) . \tag{5.33}$$

- Der gleiche Träger, der allerdings aus einem einzigen Material aufgebaut ist, ist in [5, S. 110ff.] vorgerechnet.

Kontrollergebnisse a) Schubflüsse in den Zellen (nicht in den Verbindungsstegen): $|q_1| = |q_3| \approx 1{,}5152 \cdot 10^{-1} \, T/a^2$, $|q_2| \approx 1{,}9697 \cdot 10^{-1} \, T/a^2$ **b)** Torsionssteifigkeit $GI_T = 1{,}2774 \cdot 10^1 \, G_1 t_1 a^3$

A5.7/Aufgabe 5.7 – Verwölbung eines geschlitzten dünnwandigen Rohres

Wir untersuchen ein dünnwandiges geschlitztes Rohr nach Abb. 5.7, das durch ein Torsionsmoment T belastet ist. Das Rohr kann sich wölbspannungsfrei verformen. Die Abmessung des Schlitzes ist vernachlässigbar klein im Vergleich zur Wandstärke des Rohres ($\Delta \ll t$). Allerdings führt die Öffnung dazu, dass das Rohr nicht mehr wölbfrei ist wie der Kreisringzylinder. Es wird sich eine Verwölbung unter der Torsionsbeanspruchung einstellen.

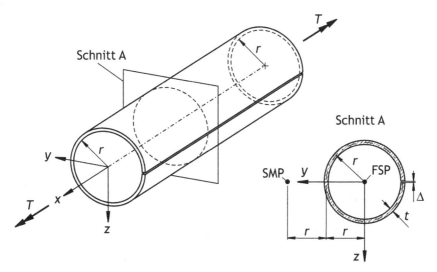

Abb. 5.7 Dünnwandiges geschlitztes Rohr unter Torsionsbelastung mit Flächenschwerpunkt FSP und Schubmittelpunkt SMP

Gegeben Torsionsmoment T; Torsionssteifigkeit GI_T; Radius r

Gesucht Wie verwölbt sich der Querschnitt auf dem Umfang des Rohres? Geben Sie die Verwölbung entlang der Profilmittellinie an.

Kontrollergebnisse Verwölbung in der Öffnung $u(y = -r, z = 0) = \pm r^2 \vartheta'$ und im Schnitt von Profilmittellinie mit z-Achse $u(y = 0, z = \pm r) = \pm 4,2920 \cdot 10^{-1} r^2 \vartheta'$

A5.8/Aufgabe 5.8 – Verwölbung und Wölbwiderstand beim Z-Profil

Für das Z-Profil gemäß Abb. 5.8 soll der Wölbwiderstand ermittelt werden. Es handelt sich um ein dünnwandiges Profil mit unterschiedlichen Wandstärken für die Flansche und den Steg. Die Größen der Flansche werden mit dem Index F und die des Steges mit S gekennzeichnet.

Gegeben Wandstärken t_F, t_S; Abmessungen b, h

Gesucht

a) Bestimmen Sie die Einheitsverwölbung u^* des Profils infolge eines anliegenden Torsionsmomentes und skizzieren Sie diese entlang der Profilmittellinie.

b) Berechnen Sie den Wölbwiderstand C_T.

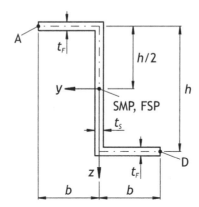

Abb. 5.8 Z-Profil mit Flächenschwerpunkt FSP und Schubmittelpunkt SMP

Kontrollergebnisse

a) Einheitsverwölbungen in den Punkten A, D und FSP

$$u_A^* = u_D^* = \frac{hb}{2} \frac{A_F + A_S}{2A_F + A_S} = -\frac{A_F + A_S}{A_F} u_{FSP}^* \quad \text{mit} \quad A_F = t_F b, \quad A_S = t_S h$$

b) Wölbwiderstand

$$C_T = \frac{b^2 h^2}{12} \frac{A_F (A_F + 2A_S)}{(2A_F + A_S)}$$

A5.9/Aufgabe 5.9 – Verwölbung und Wölbwiderstand beim U-Profil

Die erforderlichen Kennwerte eines symmetrischen U-Profils nach Abb. 5.9 sollen für eine Analyse der Wölbkrafttorsion zugänglich gemacht werden. Es handelt sich um ein dünnwandiges Profil mit unterschiedlichen Wandstärken für die Flansche und den Steg. Die Größen der Flansche sind mit dem Index F und die des Steges mit S gekennzeichnet.

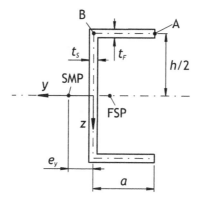

Abb. 5.9 U-Profil mit Flächenschwerpunkt FSP und Schubmittelpunkt SMP

Gegeben Abmessungen a, h; Wandstärken t_F, t_S; Lage des Schubmittelpunkts ist definiert mit

$$e_y = \frac{3\,a A_F}{6 A_F + A_S} \quad \text{mit} \quad A_F = a t_F \quad \text{und} \quad A_S = h t_S\,.$$

Gesucht

a) Ermitteln Sie die Verwölbung u des Profils in Abhängigkeit der Verdrillung ϑ', und skizzieren Sie diese entlang der Profilmittellinie.

b) Bestimmen Sie den Wölbwiderstand C_T.

Kontrollergebnisse

a) Verwölbung in den Punkten A und B

$$u_A = \vartheta'\frac{3\,a h}{2}\frac{A_F}{6 A_F + A_S} = -\frac{5}{3}u_B \quad \text{mit} \quad A_F = a t_F\,, \quad A_S = h t_S$$

b) Wölbwiderstand

$$C_T = \frac{a^2 h^2}{12}\frac{(3 A_F + 2 A_S)\,A_F}{6 A_F + A_S}$$

A5.10/Aufgabe 5.10 – Verwölbung und Wölbwiderstand eines Einzellers

Ein dünnwandiger Einzeller soll unter dem Einfluss der Wölbkrafttorsion analysiert werden. Daher ist der Wölbwiderstand C_T zu ermitteln. Die Profilgeometrie ist in Abb. 5.10 qualitativ skizziert. Es handelt sich um einen symmetrischen Einzeller, der aus einem U-Profil und einem Halbkreisring besteht. Der Radius des Halbkreisrings ist r.

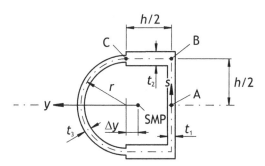

Abb. 5.10 Profilgeometrie

Gegeben Abmessungen $h = 220\,\text{mm}$, $r = \frac{h}{2} = 110\,\text{mm}$; Wandstärken $t_1 = 0,8\,\text{mm}$, $t_2 = 8,9\,\text{mm}$, $t_3 = 0,7\,\text{mm}$; Torsionsflächenmoment $I_T = 9,41173777 \cdot 10^6\,\text{mm}^4$; Lage des Schubmittelpunkts $\Delta y = 23,39\,\text{mm}$

Gesucht

a) Berechnen Sie die Einheitsverwölbung entlang der Umfangskoordinate s für den Fall, dass das Profil wölbspannungsfrei ist. Skizzieren Sie den Verlauf.

b) Bestimmen Sie den Wölbwiderstand C_T des Profils.

Hinweis Sie müssen mit einer relativ hohen numerischen Genauigkeit von acht Stellen hinter dem Komma der Mantisse bei dezimaler Gleitkommaarithmetik (vgl. Abschnitt 9.1) rechnen, um die Ergebnisse der Musterlösung zu erhalten.

Kontrollergebnisse a) $u_A^* = 0$, $u_B^* = -5,4487 \cdot 10^3\,\text{mm}^2$, $u_C^* = 5,3051 \cdot 10^3\,\text{mm}^2$
b) $C_T = 2,2452 \cdot 10^{10}\,\text{mm}^6$

A5.11/Aufgabe 5.11 – Verwölbung und Wölbwiderstand eines Flügelkastens

Die Verwölbung und der Wölbwiderstand eines dünnwandigen Einzellers sollen ermittelt werden. Die Profilgeometrie ist in Abb. 5.11 basierend auf den Annahmen der Dünnwandigkeit skizziert. Das eingezeichnete Koordinatensystem verläuft durch den Flächenschwerpunkt. Die Lage des Schubmittelpunkts ist bekannt. Das Profil ist aus einem homogen isotropen Material aufgebaut.

Gegeben Abmessungen $b = 660\,\text{mm}$, $c = 20\,\text{mm}$, $h = 165\,\text{mm}$, $\Delta y_1 = 350,34\,\text{mm}$, $\Delta y_2 = 7,74\,\text{mm}$; Wanddicken $t_1 = 0,6\,\text{mm}$, $t_2 = 1,0\,\text{mm}$, $t_3 = 0,4\,\text{mm}$, $t_4 = 0,6\,\text{mm}$; Elastizitätsmodul $E = 70\,\text{GPa}$; Querkontraktionszahl $\nu = 0,3$

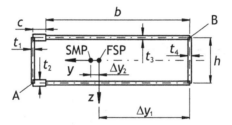

Abb. 5.11 Profilgeometrie mit Flächenschwerpunkt FSP und Schubmittelpunkt SMP (vgl. [5, S. 193ff.])

Gesucht

a) Ermitteln Sie die Torsionssteifigkeit GI_T des Profils.
b) Berechnen Sie die Einheitsverwölbung u^* entlang der Umfangskoordinate für den Fall, dass das Profil wölbspannungsfrei ist. Skizzieren Sie den Verlauf.
c) Bestimmen Sie den Wölbwiderstand C_T des Profils.

Hinweise Nutzen Sie möglichst Symmetriebedingungen aus. Rechnen Sie mit einer numerischen Genauigkeit von acht Stellen hinter dem Komma der Mantisse bei dezimaler Gleitkommaarithmetik (vgl. Abschnitt 9.1), um die Ergebnisse der Musterlösung zu erhalten.

Kontrollergebnisse a) $GI_T \approx 3,4851 \cdot 10^{11} \, \text{N mm}^2$ **b)** Einheitsverwölbungen in den Punkten A und B gemäß Abb. 5.11: $u_B^* \approx 2,1612 \cdot 10^4 \, \text{mm}^2$, $u_A^* \approx 1,8626 \cdot 10^4 \, \text{mm}^2$ **c)** $C_T \approx 1,1494 \cdot 10^{11} \, \text{mm}^6$

A5.12/Aufgabe 5.12 – Vergleich von St. Venantscher Torsion mit Wölbkrafttorsion

Anhand des in Abb. 5.12a. dargestellten torsionsbeanspruchten Trägers sollen die Unterschiede zwischen der Torsionstheorie nach St. Venant und der Theorie der Wölbkrafttorsion verdeutlicht werden. Der Träger ist beidseitig über Gabellager gestützt. Dadurch können sich die Trägerenden frei verwölben. In der Mitte des Trägers (d. h. im Punkt C) wird ein Torsionsmoment M_T eingeleitet. Aufgrund der sich einstellenden symmetrischen Verdrehung zur Trägermitte dürfen Sie eine Belastung gemäß Abb. 5.12b. annehmen und den Träger für den Bereich $0 \leq x \leq \frac{l}{2}$ analysieren.

Gegeben Länge $l = 2$ m; Moment $M_T = 7 \, \text{kN m}$; Torsionsflächenmoment $I_T = 8,5 \cdot 10^6 \, \text{mm}^4$; Wölbwiderstand $C_T = 2,5 \cdot 10^{10} \, \text{mm}^6$; Elastizitätsmodul $E = 70 \, \text{GPa}$; Schubmodul $G = 26,9 \, \text{GPa}$

Gesucht

a) Ermitteln Sie die Verdrehung ϑ des Trägers nach der Theorie von St. Venant und geben Sie das Torsionsmoment T im Bereich $0 \leq x \leq \frac{l}{2}$ an.

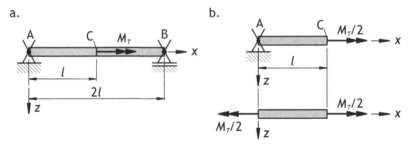

Abb. 5.12 a. Torsionsbelasteter Träger b. auf ein Halbmodell reduziertes Problem

b) Berechnen Sie die Verdrehung ϑ, das Torsionsmoment nach St. Venant T_{SV} und das Biegetorsionsmoment T_W nach der Theorie der Wölbkrafttorsion.

c) Skizzieren Sie die Verläufe der Verdrehungen nach den Aufgabenteilen a) und b) entlang der Trägerachse x mit $0 \leq x \leq 2\,l$ in einem Diagramm und diskutieren Sie, welche Verdrehung die physikalischen Verhältnisse realistischer beschreibt.

d) Zeichnen Sie den Verlauf des Biegetorsionsmomentes T_W gemäß dem Aufgabenteil b) und schätzen Sie ab, wann das Biegetorsionsmoment auf unter 5 % seines Maximalwertes abgesunken ist.

Kontrollergebnisse a) $\vartheta(x = l) = 1,75°$ **b)** Mit $\xi = \frac{x}{l}$ gilt $T_W(\xi) = (e^{22,861\,\xi} + e^{-22,861\,\xi}) \cdot 4,1270 \cdot 10^{-4}\text{N mm}$ **c)** k. A. **d)** $\xi = \frac{x}{l} \approx 0,87$

A5.13/Aufgabe 5.13 – Gabelgelagerter Träger mit Kragarm

Ein Zweifeldträger nach Abb. 5.13 ist in den Lagern A und B durch eine Gabellagerung gestützt. Am freien Ende ist der Träger durch das Torsionsmoment M_T belastet. Um den Einfluss von Wölbspannungen infolge der Torsionsbeanspruchung abschätzen zu können, ist eine Analyse nach der Wölbkrafttorsion durchzuführen.

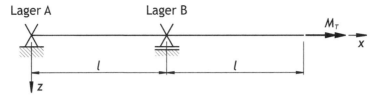

Abb. 5.13 Zweifeldträger unter Torsionsbelastung am Kragarmende

Gegeben Länge $l = 2$ m; Moment $M_T = 6$ kN m; Torsionsflächenmoment $I_T = 10^6$ mm^4; Wölbwiderstand $C_T = 10^{10}$ mm^6; Elastizitätsmodul $E = 70$ GPa; Schubmodul $G = 26,9$ GPa

Gesucht

a) Berechnen Sie die Verdrehung entlang der Trägerachse x im Bereich $0 \leq x \leq l$, und geben Sie die Lagerreaktionen an.

b) Schätzen Sie ab, wo relevante Wölbnormalspannungen auftreten.

Kontrollergebnisse a) $|M_A| = 0,134\,\mathrm{kNm}$, $|M_B| \approx 6,134\,\mathrm{kNm}$ **b)** Im Bereich des Lagers B sind sie am größten.

A5.14/Aufgabe 5.14 – Verformungen und Wölbspannungen eines Flügelkastens

Die Wölbspannungsbeanspruchung infolge einer Luftlast q_L, die zu einer Torsionsbeanspruchung führt, soll bei dem Flügel nach Abb. 5.14 abgeschätzt werden. Die angenommene Geometrie des tragenden, symmetrischen Flügelkastens ist im unteren Bereich dargestellt. Es handelt sich um einen dünnwandigen Einzeller.

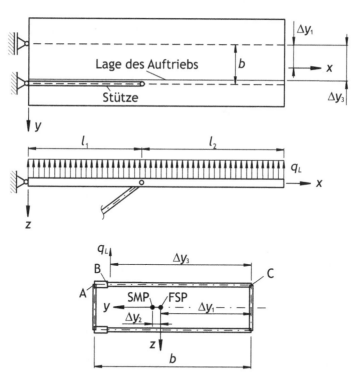

Abb. 5.14 Flügelgeometrie und Belastung mit Flächenschwerpunkt FSP und Schubmittelpunkt SMP (vgl. [5, S. 191ff.])

Gegeben Abmessungen $b = 680\,\mathrm{mm}$, $\Delta y_1 = 350,34\,\mathrm{mm}$, $\Delta y_2 = 7,74\,\mathrm{mm}$, $\Delta y_3 = 610\,\mathrm{mm}$; Längen $l_1 = 2,5\,\mathrm{m}$, $l_2 = 3\,\mathrm{m}$; Auftrieb $q_L = 1,1\,\mathrm{N/mm}$; Torsionsflächenmoment $I_T = 1,2945 \cdot 10^7 \text{mm}^4$; Wölbwiderstand $C_T = 1,1493 \cdot 10^{11} \text{mm}^6$; Elastizitätsmodul $E = 70\text{GPa}$; Querkontraktionszahl $\nu = 0,3$; Einheitsverwölbungen auf Profilmittellinie für die Punkte A, B und C nach Abb. 5.14

$$u_\text{A}^* = -1,8627 \cdot 10^4 \text{mm}^2 \,, \quad u_\text{B}^* = -1,9123 \cdot 10^4 \text{mm}^2 \,, \quad u_\text{C}^* = 2,1610 \cdot 10^4 \text{mm}^2$$

Gesucht

a) Schätzen Sie ab, in welchen Bereichen des Flügels grundsätzlich relevante Wölbeffekte auftreten könnten. Nutzen Sie hierzu die Wölblänge l_w.
b) Berechnen Sie die Verdrehung an der Flügelspitze.
c) Bestimmen Sie die betragsmäßig maximale Wölbspannung im Flügel. Geben Sie den Ort ihres Auftretens an.

Hinweise

- Gehen Sie davon aus, dass die Flügelbiegung keinen Einfluss auf die Torsion hat.
- Setzen Sie voraus, dass der Flügelanschluss an den Rumpf ebenso wie das freie Flügelende wölbspannungsfrei sind.
- Nehmen Sie an, dass die Flügelstütze die Verdrehung des Flügelquerschnitts im Anschlussbereich verhindert, d. h. setzen Sie eine Gabellagerung im Stützenanschluss voraus.
- Verwenden Sie das in Abb. 5.14 dargestellte Koordinatensystem.
- Nutzen Sie möglichst ein Computeralgebraprogramm bei der Lösung.
- Rechnen Sie mit einer Genauigkeit von vier Stellen hinter dem Komma der Mantisse bei dezimaler Glcitkommaarithmetik, um die Ergebnisse der Musterlösung zu erzielen (vgl. Abschnitt 9.1).

Kontrollergebnisse a) k. A. **b)** $\vartheta \approx -0,19°$ **c)** $\sigma_{w_\text{max}} \approx 16,11 \text{MPa}$

5.3 Musterlösungen

L5.1/Lösung zur Aufgabe 5.1 – St. Venantsche Torsion eines Einzellers

a) Es handelt sich um ein dünnwandiges, einzelliges Profil. Wir wenden daher die 2. Bredtsche Formel nach Gl. (5.8) an. Zunächst ermitteln wir die von der Profilmittellinie eingeschlossene Fläche

$$A_m = h\frac{h}{2} + \frac{\pi}{2}\left(\frac{h}{2}\right)^2 = \frac{h^2}{8}(4+\pi) \approx 4,3207 \cdot 10^4 \text{mm}^2 \,.$$

Ferner unterteilen wir das Umfangsintegral in vier Teilbereiche, in denen die Wandstärken jeweils konstant sind. Wir erhalten für das auftretende Umfangsintegral dann

$$\oint \frac{1}{t(s)} ds = \frac{1}{t_2} \int_0^{\frac{h}{2}} ds + \frac{1}{t_1} \int_{\frac{h}{2}}^{\frac{3h}{2}} ds + \frac{1}{t_2} \int_{\frac{3h}{2}}^{2h} ds + \frac{1}{t_3} \int_{2h}^{2h+\frac{\pi h}{2}} ds$$

$$= \frac{h}{t_2} + \frac{h}{t_1} + \frac{\pi}{2} \frac{h}{t_3} = h \left(\frac{1}{t_1} + \frac{1}{t_2} + \frac{\pi}{2t_3} \right) \approx 7,9340 \cdot 10^2 \,.$$

Es folgt für das Torsionsflächenmoment

$$I_T = \frac{4A_m^2}{\oint \frac{1}{t(s)} ds} = \frac{h^3 (4+\pi)^2}{16 \left(\frac{1}{t_1} + \frac{1}{t_2} + \frac{\pi}{2t_3} \right)} \approx 9,4117 \cdot 10^6 \,\mathrm{mm}^4 \,.$$

b) Die Schubspannungen berechnen wir über die Beziehung

$$\tau(s) = \frac{q}{t(s)}$$

gemäß Gl. (5.2), d. h. zuerst ermitteln wir den Schubfluss q im Profil. Da es sich um einen Einzeller handelt, der sich frei verwölben kann und daher wölbspannungsfrei ist, ist der Schubfluss konstant in Umfangsrichtung und wir können den Schubfluss durch das anliegende Torsionsmoment T ausdrücken (vgl. Gl. (5.6)). Da die Torsionsbeanspruchung konstant in Trägerlängsrichtung ist, gilt $T = M_0$ und es folgt

$$q = \frac{T}{2A_m} = \frac{M_0}{2A_m} \approx 17,36 \,\frac{\mathrm{N}}{\mathrm{mm}} \,.$$

Da der Träger drei unterschiedliche Wandstärken besitzt, treten auch drei verschiedene Schubspannungen gemäß Gl. (5.2) auf. Wir ermitteln diese Schubspannungen zu

$$\tau_1 = \frac{M_0}{2A_m t_1} \approx 21,70 \,\mathrm{MPa} \,, \qquad \tau_2 = \frac{M_0}{2A_m t_2} \approx 1,95 \,\mathrm{MPa} \,,$$

$$\tau_3 = \frac{M_0}{2A_m t_3} \approx 24,80 \,\mathrm{MPa} \,.$$

Alle Schubspannungen sind positiv. Sie wirken im Gegenuhrzeigersinn und somit resultiert ein positives Torsionsmoment aus ihnen.

Die Schubspannungen sind in Abb. 5.15 entlang der Profilmittellinie dargestellt. Die maximalen Schubspannungen treten im Bereich der kleinsten Wandstärke auf, d. h. im Halbkreisring. In diesem Bereich wird das Profil zuerst infolge eines Torsionsmomentes versagen.

c) Den Verdrehwinkel $\Delta\vartheta$ der Trägerenden ermitteln wir, indem wir die Verdrillung ϑ' entlang der Trägerlängsachse integrieren (vgl. Gl. (5.3)). Da der Träger sich wölbspannungsfrei verformen kann, wenden wir das Elastizitätsgesetz der St. Venantschen Torsionstheorie an und erhalten mit Gl. (5.5) für eine Trägerlänge l

$$\Delta\vartheta = \int_0^l \vartheta' dx = \int_0^l \frac{T}{GI_T} dx = \frac{T}{GI_T} \int_0^l dx = \frac{Tl}{GI_T} \,.$$

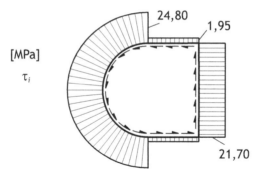

Abb. 5.15 Qualitativer Schubspannunsgverlauf entlang der Profilmittellinie

Beachten wir, dass $T = M_0$ gilt, resultiert

$$\Delta\vartheta = \frac{M_0 l}{GI_T} \approx 3,2465 \cdot 10^{-2} \approx 1,86° \ .$$

L5.2/Lösung zur Aufgabe 5.2 – Einzeller mit veränderlicher Wandstärke

a) Bei den Profilen handelt es sich um dünnwandige einzellige Querschnitte. Deren Torsionsflächenmomente können wir mit Hilfe der 2. Bredtschen Formel gemäß Gl. (5.8) bestimmen. Wir beginnen mit dem Profil 1. Mit der von der Profilmittellinie eingeschlossenen Fläche $A_{m_1} = \frac{\pi}{2} r^2$ folgt

$$I_{T_1} = \frac{4 A_{m_1}^2}{\oint \frac{1}{t(s)} \mathrm{d}s} = \frac{\pi^2 r^4}{\oint \frac{1}{\bar{t}} \mathrm{d}s} \ .$$

Da die Wandstärke des Profils 1 konstant ist, vereinfacht sich die Berechnung des Umfangintegrals zu

$$\oint \frac{1}{\bar{t}} \mathrm{d}s = \frac{1}{\bar{t}} \oint \mathrm{d}s = (\pi + 2) \frac{r}{\bar{t}} \ .$$

Das Torsionsflächenmoment des Profils 1 resultiert somit

$$I_{T_1} = \frac{\pi^2 r^3 \bar{t}}{\pi + 2} \approx 1,2957 \cdot 10^7 \, \mathrm{mm}^4 \ .$$

Das Profil 2 mit der Fertigungsabweichung weist die gleiche von der Profilmittellinie umschlossene Fläche auf wie Profil 1 (d. h. $A_{m_2} = A_{m_1}$). Der Unterschied zwischen den Torsionsflächenmomenten entsteht durch das Umfangsintegral in der 2. Bredtschen Formel. Für Profil 2 unterteilen wir daher die Integration entlang der Profilmittellinie in zwei Bereiche, und zwar in einen Bereich mit der konstanten Wandstärke $\bar{t}$ und einen mit der veränderlichen Wandstärke $t(s)$. Wir erhalten

$$\oint \frac{1}{t(s)} \, ds = \frac{1}{\bar{t}} \int_0^{\pi r} \frac{1}{1 - \frac{s}{10\pi r}} \, ds + \frac{1}{\bar{t}} \int_{\pi r}^{\pi r + 2r} ds \, .$$

Die Integration im Bereich des geraden Stegs ergibt

$$\frac{1}{\bar{t}} \int_{\pi r}^{\pi r + 2r} ds = \frac{2r}{\bar{t}} \, .$$

Das Integral im Bereich des Halbkreisrings lösen wir mit Hilfe des Hinweises in der Aufgabenstellung. Mit $a = 1$ und $b = \frac{1}{10\pi r}$ folgt

$$\frac{1}{\bar{t}} \int_0^{\pi r} \frac{1}{1 - \frac{s}{10\pi r}} \, ds = \frac{1}{\bar{t}} \left[-10\pi r \ln \left| 1 - \frac{s}{10\pi r} \right| \right]_0^{\pi r}$$

$$= \frac{-10\pi r}{\bar{t}} \left(\ln \left| \frac{9}{10} \right| - \ln 1 \right) = \frac{10\pi r}{\bar{t}} (\ln 10 - \ln 9) = \frac{10\pi r}{\bar{t}} \ln \frac{10}{9} \, .$$

Das Umfangsintegral für Profil 2 ist somit

$$\oint \frac{1}{t(s)} \, ds = \frac{2r}{\bar{t}} \left(1 + 5\pi \ln \frac{10}{9} \right) \, .$$

Folglich resultiert das Torsionsflächenmoment zu

$$I_{T_2} = \frac{\pi^2 r^3 \bar{t}}{2 \left(1 + 5\pi \ln \frac{10}{9} \right)} \approx 1{,}2546 \cdot 10^7 \, \text{mm}^4 \, .$$

Das Torsionsflächenmoment ist infolge der Wandstärkenabweichung um 3,2 % gesunken.

b) Der Schubfluss ist in beiden Profilen gleich, da die von der Profilmittellinie eingeschlossene Fläche gleich ist. Wir erhalten mit Gl. (5.6)

$$q_1 = \frac{T}{2A_{m_1}} = q_2 = \frac{T}{2A_{m_2}} \approx 14{,}15 \, \frac{\text{N}}{\text{mm}} \, .$$

Die maximale Schubspannung tritt an der Stelle der dünnsten Wand auf. Da im Profil 1 überall die gleiche Wandstärke vorliegt, wird gleichzeitig an allen Stellen des Querschnitts die maximale Schubspannung erreicht. Sie ergibt sich aus der 1. Bredtschen Formel (5.7) zu

$$\tau_{1\text{max}} = \frac{q_1}{\bar{t}} = \frac{T}{2A_{m_1} \bar{t}} \approx 7{,}07 \, \text{MPa} \, . \tag{5.34}$$

Im Profil 2 liegt die dünnste Stelle bei $s = \pi r$, also an der unteren Verbindungsstelle zwischen dem Halbkreisring und dem geraden Steg vor. Mit

$$t_{2\text{min}} = t(s = \pi r) = \bar{t} \left(1 - \frac{\pi r}{10\pi r} \right) = 0{,}9 \bar{t} = 1{,}8 \, \text{mm} \tag{5.35}$$

resultiert die maximale Schubspannung im Profil 2

$$\tau_{2\text{max}} = \frac{q_2}{t_{2\text{min}}} \approx 7,86\,\text{MPa}\,. \tag{5.36}$$

Wegen $\tau_{2\text{max}} > \tau_{1\text{max}}$ tritt im Profil 2 die höhere maximale Spannung auf. Dieses Profil wird daher auch bei einer geringeren Torsionslast versagen als Profil 1.

c) Das maximal übertragbare Torsionsmoment T_{max} wird dann erreicht, wenn an einer Stelle des jeweiligen Profils die zulässige Spannung überschritten wird, d. h. so lange

$$\tau_{i\text{max}} \leq \tau_{\text{zul}} \qquad \text{für} \qquad i = 1, 2$$

gilt, tritt kein bzw. gerade kein Versagen auf.

Für Profil 1 gilt beim Anliegen des maximalen Torsionsmomentes (vgl. Gl. (5.34))

$$\tau_{1\text{max}} = \frac{q_{1\text{max}}}{\bar{t}} = \frac{T_{1\text{max}}}{2A_{m_1}\bar{t}}\,.$$

Wird der Querschnitt mit $T_{1\text{max}}$ beansprucht, so ist gerade die zulässige Schubspannung erreicht, was wir wie folgt formulieren

$$\tau_{1\text{max}} = \tau_{\text{zul}}\,.$$

Dies aufgelöst nach dem Torsionsmoment führt auf

$$T_{1\text{max}} = 2A_{m_1}\bar{t}\,\tau_{\text{zul}} \approx 2,8274\,\text{kNm}\,.$$

Beim Profil 2 mit der fertigungsbedingten Abweichung ergibt sich die maximale Schubspannung beim Anliegen des maximal übertragbaren Torsionsmomentes $T_{2\text{max}}$ zu (vgl. die Gln. (5.35) und (5.36))

$$\tau_{2\text{max}} = \frac{q_{2\text{max}}}{t_{2\text{min}}} = \frac{T_{2\text{max}}}{1,8A_{m_2}\bar{t}}\,.$$

Folglich resultiert

$$\tau_{2\text{max}} = \tau_{\text{zul}} \quad \Leftrightarrow \quad T_{2\text{max}} = 1,8A_{m_2}\bar{t}\,\tau_{\text{zul}} \approx 2,5447\,\text{kNm}\,.$$

Infolge der Fertigungsabweichung ist das übertragbare Torsionsmoment also um 10 % gesunken. Die Absenkung ist direkt mit der Abnahme der minimalen Wandstärke gekoppelt, die ebenfalls um 10 % kleiner ist. Ein höheres Torsionsmoment kann Profil 1 übertragen.

L5.3/Lösung zur Aufgabe 5.3 – Statisch unbestimmter Träger mit Kreisringprofil

Durch die beidseitige Einspannung ist der Träger statisch unbestimmt gelagert. Mit Hilfe der Gleichgewichtsbeziehungen alleine werden wir nicht den Spannungszustand im Träger bestimmen können. Wir werden gleichzeitig die Verformung der

Struktur berücksichtigen müssen. Da die Fragestellung einfach statisch unbestimmt ist, benötigen wir eine weitere Gleichung, eine sogenannte Verformungsbedingung. Außerdem ist der Querschnitt kreisringförmig. Daher wird sich das Profil nicht verwölben. Wir können also die St. Venantsche Torsionstheorie anwenden.

Wir erstellen zunächst ein Freikörperbild, das die Momente um die x-Achse des Trägers berücksichtigt (vgl. Abb. 5.16) und beginnen mit der Formulierung der Gleichgewichtsbeziehung um diese Achse. Dadurch können wir eine Lagerreaktion als statisch überzählige Größe einführen. Andere Kraftgrößen sind aufgrund der Entkopplung der Grundbeanspruchungen zur Berechnung des Torsionsproblems nicht erforderlich. Das Gleichgewicht ergibt mit $M_1 = a F_1$ und $M_2 = a F_2$

$$\sum M_{ix} = 0 \quad \Leftrightarrow \quad M_B = -M_A - M_1 - M_2 \,. \tag{5.37}$$

Als statisch überzählige Größe definieren wir das Moment M_A in der linken Einspannung. Damit können die Schnittreaktionen in den drei Trägerbereichen in Abhängigkeit von M_A aufgestellt werden. Die Torsionsmomente sind

$$T_1 = M_{x1} = -M_A, \quad T_2 = M_{x2} = -M_A - M_1, \quad T_3 = M_{x3} = -M_A - M_1 - M_2 \,.$$

Das Torsionsflächenmoment ist in allen Bereichen gleich. Für den Kreisringquerschnitt erhalten wir nach Gl. (5.8)

$$I_T = \frac{4 A_m^2}{\oint \frac{1}{t(s)} ds} = \frac{4 \left(\pi r^2 \right)^2}{\frac{1}{t} \oint ds} = \frac{4 \pi^2 r^4 t}{2 \pi r} = 2 \pi r^3 t = 9{,}8175 \cdot 10^7 \, \text{mm}^4 \,.$$

Somit sind die Verdrillungen ϑ_i' gemäß Gl. (5.5) in allen Bereichen eindeutig definiert

$$\vartheta_i' = \frac{T_i}{G I_T} \,.$$

Da die Verdrillungen bereichsweise konstant sind, können die gegenseitigen Ver-

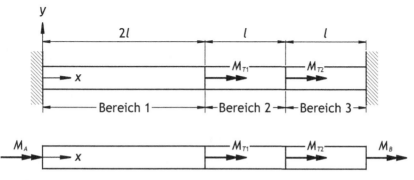

Abb. 5.16 Freikörperbild

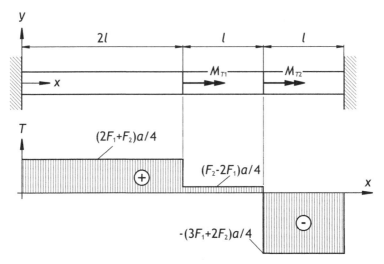

Abb. 5.17 Verlauf des Torsionsmomentes entlang der *x*-Achse

drehungen der Endquerschnitte der einzelnen Bereiche durch Multiplikation von Verdrillung und Bereichslänge ermittelt werden. Damit ist auch die noch fehlende Verformungsbedingung formulierbar; denn die gegenseitigen Verdrehungen über dem gesamten Träger müssen sich zu null addieren, da in den Einspannungen die Verdrehungen verschwinden. D. h. aus

$$\Delta\vartheta_{01} = \frac{2lT_1}{GI_T}, \qquad \Delta\vartheta_{12} = \frac{lT_2}{GI_T} \quad \text{und} \quad \Delta\vartheta_{23} = \frac{lT_3}{GI_T}$$

folgt mit

$$\Delta\vartheta_{01} + \Delta\vartheta_{12} + \Delta\vartheta_{23} = 0$$

das Moment in der linken Einspannung zu

$$M_A = -\frac{M_1}{2} - \frac{M_2}{4} = -\frac{a}{4}(2F_1 + F_2) \ .$$

Wegen Gl. (5.37) ist auch das Moment in der Einspannung B bekannt. Der resultierende Verlauf des Torsionsmomentes entlang des Trägers ist in Abb. 5.17 dargestellt. Das höchste Torsionsmoment tritt im Bereich 3 auf. Die betragsmäßig maximale Schubspannung ergibt sich daher in diesem Bereich aus

$$\tau_{\max} = \frac{T_3}{2\pi r^2 t} = -\frac{a(2F_1 + 3F_2)}{8\pi r^2 t} = -10,50\,\text{MPa} \ .$$

Das negative Vorzeichen gibt an, dass die Schubspannung in die gleiche Richtung weist wie das mit ihr korrelierte Torsionsmoment, d. h. entgegen der als positiv angenommenen Drehrichtung.

L5.4/Lösung zur Aufgabe 5.4 – Vergleich eines Einzellers mit einem dreizelligen Träger

a) Für den Einzeller nach Abb. 5.4a. nutzen wir zur Berechnung des Torsionsflächenmomentes die 2. Bredtsche Formel nach Gl. (5.8), die auf dünnwandige einzellige Strukturen anwendbar ist. Es resultiert mit der von der Profilmittellinie eingeschlossenen Fläche $A_{ma} = 10\,a^2$ für die Torsionssteifigkeit

$$GI_{Ta} = \frac{4\,GA_{ma}^2}{\oint \frac{1}{t}\mathrm{d}s} = 36\,a^3 t = \frac{4\,GA_{ma}^2}{\frac{1}{t}\oint \mathrm{d}s} = 36\,a^3 t = \frac{4\,GA_{ma}^2}{\frac{14\,a}{t}} = \frac{200}{7}\,a^3 t\,G\,.$$

Der Unterscheidbarkeit halber verwenden wir für Größen des Einzellers den Index a.

Beim Dreizeller sind die Bredtschen Formeln nicht gültig. Wir müssen vielmehr ein Gleichungssystem formulieren, dessen Lösung die gesuchten Größen liefert.

Zunächst führen wir in jeder Zelle einen konstant umlaufenden Schubfluss q_i ein (vgl. Abb. 5.18). Die Richtung des aus den Schubflüssen jeweils resultierenden Momentes T_i stimmt idealerweise mit der positiven Drehrichtung eines Torsionsmomentes überein. Das Gesamttorsionsmoment ergibt sich zu (vgl. Gl. (5.10))

$$T = \sum_{i=1}^{n} T_i = 2 \sum_{i=1}^{n} A_{m_i} q_i = 4\,a^2\,(q_1 + 3\,q_2 + q_3)\,. \tag{5.38}$$

In jeder Zelle können wir die Verdrillung mit Hilfe von Gl. (5.11) berechnen. Wir haben dabei von dem Schubfluss, den wir in der betrachteten Zelle eingeführt haben, die Schubflüsse der anliegenden Zellen abzuziehen. Mit den jeweils von der Profilmittellinie eingeschlossenen Flächen

$$A_{m1} = 2\,a^2 = A_{m3}\,, \qquad A_{m2} = 6\,a^2$$

gilt

$$\vartheta_1' = \frac{3\,q_1 - q_2}{2\,G\,a\,t}\,, \qquad \vartheta_2' = \frac{5\,q_2 - q_1 - q_3}{6\,G\,a\,t}\,, \qquad \vartheta_3' = \frac{3\,q_3 - q_2}{2\,G\,a\,t}\,.$$

Da die Verdrillungen ϑ_i' alle gleich sein müssen (vgl. Gl. (5.12)), haben wir ein lineares Gleichungssystem aus vier Gleichungen mit den vier Unbekannten q_1, q_2, q_3 und $\vartheta' = \vartheta_i'$.

Wir berechnen zunächst

$$\vartheta_1' - \vartheta_2' = 0 = \frac{3\,q_1 - q_2}{2\,G\,a\,t} - \frac{5\,q_2 - q_1 - q_3}{6\,G\,a\,t} \quad \Leftrightarrow \quad 10\,q_1 - 8\,q_2 + q_3 = 0$$

$$\Leftrightarrow \quad q_3 = 8\,q_2 - 10\,q_1\,.$$

Dieses Ergebnis berücksichtigen wir in

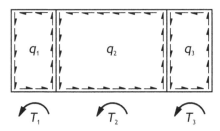

Abb. 5.18 Schubflüsse q_i in den einzelnen Zellen i und aus den einzelnen Schubflüssen resultierende Torsionsmomente T_i

$$\vartheta'_3 - \vartheta'_2 = 0 = \frac{3q_3 - q_2}{2Gat} - \frac{5q_2 - q_1 - q_3}{6Gat} \quad \Leftrightarrow \quad 10q_3 - 8q_2 + q_1 = 0$$

$$\Leftrightarrow \quad 10(8q_2 - 10q_1) - 8q_2 + q_1 = 0 \quad \Leftrightarrow \quad q_2 = \frac{11}{8}q_1 \,.$$

Damit können wir auch den Schubfluss in Zelle 3 in Abhängigkeit vom Schubfluss in Zelle 1 angeben.

$$q_3 = q_1 \,.$$

Wir beachten alle bisher ermittelten Schubflüsse im Gesamttorsionsmoment nach Gl. (5.38) und erhalten

$$T = \frac{49}{2}a^2 q_1 \quad \Leftrightarrow \quad q_1 = \frac{2}{49}\frac{T}{a^2} \,. \tag{5.39}$$

Damit folgt weiter

$$q_3 = q_1 = \frac{2}{49}\frac{T}{a^2} \,, \quad q_2 = \frac{11}{8}q_1 = \frac{11}{196}\frac{T}{a^2} \,, \quad \vartheta' = \frac{13}{392}\frac{T}{Ga^3 t} \,.$$

Mit Gl. (5.5) bzw. (5.15) ergibt sich die Torsionssteifigkeit des Dreizellers folglich zu

$$\vartheta' = \frac{T}{GI_{Tb}} \quad \Leftrightarrow \quad GI_{Tb} = \frac{T}{\vartheta'} = \frac{392}{13}Ga^3 t \,.$$

Zur Kennzeichnung der Größen des Dreizellers nutzen wir den Index b.

Die Torsionssteifigkeiten des Einzellers und des Dreizellers unterscheiden sich somit wie folgt

$$\Delta GI_T = \frac{GI_{Tb} - GI_{Ta}}{GI_{Ta}} \approx 5{,}54\,\% \,.$$

b) Im Einzeller herrscht überall der gleiche Schubfluss. Weil zugleich die Wandstärke überall gleich groß ist, tritt die maximale Schubspannung an jeder Stelle im Profil auf und beträgt (vgl. Gl. (5.7))

$$\tau_{\max a} = \frac{T}{2A_{ma}t} = \frac{T}{20a^2 t} \,.$$

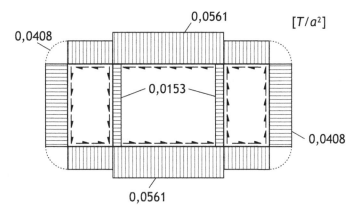

Abb. 5.19 Schubflussverlauf im Dreizeller

Im Gegensatz dazu treten im Dreizeller verschiedene Schubflüsse in den Trägerwänden auf. Wenn wir in den Zwischenwänden des Trägers jeweils einen resultierenden Schubfluss aus den beiden anliegenden Schubflüssen definieren, dann folgen die in Abb. 5.19 dargestellten Schubflüsse in den Wänden des Dreizellers. Der maximale Schubfluss tritt in der Ober- und der Unterseite der mittleren Zelle auf. Die maximale Schubspannung folgt demnach zu

$$\tau_{\mathrm{max}b} = \frac{q_2}{t} = \frac{11}{196}\frac{T}{a^2 t}.$$

c) Weil die Verdrillung in Längsrichtung bei jedem Träger konstant ist, ergibt das Elastizitätsgesetz der Torsion nach Gl. (5.5) mit den Resultaten für die jeweilige Torsionssteifigkeit

$$\Delta\vartheta_a = \vartheta'_a l = \frac{T l}{G I_{Ta}} = \frac{7}{200}\frac{T l}{a^3 t G}, \qquad \Delta\vartheta_b = \frac{T l}{G I_{Tb}} = \frac{13}{392}\frac{T l}{a^3 t G}.$$

L5.5/Lösung zur Aufgabe 5.5 – Einzeller aus zwei Materialien

Zur Ermittlung der Torsionssteifigkeit dürfen wir nicht die 2. Bredtsche Formel gemäß Gl. (5.8) verwenden, da diese nur gilt, wenn der Träger aus dem gleichen Material aufgebaut ist. Wir müssen vielmehr den Hinweis in der Aufgabenstellung beachten.

Da es sich um einen Einzeller handelt, verwenden wir Gl. (5.6) für die Beziehung zwischen dem Schubfluss q und dem im Querschnitt wirkenden Torsionsmoment T. Es gilt

$$q = \frac{T}{2 A_m},$$

so dass wir mit dem Hinweis für die Torsionssteifigkeit erhalten

$$GI_T = \frac{4A_m^2}{\oint \frac{1}{G(s)\,t(s)}\mathrm{d}s} \, .$$

Wir ermitteln zunächst die von der Profilmittellinie eingeschlossene Fläche A_m

$$A_m = a_1\,a_2 = 3\,a_1^2 \, .$$

Für das Umfangsintegral nutzen wir die Umfangskoordinaten s_i nach Abb. 5.5. Vorteilhaft ist hierbei, dass für jeden Bereich, in dem die Größe $G(s)\,t(s)$ konstant ist, als eigener Abschnitt berücksichtigt werden kann. Da in jedem Abschnitt das Produkt $G(s)\,t(s)$ konstant ist, können wir es vor das jeweilige Integral ziehen, und es resultiert

$$\oint \frac{1}{Gt}\mathrm{d}s = \int_0^{a_1} \frac{1}{G_1\,t_1}\mathrm{d}s_1 + \int_0^{a_2} \frac{1}{G_2\,t_2}\mathrm{d}s_2 + \int_0^{a_1} \frac{1}{G_1\,t_1}\mathrm{d}s_3 + \int_0^{a_2} \frac{1}{G_2\,t_2}\mathrm{d}s_4$$

$$= 2\int_0^{a_1} \frac{1}{G_1\,t_1}\mathrm{d}s_1 + 2\int_0^{a_2} \frac{1}{G_2\,t_2}\mathrm{d}s_2 = \frac{2}{G_1\,t_1}\underbrace{\int_0^{a_1}\mathrm{d}s_1}_{=a_1} + \frac{2}{G_2\,t_2}\underbrace{\int_0^{a_2}\mathrm{d}s_2}_{=a_2} = \frac{3\,a_1}{G_1\,t_1} \, .$$

Somit können wir die gesuchte Torsionssteifigkeit für den Kastenträger aufgebaut aus zwei unterschiedlichen Materialien berechnen zu

$$GI_T = \frac{4A_m^2}{\oint \frac{1}{Gt}\mathrm{d}s} = 12\,G_1\,t_1\,a_1^3 \, .$$

L5.6/Lösung zur Aufgabe 5.6 – Dreizeller aus zwei Materialien

a) Zunächst setzen wir in jeder Zelle einen konstant umlaufenden Schubfluss q_i gemäß Abb. 5.20 an. Die Richtung ist in Übereinstimmung mit der Richtung des Momentes T gewählt. Damit können wir das Gesamttorsionsmoment T zusammengesetzt aus den in den einzelnen Zellen wirkenden Torsionsmomenten T_i formulieren. Demnach folgt aus Gl. (5.10) mit $A_{m_i} = a^2$

$$T = \sum_{i=1}^{3} 2A_{m_i}\,q_i = 2\,a^2\,(q_1 + q_2 + q_3) \, .$$

Im nächsten Schritt stellen wir für jede Zelle die Verdrillung nach Gl. (5.33) (d. h. nach dem Hinweis in der Aufgabenstellung) auf. Wir beginnen mit Zelle 1. Das Umfangsintegral für Zelle 1 ergibt sich zu

$$\oint_1 \frac{q_1}{Gt}\mathrm{d}s = 2\,a\,q_1\left(\frac{1}{G_1\,t_1} + \frac{1}{G_2\,t_2}\right) \, .$$

Zelle 1 grenzt nur an Zelle 2. Daher resultiert aus der Summe in Gl. (5.33) lediglich die Integration über Wand 12 (also zwischen den Zellen 1 und 2) mit dem Schubfluss

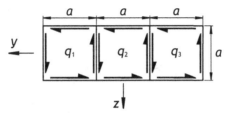

Abb. 5.20 Schubflussannahme

q_2 in Zelle 2

$$\sum_{j \neq i} \int_{ij} \frac{q_j}{G_{ij} t_{ij}} \, \mathrm{d}s = \int_{12} \frac{q_2}{G t} \, \mathrm{d}s = \frac{a q_2}{G_1 t_1} \; .$$

Wir können somit die Verdrillung für Zelle 1 angeben

$$\vartheta_1' = \frac{1}{2 a^2} \left[2 a q_1 \left(\frac{1}{G_1 t_1} + \frac{1}{G_2 t_2} \right) - \frac{a q_2}{G_1 t_1} \right] = \frac{1}{2 a G_1 t_1} \left(\frac{7}{3} q_1 - q_2 \right) \; .$$

Das gleiche Vorgehen wenden wir nun auch auf Zelle 2 an. Dann erhalten wir

$$\vartheta_2' = \frac{1}{2 a G_1 t_1} \left(\frac{7}{3} q_2 - q_1 - q_3 \right) \; .$$

Zu beachten ist hierbei, dass Zelle 2 sowohl an Zelle 1 als auch Zelle 3 grenzt. Daher kommen in der Verdrillung ϑ_2' auch die Schubflüsse von Zelle 1 und 3 vor.

Die Verdrillung von Zelle 3 ist

$$\vartheta_3' = \frac{1}{2 a G_1 t_1} \left(\frac{7}{3} q_3 - q_2 \right) \; .$$

Wenn wir jetzt berücksichtigen, dass alle Verdrillungen nach Gl. (5.12) gleich sind, resultieren vier Gleichungen für die vier Unbekannten q_1, q_2, q_3 und ϑ'. Die Lösung dieses Gleichungssystems führt nach einigen mathematischen Umformungen auf

$$q_1 = q_3 = \frac{5}{33} \frac{T}{a^2} \, , \qquad q_2 = \frac{13}{66} \frac{T}{a^2} \qquad \text{und} \qquad \vartheta' = \frac{31}{396} \frac{T}{G_1 t_1 a^3} \; .$$

Die resultierende Schubflussverteilung ist in Abb. 5.21a. über der Wandmittellinie dargestellt. Unter Berücksichtigung von $\tau = \frac{q}{t}$ erhalten wir zudem die Schubspannungen in den Wänden des Trägers. Das Ergebnis ist in Abb. 5.21b. ebenfalls über der Wandmittellinie skizziert. Die maximale Schubspannung tritt in den Seitenwänden auf.

b) Die Torsionssteifigkeit für den Kastenträger können wir direkt aus dem Elastizitätsgesetz für Torsion ermitteln. Wir erhalten

a.

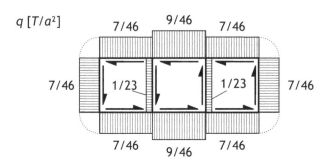

b. $\tau\,[T/(a^2\,t_1)]$

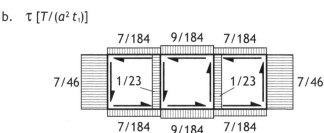

Abb. 5.21 a. Resultierende Schubflüsse b. resultierende Schubspannungen

$$\vartheta' = \frac{T}{GI_T} \quad \Leftrightarrow \quad GI_T = \frac{T}{\vartheta'} = \frac{396}{31}\,G_1\,t_1\,a^3\,.$$

L5.7/Lösung zur Aufgabe 5.7 – Verwölbung eines geschlitzten dünnwandigen Rohres

Die Verwölbung von dünnwandigen offenen Profilen berechnen wir nach Gl. (5.21)

$$u(x,s) = -\vartheta'\left(\int r_\perp\,\mathrm{d}s + \omega_0\right) = -\vartheta'\int r_\perp\,\mathrm{d}s + u_0\,.$$

Dabei stellt u_0 die Verwölbung an der Stelle dar, von der aus unsere Umfangskoordinate s startet. Außerdem beschreibt $r_\perp$ den vorzeichenbehafteten Abstand eines Punktes auf der Profilmittellinie zum Schubmittelpunkt. Dieser wird positiv berücksichtigt, wenn die Tangente an die Profilmittellinie in Richtung einer zunehmenden Koordinate s eine positive Drehung um die Längsachse beschreibt. Denn dann würde ein positiver Schubfluss auch einen positiven Beitrag zum Torsionsmoment liefern.

Da der Hebel $r_\perp$ um den Schubmittelpunkt entlang der Umfangskoordinate s hier nicht konstant ist, beschreiben wir die Umfangskoordinate s in Abhängigkeit vom Winkel α als Bogenlänge auf dem Rohr, d. h. mit $s = r\,\alpha$. Damit sind die geometrischen Verhältnisse zur Bestimmung des Hebels in Abb. 5.22 ablesbar.

Wir ermitteln mit Hilfe des Strahlensatzes

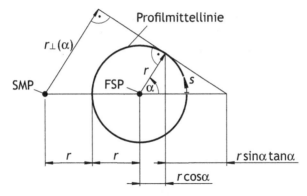

Abb. 5.22 Geometrische Verhältnisse zur Ermittlung von $r_\perp$ mit Flächenschwerpunkt FSP und Schubmittelpunkt SMP

$$\frac{r_\perp(\alpha)}{r} = \frac{2r + r\cos\alpha + r\sin\alpha\tan\alpha}{r\cos\alpha + r\sin\alpha\tan\alpha} \quad\Leftrightarrow\quad r_\perp(\alpha) = r(1 + 2\cos\alpha) \ .$$

Wegen $\vartheta' = \frac{T}{GI_T}$ und $\mathrm{d}s = r\,\mathrm{d}\alpha$ resultiert

$$u = -\frac{T\,r^2}{GI_T} \int (1 + 2\cos\alpha)\,\mathrm{d}\alpha + u_0 \ .$$

Die Integration liefert

$$u(\alpha) = -\frac{T\,r^2}{GI_T}(\alpha + 2\sin\alpha) + u_0 \ .$$

Die Integrationskonstante bzw. die Verwölbung in der Öffnung auf der oberen Sei-

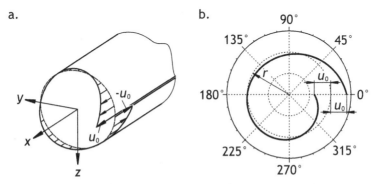

Abb. 5.23 a. Schematische Verwölbung entlang der Profilmittellinie b. Verwölbung in einer polaren Darstellungsform

tes des Schlitzes u_0 bestimmen wir auf der Symmetrielinie, zu der die Verwölbung antimetrisch sein muss und auf der die Verwölbung verschwindet. Da der Schnitt der Symmetrielinie mit der Profilmittellinie bei $\alpha = \pi$ liegt, resultiert

$$u(\alpha = \pi) = -\frac{T\pi r^2}{GI_T} + u_0 = 0 \quad \Leftrightarrow \quad u_0 = \frac{T\pi r^2}{GI_T}$$

$$\Rightarrow \quad u(\alpha) = \frac{T r^2}{GI_T}\left(\pi - \alpha - 2\sin\alpha\right) .$$

Die maximale Verwölbung tritt bei $\alpha = 0$ und $\alpha = 2\pi$ auf und beträgt $u_{max} = |\pm u_0|$. Die resultierende Verwölbung ist in Abb. 5.23a. qualitativ skizziert und in Abb. 5.23b. in einer polaren Darstellungsform auf dem Rohrumfang illustriert. Zu beachten ist, dass die Verschiebung infolge der Verdrehung ϑ nicht dargestellt ist.

L5.8/Lösung zur Aufgabe 5.8 – Verwölbung und Wölbwiderstand beim Z-Profil

a) Um die Einheitsverwölbung u^* für das Z-Profil ermitteln zu können, führen wir zunächst lokale Koordinaten s_i entlang der Profilmittellinie nach Abb. 5.24a. ein. Außerdem berechnen wir zuerst die Verwölbung $u(x,s)$ nach Gl. (5.21), um daraus mit Hilfe von Gl. (5.22) die Einheitsverwölbung

$$u^*(s) = -\frac{u(x,s)}{\vartheta'(x)}$$

angeben zu können. Um die jeweiligen Abhängigkeiten von den Koordinaten s_i und x zu verdeutlichen, ist der jeweilige funktionale Zusammenhang angegeben.

Wir starten vom Punkt A aus mit der Koordinate s_1. In diesem Bereich 1 mit $0 \leq s_1 \leq b$ tritt der Hebelarm um den Schubmittelpunkt (vgl. Abb. 5.24a.)

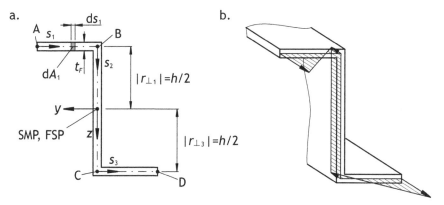

Abb. 5.24 a. Z-Profil mit lokalen Koordinaten s_i entlang der Profilmittellinie mit Flächenschwerpunkt FSP und Schubmittelpunkt SMP b. Einheitsverwölbung entlang der Profilmittellinie

$$r_{\perp_1} = -\frac{h}{2}$$

auf. Das Minuszeichen verwenden wir, weil ein Schubfluss in positive Koordinatenrichtung s_1 ein negatives Torsionsmoment verursachen würde.

Wir erhalten somit die Verwölbung nach Gl. (5.21) zu

$$u_1(s_1) = \vartheta'\frac{h}{2}s_1 + u_A . \tag{5.40}$$

Der Einfachheit halber kennzeichnen wir die Abhängigkeit der Verdrillung ϑ' von der x-Koordinate nicht, sondern nur von der Koordinate s_1 entlang der Profilmittellinie.

Im Bereich 2 mit $0 \leq s_2 \leq h$ ist der Hebelarm $r_{\perp_2}$ null. Die Verwölbung ist demnach auf dem Steg konstant und entspricht der Verwölbung im Bereich 1 an der Stelle $s_1 = b$. Es folgt

$$u_2(s_2) = u_1(s_1 = b) = \vartheta'\frac{hb}{2} + u_A = \text{konst.} \tag{5.41}$$

Im letzten Bereich 3 mit $0 \leq s_3 \leq b$ resultiert mit dem Hebel $r_{\perp_3} = \frac{h}{2}$

$$u_3(s_3) = -\vartheta'\frac{h}{2}s_3 + u_C .$$

Die Konstante u_C, die die Verwölbung im Punkt C darstellt, entspricht der Verwölbung im Steg. Folglich können wir diese Konstante ermitteln zu

$$u_3(s_3 = 0) = u_C = u_2(s_2 = h) = \vartheta'\frac{hb}{2} + u_A .$$

Somit bestimmen wir die Verwölbung im Bereich 3 zu

$$u_3(s_3) = \vartheta'\frac{h}{2}(b - s_3) + u_A . \tag{5.42}$$

Mit den Gln. (5.40) bis (5.42) sind die Verwölbungen in Abhängigkeit einer noch unbekannten Konstante u_A ermittelt. Um den tatsächlichen Verlauf der Verwölbungen bestimmen zu können, müssen wir noch die unbekannte Verwölbung u_A im Punkt A berechnen. Hierzu behelfen wir uns mit der Bedingung, dass infolge der Verwölbungen und den damit korrelierten Normalspannungen in Längsrichtung des Trägers keine resultierenden Normalkräfte auftreten dürfen; denn diese wirken bei einer alleine wirkenden äußeren Torsionsbelastung nicht.

Mit der Bedingung der verschwindenden Normalkräfte im Träger nach Gl. (5.23) resultiert

$$\int_A u^* \, dA = -\frac{1}{\vartheta'}\left(\int_{A_1} u_1 \, dA_1 + \int_{A_2} u_2 \, dA_2 + \int_{A_3} u_3 \, dA_3\right) = 0$$

$$\Leftrightarrow \quad \int_{A_1} u_1 \, dA_1 + \int_{A_2} u_2 \, dA_2 + \int_{A_3} u_3 \, dA_3 = 0 . \tag{5.43}$$

Wir haben das Integral über die gesamte Querschnittsfläche in drei Integrale über die Flächen der Gurte (Bereiche 1 und 3) und des Stegs (Bereich 2) überführt. Die Integration über diese Teilflächen ergibt

$$\int_{A_1} u_1 \, dA_1 = \int_0^b u_1 \, t_F \, ds_1 = \underbrace{t_F \, b}_{=A_F} \left(u_A + \vartheta' \frac{hb}{4} \right) = A_F \left(u_A + \vartheta' \frac{hb}{4} \right) ,$$

$$\int_{A_2} u_2 \, dA_2 = \int_0^h u_2 \, t_S \, ds_2 = \underbrace{t_S \, h}_{=A_S} \left(u_A + \vartheta' \frac{hb}{2} \right) = A_S \left(u_A + \vartheta' \frac{hb}{2} \right) ,$$

$$\int_{A_3} u_3 \, dA_3 = \int_{A_1} u_1 \, dA_1 = A_F \left(u_A + \vartheta' \frac{hb}{4} \right) .$$

Mit Gl. (5.43) folgt somit die gesuchte Konstante

$$2A_F \left(u_A + \vartheta' \frac{hb}{4} \right) + A_S \left(u_A + \vartheta' \frac{hb}{2} \right) = 0 \quad \Leftrightarrow \quad u_A = -\vartheta' \frac{hb}{2} \frac{A_F + A_S}{2A_F + A_S} .$$

Beachten wir, dass die Einheitsverwölbung gesucht ist, folgt wegen $u_i^* = -\frac{u_i}{\vartheta'}$

$$u_1^*(s_1) = \frac{hb}{2} \left(\frac{A_F + A_S}{2A_F + A_S} - \frac{s_1}{b} \right) , \quad u_2^*(s_2) = -\frac{hb}{2} \frac{A_F}{2A_F + A_S} = \text{konst. ,}$$

$$u_3^*(s_3) = \frac{hb}{2} \left(\frac{s_3}{b} - \frac{A_F}{2A_F + A_S} \right) .$$

Das positive bzw. negative Vorzeichen kennzeichnet, dass die Verwölbung in positive bzw. negative x-Richtung (bzw. Trägerlängsrichtung) weist. In Abb. 5.24b. ist der Verlauf der Einheitsverwölbung entlang der Profilmittellinie skizziert.

b) Den Wölbwiderstand C_T ermitteln wir mit Hilfe von Gl. (5.24). Dies bedeutet, dass wir die quadrierte Einheitsverwölbung über die gesamte Querschnittsfläche A aufsummieren bzw. integrieren. Da wir die Einheitsverwölbung in Abhängigkeit von drei verschiedenen Koordinaten s_i im Aufgabenteil a) bestimmt haben, formulieren wir die Integration über die Gesamtfläche zu einer Integration über die drei Teilflächen der beiden Flansche und des Stegs

$$C_T = \int_A u^{*2} dA = \int_{A_1} u_1^{*2} \, dA_1 + \int_{A_2} u_2^{*2} \, dA_2 + \int_{A_3} u_3^{*2} \, dA_3 .$$

Berücksichtigen wir ferner, dass es sich bei den Bereichen um gerade Abschnitte konstanter Wandstärke handelt, resultiert für die infinitesimal kleinen Teilflächen (vgl. oberen Flansch in Abb. 5.24a.)

$$dA_1 = t_F \, ds_1 , \quad dA_2 = t_S \, ds_2 , \quad dA_3 = t_F \, ds_3 .$$

Wir ermitteln die Integrale einzeln und starten mit dem oberen Flansch. Es folgt

$$\int_{A_1} u_1^{*2}\, dA_1 = \int_0^b u_1^{*2}\, t_F\, ds_1 = \frac{b^2 h^2}{12} \frac{A_F \left(A_F^2 + A_F A_S + A_S^2\right)}{\left(2A_F + A_S\right)^2} \ . \tag{5.44}$$

Für den Steg und den unteren Flansch erhalten wir

$$\int_{A_2} u_2^{*2}\, dA_2 = \int_0^h u_2^{*2}\, t_S\, ds_2 = \frac{b^2 h^2}{4} \frac{A_F^2 A_S}{\left(2A_F + A_S\right)^2} \ , \tag{5.45}$$

$$\int_{A_3} u_3^{*2}\, dA_3 = \int_0^b u_3^{*2}\, t_F\, ds_3 = \frac{b^2 h^2}{12} \frac{A_F \left(A_F^2 + A_F A_S + A_S^2\right)}{\left(2A_F + A_S\right)^2} = \int_{A_1} u_1^{*2}\, dA_1 \ . \tag{5.46}$$

Die Integration über den unteren Flansch ergibt das gleiche Ergebnis wie beim oberen Flansch. Dies ist darauf zurückzuführen, dass die Einheitsverwölbung im oberen und unteren Flansch die gleiche Gestalt aufweisen und dass durch die Quadrierung der Einheitsverwölbung im Integranden das Vorzeichen der Einheitsverwölbung keine Rolle spielt.

Wir fassen die Integrationsergebnisse der Gln. (5.44) bis (5.46) zusammen und erhalten den Wölbwiderstand zu

$$C_T = \int_A u^{*2}\, dA = \frac{b^2 h^2}{12} \frac{A_F \left(A_F + 2A_S\right)}{\left(2A_F + A_S\right)} \ .$$

L5.9/Lösung zur Aufgabe 5.9 – Verwölbung und Wölbwiderstand beim U-Profil

a) Zur Berechnung der Verwölbung u führen wir zuerst lokale Koordinaten s_i entlang der Profilmittellinie nach Abb. 5.25a. ein. Nach Gl. (5.21) bestimmen wir die Verwölbung für ein offenes Profil. Wir beginnen unsere Berechnung im oberen Flansch vom Punkt A ausgehend. Für die lokale Koordinate s_1 gilt $0 \leq s_1 \leq a$.

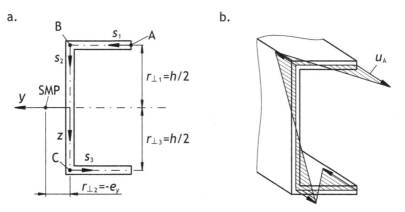

Abb. 5.25 a. U-Profil mit lokalen Koordinaten s_i entlang der Profilmittellinie mit Schubmittelpunkt SMP b. Verwölbung entlang der Profilmittellinie

In diesem Bereich tritt der Hebelarm

$$r_{\perp_1} = \frac{h}{2} > 0$$

um den Schubmittelpunkt (vgl. Abb. 5.25a.) auf. Der Hebel ist positiv, da ein Schubfluss in positive Koordinatenrichtung s_1 ein positives Torsionsmoment verursachen würde. Wir erhalten somit die Verwölbung nach Gl. (5.21) zu

$$u_1(s_1) = -\vartheta'\frac{h}{2}s_1 + u_A . \tag{5.47}$$

Zu beachten ist dabei, dass die Verdrillung ϑ' von der Koordinate x abhängt, die wir hier nicht explizit kennzeichnen.

Im Bereich des Stegs mit $0 \leq s_2 \leq h$ gilt für den Hebelarm

$$r_{\perp_2} = -e_y .$$

Das negative Vorzeichen verwenden wir, da jetzt die Drehung entgegen der positiven Drehung um die x-Achse bzw. Trägerlängsachse erfolgt. Für die Verwölbung im Steg resultiert somit

$$u_2(s_2) = \vartheta' e_y s_2 + u_B .$$

Dabei beschreibt u_B die Verwölbung, die in der Ecke B auftritt und die aus der Verwölbungsfunktion u_1 nach Gl. (5.47) mit

$$u_B = u_1(s_1 = a) = -\vartheta'\frac{ah}{2} + u_A$$

bestimmt werden kann. Somit folgt im Steg wegen $u_2(s_2 = 0) = u_B$ die Verwölbung in Abhängigkeit von s_2 zu

$$u_2(s_2) = \vartheta' ah\left(\frac{3A_F}{6A_F + A_S}\frac{s_2}{h} - \frac{1}{2}\right) + u_A . \tag{5.48}$$

Im unteren Flansch mit $0 \leq s_3 \leq a$ resultiert wegen $r_{\perp_3} = \frac{h}{2}$

$$u_3(s_3) = -\vartheta'\frac{h}{2}s_3 + u_C .$$

Die Verwölbung u_C in der unteren Ecke des Profils berechnen wir mit

$$u_C = u_2(s_2 = h) = -\vartheta'\frac{ahA_S}{2(6A_F + A_S)} + u_A .$$

Die Verwölbung im unteren Flansch folgt demnach wegen $u_3(s_3 = 0) = u_C$ zu

$$u_3(s_3) = -\vartheta'\frac{ah}{2}\left(\frac{A_S}{6A_F + A_S} + \frac{s_3}{a}\right) + u_A . \tag{5.49}$$

In den Gln. (5.47) bis (5.49) tritt eine noch unbekannte Konstante u_A auf, bei der es sich um eine Integrationskonstante handelt. Sie kann bestimmt werden, indem wir die Bedingung nutzen, dass infolge einer Torsionsbelastung keine resultierende Normalkraft im Querschnitt existieren kann, obwohl aus Verwölbungen Normalspannungen induziert werden können. Wegen Gl. (5.23) unter Beachtung der Beziehung zwischen der Verwölbung u und der Einheitsverwölbung u^* nach Gl. (5.22) erhalten wir also

$$
\int_A u^* \, dA = -\frac{1}{\vartheta'} \left(\int_{A_1} u_1 \, dA_1 + \int_{A_2} u_2 \, dA_2 + \int_{A_3} u_3 \, dA_3 \right) = 0
$$
$$
\Leftrightarrow \quad \int_0^a u_1 \, t_F \, ds_1 + \int_0^h u_2 \, t_S \, ds_2 + \int_0^a u_3 \, t_F \, ds_3 = 0 \, .
$$

(5.50)

Der Einfachheit halber haben wir das Integral über die Gesamtfläche in drei Integrale über die Teilflächen der Flansche und des Stegs unterteilt. Wenn wir über die Teilflächen integrieren, folgt

$$
\int_0^a u_1 \, t_F \, ds_1 = \underbrace{a t_F}_{=A_F} \left(u_A - \frac{1}{4} \vartheta' a h \right) = A_F \left(u_A - \frac{1}{4} \vartheta' a h \right) ,
$$

$$
\int_0^h u_2 \, t_S \, ds_2 = \underbrace{h t_S}_{=A_S} \left(u_A - \vartheta' \frac{a h}{2} \frac{3 A_F + A_S}{6 A_F + A_S} \right) = A_S \left(u_A - \vartheta' \frac{a h}{2} \frac{3 A_F + A_S}{6 A_F + A_S} \right) ,
$$

$$
\int_0^a u_3 \, t_F \, ds_3 = \underbrace{a t_F}_{=A_F} \left(u_A - \vartheta' \frac{3 a h}{2} \frac{2 A_F + A_S}{6 A_F + A_S} \right) = A_F \left(u_A - \vartheta' \frac{3 a h}{4} \frac{2 A_F + A_S}{6 A_F + A_S} \right) .
$$

Mit Gl. (5.50) folgt somit die gesuchte Konstante

$$
u_A = \vartheta' \frac{a h}{2} \frac{3 A_F + A_S}{6 A_F + A_S} \, .
$$

Damit ergeben sich die Verwölbungen zu

$$
u_1(s_1) = \vartheta' \frac{a h}{2} \left(\frac{3 A_F + A_S}{6 A_F + A_S} - \frac{s_1}{a} \right) ,
$$

(5.51)

$$
u_2(s_2) = -\vartheta' \frac{a h}{2} \frac{3 A_F}{6 A_F + A_S} \left(1 - 2 \frac{s_2}{h} \right) ,
$$

(5.52)

$$
u_3(s_3) = \vartheta' \frac{a h}{2} \left(\frac{3 A_F}{6 A_F + A_S} - \frac{s_3}{a} \right) .
$$

(5.53)

Das positive bzw. negative Vorzeichen kennzeichnet, dass die Verwölbung in positive bzw. negative x-Richtung (bzw. Trägerlängsrichtung) weist. Die Verwölbungen entlang der Profilmittellinie sind in Abb. 5.25b. qualitativ skizziert.

b) Zur Bestimmung des Wölbwiderstands gemäß Gl. (5.24) benötigen wir die Einheitsverwölbung. Da wir im Aufgabenteil a) die Verwölbung entlang der Profilmittellinie ermittelt haben (vgl. die Gln. (5.51) bis (5.53)), können wir mit $u^* = -\frac{u}{\vartheta'}$ (vgl. Gl. (5.21)) direkt die Einheitsverwölbung angeben

$$u_1^*(s_1) = \frac{ah}{2}\left(\frac{s_1}{a} - \frac{3A_F + A_S}{6A_F + A_S}\right), \qquad u_2^*(s_2) = \frac{ah}{2}\frac{3A_F}{6A_F + A_S}\left(1 - 2\frac{s_2}{h}\right),$$

$$u_3^*(s_3) = \frac{ah}{2}\left(\frac{s_3}{a} - \frac{3A_F}{6A_F + A_S}\right).$$

Damit können wir den Wölbwiderstand ermitteln aus

$$C_T = \int_A u^{*2}\mathrm{d}A = \int_{A_1} u_1^{*2}\,\mathrm{d}A_1 + \int_{A_2} u_2^{*2}\,\mathrm{d}A_2 + \int_{A_3} u_3^{*2}\,\mathrm{d}A_3 .$$

Der Einfachheit halber haben wir das Integral über die Gesamtfläche A in drei Integrale über die jeweiligen Teilflächen A_i der Flansche und des Stegs unterteilt.

Wir lösen zuerst das Integral für den oberen Flansch. Wir erhalten

$$\int_{A_1} u_1^{*2}\mathrm{d}A_1 = \int_0^a u_1^{*2}t_F\,\mathrm{d}s_1 = \frac{a^2 h^2}{12}\frac{A_F\left(9A_F^2 + 3A_F A_S + A_S^2\right)}{\left(6A_F + A_S\right)^2} .$$

Das Integral entlang des Stegs ergibt

$$\int_{A_2} u_2^{*2}\mathrm{d}A_2 = \int_0^h u_2^{*2}t_S\,\mathrm{d}s_2 = \frac{3\,a^2 h^2}{4}\frac{A_F^2 A_S}{\left(6A_F + A_S\right)^2} .$$

Aus der Integration im unteren Flansch resultiert das gleiche Ergebnis wie im oberen Flansch, da der Verlauf der Verwölbungen und damit auch der Einheitsverwölbungen betragsmäßig gleich ist (vgl. Abb. 5.25b.). Das Vorzeichen der Verwölbung spielt aufgrund der Quadrierung im Integranden keine Rolle. Es folgt demnach

$$\int_{A_3} u_3^{*2}\,\mathrm{d}A_3 = \int_0^a u_3^{*2}t_F\,\mathrm{d}s_3 = \frac{a^2 h^2}{12}\frac{A_F\left(9A_F^2 + 3A_F A_S + A_S^2\right)}{\left(6A_F + A_S\right)^2} = \int_{A_1} u_1^{*2}\,\mathrm{d}A_1 .$$

Wir addieren die drei vorgenannten Integrale und erhalten somit den gesuchten Wölbwiderstand

$$C_T = \int_A u^{*2}\,\mathrm{d}A = \frac{a^2 h^2}{12}\frac{A_F\left(18A_F^2 + 15A_F A_S + 2A_S^2\right)}{\left(6A_F + A_S\right)^2} = \frac{a^2 h^2}{12}\frac{A_F\left(3A_F + 2A_S\right)}{6A_F + A_S} .$$

L5.10/Lösung zur Aufgabe 5.10 – Verwölbung und Wölbwiderstand eines Einzellers

a) Wir führen die in Abb. 5.26 skizzierten lokalen Koordinaten ein. Im Bereich des Halbkreisrings verwenden wir die Polarkoordinate φ.

Im Bereich 1 mit $-\frac{h}{2} \le s_1 \le \frac{h}{2}$ resultiert unter Beachtung der Beziehungen für

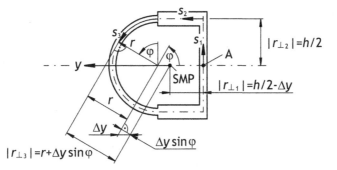

Abb. 5.26 Lokale Koordinaten entlang der Profilmittellinie und Hebel $r_{\perp_i}$

den Einzeller

$$T = GI_T\,\vartheta' \quad \text{und} \quad q = \frac{T}{2A_m} = \frac{GI_T\,\vartheta'}{2A_m}$$

gemäß Gl. (5.21) die Verwölbung zu

$$
\begin{aligned}
u_1(s_1) &= \frac{q}{Gt_1}\int ds_1 - \vartheta'\int r_{\perp_1}\,ds_1 + u_A \\
&= \vartheta'\left(\frac{I_T}{2A_m t_1}\int ds_1 - \int r_{\perp_1}\,ds_1\right) + u_A\,.
\end{aligned}
\tag{5.54}
$$

Berücksichtigen wir (vgl. Abb. 5.26)

$$r_{\perp_1} = \frac{h}{2} - \Delta y\,,$$

resultiert mit der von der Profilmittellinie eingeschlossenen Fläche $A_m = \frac{h^2}{8}(4+\pi)$

$$u_1(s_1) = \vartheta'\left(\frac{4I_T}{h^2 t_1(4+\pi)} - \frac{h}{2} + \Delta y\right)s_1 + u_A\,.$$

Das Vorzeichen des Hebels $r_{\perp_1}$ ist positiv, da sich bei einer Bewegung in positive Umfangsrichtung eine positive Drehung um den Schubmittelpunkt ergibt.

Darüber hinaus nutzen wir die Symmetrie des Profils aus, d. h. im Ursprung der Koordinate s_1 bzw. im Punkt A verschwindet die Verwölbung. Die Integrationskonstante bzw. die Verwölbung im Punkt A dürfen wir daher zu null setzen

$$u_A = 0\,.$$

Wegen $u^* = \frac{-u}{\vartheta'}$ folgt für die Einheitsverwölbung im Bereich 1

$$u_1^*(s_1) = -\left(\frac{4I_T}{h^2 t_1(4+\pi)} - \frac{h}{2} + \Delta y\right)s_1 \approx -4{,}9534\cdot 10^1\,s_1\ \text{mm}\,.
\tag{5.55}$$

Angemerkt sei, dass hier Formelzeichen kursiv und Einheiten nicht kursiv geschrieben werden.

Da wir für die Ermittlung der Einheitsverwölbung im Bereich 2 ($0 \leq s_2 \leq \frac{h}{2}$) die Verwölbung bei $s_2 = 0$ bzw. im Punkt B benötigen (vgl. Abb. 5.26), berechnen wir diese aus der Verwölbung im Bereich 1 über

$$u_2\left(s_2 = 0\right) = u_1\left(s_1 = \frac{h}{2}\right) = \frac{h\,\vartheta'}{2}\left[\frac{4\,I_T}{h^2\,t_1\,(4+\pi)} - \frac{h}{2} + \Delta y\right] = u_B \,.$$

Analog zur Verwölbung im Bereich 1 nach Gl. (5.54) resultiert für den Bereich 2 unter Berücksichtigung von $r_{\perp_2} = \frac{h}{2}$ und der Verwölbung im Punkt B

$$u_2\left(s_2\right) = \vartheta'\left(\frac{I_T}{2\,A_m\,t_2} - \frac{h}{2}\right)s_1 + u_B \,.$$

Für die Einheitsverwölbung ergibt sich demnach

$$\begin{aligned}u_2^*\left(s_2\right) &= \left(\frac{h}{2} - \frac{4\,I_T}{h^2\,t_2\,(4+\pi)}\right)s_1 - \frac{u_B}{\vartheta'} \\ &\approx 9,7762 \cdot 10^1\,\text{mm}\,s_2 - 5,4487 \cdot 10^3\,\text{mm}^2 \,.\end{aligned} \tag{5.56}$$

Für den Bereich 3, d. h. den Halbkreisring mit $0 \leq \varphi \leq \pi$ benötigen wir die Integrationskonstante bei $\varphi = 0$. Diese berechnen wir mit der vorherigen Gleichung zu

$$u_2^*(s_2 = \frac{h}{2}) = u_C^* \approx 5,3051 \cdot 10^3\,\text{mm}^2 \,.$$

Im Vergleich zu den vorherigen Bereichen ändert sich jetzt der Hebel $r_{\perp_3}$ in Abhängigkeit von der Umfangskoordinate $s_3 = r\,\varphi$ bzw. φ. Nach Abb. 5.26 gilt

$$r_{\perp_3}(\varphi) = r + \Delta y \sin(\varphi) \,.$$

Wir berücksichtigen dies bei der Formulierung der Verwölbung (vgl. Gl. (5.54) für Bereich 1) und erhalten

$$\begin{aligned}u_3(\varphi) &= \vartheta'\left(\frac{I_T}{2\,A_m\,t_3}\int r\,\mathrm{d}\varphi - \int\left[r + \Delta y \sin(\varphi)\right]r\,\mathrm{d}\varphi\right) + u_0 \\ &= \vartheta'\left[\frac{h}{2}\left(\frac{4\,I_T}{h^2\,t_3\,(4+\pi)} - \frac{h}{2}\right)\varphi + \frac{h}{2}\,\Delta y \cos(\varphi)\right] + u_0 \,.\end{aligned} \tag{5.57}$$

Die Integrationskonstante haben wir diesmal mit dem Index 0 gekennzeichnet, da diese Konstante u_0 nicht die Verwölbung am Anfang von Bereich 3 bei $\varphi = 0$ darstellt. Im Gegensatz zu den Integrationen zuvor haben wir jetzt nicht mehr eine lineare Änderung der Verwölbung, sondern eine Veränderung mit einem trigonometrischen Verlauf, weshalb hier der Klammerausdruck in Gl. (5.57) bei $\varphi = 0$ nicht vollständig verschwindet. Mit der Bedingung, dass die Verwölbungen in Bereich 2 und 3 im Punkt C gleich sind, resultiert die Integrationskonstante u_0 zu

$$u_3(\varphi = 0) = \frac{h}{2}\Delta y\,\vartheta' + u_0 = u_C = -\vartheta'\,u_C^* \quad \Leftrightarrow \quad u_0 = -\vartheta'\left(u_C^* + \frac{h}{2}\Delta y\right).$$

Folglich resultiert die Verwölbung im Bereich 3 zu

$$u_3(\varphi) = \vartheta'\left[\frac{h}{2}\left(\frac{4I_T}{h^2 t_3\,(4+\pi)} - \frac{h}{2}\right)\varphi - \frac{h}{2}\Delta y\left(1 - \cos(\varphi)\right) - u_C^*\right]$$

und somit die Einheitsverwölbung zu

$$\begin{aligned}
u_3^*(\varphi) &= -\frac{h}{2}\Delta y\cos(\varphi) - \frac{h}{2}\left(\frac{4I_T}{h^2 t_3\,(4+\pi)} - \frac{h}{2}\right)\varphi + \frac{h}{2}\Delta y + u_C^* \\
&\approx \left[-2{,}5729\cdot 10^3\cos(\varphi) - 5{,}0152\cdot 10^3\,\varphi + 7{,}8780\cdot 10^3\right]\text{mm}^2\,.
\end{aligned} \tag{5.58}$$

Da es sich um ein symmetrisches Profil zur y-Achse handelt, können wir die Verwölbungen für $z > 0$ mit einem antimetrischen Verlauf zu $z < 0$ ergänzen, d. h. das Vorzeichen der Einheitsverwölbung ändert sich. Der gesuchte Verlauf der Verwölbungen ist demnach bekannt.

b) Bei der Berechnung des Wölbwiderstands nutzen wir wie zuvor die Symmetrie des Profils aus. Da der Verlauf der Einheitsverwölbungen antimetrisch zur Symmetrielinie ist, reduzieren wir das Integral über die Gesamtfläche gemäß Gl. (5.24) zu einer Integration über die Teilflächen mit $z \leq 0$. Es ergibt sich dann unter Beachtung von $dA_1 = t_1\,ds_1$, $dA_2 = t_2\,ds_2$ und $dA_3 = t_3\,r\,d\varphi$

$$C_T = \int_A u^{*2}dA = 2\left(t_1\int_0^{\frac{h}{2}} u_1^{*2}ds_1 + t_2\int_0^{\frac{h}{2}} u_2^{*2}ds_2 + t_3\,r\int_0^{\frac{\pi}{2}} u_3^{*2}d\varphi\right).$$

Für die Integrale über die jeweilige Teilfläche erhalten wir unter Berücksichtigung der algebraischen Beziehungen für die Einheitsverwölbung nach den Gln. (5.55), (5.56) und (5.58) die folgenden numerischen Lösungen

$$t_1\int_0^{\frac{h}{2}} u_1^{*2}ds_1 \approx 8{,}7088\cdot 10^8\,\text{mm}^6\,, \qquad t_2\int_0^{\frac{h}{2}} u_2^{*2}ds_2 \approx 9{,}4398\cdot 10^9\,\text{mm}^6\,,$$

$$t_3\,r\int_0^{\frac{\pi}{2}} u_3^{*2}d\varphi \approx 9{,}1533\cdot 10^8\,\text{mm}^6\,.$$

Damit folgt für den Wölbwiderstand des Profils

$$C_T = 2\left(t_1\int_0^{\frac{h}{2}} u_1^{*2}ds_1 + t_2\int_0^{\frac{h}{2}} u_2^{*2}ds_2 + t_3\,r\int_0^{\frac{\pi}{2}} u_3^{*2}d\varphi\right) \approx 2{,}2452\cdot 10^{10}\,\text{mm}^6\,.$$

L5.11/Lösung zur Aufgabe 5.11 – Verwölbung und Wölbwiderstand eines Flügelkastens

a) Es handelt sich um einen dünnwandigen Einzeller, dessen Torsionsflächenmoment I_T mit der 2. Bredtschen Formel gemäß Gl. (5.8) ermittelt werden kann. Unter Berücksichtigung von

$$\oint \frac{1}{t(s)}\mathrm{d}s = h\left(\frac{1}{t_1} + \frac{1}{t_4}\right) + \frac{2b}{t_3} + \frac{2c}{t_2}$$

folgt mit

$$A_m = h(b+c) = 1,122 \cdot 10^5\,\mathrm{mm}^2 \tag{5.59}$$

das Torsionsflächenmoment

$$I_T = \frac{4A_m^2}{\oint \frac{1}{t(s)}\mathrm{d}s} = \frac{4h^2(b+c)^2}{h\left(\frac{1}{t_1} + \frac{1}{t_4}\right) + \frac{2b}{t_3} + c\frac{2c}{t_2}} \approx 1,2945 \cdot 10^7\,\mathrm{mm}^4 \ . \tag{5.60}$$

Die Torsionssteifigkeit resultiert mit (vgl. Gl. (2.4))

$$G = \frac{E}{2(1+v)}$$

somit zu

$$GI_T \approx 3,4851 \cdot 10^{11}\,\mathrm{N\,mm}^2 \ .$$

b) Die Verwölbung bei einem dünnwandigen Einzeller können wir mit Gl. (5.20) über

$$u(x,s) = \frac{T}{2A_m G}\left(\int \frac{1}{t(s)}\mathrm{d}s - \frac{1}{2A_m}\oint \frac{1}{t(s)}\mathrm{d}s \int r_\perp \mathrm{d}s\right) + u_0 \tag{5.61}$$

bestimmen. Bei der Anwendung dieser Gleichung sind allerdings Voraussetzungen zu berücksichtigen, auf die wir hier näher eingehen werden, da sie sich auf das Berechnungsvorgehen auswirken, insbesondere bzgl. der Beachtung der Vorzeichenkonventionen.

Zum einen liegt dem Integral $\int r_\perp \mathrm{d}s$ die Vorstellung zugrunde, dass infolge der gewählten Umfangskoordinate s ein positiver Schubfluss mit dem Hebel $r_\perp$ ein positives Torsionsmoment T erzeugt. Ist dies nicht der Fall, so müssen wir den Hebel $r_\perp$ mit einem negativen Vorzeichen versehen. Daher sprechen wir auch von einem vorzeichenbehafteten Hebel $r_\perp$.

Zum anderen geht Gl. (5.61) aus Gl. (5.19), die für geschlossene dünnwandige Profile gilt (also auch für Mehrzeller), d. h. aus

$$u(x,s) = \frac{q}{G}\int \frac{1}{t(s)}\mathrm{d}s - \vartheta'\int r_\perp \mathrm{d}s + u_0$$

hervor, wenn wir das St. Venantsche Elastizitätsgesetz der Torsion nach Gl. (5.5) auf den Einzeller anwenden

$$\vartheta' = \frac{T}{GI_T} = \frac{T}{4A_m^2 G} \oint \frac{1}{t(s)} \, \mathrm{d}s$$

sowie die Beziehung $q = \frac{T}{2A_m}$ einführen. Damit stellen wir aber einen festen Zusammenhang zwischen dem positiv resultierenden Torsionsmoment T und dem positiv definierten Schubfluss q her, der das Torsionsmoment erzeugt. Dies bedeutet, dass durch die Definition einer Umfangskoordinate s ein positiver Schubfluss q auch ein positives Torsionsmoment T erzeugen muss. Ist dies nicht gegeben, müssen wir das Integral $\int 1/t(s)\,\mathrm{d}s$ mit einem negativen Vorzeichen versehen.

Unter Berücksichtigung dieser Vorzeichenkonventionen nutzen wir nachfolgend Gl. (5.61). Da wir die Einheitsverwölbung bestimmen sollen, nutzen wir die Beziehung (vgl. Gl. (5.22))

$$u^*(s) = -\frac{u(x,s)}{\vartheta'(x)},$$

um aus der Verwölbung u die Einheitsverwölbung u^* zu erhalten. Mit dem Elastizitätsgesetz der St. Venantschen Torsion können wir das Torsionsmoment aus der Beziehung eliminieren und es resultiert

$$u^*(s) = -\frac{I_T}{2A_m} \left(\int \frac{1}{t(s)} \, \mathrm{d}s - \frac{1}{2A_m} \oint \frac{1}{t(s)} \, \mathrm{d}s \int r_\perp \, \mathrm{d}s \right) - \underbrace{\frac{u_0}{\vartheta'}}_{=-u_0^*}.$$

Diese Beziehung können wir noch deutlich vereinfachen, indem wir berücksichtigen, dass bei unserem Profil immer nur gerade Wandabschnitte mit konstanter Wandstärke auftreten. Führen wir lokale Koordinaten s_i auf den einzelnen Wandabschnitten gemäß Abb. 5.27 ein, erhalten wir für die Einheitsverwölbung auf dem Wandabschnitt i somit

$$u_i^*(s_i) = -\frac{I_T}{2A_m} \left(\frac{1}{t_i} - \frac{r_{\perp_i}}{2A_m} \oint \frac{1}{t(s)} \, \mathrm{d}s \right) s_i + u_{0_i}^* = \left(r_{\perp_i} - \frac{I_T}{2A_m t_i} \right) s_i + u_{0_i}^*.$$

Die Einheitsverwölbung bei $s_i = 0$ wird durch $u_{0_i}^*$ beschrieben. Außerdem stellt $r_{\perp_i}$ den jeweiligen vorzeichenbehafteten Hebel um den Schubmittelpunkt dar, dessen Betrag ebenfalls jeweils in Abb. 5.27 skizziert ist. Angemerkt sei darüber hinaus, dass die Koordinate s_1 auf der Symmetrielinie startet. Dann ist die Einheitsverwölbung $u_{0_1}^*$ null. Ferner ermitteln wir lediglich die Verwölbungen für $z < 0$, weil aufgrund der Symmetrie die Verwölbungen für $z > 0$ antimetrisch zu $z < 0$ verlaufen; sie weisen daher in die entgegengesetzte Richtung, sie sind aber betragsmäßig gleich.

Wir starten mit dem Bereich 1 ($0 \leq s_1 \leq \frac{h}{2}$). Da bei der gewählten Koordinate s_1 aus einem positiven Schubfluss ein negatives Moment um den Schubmittelpunkt resultiert, ist der vorzeichenbehaftete Hebel $r_{\perp_1}$ negativ. Aus dem gleichen Grund müssen wir das Integral $\int \frac{1}{t}\,\mathrm{d}s$ ebenfalls mit einem negativen Vorzeichen versehen.

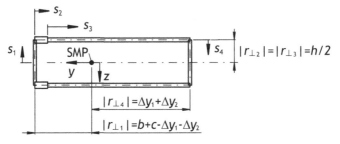

Abb. 5.27 Einzeller mit lokalen Koordinaten s_i entlang der Profilmittellinie und mit den Hebeln $|r_{\perp_i}|$ um den Schubmittelpunkt SMP

Mit $r_{\perp_1} = -321,92\,\text{mm}$ resultiert unter Beachtung der Gln. (5.59) und (5.60) demnach

$$u_1^*(s_1) = \left(r_{\perp_1} + \frac{I_T}{2A_m t_1} \right) s_1 \approx -2,2577 \cdot 10^2\,\text{mm}\,s_1 \ .$$

Angemerkt sei, dass hier Formelzeichen kursiv und Einheiten nicht kursiv geschrieben werden.

Die Einheitsverwölbung bei $s_1 = \frac{h}{2}$ stellt zugleich die Einheitsverwölbung $u_{0_2}^*$ am Beginn des Bereichs 2 dar. Es folgt

$$u_1^*\left(s_1 = \frac{h}{2} \right) = u_{0_2}^* \approx -1,8626 \cdot 10^4\,\text{mm}^2 \ .$$

Für den Bereich 2 mit $0 \leq s_2 \leq c$ folgt unter Beachtung von $r_{\perp_2} = -82,5\,\text{mm}$

$$u_2^*(s_2) = \left(r_{\perp_2} + \frac{I_T}{2A_m t_2} \right) s_2 + u_{0_2}^* \approx -2,4813 \cdot 10^1\,\text{mm}\,s_2 - 1,8626 \cdot 10^4\,\text{mm}^2 \ .$$

Die Einheitsverwölbung am Übergang zu Bereich 3 ist

$$u_2^*(s_2 = c) = u_{0_3}^* \approx -1,9122 \cdot 10^4\,\text{mm}^2 \ .$$

Analog erhalten wir für Bereich 3 mit $0 \leq s_3 \leq b$ und $r_{\perp_3} = -82,5\,\text{mm}$

$$u_3^*(s_3) = \left(r_{\perp_3} + \frac{I_T}{2A_m t_3} \right) s_3 + u_{0_3}^* \approx 6,1718 \cdot 10^1\,\text{mm}\,s_3 - 1,9122 \cdot 10^4\,\text{mm}^2 \ .$$

Daraus resultiert die Einheitsverwölbung im Übergang zum Bereich 4

$$u_3^*(s_3 = b) = u_{0_4}^* \approx 2,1612 \cdot 10^4\,\text{mm}^2 \ .$$

Im letzten Bereich mit $0 \leq s_4 \leq \frac{h}{2}$ lautet dann die Einheitsverwölbung unter Beachtung von $r_{\perp_4} = -358,08\,\text{mm}$

$$u_4^*(s_4) = \left(r_{\perp_4} + \frac{I_T}{2A_m t_4} \right) s_4 + u_{0_4}^* \approx -2{,}6193 \cdot 10^2 \, \text{mm} \, s_4 + 2{,}1612 \cdot 10^4 \, \text{mm}^2 \, .$$

Wir überprüfen unser Ergebnis auf der Symmetrielinie. Wir erhalten

$$u_4^* \left(s_4 = \frac{h}{2} \right) \approx 2{,}775 \, \text{mm}^2 \neq 0 \, .$$

Wie gekennzeichnet ist dies ungleich null und entspricht nicht der Erwartung, dass auf der Symmetrielinie die Verwölbungen bzw. Einheitsverwölbungen verschwinden. Allerdings rechnen wir mit einer Genauigkeit von vier Stellen hinter dem Komma der Mantisse bei dezimaler Gleitkommaarithmetik (vgl. Abschnitt 9.1), was dieses Ergebnis widerspiegelt. Um dies zu zeigen, beziehen wir die vorherige Einheitsverwölbung auf die betragsmäßig maximale Einheitsverwölbung $u_{0_4}^*$ im Bereich 4 und erhalten mit

$$\frac{u_4^* \left(s_4 = \frac{h}{2} \right)}{u_{0_4}^*} \approx 1{,}2840 \cdot 10^{-4}$$

einen Anhaltswert für die erzielte relative Genauigkeit.

Hätten wir mit einer Genauigkeit von 10^{-8} (das gilt dann auch für den Aufgabenteil a)) gearbeitet, so reduzierte sich der Absolutfehler in der Symmetrielinie auf

$$u_4^* \left(s_4 = \frac{h}{2} \right) = 1{,}825 \cdot 10^{-4} \, \text{mm}^2 \, .$$

Bei einer Einheitsverwölbung am Anfang von Bereich 4 von $u_4^* = -2{,}16097232 \cdot 10^4 \, \text{mm}^2$ ergäbe sich dann

$$\frac{u_4^* \left(s_4 = \frac{h}{2} \right)}{u_{0_4}^*} \approx -8{,}44527245 \cdot 10^{-9} \, .$$

Wir können also davon ausgehen, dass wir ein Ergebnis mit der geforderten Genauigkeit erzielt haben.

Die Einheitsverwölbungen für $z > 0$ berechnen wir hier nicht, sondern sie ergeben sich - wie bereits oben erwähnt - aufgrund ihres antimetrischen Verlaufs zu $z < 0$, d. h. sie besitzen ein umgekehrtes Vorzeichen im Vergleich zu $z < 0$. Der resultierende Verlauf ist in Abb. 5.28 dargestellt.

c) Mit den Einheitsverwölbungen gemäß dem Aufgabenteil b) können wir den Wölbwiderstand C_T mit Hilfe von Gl. (5.24) bestimmen. Da das Vorzeichen der Einheitsverwölbung infolge des Quadrierens nicht relevant ist, führen wir die Integration nur über die halbe Fläche für $z \leq 0$ aus. Wenn wir zudem die lokalen Umfangskoordinaten s_i nach Abb. 5.27 einführen, folgt wegen $dA_i = t_i \, ds_i$

$$C_T = \int_A u^{*2} dA = 2 \left(t_1 \int_0^{\frac{h}{2}} u_1^{*2} ds_1 + t_2 \int_0^c u_2^{*2} ds_2 + t_3 \int_0^b u_3^{*2} ds_3 + t_4 \int_0^{\frac{h}{2}} u_4^{*2} ds_4 \right) \, .$$

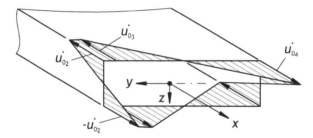

Abb. 5.28 Qualitativer Verlauf der Einheitsverwölbungen entlang der Profilmittellinie

Um die Berechnung vollständig nachvollziehbar zu halten, berechnen wir hier die vier Integrale im Klammerausdruck einzeln unter Nutzung der Koppeltafel nach Tab. 9.3 im Abschnitt 9.4.8.

Das Integral im Bereich 1 ergibt sich mit den Angaben in Spalte 2 und Zeile 2 nach Tab. 9.3 für das Quadrat eines Dreiecks zu

$$t_1 \int_0^{\frac{h}{2}} u_1^{*2} \mathrm{d}s_1 = t_1 \left(\frac{1}{3} \frac{h}{2} u_{0_2}^{*2} \right) \approx 5,7243 \cdot 10^9 \mathrm{mm}^6 \ .$$

Mit den Angaben in Spalte 3 und Zeile 4 nach Tab. 9.3 für ein quadriertes Trapez erhalten wir ferner

$$t_2 \int_0^c u_2^{*2} \mathrm{d}s_2 = t_2 \frac{c}{6} \left[u_{0_2}^* \left(2 u_{0_2}^* + u_{0_3}^* \right) + u_{0_3}^* \left(u_{0_2}^* + 2 u_{0_3}^* \right) \right] \approx 7,1250 \cdot 10^9 \mathrm{mm}^6 \ ,$$

$$t_3 \int_0^b u_3^{*2} \mathrm{d}s_3 = t_3 \frac{b}{6} \left[u_{0_3}^* \left(2 u_{0_3}^* + u_{0_4}^* \right) + u_{0_4}^* \left(u_{0_3}^* + 2 u_{0_4}^* \right) \right] \approx 3,6913 \cdot 10^9 \mathrm{mm}^6 \ .$$

Der Einfachheit halber behandeln wir den Verlauf im Bereich 4 so, als ob auf der Symmetrielinie tatsächlich die Einheitsverwölbung verschwindet. Es folgt daher nach Spalte 2 und Zeile 2 der Tab. 9.3

$$t_4 \int_0^{\frac{h}{2}} u_4^{*2} \mathrm{d}s_4 = t_4 \left(\frac{1}{3} \frac{h}{2} u_{0_4}^{*2} \right) \approx 7,7068 \cdot 10^9 \mathrm{mm}^6 \ .$$

Der Wölbwiderstand resultiert somit zu

$$C_T \approx 1,1494 \cdot 10^{11} \mathrm{mm}^6 \ .$$

L5.12/Lösung zur Aufgabe 5.12 – Vergleich von St. Venantscher Torsion mit Wölbkrafttorsion

a) Im Bereich $0 \leq x \leq l$ liegt eine konstante Schnittreaktion T vor. Mit den in Abb. 5.12b. angegebenen Kraftgrößen können wir unter Beachtung der Gleichgewichtsbedingung um die x-Achse diese Größe ermitteln zu

$$T = \frac{M_T}{2} = 3,5\,\text{kNm} .\tag{5.62}$$

Mit dem Elastizitätsgesetz der Theorie nach St. Venant gemäß Gl. (5.5) ergibt sich die Verdrillung

$$\vartheta' = \frac{T}{GI_T} .$$

Da die Verdrillung konstant für $0 \leq x \leq l$ ist, erhalten wir die Verdrehung zwischen den Punkten A und C zu

$$\Delta\vartheta_{AC} = \int_0^l \vartheta'\,dx = \frac{T}{GI_T} \int_0^l dx = \frac{Tl}{GI_T} \approx 3,0614 \cdot 10^{-2} \approx 1,75° .$$

Dies ist zugleich die Verdrehung in der Trägermitte. Die Verdrehung ändert sich in x-Richtung linear und ist im Gabellager A null. In Abhängigkeit von der Trägerachse x resultiert

$$\vartheta(x) = \frac{x}{l}\Delta\vartheta_{AC} = \frac{T}{GI_T}\frac{x}{l}\tag{5.63}$$

und bei Verwendung einer dimensionslosen Koordinate $\xi = \frac{x}{l}$

$$\vartheta(\xi) = \frac{T}{GI_T}\xi .$$

b) Die Schnittreaktion T ist bereits nach Gl. (5.62) bekannt. Die allgemeine Lösung für die Differentialgleichung der Wölbkrafttorsion (vgl. Gl. (5.27)) ist in Gl. (5.28) gegeben. Berücksichtigen wir, dass wegen $T'(x) = 0$

$$\mu = 0$$

gilt, erhalten wir die allgemeine Lösung in Abhängigkeit der dimensionslosen Koordinate $\xi = \frac{x}{l}$

$$\vartheta(\xi) = \frac{C_1}{\chi^2}e^{\chi\xi} + \frac{C_2}{\chi^2}e^{-\chi\xi} + C_3\xi + C_4 .$$

In dieser Lösung treten noch vier unbekannte Integrationskonstanten C_i auf, die wir über die Randbedingungen ermitteln werden.

Im Gabellager A ist die Verdrehung verhindert, d. h. es gilt $\vartheta(\xi = 0) = 0$. Zudem ist eine freie Verwölbung dort möglich. Dies korrespondiert mit $\vartheta''(\xi = 0) = 0$ (vgl. Gl. (5.32)). Es folgt somit

$$\vartheta(\xi = 0) = 0 \quad \Leftrightarrow \quad C_1 + C_2 + \chi^2 C_4 = 0$$

und unter Beachtung von Gl. (5.30)

$$\vartheta''(\xi = 0) = 0 \quad \Leftrightarrow \quad C_1 + C_2 = 0 \quad \Leftrightarrow \quad C_2 = -C_1 .\tag{5.64}$$

Aus beiden vorherigen Gleichungen resultiert somit

$$C_4 = 0 \, .$$

Es fehlen noch zwei Gleichungen, um die insgesamt vier Unbekannten ermitteln zu können.

Da das Torsionsmoment im untersuchten Bereich konstant ist, gilt mit (vgl. Gl. (5.25))

$$T = \frac{M_T}{2} = G I_T \, \vartheta' - E C_T \, \vartheta''' \quad \Leftrightarrow \quad \frac{M_T}{2 E C_T} = \frac{G I_T}{E C_T} \, \vartheta' - \vartheta''' = \frac{\chi^2}{l^2} \, \vartheta' - \vartheta'''$$

unter Beachtung der Gln. (5.29) und (5.31)

$$\frac{M_T}{2 E C_T} = \frac{\chi^2}{l^3} C_3 \quad \Leftrightarrow \quad C_3 = \frac{M_T \, l^3}{2 E C_T \, \chi^2} = \frac{M_T \, l}{2 G I_T} \, .$$

Darüber hinaus ist in der Aufgabenstellung angegeben, dass die Verdrehung symmetrisch zur Trägermitte ist. Demnach muss die 1. Ableitung der Verdrehung bzw. die Verdrillung verschwinden, so dass $\vartheta'(\xi = 1) = 0$ gelten muss. Es resultiert mit der Lösung für C_3 von zuvor

$$\vartheta'(\xi = 1) = \frac{1}{l\chi} \left(C_1 \, \mathrm{e}^\chi - C_2 \, \mathrm{e}^{-\chi} \right) + \frac{M_T}{2 G I_T} = 0 \, .$$

Berücksichtigen wir $C_2 = -C_1$ nach Gl. (5.64), folgt

$$\frac{C_1}{l\chi} \left(\mathrm{e}^\chi + \mathrm{e}^{-\chi} \right) + \frac{M_T}{2 G I_T} = 0 \quad \Leftrightarrow \quad C_1 = -\frac{1}{\mathrm{e}^\chi + \mathrm{e}^{-\chi}} \frac{M_T \, l \chi}{2 G I_T} = C_2 \, .$$

Die Verdrehung lautet somit

$$\vartheta(\xi) = \frac{M_T \, l}{2 G I_T} \left(-\frac{1}{\chi} \frac{\mathrm{e}^{\chi \xi} - \mathrm{e}^{-\chi \xi}}{\mathrm{e}^\chi + \mathrm{e}^{-\chi}} + \xi \right) \, . \tag{5.65}$$

Für das Torsionsmoment T_{SV} nach St. Venant benötigen wir die 1. Ableitung der Verdrehung. Es ergibt sich

$$\vartheta'(\xi) = \frac{M_T}{2 G I_T} \left(1 - \frac{\mathrm{e}^{\chi \xi} + \mathrm{e}^{-\chi \xi}}{\mathrm{e}^\chi + \mathrm{e}^{-\chi}} \right)$$

und somit

$$T_{SV} = G I_T \, \vartheta'(\xi) = \frac{M_T}{2} \left(1 - \frac{\mathrm{e}^{\chi \xi} + \mathrm{e}^{-\chi \xi}}{\mathrm{e}^\chi + \mathrm{e}^{-\chi}} \right) \, . \tag{5.66}$$

Das Biegetorsionsmoment ist definiert zu $T_W = -E C_T \, \vartheta'''$. Mit

$$\vartheta'''(\xi) = -\frac{M_T \chi^2}{2 G I_T \, l^2} \frac{\mathrm{e}^{\chi \xi} + \mathrm{e}^{-\chi \xi}}{\mathrm{e}^\chi + \mathrm{e}^{-\chi}} = -\frac{M_T}{2 E C_T} \frac{\mathrm{e}^{\chi \xi} + \mathrm{e}^{-\chi \xi}}{\mathrm{e}^\chi + \mathrm{e}^{-\chi}} \, ,$$

erhalten wir

$$T_W = -E C_T \vartheta'''(\xi) = \frac{M_T}{2} \frac{e^{\chi \xi} + e^{-\chi \xi}}{e^{\chi} + e^{-\chi}}. \tag{5.67}$$

Alternativ hätten wir auch

$$T = T_{SV} + T_W \quad \Leftrightarrow \quad T_W = T - T_{SV}$$

nutzen können. Mit Gl. (5.62) folgt wieder

$$T_W = T - T_{SV} = \frac{M_T}{2} - \frac{M_T}{2} \left(1 - \frac{e^{\chi \xi} + e^{-\chi \xi}}{e^{\chi} + e^{-\chi}} \right) = \frac{M_T}{2} \frac{e^{\chi \xi} + e^{-\chi \xi}}{e^{\chi} + e^{-\chi}}.$$

c) Die Verdrehungen nach St. Venantscher Theorie und nach der Theorie der Wölbkrafttorsion sind aus den beiden vorherigen Aufgabenteilen bekannt (vgl. die Gln. (5.63) und (5.65)). Wir werten die zugrunde liegenden Funktionen hier numerisch aus und erzeugen darauf aufbauend ein Diagramm. Da die Verdrehungen symmetrisch zur Trägermitte sind, spiegeln wir die Ergebnisse an der Trägermitte, so dass wir die Verdrehung entlang der gesamten Trägerachse (d. h. für $0 \leq x \leq 2l$) erhalten. Eine Auswertung der Funktionen führt auf die in Abb. 5.29 dargestellten Verläufe.

Unterschiede zwischen den Verläufe ergeben sich lediglich im Bereich der Last-

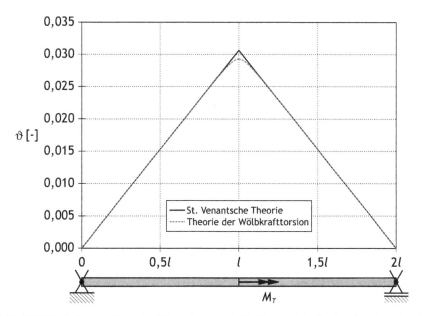

Abb. 5.29 Verdrehung entlang der Trägerachse x nach St. Venantscher Torsionstheorie und nach Theorie der Wölbkrafttorsion

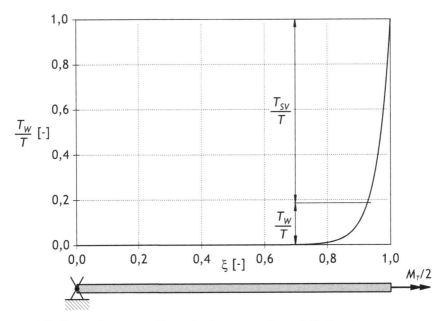

Abb. 5.30 Biegetorsionsmoment T_W und Torsionsmoment T_{SV} nach St. Venant

einleitung. Nach St. Venantscher Theorie ergibt sich in der Trägermitte ein Knick im Verlauf der Verdrehung. Im Gegensatz dazu kann mit der Theorie der Wölbkrafttorsion die Symmetriebedingung, dass die Änderung der Verdrehung bzw. die Verdrillung in der Trägermitte null sein muss, beschrieben werden. Gleichzeitig beschränken sich die Unterschiede jedoch auf die Trägermitte. Mit der Theorie der Wölbkrafttorsion kann somit ein realistischerer Verlauf ermittelt werden. Dies wird allerdings mit einem erheblich größeren Berechnungsaufwand erkauft.

d) Für das Diagramm beziehen wir das Torsionsmoment T_W auf die Schnittreaktion T. Dadurch ist auch das Torsionsmoment nach St. Venant T_{SV} sowie die Schnittreaktion T im Diagramm ablesbar; denn die Momente T_{SV} und T_W addieren sich zu eins, d. h. der Schnittreaktion T. Die numerische Auswertung der Funktionen nach den Gln. (5.66) und (5.67) liefert den in Abb. 5.30 dargestellten Kurvenverlauf. Im Diagramm ist gut zu erkennen, dass der Einfluss des Biegetorsionsmomentes auf den Lasteinleitungsbereich beschränkt ist.

Da wir die allgemeine Lösung des Problems kennen, die aus zwei e-Funktionen besteht (vgl. Gl. (5.28)), ist es möglich, das Abklingen des Biegetorsionsmomentes allgemein abzuschätzen. Ein Ablesen aus dem Diagramm ist möglich, spiegelt aber nicht die potentiell mögliche Herangehensweise wider. Wir lösen den Aufgabenteil d) daher allgemeingültiger.

Die Lösung für T_W spaltet sich gemäß Gl. (5.67) in zwei e-Funktionen auf, von denen die Funktion $e^{\chi\xi}$ über alle Grenzen mit zunehmenden ξ wachsen kann. Diese Funktion beschreibt somit hier den Einfluss des Biegetorsionsmomentes im Bereich der Lasteinleitung. Der Maximalwert wird für $\xi = 1$ erreicht. Wir können uns also fragen, für welches ξ diese e-Funktion auf 5 % ihres Wertes bei $\xi = 1$ (d. h. ihren Maximalwert) abgesunken ist. Formelmäßig bedeutet dies

$$e^{\chi \xi} = 0,05 \, e^{\chi} \quad \Leftrightarrow \quad e^{\chi(\xi-1)} = 0,05 \quad \Leftrightarrow \quad \xi = 1 + \frac{1}{\chi} \ln 0,05 \approx 0,87 \,.$$

Um diese Lösung anschaulicher zu machen, nutzen wir die sogenannte Wölblänge

$$l_w = \sqrt{\frac{EC_T}{GI_T}} \approx 87,5 \, \text{mm} \,.$$

Wegen $\chi = \frac{l}{l_w}$ und $\xi = \frac{x}{l}$ resultiert

$$\xi = 1 + \frac{1}{\chi} \ln 0,05 \quad \Leftrightarrow \quad x = l + l_w \ln 0,05 \approx l - 3 \, l_w \approx 1738 \, \text{mm} \,.$$

Demnach ist der Einfluss auf ca. 5 % nach ungefähr drei Wölblängen l_w abgeklungen. Wir können über die Wölblänge daher abschätzen, in welchen Bereichen wir die Wölbkrafttorsion berücksichtigen müssen.

L5.13/Lösung zur Aufgabe 5.13 – Gabelgelagerter Träger mit Kragarm

a) Es handelt sich um einen Zweifeldträger, bei dem wir für jeden Bereich eine eigene Längskoordinate gemäß Abb. 5.31 einführen. Die Lösung der beherrschenden Differentialgleichung (5.26) der Wölbkrafttorsion ist in den grundlegenden Beziehungen zur Torsion mit Gl. (5.28) bereits gegeben. Diese nutzen wir hier. Unter Berücksichtigung der Abkürzungen erhalten wir für beide Bereiche mit $0 \leq \xi_1 = \frac{x_1}{l} \leq 1$ und $0 \leq \xi_2 = \frac{x_2}{l} \leq 1$

$$\vartheta_1(\xi_1) = \frac{1}{\chi^2} \left(C_1 \, e^{\chi \xi_1} + C_2 \, e^{-\chi \xi_1} \right) + C_3 \, \xi_1 + C_4 \,,$$

$$\vartheta_2(\xi_2) = \frac{1}{\chi^2} \left(C_5 \, e^{\chi \xi_2} + C_6 \, e^{-\chi \xi_2} \right) + C_7 \, \xi_2 + C_8 \,.$$

Insgesamt treten acht Integrationskonstanten C_i auf, die wir über Rand- und Übergangsbedingungen ermitteln müssen. Weil diese Bedingungen auch von Ableitungen der Verdrehungen abhängen, sei an dieser Stelle auf die entsprechenden Ableitungen in den Gln. (5.29) bis (5.31) hingewiesen.

Wir beginnen mit den Randbedingungen im Lager A. Dort ist zum einen die Verdrehung verhindert, d. h. es gilt $\vartheta_1(\xi_1 = 0) = 0$. Es folgt daher

$$\vartheta_1(\xi_1 = 0) = \frac{1}{\chi^2} (C_1 + C_2) + C_4 = 0 \,. \tag{5.68}$$

Zum anderen verschwindet die 2. Ableitung der Verdrehung dort, da sich der Querschnitt in einem Gabellager frei verwölben kann und deshalb keine Wölbspannungen entstehen. Wir erhalten daher unter Beachtung von Gl. (5.30)

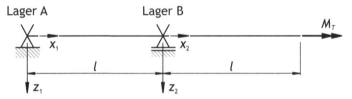

Abb. 5.31 Verwendete Koordinatensysteme

$$\vartheta_1''(\xi_1 = 0) = \frac{1}{l^2}\,(C_1 + C_2) = 0\,. \tag{5.69}$$

Darüber hinaus sind die Verdrehungen im Lager B null. Dies führt auf

$$\vartheta_1(\xi_1 = 1) = \frac{1}{\chi^2}\,\left(C_1\,e^{\chi} + C_2\,e^{-\chi}\right) + C_3 + C_4 = 0\,, \tag{5.70}$$

$$\vartheta_2(\xi_2 = 0) = \frac{1}{\chi^2}\,(C_5 + C_6) + C_8 = 0\,. \tag{5.71}$$

Im Lager B können wir auch noch Übergangsbedingungen formulieren. In beiden Bereichen muss sowohl die Verdrillung als auch die 2. Ableitung der Verdrehung gleich sein. Dies liefert unter Berücksichtigung der Gln. (5.29) und (5.30)

$$\vartheta_1'(\xi_1 = 1) = \vartheta_2'(\xi_2 = 0)$$

$$\Leftrightarrow \quad \frac{1}{l\chi}\,\left(C_1\,e^{\chi} - C_2\,e^{-\chi}\right) + \frac{1}{l}C_3 = \frac{1}{l\chi}\,(C_5 - C_6) + \frac{1}{l}C_7 \tag{5.72}$$

und

$$\vartheta_1''(\xi_1 = 1) = \vartheta_2''(\xi_2 = 0) \quad \Leftrightarrow \quad \frac{1}{l^2}\,\left(C_1\,e^{\chi} + C_2\,e^{-\chi}\right) = \frac{1}{l^2}\,(C_5 + C_6)\,. \tag{5.73}$$

Abschließend existieren noch zwei Randbedingungen am Kragarmende. Dort verschwindet die 2. Ableitung, da keine Wölbspannungen wegen des frei verwölbbaren Endes auftreten. Zudem ist dort das Torsionsmoment bekannt, d. h. $T = M_T = GI_T\,\vartheta' - E\,C_T\,\vartheta'''$. Wir erhalten demnach

$$\vartheta_2''(\xi_2 = 1) = 0 \quad \Leftrightarrow \quad \frac{1}{l^2}\,\left(C_5\,e^{\chi} + C_6\,e^{-\chi}\right) = 0\,, \tag{5.74}$$

$$\frac{\chi^2}{l^2}\,\vartheta_2'(\xi_2 = 1) - \vartheta_2'''(\xi_2 = 1) = \frac{M_T}{E\,C_T} \quad \Leftrightarrow \quad \frac{\chi^2}{l^3}C_7 = \frac{M_T}{E\,C_T}$$

$$\Leftrightarrow \quad C_7 = \frac{M_T\,l^3}{E\,C_T\,\chi^2} = \frac{M_T\,l}{GI_T}\,. \tag{5.75}$$

Wir haben somit ein lineares Gleichungssystem zur Bestimmung der acht unbekannten Integrationskonstanten C_i erhalten. Da die Auflösung nach den Unbekannten relativ aufwendig ist, wenn wir es mit Stift und Papier lösen, nutzen wir an dieser Stelle lediglich die Lösung und weisen auf die ausführliche Berechnung im Abschnitt 9.4.1 hin. Angemerkt sei jedoch insbesondere, dass mit Hilfe eines Computeralgebrasystems in sehr schneller und einfacher Weise ein solches Gleichungssystem algebraisch gelöst werden kann.

Mit den Integrationskonstanten nach Abschnitt 9.4.1 folgt für die gesuchte Verdrehung im Bereich $0 \leq x \leq l$ bzw. die Verdrehung $\vartheta_1(\xi_1)$

$$\vartheta_1(\xi_1) = \frac{1}{\chi^2} \frac{e^{\chi\xi_1} - e^{-\chi\xi_1} - (e^\chi - e^{-\chi})\,\xi_1}{2\chi(e^\chi + e^{-\chi}) - (e^\chi - e^{-\chi})} \frac{M_T\,l^3}{EC_T} .$$

Beachten wir die Zusammenhänge $e^x + e^{-x} = 2\cosh(x)$ und $e^x - e^{-x} = 2\sinh(x)$, resultiert

$$\vartheta_1(\xi_1) = \frac{1}{\chi^2} \frac{\sinh(\chi\xi_1) - \sinh(\chi)\,\xi_1}{2\chi\cosh(\chi) - \sinh(\chi)} \frac{M_T\,l^3}{EC_T} . \tag{5.76}$$

Die Reaktion am Lager B berechnen wir mit Hilfe des Momentengleichgewichts für das Schnittbild nach Abb. 5.32. Es folgt

$$M_T + M_B - T_1 = 0 \quad \Leftrightarrow \quad M_B = -M_T + T_1 .$$

Das Moment T_1 können wir mit Hilfe der Verdrehung $\vartheta_1(\xi_1)$ unter Nutzung von Gl. (5.25) berechnen. Wir erhalten

$$T_1 = GI_T\,\vartheta_1' - EC_T\,\vartheta_1''' .$$

Wir differenzieren Gl. (5.76) nach x. Es folgt

$$\vartheta_1'(\xi_1) = \frac{1}{l\chi^2} \frac{\chi\cosh(\chi\xi_1) - \sinh(\chi)}{2\chi\cosh(\chi) - \sinh(\chi)} \frac{M_T\,l^3}{EC_T} ,$$

$$\vartheta_1'''(\xi_1) = \frac{1}{l^3\chi^2} \frac{\chi^3\cosh(\chi\xi_1)}{2\chi\cosh(\chi) - \sinh(\chi)} \frac{M_T\,l^3}{EC_T} .$$

Demnach ergibt sich

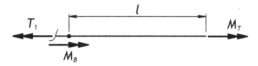

Abb. 5.32 Schnitt des Trägers im Bereich $0 \leq x \leq l$

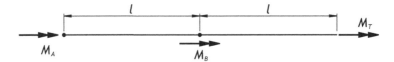

Abb. 5.33 Freikörperbild des Trägers

$$T_1 = -\frac{\sinh\chi}{2\chi\cosh\chi - \sinh\chi} M_T \approx -0,2521\,\text{kN}\,\text{m}$$

und somit die gesuchte Lagerreaktion zu

$$M_B = -M_T + T_1 \approx -6,2521\,\text{kN}\,\text{m}\,.$$

Mit dem Gleichgewicht am Gesamtsystem nach Abb. 5.33 erhalten wir auch noch die Reaktion im Lager A

$$M_A = -M_B - M_T \approx 0,2521\,\text{kN}\,\text{m}\,.$$

b) Grundsätzlich könnten wir mit Hilfe der 2. Ableitungen der Verdrehungen, d. h. mit ϑ_1'' und ϑ_2'', die Wölbnormalspannungen nach Gl. (5.32) berechnen. Dies ist jedoch rechnerisch sehr aufwendig. Da nur eine Abschätzung des Bereichs nach der Aufgabenstellung erforderlich ist, in dem relevante Wölbnormalspannungen auftreten, verwenden wir hier die Wölblänge l_w nach den Beziehungen in Gl. (5.27). Wir erhalten

$$l_w = \sqrt{\frac{E\,C_T}{G\,I_T}} \approx 161,3\,\text{mm}\,.$$

Weil Wölbnormalspannungen über kurze Längen abklingen und sowohl im Lager A als auch am Kragarmende eine freie Verwölbung möglich ist, beschränken sich relevante Wölbeffekte auf den Bereich um das Lager B. Wenn wir hier davon ausgehen, dass Wölbeffekte abgeklungen sind, wenn sie auf ca. 5 % ihres Maximalwertes gesunken sind, dann folgt unter Beachtung des Maximalwertes in der Euler-Funktion

$$e^{\chi\xi} = 0,05\,e^{\chi} \quad\Leftrightarrow\quad e^{\chi(\xi-1)} = 0,05 \quad\Leftrightarrow\quad \xi = 1 + \frac{1}{\chi}\ln 0,05$$

$$\Leftrightarrow \quad x = l + l_w\ln 0,05 \approx l - 3\,l_w\,.$$

Die Effekte sind demnach nach drei Wölblängen abgeklungen, woraus der Bereich mit relevanten Wölbeffekten um das Lager B resultiert zu

$$l - 3\,l_w \le x \le l + 3\,l_w \quad\Leftrightarrow\quad 1838,7 \le x \le\approx 2161,3\,\text{mm}\,.$$

L5.14/Lösung zur Aufgabe 5.14 – Verformungen und Wölbspannungen eines Flügelkastens

a) Mit Hilfe der Wölblänge l_w kann man abschätzen, über welche Strecke Wölbeffekte abgeklungen sind, da in der allgemeinen Lösung (vgl. Gl. (5.28)) der beherrschenden Differentialgleichung (5.27) diese Kenngröße im Exponenten der Euler- bzw. der e-Funktion auftritt. Die Wölblänge ergibt sich wegen konstanter Material- und Querschnittsgrößen für den gesamten Flügel zu

$$l_w = \sqrt{\frac{E\,C_T}{G I_T}} \approx 152\,\text{mm}\,.$$

Wir gehen hier davon aus, dass der Einfluss von Wölbeffekten abgeklungen ist, wenn sie auf weniger als 3 % ihres Maximalwertes abgesunken sind. Es resultiert mit der dimensionslosen Koordinate $\xi = \frac{x}{l}$

$$e^{\chi \xi} = 0{,}03 e^{\chi} \quad \Leftrightarrow \quad e^{\chi(\xi-1)} = 0{,}03$$

$$\Leftrightarrow \quad \xi = 1 + \frac{1}{\chi}\ln 0{,}03 \quad \Leftrightarrow \quad x = l + l_w \ln 0{,}03x \approx l - 3{,}5\,l_w\,.$$

Der Einfluss der Wölbkrafttorsion wird somit nach ungefähr 3,5 Wölblängen auf unter 3 % abgeklungen sein, was hier mit ca. 530 mm korrespondiert. Weil Einflüsse der Wölbkrafttorsion dort nicht vernachlässigbar sind, wo die freie Verwölbung nicht gewährleistet ist, müssen wir davon ausgehen, dass in Lasteinleitungsbereichen oder freien Trägerenden entsprechende Größen relevant werden. Für den Flügel bedeutet dies, dass wir im Rumpfanschluss, im Bereich des Flügelstützenanschlusses sowie am freien Flügelende Wölbeffekte erwarten sollten.

b) Um die Verdrehung ϑ zu erhalten, müssen wir die beherrschende Differentialgleichung (5.26) lösen. Wir definieren zwei Bereiche entlang des Flügels nach Abb. 5.34, da wegen der Flügelstütze nicht entlang des kompletten Flügels stetig differenzierbare Funktionen für das Torsionsmoment angegeben werden können. Es tritt ein Sprung im Anschluss der Flügelstütze auf. Wir nutzen die dimensionslosen Koordinaten $\xi_1 = x_1/l_1$ und $\xi_2 = x_2/l_2$. Damit lässt sich die oben genannte Differentialgleichung umformulieren zu

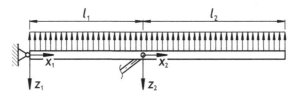

Abb. 5.34 Definition der verwendeten Flügelbereiche

$$\frac{d^4\vartheta}{d\xi_1^4} - \chi_1^2 \frac{d^2\vartheta_1}{d\xi_1^2} = -\mu_1 \;, \quad \frac{d^4\vartheta}{d\xi_2^4} - \chi_2^2 \frac{d^2\vartheta_2}{d\xi_2^2} = -\mu_2$$

mit $0 \le \xi_1, \xi_2 \le 1$.

Für die Abkürzungen gilt

$$\chi_1 = \sqrt{\frac{G I_T}{E C_T}}\, l_1 \approx 16,455 \;, \quad \chi_2 = \sqrt{\frac{G I_T}{E C_T}}\, l_2 \approx 19,746$$

und

$$\mu_1 = \frac{T'\, l_1^4}{E C_T} \approx 1,3455 \;, \quad \mu_2 = \frac{T'\, l_2^4}{E C_T} \approx 2,7900 \;.$$

Die Ableitung T' des Torsionsmomentes in x-Richtung haben wir dabei mit Hilfe von Abb. 5.35 bestimmt, in dem ein infinitesimales Flügelelement dargestellt ist. Diese Verhältnisse gelten sowohl im Außen- als auch im Innenflügelbereich (zwischen Stütze und Rumpf). Das Momentengleichgewicht um eine Achse, die durch den Schubmittelpunkt verläuft, ergibt sich also zu

$$\sum_i M_{i,\mathrm{SMP}} = 0 \quad \Leftrightarrow \quad T + dT - T - \Delta y\, q_L\, dx = 0 \;.$$

Nach den geometrischen Verhältnissen in Abb. 5.14 gilt für die Distanz zwischen der Angriffslinie der Streckenlast und dem Schubmittelpunkt

$$\Delta y = \Delta y_3 - \Delta y_2 - \Delta y_1 \;,$$

weshalb wir für die Änderung des Torsionsmomentes erhalten

$$\frac{dT}{dx} = T' = q_L\, (\Delta y_3 - \Delta y_2 - \Delta y_1) \;.$$

Die allgemeine Lösung für die Differentialgleichung ist in Gl. (5.28) definiert. Es

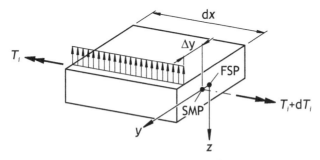

Abb. 5.35 Infinitesimales Flügelelement zur Ermittlung der Änderung des Torsionsmomentes in Flügellängsrichtung mit Schubmittelpunkt SMP und Flächenschwerpunkt FSP

folgt demnach

$$\vartheta_1(\xi_1) = \frac{1}{\chi_1^2}\left(C_{11}\,e^{\chi_1\xi_1} + C_{12}\,e^{-\chi_1\xi_1}\right) + C_{13}\,\xi_1 + C_{14} + \frac{\mu_1}{2\,\chi_1^2}\,\xi_1^2, \qquad (5.77)$$

$$\vartheta_2(\xi_2) = \frac{1}{\chi_2^2}\left(C_{21}\,e^{\chi_2\xi_2} + C_{22}\,e^{-\chi_2\xi_2}\right) + C_{23}\,\xi_2 + C_{24} + \frac{\mu_2}{2\,\chi_2^2}\,\xi_2^2. \qquad (5.78)$$

Es treten insgesamt acht Integrationskonstanten auf, die über die Randbedingungen und die Übergangsbedingungen im Stützenanschluss bestimmt werden müssen. Wir müssen allerdings beachten, dass das Torsionsproblem einfach statisch unbestimmt ist, d. h. wir müssen eine unbekannte Lagerreaktion einführen, die ebenfalls über die Randbedingungen ermittelt werden muss. Es sind somit insgesamt neun Rand- und Übergangsbedingungen, die wir aufstellen müssen, um die Verdrehungen und ihre Ableitungen eindeutig bestimmen zu können.

Mit der Lagerung des Flügels zum Rumpf hin (vgl. Abb 5.14), d. h. bei $\xi_1 = 0$ wird eine Verdrehung verhindert. Außerdem treten dort nach den Hinweisen in der Aufgabenstellung keine Wölbspannungen auf, weshalb die 2. Ableitung der Verdrehung verschwindet. Unter Berücksichtigung der 2. Ableitung nach Gl. (5.30), d. h. von

$$\vartheta_1''(\xi_1) = \frac{1}{l_1^2}\left(C_{11}\,e^{\chi_1\xi_1} + C_{12}\,e^{-\chi_1\xi_1}\right) + \frac{\mu_1}{l_1^2\,\chi_1^2}$$

resultieren somit die Randbedingungen zu

$$\vartheta_1(\xi_1 = 0) = \frac{1}{\chi_1^2}(C_{11} + C_{12}) + C_{14} = 0 \quad \Leftrightarrow \quad C_{11} + C_{12} + \chi_1^2\,C_{14} = 0, \quad (5.79)$$

$$\vartheta_1''(\xi_1 = 0) = \frac{1}{l_1^2}(C_{11} + C_{12}) + \frac{\mu_1}{l_1^2\,\chi_1^2} = 0 \quad \Leftrightarrow \quad C_{11} + C_{12} = -\frac{\mu_1}{\chi_1^2}. \quad (5.80)$$

An der Flügelspitze bei $\xi_2 = 1$ treten gemäß den Hinweisen in der Aufgabenstellung keine Wölbspannungen auf. Folglich resultiert mit der 2. Ableitung der Verdrehung nach Gl. (5.30)

$$\vartheta_2''(\xi_2 = 1) = \frac{1}{l_2^2}\left(C_{21}\,e^{\chi_2} + C_{22}\,e^{-\chi_2}\right) + \frac{\mu_2}{l_2^2\,\chi_2^2} = 0$$

$$\Leftrightarrow \quad C_{21}\,e^{\chi_2} + C_{22}\,e^{-\chi_2} = -\frac{\mu_2}{\chi_2^2}. \qquad (5.81)$$

Darüber hinaus ist das Torsionsmoment an der Flügelspitze null. Gemäß Gl. (5.25) bedeutet dies

$$T = GI_T\,\vartheta_2'(\xi_2 = 1) - EC_T\,\vartheta_2'''(\xi_2 = 1) = 0$$

$$\Leftrightarrow \quad \vartheta_2'(\xi_2 = 1) - \frac{l_2^2}{\chi_2^2}\,\vartheta_2'''(\xi_2 = 1) = 0.$$

Nutzen wir die 1. und die 3. Ableitung der Verdrehung nach den Gln. (5.29) und (5.31)

$$\vartheta_2'(\xi_2) = \frac{1}{l_2\,\chi_2}\left(C_{21}\,e^{\chi_2\,\xi_2} - C_{22}\,e^{-\chi_2\,\xi_2}\right) + \frac{1}{l_2}\,C_{23} + \frac{\mu_2}{l_2\,\chi_2^2}\,\xi_2\,,$$

$$\vartheta_2'''(\xi_2) = \frac{\chi_2}{l_2^3}\left(C_{21}\,e^{\chi_2\,\xi_2} - C_{22}\,e^{-\chi_2\,\xi_2}\right)\,,$$

folgt somit bei einem verschwindenden Moment an der Flügelspitze

$$C_{23} = -\frac{\mu_2}{\chi_2^2}\,. \tag{5.82}$$

Im Anschluss der Stütze an den Flügel liegt eine Gabellagerung vor, weshalb die Verdrehungen von beiden Bereichen dort verschwinden. Wir erhalten

$$\vartheta_1(\xi_1 = 1) = \frac{1}{\chi_1^2}\left(C_{11}\,e^{\chi_1} + C_{12}\,e^{-\chi_1}\right) + C_{13} + C_{14} + \frac{\mu_1}{2\,\chi_1^2} = 0$$

$$\Leftrightarrow \quad C_{11}\,e^{\chi_1} + C_{12}\,e^{-\chi_1} + \chi_1^2\,C_{13} + \chi_1^2\,C_{14} = -\frac{\mu_1}{2}\,, \tag{5.83}$$

$$\vartheta_2(\xi_2 = 0) = \frac{1}{\chi_2^2}\left(C_{21} + C_{22}\right) + C_{24} = 0\,. \tag{5.84}$$

Zudem müssen im Flügelstützenanschluss noch die 1. sowie 2. Ableitungen der Verdrehungen beider Bereiche gleich sein. Aus der Bedingung für die Verdrillungen ϑ_i' folgt

$$\vartheta_1'(\xi_1 = 1) = \vartheta_2'(\xi_2 = 0)$$

$$\Leftrightarrow \quad C_{11}\,e^{\chi_1} - C_{12}\,e^{-\chi_1} + \chi_1\,C_{13} - \frac{l_1^2}{l_2^2}\left(C_{21} - C_{22}\right) - \frac{l_1\,\chi_1}{l_2}\,C_{23} = -\frac{\mu_1}{\chi_1}\,. \tag{5.85}$$

Außerdem müssen sich die Wölbspannungen entsprechen, weshalb die 2. Ableitungen gleich sein müssen

$$\vartheta_1''(\xi_1 = 1) = \vartheta_2''(\xi_2 = 0)$$

$$\Leftrightarrow \quad C_{11}\,e^{\chi_1} + C_{12}\,e^{-\chi_1} - \frac{l_1^2}{l_2^2}\left(C_{21} + C_{22}\right) = \frac{\mu_2}{\chi_2^2} - \frac{\mu_1}{\chi_1^2}\,. \tag{5.86}$$

Als Letztes können wir noch das Torsionsmoment über den Stützenanschluss formulieren. Es tritt ein Sprung im Torsionsmoment infolge der Lagerreaktion auf. Weil wir diese nicht kennen, führen wir das noch unbekannte Torsionmoment M_B ein. Es gilt somit

$$T_2(\xi_2 = 0) + M_B - T_1(\xi_1 = 1) = 0\,.$$

Dieses Momentengleichgewicht ausgedrückt durch die Verdrehungen und deren Ableitungen führt auf

$$\frac{\chi_2^2}{l_2^2}\,\vartheta_2'(\xi_2 = 0) - \vartheta_2'''(\xi_2 = 0) + \frac{M_B}{E\,C_T} - \left(\frac{\chi_1^2}{l_1^2}\,\vartheta_1'(\xi_1 = 1) - \vartheta_1'''(\xi_1 = 1)\right) = 0\,.$$

Mit

$$\vartheta_2'(\xi_2 = 0) = \frac{1}{l_2 \chi_2} (C_{21} - C_{22}) + \frac{1}{l_2} C_{23} \,,$$

$$\vartheta_2'''(\xi_2 = 0) = \frac{\chi_2}{l_2^3} (C_{21} - C_{22}) \,,$$

$$\vartheta_1'(\xi_1 = 1) = \frac{1}{l_1 \chi_1} (C_{11} e^{\chi_1} - C_{12} e^{-\chi_1}) + \frac{1}{l_1} C_{13} + \frac{\mu_1}{l_1 \chi_1^2} \,,$$

$$\vartheta_1'''(\xi_1 = 1) = \frac{\chi_1}{l_1^3} (C_{11} e^{\chi_1} - C_{12} e^{-\chi_1}) \,,$$

resultiert

$$\frac{\chi_2^2}{l_2^3} C_{23} - \frac{\chi_1^2}{l_1^3} C_{13} = \frac{\mu_1}{l_1^3} - \frac{M_B}{E C_T} \,. \tag{5.87}$$

Damit haben wir für die acht unbekannten Integrationskonstanten und die unbekannte Lagerreaktion M_B insgesamt neun Gleichungen zur Verfügung. Es handelt sich um ein eindeutig lösbares lineares Gleichungssystem, dessen Lösung rechnerisch aufwendig ist, wenn man es mit Papier und Stift versucht. Der Übersichtlichkeit halber stellen wir daher an dieser Stelle die Berechnung nicht dar, sondern verweisen auf Abschnitt 9.4.2, in dem eine Lösung beschrieben ist. Angemerkt sei allerdings, dass ein solches Gleichungssystem mit Hilfe eines Computeralgebrasystems sehr schnell gelöst werden kann. Es ist daher sehr zu empfehlen, sich die Handhabung eines entsprechenden Programms anzueignen.

Die Lösung des Gleichungssystems, das aus den Gln. (5.79) bis (5.86) besteht, ergibt

$$C_{11} = -5,1067 \cdot 10^{-9} \,, \quad C_{12} = -4,9692 \cdot 10^{-3} \,, \quad C_{13} = -2,2388 \cdot 10^{-3} \,,$$
$$C_{14} = 1,8352 \cdot 10^{-5} \,, \quad C_{21} = -1,9014 \cdot 10^{-11} \,, \quad C_{22} = -1,0300 \cdot 10^{-1} \,,$$
$$C_{23} = -7,1556 \cdot 10^{-3} \,, \quad C_{24} = 2,6416 \cdot 10^{-4} \,.$$

Folglich ist nach den Gln. (5.77) und (5.78) die Verdrehung entlang der Flügellängsachse gegeben.

Zudem können wir die gesuchte Verdrehung an der Flügelspitze ermitteln. Die Verdrehung ergibt sich zu

$$\vartheta_2(\xi_2 = 1) = \frac{1}{\chi_2^2} (C_{21} e^{\chi_2} + C_{22} e^{-\chi_2}) + C_{23} + C_{24} + \frac{\mu_2}{2 \chi_2^2}$$
$$\approx -3,3320 \cdot 10^{-3} \approx -0,19° \,.$$

Angemerkt sei allerdings, dass dies nur dann die Verdrehung an der Flügelspitze ist, wenn der Flügelstützenanschluss tatsächlich als Gabellager interpretiert werden darf. In Realität tritt hier jedoch eine Verdrehung auf, die zudem zu einer Kopplung von Torsion und Biegung des Flügels führt.

c) Die Berechnung der Wölbspannungen führen wir mit Hilfe von Gl. (5.32) durch, d. h. es gilt

$$\sigma_w = -E\,u^*(s)\,\vartheta''(x)\,. \tag{5.88}$$

Darin kommen der Elastizitätsmodul E, die Einheitsverwölbung $u^*(s)$ und die 2. Ableitung der Verdrehung $\vartheta''(x)$ vor. Der Elastizitätsmodul E ist für den Flügel konstant und in der Aufgabenstellung gegeben. Die Einheitsverwölbung $u^*(s)$ ist in jedem Querschnitt des Flügels gleich, da die Profilform sich nicht ändert. Die 2. Ableitung der Verdrehung $\vartheta''(x)$ können wir mit Hilfe der Lösung im Aufgabenteil b) berechnen. Die Suche nach der maximalen Wölbspannung können wir wegen des Produkts von $u^*(s)$ und $\vartheta''(x)$ demnach aufteilen, in eine Bestimmung der maximalen Einheitsverwölbung im Querschnitt und eine Ermittlung der maximalen 2. Ableitung der Verdrehung $\vartheta''(x)$ entlang des Flügels.

Wir beginnen mit der Bestimmung der maximalen Einheitsverwölbung im Querschnitt. In der Aufgabenstellung sind in den Punkten A, B und C die Einheitsverwölbungen gegeben. Mit diesen können wir abschätzen, wo im Querschnitt die betragsmäßig maximale Einheitsverwölbung auftritt. Da auf der Symmetrielinie die Einheitsverwölbungen verschwinden und zudem auf geraden Wandabschnitten die Einheitsverwölbung beim Einzeller linear entlang der Profilmittellinie variiert, können wir mit den Angaben für die Punkte A, B und C die Einheitsverwölbungen konstruieren, indem wir die Zwischenpunkte linear interpolieren. Im Bereich mit $z < 0$ ergeben sich dann auch die Einheitsverwölbungen aufgrund ihres antimetrischen Verlaufs. Das Ergebnis ist in Abb. 5.36 skizziert. Es ist ersichtlich, dass wir immer nur die Ränder des jeweiligen linearen Bereichs miteinander vergleichen müssen, um den betragsmäßig größten Wert für die Einheitsverwölbung zu erhalten. Demnach tritt die betragsmäßig größte Einheitsverwölbung im Punkt C sowie im Spiegelpunkt C' zur y-Achse auf

$$u^*_{\max} = |\pm u^*_C| = 2{,}1610 \cdot 10^4\,\text{mm}^2\,.$$

Zur Bestimmung der 2. Ableitung der Verdrehung nutzen wir Gl. (5.30). Es folgt für den Bereich 1 zwischen Rumpf und Flügelstütze

$$\vartheta''_1(\xi_1) = \frac{1}{l_1^2}\left(C_{11}\,e^{\chi_1\xi_1} + C_{12}\,e^{-\chi_1\xi_1}\right) + \frac{\mu_1}{l_1^2\,\chi_1^2}$$

$$= \left(7{,}9507 - 8{,}1707 \cdot 10^{-6}\,e^{16{,}455\,\xi_1} - 7{,}9507\,e^{-16{,}455\,\xi_1}\right)\frac{10^{-10}}{\text{mm}^2}\,.$$

Wir suchen den betragsmäßigen Maximalwert für $\vartheta''_1(\xi_1)$ im Bereich $0 \leq \xi_1 \leq 1$, weshalb grundsätzlich eine Kurvendiskussion der Funktion $\vartheta''_1(\xi_1)$ durchgeführt werden muss. Da mit heutigen Taschenrechnern häufig Funktionsgraphen gezeichnet bzw. dargestellt werden können, lässt mit solchen Taschenrechnern sehr schnell ein guter Überblick zum grundsätzlichen Kurvenverlauf gewinnen. Es ist daher zu empfehlen, ein solches Hilfsmittel auch einzusetzen. Der Nachvollziehbarkeit halber verzichten wir hier allerdings darauf.

Im Klammerausdruck der Funktion $\vartheta''_1(\xi_1)$ kommen drei Summanden vor. Der erste Summand ist konstant und beträgt $7{,}9507 \cdot 10^{-10}/\text{mm}^2$. Die nachfolgenden Summanden sind stets kleiner null und reduzieren deshalb den zuvor genannten

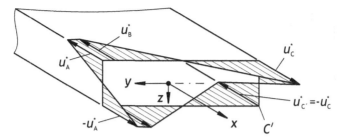

Abb. 5.36 Einheitsverwölbung entlang der Profilmittellinie

Wert. Der Betrag des zweiten Summanden wächst streng monoton mit steigendem ξ_1. Am linken Rand des Definitionsbereiches $0 \leq \xi_1 \leq 1$ ist der Betrag daher minimal und am rechten maximal. Beim dritten Summanden ist es genau umgekehrt. Am linken Rand ist der Betrag maximal und am rechten minimal. Dazwischen ist er streng monoton fallend mit zunehmender Koordinate ξ_1. Wir untersuchen daher die Ränder von $\vartheta_1''(\xi_1)$ und erhalten

$$\vartheta_1''(\xi_1 = 0) = 1{,}8440 \cdot 10^{-15} \frac{1}{\text{mm}^2} \,, \qquad \vartheta_1''(\xi_1 = 1) = -1{,}0649 \cdot 10^{-8} \frac{1}{\text{mm}^2} \,.$$

Der betragsmäßig größte Wert tritt wegen $|\vartheta_1''(\xi_1 = 1)| > |\vartheta_1''(\xi_1 = 0)|$ am rechten Rand des Bereichs 1 auf. Insbesondere sei angemerkt, dass der Wert am linken Rand $\vartheta_1''(\xi_1 = 0)$ nach der Randbedingung in Gl. (5.80) null sein muss, was allerdings aufgrund der numerischen Berechnung hier nicht gegeben ist. Es resultiert der betragsmäßig maximale Wert zu

$$|\vartheta_1''|_{\max} = 1{,}0649 \cdot 10^{-8} \frac{1}{\text{mm}^2} \,.$$

Wir gehen für den Bereich 2 wie zuvor vor. Für die 2. Ableitung der Verdrehung resultiert

$$\vartheta_2''(\xi_2) = \frac{1}{l_2^2} \left(C_{21} \, e^{\chi_2 \xi_2} + C_{22} \, e^{-\chi_2 \xi_2} \right) + \frac{\mu_2}{l_2^2 \chi_2^2}$$
$$= \left(7{,}9507 - 114{,}44 \, e^{19{,}746 \xi_2} - 2{,}1127 \cdot 10^{-8} e^{-19{,}746 \xi_2} \right) \frac{10^{-10}}{\text{mm}^2} \,.$$

Diese Funktion weist im Prinzip den gleichen Verlauf auf, wie dies im Bereich 1 der Fall ist. Wir müssen also hier ebenfalls nur die Ränder untersuchen.

$$\vartheta_2''(\xi_2 = 0) = -1{,}0649 \cdot 10^{-8} \frac{1}{\text{mm}^2} \,, \qquad \vartheta_2''(\xi_2 = 1) = -1{,}1729 \cdot 10^{-14} \frac{1}{\text{mm}^2} \,.$$

Erwartungsgemäß ist der Wert am rechten Rand sehr klein, da hier die Randbedingung nach Gl. (5.81) verschwindende Wölbspannungen vorgibt. Der betragsmäßig größte Wert tritt daher am linken Rand des Bereichs 2 auf und entspricht dem be-

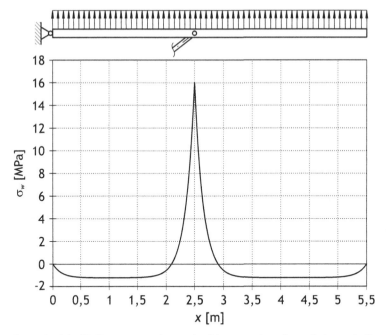

Abb. 5.37 Verlauf der Wölbspannungen im maximal beanspruchten Querschnittspunkt C

tragsmäßigen Maximalwert aus Bereich 1 wegen Gl. (5.86). Die maximale Wölbspannung tritt daher im Bereich des Anschlusses der Flügelstütze auf, wobei wir für
den maximalen Betrag der 2. Ableitung der Verdrehung

$$| \vartheta'' |_{max} = | \vartheta''_1 |_{max} = | \vartheta''_2 |_{max} = 1{,}0649 \cdot 10^{-8} \frac{1}{mm^2}$$

verwenden. Für die Berechnung der betragsmäßig maximalen Wölbspannung folgt
somit

$$\sigma_{w_{max}} = | -E u^*_{max} \vartheta''_{max} | = 16{,}11 \, MPa \, .$$

Diese tritt im Punkt C und ihrem Spiegelpunkt C' zur y-Achse im Anschlussbereich
der Flügelstütze auf. Im Punkt C handelt es sich um eine Zug- und im Spiegelpunkt
zum Punkt C um eine Druckspannung.

Der Anschaulichkeit halber stellen wir hier ergänzend den Verlauf der Wölbspannung im Punkt C entlang des Flügels dar. Der zuvor diskutierte Kurvenverlauf für
ϑ'' wird dabei gemäß Gl. (5.88) mit dem Elastizitätsmodul E und der Einheitsverwölbung u^*_C im Punkt C multipliziert. Das Ergebnis findet sich in Abb. 5.37. Als
Abszisse wird die Koordinate x verwendet, für die in den beiden Flügelbereichen
gilt

$$x = l_1 \xi_1 \quad und \quad x - l_1 = l_2 \xi_2 \, .$$

Die maximale Wölbspannung im Anschlussbereich der Stütze ist gut ersichtlich.

Kapitel 6
Stabilität schlanker Strukturen

6.1 Grundlegende Beziehungen

- **Eulerknicken**

  - **Kritische Knicklast F_{krit}**

$$F_{krit} = k_E \, \frac{\pi^2 EI}{l^2} \qquad bzw. \qquad F_{krit} = \frac{\pi^2 EI}{l_0^2} \qquad (6.1)$$

E	Elastizitätsmodul
I	kleinstes Hauptflächenmoment des Profils
k_E	Eulerscher Knickbeiwert
l	Stab- bzw. Balkenlänge
l_0	freie Knicklänge

  - **Eulerfälle mit Eulerschem Knickbeiwert k_E bzw. freier Knicklänge l_0**

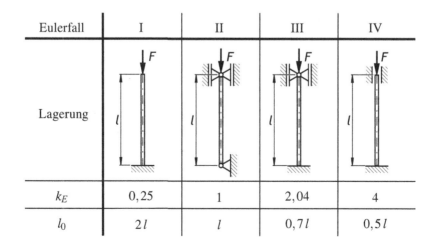

Eulerfall	I	II	III	IV
Lagerung				
k_E	$0,25$	1	$2,04$	4
l_0	$2\,l$	l	$0,7\,l$	$0,5\,l$

© Springer-Verlag GmbH Deutschland 2018
M. Linke, *Aufgaben zur Festigkeitslehre für den Leichtbau*,
https://doi.org/10.1007/978-3-662-56149-2_6

– Homogene **Differentialgleichung des elastischen Stabknickens** in der x-z-Ebene bei Differentiation nach x gekennzeichnet durch $(\ )'$

$$\left(EI_y w'' \right)'' + \left(F w' \right)' = 0 \qquad (6.2)$$

E	Elastizitätsmodul
F	Druckkraft (d. h. es gilt $N = -F$) in Längs- bzw. x-Richtung
I_y	axiales Flächenmoment 2. Grades um y-Hauptachse
N	Schnittreaktion in x-Richtung bzw. Normalkraft
w	Verschiebung in z-Richtung

– Lösung von Gl. (6.2) bei konstanter Biegesteifigkeit EI_y

$$w(x) = A_1 \sin\left(\zeta x \right) + A_2 \cos\left(\zeta x \right) + A_3\, \zeta\, x + A_4 \quad \text{mit} \quad \zeta = \frac{F}{EI_y} \qquad (6.3)$$

A_i	Konstante bzw. Integrationskonstante i
w	Verschiebung in z-Richtung
x	Längs- bzw. Balkenachse

- **Biegedrillknicken:** Kubische Gleichung für Druckbelastung F bei beidseitiger Gabellagerung

$$\frac{I_0}{A} \left(F - \frac{A}{I_0} \left(\frac{\pi^2 E C_T}{l^2} + G I_T \right) \right) \left(F - \frac{\pi^2 E I_z}{l^2} \right) \left(F - \frac{\pi^2 E I_y}{l^2} \right)$$

$$- F^2 e_z^2 \left(F - \frac{\pi^2 E I_y}{l^2} \right) - F^2 e_y^2 \left(F - \frac{\pi^2 E I_z}{l^2} \right) = 0 \qquad (6.4)$$

$$\text{mit} \quad I_0 = I_y + I_z + A \left(e_y^2 + e_z^2 \right)$$

A	Querschnittsfläche
C_T	Wölbwiderstand
E	Elastizitätsmodul
e_y, e_z	y- bzw. z-Koordinate des Schubmittelpunkts im y-z-Hauptachsensystem
F	Druckkraft in Trägerlängsrichtung
G	Schubmodul
I_T	Torsionsflächenmoment
I_y, I_z	axiale Flächenmomente 2. Grades um die y- bzw. z-Hauptachse
I_0	polares Flächenmoment 2. Grades um den Schubmittelpunkt
l	Trägerlänge

- **Kippen:** Kritische Lasten für Biegeträger ohne Wölbbehinderung mit Torsionssteifigkeit GI_T und Biegesteifigkeit EI_z um z-Hauptachse [5, S. 300]

Belastung	kritische Last
	$M_{\mathrm{krit}} = \dfrac{\pi}{l}\sqrt{EI_z\,GI_T}$ (6.5)
	$F_{\mathrm{krit}} \approx \dfrac{16,9}{l^2}\sqrt{EI_z\,GI_T}$ (6.6)
	$q_{\mathrm{krit}} \approx \dfrac{28,3}{l^3}\sqrt{EI_z\,GI_T}$ (6.7)
	$F_{\mathrm{krit}} \approx \dfrac{4,2}{l^2}\sqrt{EI_z\,GI_T}$ (6.8)

6.2 Aufgaben

A6.1/Aufgabe 6.1 – Knicken einer Flügelstütze

Die Flügelstütze eines Sportflugzeugs soll so ausgelegt werden, dass sie nicht beim Auftreten von Böen knickt. Der relevante Lastfall ist in Abb. 6.1 skizziert. Die Flügelstütze ist gelenkig an den Flügel angeschlossen und weist einen dünnwandigen rechteckigen Hohlquerschnitt mit der Wandstärke t sowie den Abmessungen a und b auf. Sie besteht aus einem Material mit dem Elastizitätsmodul E.

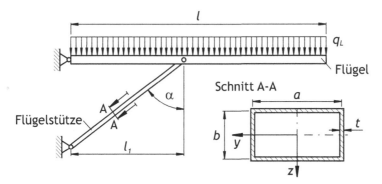

Abb. 6.1 Auslegungsrelevanter Lastfall für die Flügelstütze und Querschnitt der Flügelstütze

Gegeben Längen $l = 5,5$ m und $l_1 = 2,5$ m; Abmessungen $a = 90$ mm, $b = 45$ mm; Streckenlast $q_L = 1$ N/mm; Wandstärke $t = 1,8$ mm; Winkel $\alpha = 60°$; Elastizitätsmodul $E = 70$ MPa

Gesucht

a) Bestimmen Sie die Normalkraft S in der Flügelstütze.
b) Berechnen Sie die Sicherheit S_K gegen Knicken.

Hinweis Sie dürfen davon ausgehen, dass nur Eulerknicken zu berücksichtigen ist.

Kontrollergebnisse a) k. A. **b)** $S_K \approx 1,3$

A6.2/Aufgabe 6.2 – Gestänge zur Ruderansteuerung

Das Knickversagen eines Gestänges zur Ruderansteuerung bei einem Sportflugzeug soll untersucht werden. Hierzu wird das Steuergestänge als ebenes Modell bestehend aus drei Stäben, einem starren Umlenkhebel und einer starren Verbindung mit dem Ruder, an dem das Schaniermoment M_R wirkt, idealisiert. Die Stäbe sind über reibungsfreie Gelenke, deren Abmessungen vernachlässigbar sind, miteinander verbunden. Das Gestänge wird über einen Motor bewegt bzw. statisch in Position gehalten, der die Kraft F_M ausübt. Das Steuergestänge soll für die in Abb. 6.2 dargestellte Position ausgelegt werden. Das Rudermoment M_R ist sowohl für die skizzierte Wirkungsrichtung als auch für die entgegengesetzte Richtung zu berücksichtigen. Alle Stangen bzw. Stäbe besitzen einen Kreisringquerschnitt mit dem Radius r und der Wandstärke t. Sie sind alle aus dem gleichen isotropen Material mit dem Elastizitätsmodul E.

Gegeben Längen $l = 0,6$ m, $l_1 = 1,5\,l$, $l_2 = l$, $l_3 = 0,5\,l$; Abmessungen $a = 100$ mm, $b = 110$ mm, $c = 50$ mm; Wandstärke $t = 1,2$ mm; Radius $r = 7$ mm; Winkel $\alpha = 16°$; Schaniermoment $M_R = \pm 75$ N m; Elastizitätsmodul $E = 70$ MPa

Gesucht

a) Bestimmen Sie die kritische Eulerlast für jede Stange.

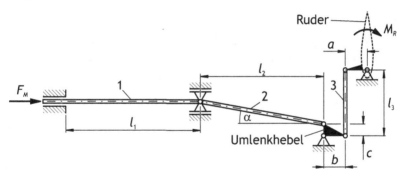

Abb. 6.2 Ebenes Modell eines Steuergestänges zur Ruderansteuerung

b) Berechnen Sie die Sicherheit S_K gegen Knicken und geben Sie diese an.

Hinweise

- Gehen Sie davon aus, dass einzig elastisches Eulerknicken untersucht werden muss.
- Das axiale Flächenmoment 2. Grades eines Kreisringquerschnitts mit Radius r und Wandstärke t ist
$$I = \pi r^3 t \,.$$

Kontrollergebnisse a) k. A. **b)** $S_K \approx 1,34$

A6.3/Aufgabe 6.3 – Eulerknicken und freie Knicklänge

Der Balken in Abb. 6.3 ist an einem Ende eingespannt und an dem anderen gelenkig geführt. Die äußere Drucklast wirkt am Gelenk. Es handelt sich um den Eulerknickfall III, der hier mit Hilfe der Differentialgleichung 4. Ordnung des elastischen Stabknickens (vgl. Gl. (6.2)) berechnet werden soll.

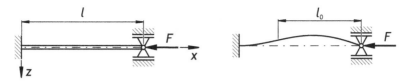

Abb. 6.3 Fall III des Euler-Stabknickens und freie Knicklänge l_0

Gegeben Balkenlänge l; Biegesteifigkeit $EI_y = $ konst.

Gesucht

a) Bestimmen Sie die kritische Knicklast F_{krit} und den Knickbeiwert k_E, indem Sie die Differentialgleichung 4. Ordnung des elastischen Stabknickens nach Gl. (6.2) lösen.

b) Berechnen Sie die freie Knicklänge l_0 unter Nutzung der Knickform.

Hinweis Um die Ergebnisse der Musterlösung zu erhalten, nutzen Sie dezimale Gleitkommaarithmetik mit einer Genauigkeit der Mantisse von drei Stellen hinter dem Komma (vgl. Abschnitt 9.1).

Kontrollergebnisse a) $F_{\mathrm{krit}} = k_E \frac{\pi^2 EI_y}{l^2}$, $k_E = 2,045$ **b)** $l_0 = 0,699\,l$

A6.4/Aufgabe 6.4 – Biegeknicken

Die Knicklast des in Abb. 6.4 abgebildeten Trägers soll ermittelt werden. Der Träger besitzt eine Gesamtlänge von $2l$ und seine Biegesteifigkeit EI_y ist konstant.

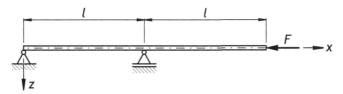

Abb. 6.4 Balken unter Längskraftbelastung F

Gegeben Länge l; Biegesteifigkeit EI_y

Gesucht

a) Berechnen Sie die kritische Knicklast mit der Differentialgleichung des elastischen Stabknickens.

b) Geben Sie die Funktion der Knickform an.

Hinweis Um die Ergebnisse der Musterlösung zu erhalten, nutzen Sie dezimale Gleitkommaarithmetik mit einer Genauigkeit der Mantisse von vier Stellen hinter dem Komma (vgl. Abschnitt 9.1).

Kontrollergebnisse a) $F_{\mathrm{krit}} \approx 1,3584 \frac{EI_y}{l^2}$ **b)** Knickform im Bereich $0 \le x \le l$

$$w_1(x) \approx \left[\frac{x}{l} - 1,0882 \sin\left(1,1655 \frac{x}{l} \right) \right] w_l$$

und Knickform im Bereich $l \le x \le 2l$

$$w_2(x) \approx \left[1 - 7,4985 \cdot 10^{-1} \sin\left(1,1655 \frac{x}{l} \right) - 7,8849 \cdot 10^{-1} \cos\left(1,1655 \frac{x}{l} \right) \right] w_l$$

mit Auslenkung w_l der Lasteinleitungsstelle

A6.5/Aufgabe 6.5 – Biegeknicken bei Imperfektion

Der Balken der Länge l nach Abb. 6.5 ist beidseitig gelenkig gelagert. Dieser ist durch die beiden Kräfte F druckbelastet und ist daher stabilitätsgefährdet. Die

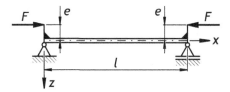

Abb. 6.5 Balken unter Längskraftbelastung mit Exzentrizität e

Drucklasten werden über starre Verbindungselemente mit der Exzentrizität e in den Träger eingeleitet. Die Biegesteifigkeit EI_y entlang der x-Achse ist konstant.

Gegeben Länge l; Exzentrizität e; Biegesteifigkeit EI_y; Trägheitsradius i_y

Gesucht

a) Berechnen Sie die Funktion der Biegelinie $w(x)$, indem Sie das Biegemoment in einer ausgelenkten Lage an einer beliebigen Stelle x ($0 \leq x \leq l$) formulieren und dann in

$$EI_y\, w'' = -M_{by}$$

berücksichtigen.

b) Ermitteln Sie die Funktion der Biegelinie $w(x)$ erneut, und zwar indem Sie die beherrschende Differentialgleichung 4. Ordnung nach Gl. (6.2), d. h. gemäß

$$\left(EI_y\, w'' \right)'' + \left(F\, w' \right)' = 0$$

verwenden.

c) Geben Sie die kritische Stabilitätslast F_{krit} an. Bestimmen Sie den Ort und den Wert der maximalen Auslenkung im Stabilitätsfall in Abhängigkeit von Exzentrizität e und vom Verhältnis der aufgebrachten zur kritischen Last F/F_{krit}.

d) Skizzieren Sie den Verlauf der maximalen Auslenkung w_{max} bezogen auf den Trägheitsradius i_y in Abhängigkeit von der Relation von aufgebrachter Last F zur kritischen Last F_{krit}. Verwenden Sie die folgenden numerischen Werte

$$\frac{e}{i_y} = 0{,}001\,,\quad 0{,}005\,,\quad 0{,}01 \quad \text{und} \quad 0{,}02\,.$$

Hinweis Mit Hilfe der folgenden Additionstheoreme kann die Funktion der Biegelinie und ihre Ableitung in eine übersichtliche Form gebracht werden

$$\cos(\alpha) = \cos^2\left(\frac{\alpha}{2}\right) - \sin^2\left(\frac{\alpha}{2}\right) = -2\sin^2\left(\frac{\alpha}{2}\right),$$
$$\sin(\alpha) = 2\sin\left(\frac{\alpha}{2}\right)\cos\left(\frac{\alpha}{2}\right).$$

Kontrollergebnisse a), b) und **d)** k. A. **c)** $F_{\text{krit}} = \frac{\pi^2 EI_y}{l^2}$ und

$$w_{\max} = e\sin\left(\frac{\pi}{2}\sqrt{\frac{F}{F_{\mathrm{krit}}}}\right)\left[\tan\left(\frac{\pi}{2}\sqrt{\frac{F}{F_{\mathrm{krit}}}}\right) - \tan\left(\frac{\pi}{4}\sqrt{\frac{F}{F_{\mathrm{krit}}}}\right)\right]$$

A6.6/Aufgabe 6.6 – Biegedrillknicken eines T-Profils

Ein Träger mit einem dünnwandigen T-Profil nach Abb. 6.6a., das eine konstante Wandstärke t besitzt, soll auf sein Stabilitätsverhalten hin untersucht werden. Der Träger ist beidseitig gabelgelagert und wird durch eine Längskraft F gemäß Abb. 6.6b. belastet. Der Träger ist aus einem isotropen Material aufgebaut und besitzt die Länge l.

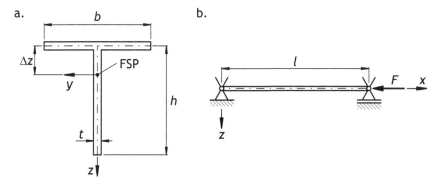

Abb. 6.6 a. Dünnwandiges T-Profil mit Flächenschwerpunkt FSP b. Druckbelastung des Trägers

Gegeben Abmessungen $b = h = 75\,\mathrm{mm}$, $\Delta z = h^2/(2b+2h)$; Länge $l = 1\,\mathrm{m}$; Wandstärke $t = 2{,}5\,\mathrm{mm}$; axiale Flächenmomente 2. Grades $I_y = 2{,}1973 \cdot 10^5\,\mathrm{mm}^4$, $I_z = 8{,}7891 \cdot 10^4\,\mathrm{mm}^4$; Elastizitätsmodul $E = 70000\,\mathrm{MPa}$; Querkontraktionszahl $\nu = 0{,}3$; Torsionsflächenmoment $I_T = (b+h)\,t^3/3$

Gesucht Geben Sie die kritische Stabilitätslast an.

Kontrollergebnis $F_{\mathrm{krit}} = 16{,}184\,\mathrm{kN}$

A6.7/Aufgabe 6.7 – Biegedrillknicken beim L-Profil

Ein Träger besitzt das symmetrische dünnwandige L-Profil mit der konstanten Wandstärke t nach Abb. 6.7. Der Träger ist beidseitig gabelgelagert und durch eine Drucklast beansprucht. Sein Stabilitätsverhalten soll analysiert werden. Der Träger besteht aus einem isotropen Material mit dem Elastizitätsmodul E und der Querkontraktionszahl ν.

Gegeben Abmessung $h = 100\,\mathrm{mm}$; Länge $l = 2\,\mathrm{m}$; Wandstärke $t = 4\,\mathrm{mm}$; Elastizitätsmodul $E = 70\,\mathrm{GPa}$; Querkontraktionszahl $\nu = 0{,}3$

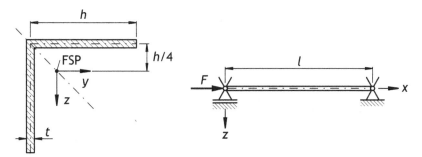

Abb. 6.7 Beidseitig gabelgelagerter Träger mit einem dünnwandigen symmetrischen L-Profil

Gesucht

a) Ermitteln Sie sämtliche relevante Querschnittsgrößen.

b) Geben Sie die kritische Stabilitätslast an, unter der der Träger versagt.

Kontrollergebnisse a) $A = 2ht$, $e_{\bar{y}} = e_{\bar{z}} = -h/4$, $I_{\bar{y}} = h^3 t/3$, $I_{\bar{z}} = h^3 t/12$, $I_T = 2ht^3/3$ **b)** $F_{\text{krit}} \approx 28480\,\text{N}$

A6.8/Aufgabe 6.8 – Stabilitätsversagen bei Druck- und Querkraftbelastung

Ein Träger mit einem dünnwandigen Rechteckprofil ist beidseitig gabelgelagert. In der Trägermitte und an seinem Loslager ist der Träger gemäß Abb. 6.8 belastet.

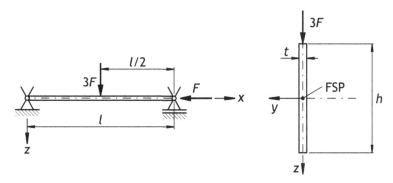

Abb. 6.8 Beidseitig gabelgelagerter Träger mit Einzelkraft in der Trägermitte und mit sehr hohem rechteckigen Querschnitt

Gegeben Abmessungen h, t; Länge l; Kraft F; Elastizitätsmodul E; Schubmodul G

Gesucht

a) Ermitteln Sie die relevanten kritischen Stabilitätslasten.

b) Tritt bei der gegebenen Belastung Stabilitätsversagen auf? Bei welcher Last F
   wäre dies der Fall?

Hinweis Gehen Sie davon aus, dass die Normalkraft- und die Querkraftbelastung
sich nicht gegenseitig beeinflussen und daher jeweils einzeln betrachtet werden
dürfen.

Kontrollergebnisse a) k. A. **b)** $F = 1,669\,\text{kN}$

6.3 Musterlösungen

L6.1/Lösung zur Aufgabe 6.1 – Knicken einer Flügelstütze

a) Zur Ermittlung der Stabkraft S in der Flügelstütze machen wir zunächst ein
Freikörperbild gemäß Abb. 6.9. Die Stabkraft nehmen wir als Zugkraft an. Wir formulieren dann das Momentengleichgewicht um das Lager A und erhalten

$$\sum_i M_{iA} = 0 \quad \Leftrightarrow \quad S \cos\alpha\, l_1 + \frac{1}{2}\, q_L\, l^2 = 0$$

$$\Leftrightarrow \quad S = -\frac{1}{2}\frac{q_L\, l^2}{l_1 \cos\alpha} = -12,1\,\text{kN}\,.$$

b) Die kritische Last beim elastischen Knicken bzw. beim Eulerknicken ist in
Gl. (6.1) gegeben

$$F_{\text{krit}} = k_E\frac{\pi^2 EI}{l^2} \qquad \text{bzw.} \qquad F_{\text{krit}} = \frac{\pi^2 EI}{l_0^2}\,.$$

Demnach wird Knicken bei der Flügelstütze um die Hauptachse mit dem kleinsten
axialen Flächenmoment 2. Grades auftreten.

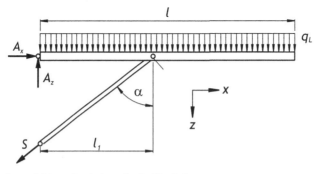

Abb. 6.9 Freikörperbild zur Ermittlung der Stabkraft S

Die Hauptflächenmomente ergeben sich im y-z-Achssystem nach Abb. 6.1 unter Beachtung der Dünnwandigkeit des Profils zu

$$I_y = \frac{1}{6}b^3 t + 2\left(\frac{b}{2}\right)^2 at = \frac{1}{6}b^2 t (3a+b) = 1,913625 \cdot 10^5 \,\text{mm}^4\,,$$

$$I_z = \frac{1}{6}a^3 t + 2\left(\frac{a}{2}\right)^2 bt = \frac{1}{6}a^2 t (a+3b) = 5,4675 \cdot 10^5 \,\text{mm}^4\,.$$

Wegen $I_z > I_y$ verwenden wir das Hauptflächenmoment I_y, d. h. es gilt

$$I = I_y\,.$$

Darüber hinaus ist über die Lagerung bestimmt, welcher Eulerscher Knickbeiwert bzw. welche freie Knicklänge gilt. Nach der Tabelle für die vier Eulerfälle im Abschnitt 6.1 verwenden wir Eulerfall II. Wir erhalten daher

$$l_0 = \frac{l_1}{\sin\alpha} \approx 2886,8\,\text{mm}\,.$$

Es resultiert die kritische Last für die Flügelstütze zu

$$F_{\text{krit}} = \frac{\pi^2 EI}{l_0^2} \approx 15,864\,\text{kN}\,.$$

Die Sicherheit gegen Knicken ist somit

$$S_K = \frac{F_{\text{krit}}}{|S|} \approx 1,3\,.$$

Wir berücksichtigen die Druckkraft in der Flügelstütze im Betrag, da die Eulerlast eine Druckkraft ist bzw. nur bei einer Druckkraft Knicken auftreten kann.

L6.2/Lösung zur Aufgabe 6.2 – Gestänge zur Ruderansteuerung

a) Wir nutzen Gl. (6.1), um die kritischen Lasten aller Stangen zu berechnen. Da alle Stangen die gleiche Querschnittsform aufweisen, besitzen sie auch das gleiche axiale Flächenmoment 2. Grades. Zudem handelt es sich um einen Kreisringquerschnitt, bei dem um jede Achse das gleiche Flächenmoment auftritt und bei dem daher jede Achse Hauptachse ist. Wir müssen uns also keine Gedanke um das kleinste Flächenmoment machen. Mit den Angaben aus dem Hinweis in der Aufgabenstellung resultiert

$$I = \pi r^3 t \approx 1293,1\,\text{mm}^4\,.$$

Darüber hinaus bestimmen wir für jeden Stab die freie Knicklänge l_{0_i}. Unter Beachtung der Angaben in der Tabelle unter Gl. (6.1) folgen mit den Längen der einzelnen Stangen

$$l_1 = 1,5\,l = 900\,\text{mm}\,, \qquad l_2 = \frac{l}{\cos\alpha} \approx 624,2\,\text{mm}\,, \qquad l_3 = \frac{l}{2} = 300\,\text{mm}$$

die freien Knicklängen zu

$$l_{0_1} = 0,7\,l_1 = 630\,\text{mm}\,, \qquad l_{0_2} = l_2 \approx 624,2\,\text{mm}\,,$$

$$l_{0_3} = l_3 = \frac{l}{2} = 300\,\text{mm}\,.$$

Wir erhalten somit die kritischen Eulerlasten für die Stangen zu

$$F_{\text{krit}_1} \approx 2251\,\text{N}\,, \qquad F_{\text{krit}_2} \approx 2293\,\text{N}\,, \qquad F_{\text{krit}_3} \approx 9926\,\text{N}\,.$$

b) Um die Sicherheit gegen Knicken zu ermitteln, müssen wir neben den kritischen Eulerlasten auch die tatsächlich auftretenden Kräfte in den Stangen bzw. Stäben kennen. Daher machen wir geeignete Schnittbilder gemäß Abb. 6.10 und formulieren Gleichgewichtsbedingungen. Die Stabkräfte sind als Zugkräfte angenommen. Da allerdings die Wirkung des Schaniermoments M_R auch entgegengesetzt zur dargestellten Richtung in Abb. 6.10 beachtet werden muss, ist jeder Stab knickgefährdet. Angemerkt sei, dass die Lagerreaktionen nicht freigelegt sind, da diese zur Berechnung der Stabkräfte nicht erforderlich sind.

Wir ermitteln die Stabkräfte unter Verwendung der Gleichgewichtsbedingungen für die in Abb. 6.10 skizzierten Teilsysteme.

Für Teilsystem 3 folgt aus dem Momentengleichgewicht um das Lager B

$$\sum_i M_{iB} = M_R - a S_3 = 0 \quad \Leftrightarrow \quad S_3 = \frac{M_R}{a} = \pm 1650\,\text{N}\,.$$

Das Momentengleichgewicht im Teilsystem 2 um das Lager B ergibt unter Beachtung der bekannten Stabkraft S_3

$$\sum_i M_{iA} = b S_3 + c S_2 \cos\alpha = 0 \quad \Leftrightarrow \quad S_2 = -\frac{b}{c\cos\alpha} S_3 \approx \pm 1716\,\text{N}\,.$$

Das Kräftegleichgewicht in x-Richtung im Teilsystem 1 liefert mit der Stabkraft S_2

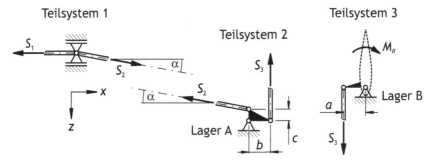

Abb. 6.10 Schnittbilder zur Ermittlung der Stab- bzw. Stangenkräfte

aus der vorherigen Beziehung

$$\sum_i F_{ix} = -S_1 + S_2 \cos\alpha = 0 \quad\Leftrightarrow\quad S_1 = S_2 \cos\alpha = \pm 750\,\text{N}\,.$$

Die Sicherheit gegen Knicken setzt die zulässige Last, d. h. hier die unter dem Aufgabenteil a) ermittelte kritische Eulerlast, ins Verhältnis zur tatsächlich vorhandenen Last. Die Sicherheiten ergeben sich somit zu

$$S_{K1} = \frac{F_{\text{krit}_1}}{|S_1|} \approx 1,36\,, \quad S_{K2} = \frac{F_{\text{krit}_2}}{|S_2|} \approx 1,34\,, \quad S_{K3} = \frac{F_{\text{krit}_3}}{|S_3|} \approx 13,23\,.$$

Demnach ist Stab 2 kritisch. Diese Stange würde bei Laststeigerung zuerst knicken. Die Sicherheit gegen Knicken beträgt 1,34.

L6.3/Lösung zur Aufgabe 6.3 – Eulerknicken und freie Knicklänge

a) Für die gegebene Belastung ist die Normalkraft entlang der Balkenachse bei kleinen Auslenkungen konstant und entspricht der äußeren Belastung

$$N = F\,.$$

Da sich zudem die Biegesteifigkeit EI_y entlang der Balkenachse nicht ändert, erhalten wir für die allgemeine Differentialgleichung (6.2) des elastischen Stabknickens

$$w^{IV}(x) + \omega^2 w''(x) = 0 \quad \text{mit} \quad \omega^2 = \frac{F}{EI_y}\,.$$

Ihre allgemeine Lösung lautet

$$w(x) = A\cos(\omega x) + B\sin(\omega x) + C\omega x + D\,.$$

Diese allgemeine Lösung passen wir über die Randbedingungen unserer Fragestellung an. Das Koordinatensystem hat seinen Ursprung in der Einspannung (vgl. Abb. 6.3), in der die Auslenkung und die Verdrehung verschwinden

$$w(x=0) = 0 \quad \text{bzw.} \quad w'(x=0) = 0\,.$$

In der gelenkigen Lagerung bei $x = l$ gilt für die Auslenkung

$$w(x=l) = 0$$

und aufgrund des verschwindenden Biegemoments

$$M_{by}(x=l) = -EI_y w''(x=l) = 0 \quad\Leftrightarrow\quad w''(x=l) = 0\,.$$

Mit

$$w'(x) = -A\omega\sin(\omega x) + B\omega\cos(\omega x) + C\omega$$

und

$$w''(x) = -A\,\omega^2 \cos(\omega x) - B\,\omega^2 \sin(\omega x)$$

folgt somit aus den Randbedingungen

$$w(x=0) = 0 \quad \Rightarrow \quad A + D = 0\,,$$

$$w'(x=0) = 0 \quad \Rightarrow \quad B + C = 0\,,$$

$$w(x=l) = 0 \quad \Rightarrow \quad A\cos(\omega l) + B\sin(\omega l) + C\omega l + D = 0\,,$$

$$w''(x=l) = 0 \quad \Rightarrow \quad A\cos(\omega l) + B\sin(\omega l) = 0\,.$$

Wenn wir die unbekannten Integrationskonstanten A, B, C und D in einen Spaltenvektor einsortieren, erhalten wir das zugrunde liegende lineare Gleichungssystem in Matrizenschreibweise zu

$$\begin{bmatrix} 1 & 0 & 0 & 1 \\ 0 & 1 & 1 & 0 \\ \cos(\omega l) & \sin(\omega l) & \omega l & 1 \\ \cos(\omega l) & \sin(\omega l) & 0 & 0 \end{bmatrix} \begin{bmatrix} A \\ B \\ C \\ D \end{bmatrix} = \begin{bmatrix} 0 \\ 0 \\ 0 \\ 0 \end{bmatrix}. \tag{6.9}$$

Es handelt sich um ein homogenes Gleichungssystem, das nur dann eine nichttriviale Lösung besitzt, wenn die Determinante der Koeffizientenmatrix verschwindet (vgl. [7, S. 83ff.])

$$\begin{vmatrix} 1 & 0 & 0 & 1 \\ 0 & 1 & 1 & 0 \\ \cos(\omega l) & \sin(\omega l) & \omega l & 1 \\ \cos(\omega l) & \sin(\omega l) & 0 & 0 \end{vmatrix} = 0\,.$$

Mit Hilfe des Laplaceschen Entwicklungssatzes (vgl. [7, S. 45ff.]) und der Regel von Sarrus (vgl. [7, S. 34]) erhalten wir (vgl. zur Berechnung auch Abschnitt 9.4.3)

$$\sin(\omega l) - \omega l \cos(\omega l) = 0\,. \tag{6.10}$$

Diese Gleichung können wir nicht analytisch exakt lösen; wir nutzen daher hier das sogenannte Sekantenverfahren, bei dem es sich um ein numerisches Nullstellenverfahren handelt. Der Übersichtlichkeit halber ist das allgemeine Berechnungsvorgehen beim Sekantenverfahren im Abschnitt 9.3 und das spezielle Vorgehen zur Lösung der Gl. (6.10) im Abschnitt 9.3.1 detaillierter dargestellt.

Die Anwendung des Sekantenverfahrens liefert bei einer geforderten Genauigkeit von 10^{-3} bei dezimaler Gleitkommaarithmetik (vgl. Abschnitt 9.1) die gesuchte kritische Last von

$$\omega^2 l^2 = 4{,}493^2 = \frac{F_{\text{krit}} l^2}{EI_y} \quad \Leftrightarrow \quad F_{\text{krit}} = \frac{4{,}493^2}{\pi^2}\,\frac{\pi^2 EI_y}{l^2} = \underbrace{2{,}045}_{=k_E} \cdot \frac{\pi^2 EI_y}{l^2}\,.$$

Der Eulersche Knickbeiwert k_E ist damit ebenfalls bekannt.

b) Die freie Knicklänge beschreibt die Länge, auf der das Biegemoment von null ausgehend anwächst und wieder auf null absinkt, was dem Auffinden von Wendepunkten in der Biegelinie entspricht. Folglich suchen wir die Stellen x_i, an denen die 2. Ableitung der Biegelinie verschwindet. Damit erhalten wir die Bedingung

$$w''(x) = -A\,\omega^2\cos(\omega x) - B\,\omega^2\sin(\omega x) = 0 \quad \Leftrightarrow \quad \tan(\omega x) = -\frac{A}{B}. \quad (6.11)$$

Die Integrationskonstanten A und B sind unbekannt und können nicht ermittelt werden. Allerdings verschwindet die Determinante der Koeffizientenmatrix. Die Integrationskonstanten sind somit voneinander abhängig. Um diese Abhängigkeiten aufzuzeigen, formen wir die Koeffizientenmatrix in eine obere Dreiecksform um (vgl. Abschnitt 9.4.4)

$$\begin{bmatrix} 1 & 0 & 0 & 1 \\ 0 & 1 & 1 & 0 \\ 0 & 0 & 1 & \dfrac{1}{\omega l} \\ 0 & 0 & 0 & \dfrac{s}{\omega l} - c \end{bmatrix} \begin{bmatrix} A \\ B \\ C \\ D \end{bmatrix} = \begin{bmatrix} 0 \\ 0 \\ 0 \\ 0 \end{bmatrix}.$$

Die trigonometrischen Funktionen sind dabei mit $c = \cos(\omega x)$ und $s = \sin(\omega x)$ abgekürzt. Wegen

$$\frac{\sin(\omega x)}{\omega l} - \cos(\omega x) = 0$$

treten in der letzten Zeile der Matrix nur Koeffizienten auf, die null sind. Wir können demnach eine Integrationskonstante frei wählen (vgl. zur Lösung eines linearen homogenen Gleichungssystems [7, S. 83ff.]). Wenn D diese Konstante ist, erhalten wir

$$A = -D, \quad B = \frac{D}{\omega l} \quad \text{und} \quad C = -B = -\frac{D}{\omega l}.$$

Wir berücksichtigen dies in Gl. (6.11). Es resultiert

$$-\frac{A}{B} = \omega l = \tan(\omega x).$$

Für $x = l$ ist dies aber die Knickbedingung nach Gl. (6.10). Bei $x = l$ verschwindet erwartungsgemäß die 2. Ableitung der Biegelinie, weil dort sich die gelenkige Lagerung befindet. Im Bereich $0 < x < l$ erhalten wir zudem

$$x = \frac{1}{\omega}\arctan(\omega l) \approx \frac{l}{4,493}\arctan(4,493) = 0,301 \cdot l.$$

Die freie Knicklänge für den untersuchten Fall beträgt folglich

$$l_0 = (1 - 0,301) \cdot l = 0,699 \cdot l .$$

L6.4/Lösung zur Aufgabe 6.4 – Biegeknicken eines Durchlaufträgers

a) Wir entfernen zuerst gedanklich die Lagerungen und ersetzen diese in dem Freikörperbild gemäß Abb. 6.11a. durch die Wirkung der Reaktionskräfte. Die Lagerreaktionen erhalten wir über die Gleichgewichtsbedingungen in einer ausgelenkten Lage zu

$$\sum_i F_{xi} = 0 \quad \Leftrightarrow \quad A_x = F ,$$

$$\sum_i M_{Ai} = 0 \quad \Leftrightarrow \quad B_z = \frac{F w_2(x = l)}{l} = \frac{w_l}{l} F ,$$

$$\sum_i F_{zi} = 0 \quad \Leftrightarrow \quad A_z = -B_z = -\frac{F w_2(x = l)}{l} = -\frac{w_l}{l} F .$$

Darüber hinaus definieren wir zwei Bereiche, in denen wir das Biegemoment M_{byi} in einer ausgelenkten Lage formulieren werden. Wir starten mit dem Bereich 1 ($0 \leq x \leq l$) nach Abb. 6.11b. Demnach gilt

$$M_{by1}(x) = A_x w_1(x) + A_z x = F w_1(x) - \frac{x}{l} w_l F .$$

Zu beachten ist dabei, dass die Auslenkung $w(x)$ in der Skizze so eingezeichnet ist, dass sie größer null ist. Dadurch sind die korrekten Vorzeichen leichter ersichtlich.
   Im Bereich 2 mit $l \leq x \leq 2l$ erhalten wir (vgl. Abb. 6.11c.)

$$M_{by2}(x) = -F w_2(x = l) + F w_2(x) = -F w_l + F w_2(x) .$$

Die entsprechenden Biegemomente berücksichtigen wir in der Differentialgleichung der Biegelinie 2. Ordnung (vgl. Gl. (3.27)).
   Für den Bereich 1 resultiert mit $\zeta^2 = F/(EI_y)$ in der Differentialgleichung der Biegelinie 2. Ordnung

$$w_1''(x) = -\frac{M_{by1}}{EI_y} = -\frac{F}{EI_y}\left(w_1(x) - \frac{x}{l} w_l\right) \quad \Leftrightarrow \quad w_1'' + \zeta^2 w_1 = \frac{w_l}{l} \zeta^2 x .$$

Die Lösung dieser Differentialgleichung können wir gewinnen, indem wir der Lösung der homogenen Differentialgleichung einen beliebigen partikulären Lösungsanteil überlagern (vgl. [7, S. 392ff.]).
   Die Lösung der homogenen Differentialgleichung ist

$$w_{1h}(x) = A_1 \sin(\zeta x) + B_1 \cos(\zeta x) .$$

Wir gewinnen den partikulären Anteil, indem wir

$$w_1(x) = w_{1h}(x) + w_{1p}(x)$$

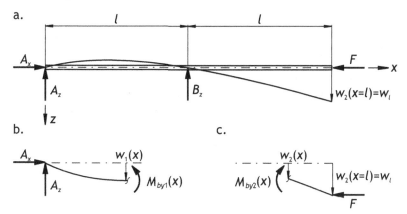

Abb. 6.11 a. Freikörperbild b. Verhältnisse an einem Schnittufer im Bereich 1 c. Verhältnisse an einem Schnittufer im Bereich 2

in die Differentialgleichung einsetzen. Es folgt dann wegen $w''_{1p} = 0$ direkt die partikuläre Lösung

$$\zeta^2 w_{1p}(x) = \frac{w_l}{l}\zeta^2 x \quad \Leftrightarrow \quad w_{1p}(x) = \frac{w_l}{l}x\,.$$

Die allgemeine Lösung für die Biegelinie $w_1(x)$ im Bereich 1 mit $0 \leq x \leq l$ lautet

$$w_1(x) = w_{1h}(x) + w_{1p}(x) = A_1 \sin(\zeta x) + B_1 \cos(\zeta x) + \frac{w_l}{l}x\,. \tag{6.12}$$

Im Bereich 2 gehen wir analog zum Bereich 1 vor. Unter Berücksichtigung des Biegemomentes M_{by2} und $\zeta^2 = F/(EI_y)$ erhalten wir für die Differentialgleichung der Biegelinie 2. Ordnung (vgl. Gl. (3.27))

$$w''_2(x) = -\frac{M_{by2}}{EI_y} = \frac{F}{EI_y}\left(w_l - w_2(x)\right) \quad \Leftrightarrow \quad w''_2 + \zeta^2 w_2 = \zeta^2 w_l\,.$$

Wir gewinnen die Lösung dieser Differentialgleichung, indem wir wieder zwei Lösungsanteile überlagern, d. h. einen homogenen mit einem partikulären Anteil.

Die homogene Lösung lautet

$$w_{2h}(x) = A_2 \sin(\zeta x) + B_2 \cos(\zeta x)\,.$$

Da die rechte Seite der beherrschenden Differentialgleichung konstant ist, brauchen wir im partikulären Teil der Lösung auch nur einen konstanten Anteil beachten. Setzen wir $w_2(x) = w_{2h}(x) + w_{2p}(x)$ in die Differentialgleichung ein, ergibt sich die partikuläre Lösung zu

$$\zeta^2 w_{2p}(x) = \zeta^2 w_l \quad \Leftrightarrow \quad w_{2p} = w_l\,.$$

Für die Biegelinie im Bereich 2 mit $l \leq x \leq 2\,l$ erhalten wir also

$$w_2(x) = w_{2h}(x) + w_{2p}(x) = A_2 \sin(\zeta x) + B_2 \cos(\zeta x) + w_l \,. \tag{6.13}$$

Mit den Gln. (6.12) und (6.13) kennen wir nun die Lösungen der beherrschenden Differentialgleichungen. Allerdings tauchen in den Funktionen insgesamt fünf Unbekannte, und zwar A_1, A_2, B_1, B_2 sowie die Verschiebung am Trägerende w_l auf. Sie berechnen wir über die Einführung der Randbedingungen.

Nach Abb. 6.4 verschwinden die Auslenkungen in den Lagern, d. h. es gilt

$$w_1(x = 0) = B_1 = 0 \,,$$

$$w_1(x = l) = A_1 \sin(\zeta l) + \underbrace{B_1}_{=0} \cos(\zeta l) + w_l = A_1 \sin(\zeta l) + w_l = 0 \,, \tag{6.14}$$

$$w_2(x = l) = A_2 \sin(\zeta l) + B_2 \cos(\zeta l) + w_l = 0 \,. \tag{6.15}$$

Darüber hinaus muss im Loslager an der Stelle $x = l$ die 1. Ableitung von beiden Biegelinien gleich sein. Daher bestimmen wir zunächst die 1. Ableitung für beide Biegelinien

$$w_1{}'(x) = \zeta A_1 \cos(\zeta x) + \frac{w_l}{l} \,,$$

$$w_2{}'(x) = \zeta A_2 \cos(\zeta x) - \zeta B_2 \sin(\zeta x) \,. \tag{6.16}$$

Als weitere Bedingung erhalten wir somit

$$w_1{}'(x = l) = w_2{}'(x = l)$$

$$\Leftrightarrow \quad \zeta A_1 \cos(\zeta l) - \zeta A_2 \cos(\zeta l) + \zeta B_2 \sin(\zeta l) + \frac{w_l}{l} = 0 \,. \tag{6.17}$$

Die letzte Bedingung formulieren wir für die Stelle $x = 2\,l$, an der sich die Auslenkung w_l aus $w_2(x = 2\,l)$ ergeben muss

$$w_2(x = 2\,l) = A_2 \sin(2\,\zeta\,l) + B_2 \cos(2\,\zeta\,l) + w_l = w_l$$

$$\Leftrightarrow \quad A_2 \sin(2\,\zeta\,l) + B_2 \cos(2\,\zeta\,l) = 0 \,.$$

Unter Berücksichtigung von $B_1 = 0$ resultiert nun ein homogenes Gleichungssystem für die vier verbleibenden Unbekannten A_1, A_2, B_2 und w_l aus den Gln. (6.14) bis (6.17). Es lautet wie folgt

$$\underbrace{\begin{bmatrix} \sin(\zeta l) & 0 & 0 & 1 \\ 0 & \sin(\zeta l) & \cos(\zeta l) & 1 \\ \zeta\cos(\zeta l) & -\zeta\cos(\zeta l) & \zeta\sin(\zeta l) & \frac{1}{l} \\ 0 & \sin(2\,\zeta l) & \cos(2\,\zeta l) & 0 \end{bmatrix}}_{=[A]} \begin{bmatrix} A_1 \\ A_2 \\ B_2 \\ w_l \end{bmatrix} = \begin{bmatrix} 0 \\ 0 \\ 0 \\ 0 \end{bmatrix} \,. \tag{6.18}$$

Dieses homogene Gleichungssystem hat nur dann eine Lösung, die nicht der trivialen entspricht, wenn die Determinante des Gleichungssystems null ist (vgl. [7, S. 41ff. und 83ff.]). Nach einigen mathematischen Berechnungen ergibt sich (vgl. Abschnitt 9.4.5)

$$\det[A] = 0 \quad \Leftrightarrow \quad \sin^2(\zeta l) - \zeta l \sin(2\zeta l) = 0 . \tag{6.19}$$

Diese Gleichung können wir nicht analytisch exakt lösen. Wir müssen daher ein numerisches Verfahren zur Nullstellensuche anwenden. Wir nutzen hier das sogenannte Sekantenverfahren (vgl. Abschnitt 9.3), das der Übersichtlichkeit halber im Abschnitt 9.3.2 ausführlich für die Lösung der vorherigen Gleichung dargestellt ist. Als Ergebnis der Nullstellensuche erhalten wir

$$\zeta l \approx 1,1655 . \tag{6.20}$$

Wegen $\zeta^2 = \frac{F}{EI_y}$ folgt die kritische Last zu

$$\zeta^2 l^2 \approx 1,1655^2 \approx 1,3586 = \frac{F_{\text{krit}} l^2}{EI_y}$$

$$\Leftrightarrow \quad F_{\text{krit}} = 1,3584 \frac{EI_y}{l^2} \approx 1,3763 \cdot 10^{-1} \cdot \frac{\pi^2 EI_y}{l^2} .$$

b) Um die Knickform zu ermitteln, müssen wir die Abhängigkeiten der einzelnen Unbekannten A_1, A_2, B_2 und w_l untereinander kennen; es reicht nicht aus, lediglich die Determinante der Matrix $[A]$ nach Gl. (6.18) zu null zu setzen. Die Abhängigkeiten erhalten wir, wenn wir Gl. (6.18) lösen. Da es sich um ein homogenes Gleichungssystem handelt, wird es keine eindeutige Lösung, sondern unendlich viele Lösungen geben (vgl. [7, S. 83ff.]).

Wir formulieren die Matrix $[A]$ nach Gl. (6.18) so um, dass nur noch eine obere Dreiecksmatrix vorliegt. Nach einigen mathematischen Umformungen (vgl. Abschnitt 9.4.6) resultiert

$$\begin{bmatrix} \sin(\zeta l) & 0 & 0 & 1 \\ 0 & \sin(2\zeta l) & 2\cos^2(\zeta l) & 2\cos(\zeta l) \\ 0 & 0 & \zeta l & \sin(\zeta l) \\ 0 & 0 & 0 & \sin(\zeta l) - 2\zeta l \cos(\zeta l) \end{bmatrix} \begin{bmatrix} A_1 \\ A_2 \\ B_2 \\ w_l \end{bmatrix} = \begin{bmatrix} 0 \\ 0 \\ 0 \\ 0 \end{bmatrix} . \tag{6.21}$$

Die letzte Zeile des vorherigen Gleichungssystems wird wegen Gl. (6.19), d. h. wegen $\sin(\zeta l) - 2\zeta l \cos(\zeta l) = 0$, zu

$$0 \cdot w_l = 0 .$$

Die Auslenkung w_l am freien Balkenende, wo die Kraft F eingeleitet wird, ist daher frei wählbar. Wir nehmen daher $w_l \in \mathbb{R}$ an. Anzumerken ist allerdings, dass die letzte Gleichung für den numerisch bestimmten Wert für ζl (vgl. Gl. (6.20)) nur näherungsweise erfüllt ist

$$-1,0695 \cdot 10^{-4} \cdot w_l = 0 \,.$$

Die Näherung ist jedoch im Bereich der geforderten Genauigkeit. Wir gehen also davon aus, dass der berechnete Wert von ζl zum Verschwinden der Determinante führt. Wir können also die Koeffizienten A_1, A_2 und B_2 in Abhängigkeit von w_l bestimmen. Darüber hinaus ist anzumerken, dass wir die Bedingung gemäß Gl. (6.19) für das Verschwinden der Determinante bei der oberen Dreiecksmatrix nicht vorfinden, da die mathematischen Umformungen den Wert der Determinante verändern (vgl. hierzu auch die Darstellung der Umformungen im Abschnitt 9.4.6).

Wir starten mit der ersten Zeile der Matrix $[A]$ in oberer Dreiecksform. Es folgt

$$\sin(\zeta l)\, A_1 + w_l = 0 \qquad \Leftrightarrow \qquad A_1 = -\frac{1}{\sin(\zeta l)}\, w_l \,.$$

Weil B_1 null ist, können wir die Verformungsfigur im Bereich 1 für $0 \leq x \leq l$ unter Beachtung von Gl. (6.12) angeben

$$w_1(x) = A_1 \sin(\zeta x) + \frac{w_l}{l} x = \left[\frac{x}{l} - \frac{\sin(\zeta x)}{\sin(\zeta l)} \right] w_l \approx \left[\frac{x}{l} - 1,0882 \sin\left(1,1655\frac{x}{l} \right) \right] w_l \,.$$

Um die Verformungsfigur im Bereich 2 zu erhalten, untersuchen wir zunächst die dritte Zeile der Matrix $[A]$ in oberer Dreiecksform. Es resultiert

$$\zeta l B_2 + \sin(\zeta l)\, w_l = 0$$

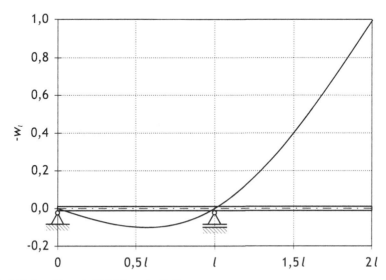

Abb. 6.12 Resultierende Knickform des Balkens

$$\Leftrightarrow \quad B_2 = -\frac{1}{\zeta l} \sin(\zeta l)\, w_l \; .$$

Dies berücksichtigen wir in der zweiten Zeile und erhalten mit dem Additionstheorem $\sin(2\zeta l) = 2\sin(\zeta l)\cos(2\zeta l)$

$$\sin(2\zeta l)\, A_2 + 2\cos^2(\zeta l)\, B_2 + 2\cos(\zeta l)\, w_l = 0$$

$$\Leftrightarrow \quad A_2 = \left[\frac{1}{\zeta l}\cos(\zeta l) - \frac{1}{\sin(\zeta l)}\right] w_l \; .$$

Folglich lautet die Knickfigur im Bereich 2 ($l \le x \le 2l$) gemäß Gl. (6.13)

$$w_2(x) = \left[\frac{\cos(\zeta l)}{\zeta l}\sin(\zeta x) - \frac{\sin(\zeta x)}{\sin(\zeta l)} - \frac{\sin(\zeta l)}{\zeta l}\cos(\zeta x) + 1\right] w_l$$

$$\approx \left[1 - 7{,}4985 \cdot 10^{-1}\sin\left(1{,}1655\frac{x}{l}\right) - 7{,}8849 \cdot 10^{-1}\cos\left(1{,}1655\frac{x}{l}\right)\right] w_l \; .$$

Der Übersichtlichkeit halber skizzieren wir die beiden Knickformen in einem Diagramm. Das Ergebnis ist in Abb. 6.12 dargestellt.

L6.5/Lösung zur Aufgabe 6.5 – Biegeknicken bei Imperfektion

a) Wir ermitteln das Biegemoment M_{by} in einer ausgelenkten Lage gemäß Abb. 6.13. Da wir nur kleine Verformungen berücksichtigen, verändert sich der Hebel e für die Längskräfte wegen $\cos w'(x=0) \approx 1$ nicht. Wir erhalten

$$M_{by} = F(e + w(x)) \; .$$

Somit folgt

$$EI_y\, w''(x) = -F(e + w(x)) \quad \Leftrightarrow \quad w'' + \underbrace{\frac{F}{EI_y}}_{=\zeta^2} w = -\frac{Fe}{EI_y} = -\zeta^2 e \; , \tag{6.22}$$

$$\Rightarrow \quad w'' + \zeta^2 w = -\zeta^2 e \; .$$

Es handelt sich um eine inhomogene lineare Differentialgleichung 2. Ordnung. Ihre Lösung erhalten wir, indem wir die Lösung der homogenen Differentialgleichung $w_h(x)$ mit einer partikulären Lösung $w_p(x)$, die eine spezielle Lösung der inhomogen Differentialgleichung darstellt, überlagern (vgl. [7, S. 392ff.]).

Die allgemeine Lösung der homogenen Differentialgleichung lautet

$$w_h(x) = A_1 \sin(\zeta x) + A_2 \cos(\zeta x) \; .$$

Dieser Ansatz löst die homogene Differentialgleichung. Daher müssen wir nur noch einen partikulären Anteil finden, der die rechte Seite der letzten Zeile von Gl. (6.22) löst. Da die rechte Seite eine Konstante ist und auf der linken Seite die 2. Ableitung der Biegelinie $w''(x)$ sowie die Biegelinie $w(x)$ selbst stehen, reicht es aus, einen konstanten partikulären Anteil zu definieren

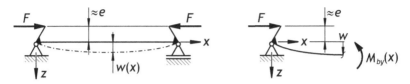

Abb. 6.13 Balken in verformter Lage

$$w_p = A_3 = \text{konst.}$$

Wir bestimmen die Ableitungen von $w(x) = w_h(x) + w_p$ zu

$$w'(x) = A_1\,\zeta\,\cos(\zeta x) - A_2\,\zeta\,\sin(\zeta x) = w_h{}'(x)\,,$$

$$w''(x) = -A_1\,\zeta^2\,\sin(\zeta x) - A_2\,\zeta^2\,\cos(\zeta x) = w_h{}''(x)\,.$$

Berücksichtigen wir $w(x)$ und seine 2. Ableitung in Gl. (6.22), resultiert

$$A_3\,\zeta^2 = -\zeta^2 e \quad \Leftrightarrow \quad A_3 = -e\,.$$

Darüber hinaus stehen uns noch zwei Randbedingungen zur Verfügung, um die noch unbekannten Konstanten A_1 und A_2 der allgemeinen Lösung zu bestimmen. In den Lagern bei $x = 0$ und $x = l$ ist die Auslenkung null. Wir erhalten daher

$$w(x = 0) = A_1\sin(0) + A_2\cos(0) - e = 0 \quad \Leftrightarrow \quad A_2 = e$$

und

$$w(x = l) = A_1\sin(\zeta l) + e\cos(\zeta l) - e = 0 \quad \Leftrightarrow \quad A_1 = e\frac{1 - \cos(\zeta l)}{\sin(\zeta l)}\,.$$

Unter Beachtung der folgenden Additionstheoreme

$$1 - \cos(\zeta l) = 2\sin\left(\zeta\frac{l}{2}\right) \quad \text{und} \quad \sin(\zeta l) = 2\sin\left(\zeta\frac{l}{2}\right)\cos\left(\zeta\frac{l}{2}\right)$$

folgt damit

$$A_1 = e\tan\left(\zeta\frac{l}{2}\right)\,.$$

Für die Biegelinie mit $0 \leq x \leq l$ resultiert

$$w(x) = e\left[\frac{1 - \cos(\zeta l)}{\sin(\zeta l)}\sin(\zeta x) - 1 + \cos(\zeta x)\right]\,. \tag{6.23}$$

b) In diesem Aufgabenteil ermitteln wir die Funktion der Biegelinie $w(x)$ basierend auf der Differentialgleichung 4. Ordnung des elastischen Biegeknickens nach Gl. (6.2). In unserem Fall ist die Biegesteifigkeit EI_y konstant. Es resultiert daher

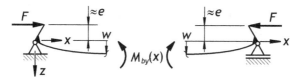

Abb. 6.14 Zusammenhang zwischen Biegemoment M_{by} und dem Moment infolge der exzentrisch eingeleiteten Kräfte F

$$EI_y\,w^{IV} + F\,w'' = 0\,.$$

Wir führen wieder wie im Aufgabenteil a) $\zeta^2 = \frac{F}{EI_y}$ ein und erhalten

$$w^{IV} + \frac{F}{EI_y}\,w'' = 0 \quad\Leftrightarrow\quad w^{IV} + \zeta^2\,w'' = 0\,.$$

Diese homogene Differentialgleichung besitzt die folgende allgemeine Lösung (vgl. [7, S. 455ff.])

$$w(x) = A_1\sin(\zeta\,x) + A_2\cos(\zeta\,x) + A_3\,\zeta\,x + A_4\,,$$

deren Koeffizienten A_i mit Hilfe der Randbedingungen ermittelt werden. Da wir mit der Differentialgleichung 4. Ordnung arbeiten, müssen wir neben den geometrischen Randbedingungen auch die Kraftrandbedingungen einarbeiten.

Wir starten zunächst mit den geometrischen Randbedingungen, d. h. in den Lagern verschwinden die Auslenkungen. Es folgt demnach

$$w(x=0) = A_2 + A_4 = 0 \quad\Leftrightarrow\quad A_4 = -A_2 \tag{6.24}$$

sowie

$$w(x=l) = A_1\sin(\zeta\,l) + A_2\cos(\zeta\,l) + A_3\,\zeta\,l + A_4 = 0\,. \tag{6.25}$$

Hinsichtlich der Kraftrandbedingungen kennen wir die Biegemomente, die in den Lagern infolge der Exzentrizitäten wirken. Unter Beachtung der Vorzeichenkonventionen gemäß Abb. 6.14 gilt an den Stellen $x=0$ und $x=l$

$$M_{by}(x=0) = F\,e \quad\text{sowie}\quad M_{by}(x=l) = F\,e\,.$$

Das Biegemoment ist über $M_{by} = -EI_y\,w''$ mit der 2. Ableitung der Biegelinie gekoppelt. Mit

$$w''(x) = -A_1\,\zeta^2\sin(\zeta\,x) - A_2\,\zeta^2\cos(\zeta\,x)$$

können wir daher die Kraftrandbedingung an der Stelle $x=0$ wie folgt formulieren

$$w''(x=0) = -A_2\,\zeta^2 = -\frac{M_{by}(x=0)}{EI_y} = -\frac{F\,e}{EI_y} = -e\,\zeta^2 \quad\Leftrightarrow\quad A_2 = e\,.$$

Berücksichtigen wir dieses Ergebnis in Gl. (6.24), erhalten wir

$$A_4 = -A_2 = -e \,.$$

Die Kraftrandbedingung bei $x = l$ ergibt

$$w''(x = l) = -A_1\,\zeta^2\,\sin(\zeta\,l) - A_2\,\zeta^2\cos(\zeta\,l) = -\frac{M_{by}(x = l)}{EI_y} = -\frac{F\,e}{EI_y} = -e\zeta^2$$

$$\Leftrightarrow \quad A_1\sin(\zeta\,l) + A_2\cos(\zeta\,l) = e \,.$$

Wir beachten das bereits erzielte Ergebnis $A_2 = e$. Folglich gilt

$$A_1 = e\,\frac{1 - \cos(\zeta\,l)}{\sin(\zeta\,l)} \,.$$

Somit verbleibt nur noch Gl. (6.25), aus der wir den noch unbekannten Koeffizienten A_3 ermitteln können. Es folgt

$$A_3\,\zeta\,l = -A_1\sin(\zeta\,l) - A_2\cos(\zeta\,l) - A_4$$

$$\Leftrightarrow \quad A_3 = e\,(-1 + \cos(\zeta\,l) - \cos(\zeta\,l) + 1) = 0 \,.$$

Damit sind alle Koeffizienten bekannt und wir können die Biegelinie angeben zu

$$w(x) = e\left[\frac{1 - \cos(\zeta\,l)}{\sin(\zeta\,l)}\,\sin(\zeta\,x) + \cos(\zeta\,x) - 1\right] \,.$$

Erwartungsgemäß ist dies bereits die in der Aufgabenstellung a) gefundene Lösung.

c) Mit Gl. (6.23) steht die Biegelinie zur Verfügung, die sich einstellt, wenn der Balken durch eine exzentrisch eingeleitete Längskraft F nach Abb. 6.5 belastet ist. Im Stabilitätsfall wird die Auslenkung theoretisch unendlich groß. Wir müssen uns also fragen, wann $w(x)$ über alle Grenzen wachsen wird. Bei der vorliegenden Biegelinie kann dies nur dann auftreten, wenn der Ausdruck

$$\frac{1 - \cos(\zeta\,l)}{\sin(\zeta\,l)} \qquad\qquad\qquad (6.26)$$

über alle Grenzen wächst.

Wir können uns der Beantwortung dieser Frage nähern, indem wir uns zuerst fragen, wann der Nenner gegen null läuft; denn dann kann die Funktion der Biegelinie ebenfalls gegen Unendlich streben, wenn der Zähler des Ausdrucks in Gl. (6.26) gleichzeitig einen endlichen Wert besitzt, der ungleich null ist.

Für einen verschwindenden Nenner resultiert

$$\sin(\zeta\,l) = 0 \quad \Rightarrow \quad \zeta\,l = n\,\pi \quad \Leftrightarrow \quad \zeta = n\,\frac{\pi}{l} \quad \text{für} \quad n = 1, 2, 3, \dots \,.$$

Bei ungeraden n gilt für den Zähler

$$1 - \cos(\zeta\, l) = 1 - \cos(\pi) = 1 - \cos(3\,\pi) = \ldots = 1 - (-1) = 2\,.$$

Demnach wächst die Auslenkung über alle Grenzen für ungerade n, d. h. für $\zeta\, l = n\,\pi$ mit $n = 1, 3, 5, \ldots$ Bei geraden n resultiert für den Zähler

$$1 - \cos(\zeta\, l) = 1 - \cos(2\,\pi) = 1 - \cos(4\,\pi) = \ldots = 1 - 1 = 0\,.$$

Wir müssen daher den Ausdruck in Gl. (6.26) hinsichtlich seines Grenzwertverhaltens für $\zeta \to n\,\pi$ mit $n = 2, 4, 6, \ldots$ weiter untersuchen. Wir wenden dazu die Regel von L'Hospital (vgl. [6, S. 624ff.]) an, d. h.

$$\lim_{\zeta\, l \to n\,\pi} \frac{1 - \cos(\zeta\, l)}{\sin(\zeta\, l)} = \lim_{\zeta\, l \to n\,\pi} \frac{(1 - \cos(\zeta\, l))'}{(\sin(\zeta\, l))'}$$

$$= \lim_{\zeta\, l \to n\,\pi} \frac{sin(\zeta\, l)}{\cos(\zeta\, l)} = \frac{sin(n\,\pi)}{\cos(n\,\pi)} = \frac{0}{1} = 0\,.$$

Folglich wächst die Biegelinie nicht über alle Grenzen für gerade n. Dies ist nur für ungerade n der Fall. Mit dem bekannten Ausdruck $\zeta\, l$ können wir die Lasten bestimmen, bei denen die Auslenkung über alle Grenzen wächst. Wir erhalten

$$\zeta^2 = \frac{F}{EI_y} \quad\Leftrightarrow\quad F = \zeta^2 EI_y = \frac{n\,\pi^2 EI_y}{l^2} \quad \text{mit} \quad n = 1, 3, 5, \ldots\,.$$

Die niedrigste Last stellt zugleich die kritische dar. Sie ergibt sich für $n = 1$. Es folgt

$$F_{\mathrm{krit}} = \frac{\pi^2 EI_y}{l^2}\,. \tag{6.27}$$

Dies ist zugleich die kritische Eulerlast für den beidseitig gelenkig gelagerten Balken unter Längskraftbelastung F.

Die maximale Auslenkung tritt aufgrund der Symmetrie zur Stelle $x = \frac{l}{2}$ in der Mitte des Balkens auf. Nutzt man die Symmetrie des Problems nicht aus, so ist eine Kurvendiskussion durchzuführen, die wir hier skizzieren. Für die maximale Auslenkung muss die 1. Ableitung der Biegelinie verschwinden. Es gilt

$$w'(x) = \frac{e}{\sin(\zeta\, l)} \left[\zeta\, (1 - \cos(\zeta\, l))\cos(\zeta\, x) - \zeta\sin(\zeta\, x)\sin(\zeta\, l) \right]\,.$$

Wir setzen dies zu null und erhalten

$$w'(x) = 0 \quad\Leftrightarrow\quad \zeta\cos(\zeta\, x)\left[1 - \cos(\zeta\, l) - \tan(\zeta\, x)\sin(\zeta\, l) \right] = 0\,.$$

Nutzen wir die im Hinweis angegebenen Additionstheoreme wie folgt

$$1 - \cos(\zeta\, l) = 2\sin^2\left(\zeta\frac{l}{2} \right) \quad \text{und} \quad \sin(\zeta\, l) = 2\sin\left(\zeta\frac{l}{2} \right)\cos\left(\zeta\frac{l}{2} \right)\,,$$

resultiert

$$2\,\zeta \cos\left(\zeta x\right)\sin\left(\zeta\,\frac{l}{2}\right)\cos\left(\zeta\,\frac{l}{2}\right)\left[\tan\left(\zeta\,\frac{l}{2}\right)-\tan\left(\zeta x\right)\right]=0\,.$$

Die 1. Ableitung verschwindet, wenn $\cos\left(\zeta x\right)$ oder der eckige Klammerausdruck null ist.

Wir untersuchen zuerst den eckigen Klammerausdruck. Es folgt erwartungsgemäß

$$\tan\left(\zeta\,\frac{l}{2}\right)-\tan\left(\zeta x\right)=0 \quad \Leftrightarrow \quad x=\frac{l}{2}\,,$$

dass ein lokales Extremum in der Balkenmitte existiert.

Wir betrachten nun das Verschwinden des Ausdrucks $\cos\left(\zeta x\right)$. Wir erhalten

$$\cos\left(\zeta x\right)=0 \quad \Rightarrow \quad x=\frac{1}{\zeta}\left(\frac{\pi}{2}+n\right) \quad \text{mit} \quad n=0,1,2,\dots\,.$$

Unter Berücksichtigung von $\zeta^2=\frac{F}{EI_y}$ und der kritischen Last nach Gl. (6.27) können wir diesen Ausdruck umformulieren zu

$$x=\frac{\pi}{2}\left(1+2n\right)\sqrt{\frac{EI_y}{F}}=\frac{1}{2}\left(1+2n\right)\sqrt{\frac{\pi^2 EI_y}{F}}=\frac{l}{2}\left(1+2n\right)\sqrt{\frac{F_{\text{krit}}}{F}}\,.$$

Im Stabilitätsfall ist $F=F_{\text{krit}}$ und wir erhalten wieder als Ort des Extremums die Balkenmitte, weil nur für $n=0$ die Stelle x im Definitionsbereich liegt.

Da im Bereich $0\le x\le l$ nur bei $x=\frac{l}{2}$ ein Extremum existiert, und an den Bereichsrändern die Auslenkung null ist, haben wir erwartungsgemäß nachgewiesen, dass in der Balkenmitte die maximale Auslenkung auftritt.

Die maximale Absenkung w_{max} bestimmen wir zu

$$w_{\text{max}}=w\left(x=\frac{l}{2}\right)=e\left[\frac{1-\cos\left(\zeta\,l\right)}{\sin\left(\zeta\,l\right)}\sin\left(\zeta\,\frac{l}{2}\right)-1+\cos\left(\zeta\,\frac{l}{2}\right)\right]\,.$$

Wir berücksichtigen die Additionstheoreme gemäß dem Hinweis in der Aufgabenstellung. Dann resultiert

$$w_{\text{max}}=e\sin\left(\frac{\zeta l}{2}\right)\left[\tan\left(\frac{\zeta l}{2}\right)-\tan\left(\frac{\zeta l}{4}\right)\right]\,.$$

Wir führen für $\zeta\,l$ Folgendes ein

$$\zeta\,l=\sqrt{\frac{F\,l^2}{EI_y}}=\pi\sqrt{\frac{F}{F_{\text{krit}}}}\,,$$

und erhalten daher für die maximale Auslenkung

$$w_{\text{max}}=e\sin\left(\frac{\pi}{2}\sqrt{\frac{F}{F_{\text{krit}}}}\right)\left[\tan\left(\frac{\pi}{2}\sqrt{\frac{F}{F_{\text{krit}}}}\right)-\tan\left(\frac{\pi}{4}\sqrt{\frac{F}{F_{\text{krit}}}}\right)\right]\,.$$

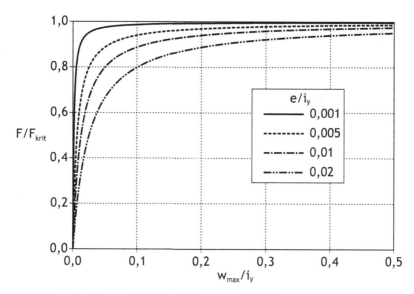

Abb. 6.15 Dimensionslose maximale Auslenkung w_{max}/i_y in Abhängigkeit von der aufgebrachten Last F zur kritischen Last F_{krit}

d) Im Aufgabenteil c) ist die maximale Absenkung bereits berechnet. Wir beziehen diese Auslenkung auf den Trägheitsradius i_y und es folgt

$$\frac{w_{max}}{i_y} = \frac{e}{i_y} \sin\left(\frac{\pi}{2}\sqrt{\frac{F}{F_{krit}}}\right) \left[\tan\left(\frac{\pi}{2}\sqrt{\frac{F}{F_{krit}}}\right) - \tan\left(\frac{\pi}{4}\sqrt{\frac{F}{F_{krit}}}\right)\right].$$

Wir werten diese Gleichung für die in der Aufgabenstellung angegebenen numerischen Werte von Exzentrizität zu Trägheitsradius aus. Das Ergebnis ist in Abb. 6.15 dargestellt. Es ist ersichtlich, dass alle Kurven sich der horizontalen Geraden durch den Verzweigungspunkt bei $F = F_{krit}$ mit zunehmender Auslenkung annähern. Ferner weisen die Kurven bei zunehmender Exzentrizität eine größere Auslenkung bei gleicher Last F auf. Die Knicklast der imperfekten Struktur ist damit um so niedriger, je größer die Imperfektion ist.

L6.6/Lösung zur Aufgabe 6.6 – Biegedrillknicken eines T-Profils

Der Querschnitt ist grundsätzlich gefährdet, sowohl unter Biegeknicken als auch unter Biegedrillknicken zu versagen. Reines Drillknicken wird nicht auftreten, da der Flächenschwerpunkt beim T-Profil nicht mit dem Schubmittelpunkt zusammenfällt. Der Schubmittelpunkt befindet sich im Schnittpunkt der Profilmittellinien von Steg und Flansch. Seine Lage kann über die Exzentrizitäten zum Flächenschwerpunkt mit

$$e_y = 0 \quad \text{und} \quad e_z = -\Delta z = -\frac{h^2}{2\,(b+h)} = -18,75\,\text{mm}$$

angegeben werden.

Die kritische Last bei beidseitiger Lagerung in einem Gabellager können wir mit Gl. (6.4) berechnen. Es handelt sich um eine kubische Gleichung, die wir bei dem gegebenen Fall vereinfachen können. Wir müssen statt einer kubischen nur noch eine lineare und eine quadratische Gleichung lösen, da e_y null ist. Darüber hinaus ist der Wölbwiderstand des dünnwandigen T-Profils null. Wir erhalten daher

$$\left(F - \frac{\pi^2 E I_y}{l^2}\right)\left[\frac{I_0}{A}\left(F - \frac{A G I_T}{I_0}\right)\left(F - \frac{\pi^2 E I_z}{l^2}\right) - F^2 e_z^2\right] = 0\,.$$

Dabei haben wir die Ausgangsgleichung (6.4) faktorisiert, indem wir den Biegeanteil um die y-Achse aus der kubischen Gleichung herausgezogen haben. Dies bedeutet, dass das Biegeknicken um die y-Achse vom Biegeknicken um die z-Achse sowie dem Drillknicken entkoppelt ist. Das Biegeknicken um die z-Achse und das Drillknicken sind dagegen in der quadratischen Gleichung, die in den eckigen Klammern steht, gekoppelt, weshalb wir nicht mehr von Biege- und Drillknicken sprechen, sondern insgesamt von Biegedrillknicken.

Die vorherige Gleichung ist null, wenn einer ihrer beiden Faktoren null wird. Die kritische Last F_{krity} für reines Biegeknicken resultiert somit, wenn der erste Faktor zu null gesetzt wird

$$F_{1\text{krit}} = F_{\text{krity}} - \frac{\pi^2 E I_y}{l^2} = 0 \quad \Leftrightarrow \quad F_{1\text{krit}} = F_{\text{krity}} = \frac{\pi^2 E I_y}{l^2} \approx 151,81\,\text{kN}\,.$$

Die eckige Klammer multiplizieren wir aus und lösen nach der unbekannten Größe F auf. Es folgt

$$\frac{I_0}{A}\left(F - \frac{A G I_T}{I_0}\right)\left(F - \frac{\pi^2 E I_z}{l^2}\right) - F^2 e_z^2 = 0$$

$$\Leftrightarrow \quad \underbrace{\left(1 - \frac{A}{I_0}e_z^2\right)}_{=C}F^2 - \left(\frac{\pi^2 E I_z}{l^2} + \frac{A G I_T}{I_0}\right)F + \frac{A G I_T}{I_0}\frac{\pi^2 E I_z}{l^2} = 0$$

$$\Rightarrow \quad F = \frac{1}{2C}\left[\frac{\pi^2 E I_z}{l^2} + \frac{A G I_T}{I_0} \pm \sqrt{\left(\frac{\pi^2 E I_z}{l^2} - \frac{A G I_T}{I_0}\right)^2 + \frac{4 e_z^2 A^2 G I_T}{I_0^2}\frac{\pi^2 E I_z}{l^2}}\,\right].$$

Da der Radikand grundsätzlich größer null ist, erhalten wir stets zwei reelle Lösungen aus der letzten Gleichung.

Unter Berücksichtigung von $I_0 = I_y + I_z + A e_z^2 \approx 4,3946 \cdot 10^5\,\text{mm}^4$ resultieren die kritischen Lasten des Biegedrillknickens

$$F_{2\text{krit}} = 16,184\,\text{kN} \quad \text{und} \quad F_{3\text{krit}} = 96,201\,\text{kN}\,.$$

Wegen

$$F_{2\text{krit}} < F_{3\text{krit}} < F_{1\text{krit}}$$

ist die kritische Stabilitätslast durch $F_{\text{krit}} = F_{2\text{krit}} = 16,184\,\text{kN}$ gegeben. Der Träger wird infolge von Biegedrillknicken versagen.

L6.7/Lösung zur Aufgabe 6.7 – Biegedrillknicken beim L-Profil

a) Wir können Gl. (6.4) verwenden, um das Stabilitätsverhalten zu analysieren. Diese Beziehung gilt für einen beidseitig gabelgelagerten Träger und lautet

$$\frac{I_0}{A}\left(F - \frac{AGI_T}{I_0}\right)\left(F - \frac{\pi^2 EI_{\bar{z}}}{l^2}\right)\left(F - \frac{\pi^2 EI_{\bar{y}}}{l^2}\right) - F^2 e_{\bar{z}}^2\left(F - \frac{\pi^2 EI_{\bar{y}}}{l^2}\right)$$
$$- F^2 e_{\bar{y}}^2\left(F - \frac{\pi^2 EI_{\bar{z}}}{l^2}\right) = 0 \quad \text{mit} \quad I_0 = I_{\bar{y}} + I_{\bar{z}} + A\left(e_{\bar{y}}^2 + e_{\bar{z}}^2\right) . \tag{6.28}$$

Dabei haben wir berücksichtigt, dass das dünnwandige L-Profil wölbspannungsfrei ist und der Wölbwiderstand C_T null ist. Außerdem unterscheiden wir in der vorherigen Beziehung ein $\bar{y}$-$\bar{z}$-Achssystem, das das Hauptachsensystem kennzeichnet, von dem in Abb. 6.7 dargestellten y-z-Koordinatensystem. Dieses $\bar{y}$-$\bar{z}$-Koordinatensystem ist in Abb. 6.16 skizziert.

In Abb. 6.16 ist das Profil als dünnwandiger Querschnitt idealisiert, der aus zwei Teilflächen A_1 und A_2 besteht. Im Schnittpunkt der Profilmittellinien beider Teilflächen liegt der Schubmittelpunkt. Mit Hilfe der Abbildung können wir die folgenden Querschnittsgrößen angeben

$$A_1 = ht = A_2 , \quad A = 2ht , \quad e_{\bar{y}} = -\frac{h}{4} = e_{\bar{z}} .$$

Das Torsionsflächenmoment ermitteln wir für ein offenes dünnwandiges Profil nach Gl. (5.16). Es folgt

$$I_T = \frac{2}{3}ht^3 .$$

Demnach müssen wir nur noch die Hauptflächenmomente bestimmen. Wir formulieren dafür zunächst die Flächenmomente 2. Grades im y-z-Koordinatensystem, um diese anschließend um $-45°$ zu transformieren. Dann entspricht die transformierte y-Achse der Symmetrielinie, die wir hier mit der $\bar{y}$-Achse bezeichnen (vgl. Abb. 6.16). Mit den Schwerpunktskoordinaten der beiden Teilflächen

$$y_{s1} = \frac{h}{4} = z_{s2} , \quad z_{s1} = -\frac{h}{4} = y_{s2}$$

resultieren die Flächenmomente (unter Berücksichtigung der Gln. (3.10) bis (3.12) für zwei dünnwandige Rechteckquerschnitte) zu

$$I_y = I_z = \frac{5}{24}h^3 t , \quad I_{yz} = -\frac{1}{8}h^3 t .$$

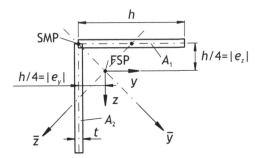

Abb. 6.16 Symmetrisches L-Profil als dünnwandiger Querschnitt modelliert mit Flächenschwerpunkt FSP und Schubmittelpunkt SMP

Mit Hilfe der Transformationsbeziehungen nach den Gln. (3.20) bis (3.22) erhalten wir mit $\varphi = -45°$ aus diesen Flächenmomenten die gesuchten Hauptflächenmomente

$$I_{\bar{y}}(\varphi = -45°) = \frac{1}{2}(I_y + I_z) - I_{yz} = \frac{1}{3}h^3 t \,,$$

$$I_{\bar{z}}(\varphi = -45°) = \frac{1}{2}(I_y + I_z) + I_{yz} = \frac{1}{12}h^3 t \,.$$

Erwartungsgemäß ist das Deviationsmoment $I_{\bar{y}\bar{z}}$ null.

Damit sind alle erforderlichen Querschnittsgrößen bestimmt.

b) Setzen wir alle im Aufgabenteil a) ermittelten Querschnittsgrößen sowie die Beziehung nach Gl. (2.4) zwischen dem Schubmodul, dem Elastizitätsmodul und der Querkontraktionszahl gemäß

$$G = \frac{E}{2(1+\nu)}$$

in Gl. (6.28) ein, folgt nach einigen mathematischen Umformungen die kubische Gleichung des Biegedrillknickens

$$a_3 F^3 + a_2 F^2 + a_1 F + a_0 = 0 \,, \tag{6.29}$$

die wir zur Bestimmung der kritischen Last lösen müssen.

Für die Koeffizienten a_i gilt

$$a_3 = \frac{5}{24}h^2 \approx 2{,}08333333 \cdot 10^3 \,\text{mm}^2 \,, \tag{6.30}$$

$$a_2 = -\frac{1}{576}\frac{E h^5 t}{(1+\nu)l^2}\left[65\,\pi^2(1+\nu) + 192\frac{t^2 l^2}{h^4}\right] \tag{6.31}$$

$$\approx -8{,}94502004 \cdot 10^8 \,\text{N mm}^2 \,,$$

$$a_1 = \frac{\pi^2}{108}\frac{E^2 h^8 t^2}{(1+\nu)l^4}\left(\pi^2(1+\nu) + 15\frac{t^2 l^2}{h^4}\right) \approx 7{,}72622580 \cdot 10^{13}\,\text{N}^2\,\text{mm}^2 \,, \tag{6.32}$$

$$a_0 = -\frac{\pi^4}{108} \frac{E^3 h^7 t^5}{(1+v) l^4} \approx -1{,}52302305 \cdot 10^{18} \mathrm{N}^3 \, \mathrm{mm}^2 \,. \tag{6.33}$$

Die Lösung der kubischen Beziehung ist mathematisch aufwendig, weshalb wir die Berechnung basierend auf den Cardanischen Formeln im Abschnitt 9.2.2 darstellen.

Die Anwendung der Cardanischen Formeln ergibt drei Lösungen

$$F_1 \approx 320{,}89\,\mathrm{kN}\,, \qquad F_2 \approx 79993\,\mathrm{N}\,, \qquad F_3 \approx 28480\,\mathrm{N}\,.$$

Es handelt sich bei allen drei Lösungen um eine Kopplung zwischen dem Biegeknicken und dem Drillknicken, d. h. um Biegedrillknicken. Die kritische Last, die zum Stabilitätsversagen führen würde, ist

$$F_{\mathrm{krit}} = F_1 \approx 28480\,\mathrm{N}\,.$$

L6.8/Lösung zur Aufgabe 6.8 – Stabilitätsversagen bei Druck- und Querkraftbelastung

a) Der Träger kann Stabilitätsversagen infolge von Biegeknicken, Drillknicken und Kippen zeigen. Biegedrillknicken kann nicht auftreten, da beim Rechteckprofil der Schubmittelpunkt mit dem Flächenschwerpunkt zusammenfällt.

Biegeknicken und Drillknicken treten infolge der Druckbelastung in x-Richtung auf. Die Stabilitätslasten können wir beim gegebenen Belastungsfall mit Hilfe der kubischen Beziehung für das Biegedrillknicken nach Gl. (6.4) bestimmen. Damit erhalten wir zwei kritische Eulerlasten und die Stabilitätslast für das Drillknicken. Eine Untersuchung mit der Eulerformel nach Gl. (6.1) ist nicht erforderlich, da die kubische Beziehung die Eulerlasten für die beidseitige Lagerung beschreibt.

Gleichzeitig existiert jedoch auch eine Querkraftbelastung, die zum Kippen des Trägers um seine Längsachse führen kann. Hierzu müssen wir die Tabelle für die kritischen Kipplasten nach den grundlegenden Beziehungen im Abschnitt 6.1 verwenden, die für wölbspannungsfreie Profile gilt.

Biegeknicken und Drillknicken

Beim gegebenen Träger fallen Schubmittelpunkt und Flächenschwerpunkt zusammen. Daher gilt

$$e_y = 0\,, \qquad e_z = 0\,.$$

Die kubische Beziehung nach Gl. (6.4) vereinfacht sich damit zu

$$\frac{I_0}{A}\left(F - \frac{A}{I_0}\left(\frac{\pi^2 E C_T}{l^2} + G I_T\right)\right)\left(F - \frac{\pi^2 E I_z}{l^2}\right)\left(F - \frac{\pi^2 E I_y}{l^2}\right) = 0\,.$$

Diese Beziehung ist erfüllt, wenn jeder einzelne Faktor null ist. Wir erhalten folglich zwei kritische Lasten für das Biegeknicken und eine kritische Last für das Drillknicken. Es resultiert für das Biegeknicken

$$F_{\mathrm{krit}\,y} = \frac{\pi^2 E I_y}{l^2}\,, \qquad F_{\mathrm{krit}\,z} = \frac{\pi^2 E I_z}{l^2}\,.$$

Da der Wölbwiderstand C_T beim dünnwandigen Rechteckprofil null ist, erhalten wir für das Drillknicken mit $I_0 = I_y + I_z$

$$F_{\text{krit}\vartheta} = \frac{A G I_T}{I_y + I_z}\,.$$

Wir benötigen damit nur noch die Querschnittsgrößen. Unter Berücksichtigung von

$$A = ht\,, \quad I_y = \frac{1}{12}\,h^3 t\,, \quad I_z = \frac{1}{12}\,ht^3 \quad \text{und} \quad I_T = \frac{1}{3}\,ht^3$$

erhalten wir für die kritischen Lasten

$$F_{\text{krit}y} \approx 3773\,\text{kN}\,, \quad F_{\text{krit}z} \approx 2358\,\text{N}\,, \quad F_{\text{krit}\vartheta} \approx 43{,}013\,\text{kN}\,.$$

Kippen

Die kritischen Kipplasten entnehmen wir der in den grundlegenden Beziehungen im Abschnitt 6.1 gegebenen Tabelle zum Kippen. Demnach nutzen wir Gl. (6.6) und erhalten

$$F_{\text{krit}K} \approx \frac{16{,}9}{l^2}\,\sqrt{E I_z G I_T} \approx 5006\,\text{N}\,.$$

b) Das tatsächliche Stabilitätsversagen hängt von den gegebenen kritischen Lasten, die in der Aufgabenstellung a) berechnet sind, und der tatsächlichen Beanspruchung der Struktur ab. Wir ermitteln daher die jeweilige Sicherheit der einzelnen Stabilitätsphänomene gegen Versagen. Die Last mit dem niedrigsten Sicherheitsfaktor führt dann zum Stabilitätsversagen des Trägers. Es folgt

$$S_{\text{krit}y} = \frac{F_{\text{krit}y}}{F} \approx \frac{3.773.000\,\text{N}}{F}\,, \quad S_{\text{krit}z} = \frac{F_{\text{krit}z}}{F} \approx \frac{2.358\,\text{N}}{F}\,,$$

$$S_{\text{krit}\vartheta} = \frac{F_{\text{krit}\vartheta}}{F} \approx \frac{43.013\,\text{N}}{F}\,, \quad S_{\text{krit}K} = \frac{F_{\text{krit}K}}{3F} \approx \frac{1.669\,\text{N}}{F}\,.$$

Die Einheit ist nicht kursiv und das Formelzeichen für die Kraft ist kursiv geschrieben.

Der kleinste Sicherheitsfaktor ergibt sich für das Kippen des Trägers, d. h. bei gleichförmiger Erhöhung aller auf den Träger wirkenden Lasten würde Stabilitätsversagen durch das seitliche Wegkippen auftreten. Weil die Kraft F nicht numerisch gegeben ist, kann keine Aussage darüber getroffen werden, ob der Träger versagt oder nicht. Allerdings können wir die Größe der Kraft F ermitteln, ab der Versagen auftritt. Versagen tritt auf, wenn die Beanspruchung größer oder gleich der kritischen Last ist (oder der Sicherheitsfaktor kleiner oder gleich eins)

$$3F \geq F_{\text{krit}K} \quad \Rightarrow \quad F \geq 1{,}669\,\text{kN}\,.$$

Kapitel 7
Arbeits- und Energiemethoden

7.1 Grundlegende Beziehungen

- **Formänderungsenergie U_i eines Stabes**

$$U_i = \frac{1}{2} \int_l \frac{N^2}{EA}\, dx \qquad (7.1)$$

A	Querschnittsfläche
E	Elastizitätsmodul
l	Stablänge
N	Normalkraft
x	Koordinate entlang der Stabachse

- **Formänderungsenergie U_i eines Stabes** bei konstanter Dehnsteifigkeit EA und konstanter Normalkraft N entlang der Stabachse

$$U_i = \frac{1}{2} \frac{N^2 l}{EA} \qquad (7.2)$$

Größen A, E und N entsprechen denen nach Gl. (7.1).

- **Formänderungsenergie U_i eines Balkens** im y-z-Hauptachsensystem

$$U_i = \frac{1}{2} \int_l \left[\frac{N^2}{EA} + \frac{M_{by}^2}{EI_y} + \frac{M_{bz}^2}{EI_z} + \frac{Q_y^2}{GA_{Q_y}} + \frac{Q_z^2}{GA_{Q_z}} + \frac{T^2}{GI_T} \right] dx \qquad (7.3)$$

A	Querschnittsfläche
A_{Q_y}, A_{Q_z}	Querkraftschub tragende Fläche infolge der Querkraft Q_y bzw. Q_z
E	Elastizitätsmodul
G	Schubmodul
I_T	Torsionsflächenmoment
I_y, I_z	axiales Flächenmoment 2. Grades um die y- bzw. z-Hauptachse

© Springer-Verlag GmbH Deutschland 2018
M. Linke, *Aufgaben zur Festigkeitslehre für den Leichtbau*,
https://doi.org/10.1007/978-3-662-56149-2_7

l	Balkenlänge
M_{by}, M_{bz}	Biegemoment um die y- bzw. z-Achse
N	Normalkraft
Q_y, Q_z	Querkraft in die y- bzw. z-Richtung
T	Torsionsmoment
x	Koordinate entlang der Balkenachse

- **Formänderungsenergie U_i eines Schubfelds** mit konstanter Wandstärke t

$$U_i = \frac{1}{2} \frac{q_m^2 A^*}{Gt} \tag{7.4}$$

A^*	Ersatzfläche des Schubfelds, vgl. die Gln. (8.12) bis (8.14)
G	Schubmodul
q_m	mittlerer Schubfluss im Schubfeld, vgl. die Gln. (8.9) bis (8.11)
t	konstante Wandstärke des Schubfelds

- **Spezifische Formänderungsenergie U_d** eines dreidimensionalen Kontinuums

$$U_d = \frac{dU_i}{dV} = \frac{1}{2} \left(\sigma_x \varepsilon_x + \sigma_y \varepsilon_y + \sigma_z \varepsilon_z + \tau_{xy} \gamma_{xy} + \tau_{xz} \gamma_{xz} + \tau_{yz} \gamma_{yz} \right) \tag{7.5}$$

A	Querschnittsfläche
dU_i	infinitesimale Formänderungsenergie
dV	infinitesimales Volumenelement
x, y, z	kartesische Koordinaten
γ_{ij}	Scherung bzw. Gleitung in i-j-Ebene
ε_i	Dehnung in i-Richtung
σ_i	Normalspannung in i-Richtung
τ_{ij}	Schubspannung in i-j-Ebene

- **Energieerhaltungssatz**

$$W_a = U_i \tag{7.6}$$

U_i	Formänderungsenergie
W_a	Arbeit der äußeren Kraftgrößen

- **Prinzip der virtuellen Arbeiten**

$$\delta W_a = \delta U_i \tag{7.7}$$

δU_i	virtuelle Formänderungsenergie
δW_a	virtuelle Arbeit der äußeren Kraftgrößen

- **2. Satz von Castigliano**

$$w = \frac{\partial U_i}{\partial F}, \qquad\qquad \varphi = \frac{\partial U_i}{\partial M} \qquad (7.8)$$

F	Kraft, an deren Ort und in deren Richtung die Verschiebung w gesucht ist
M	Moment, an dessen Ort und in dessen Wirkrichtung die Verdrehung φ gesucht ist
U_i	Formänderungsenergie der untersuchten Struktur ausschließlich beschrieben durch Kraftgrößen, nicht durch Verschiebungsgrößen
w	Verschiebung am Ort und in Richtung der Kraft F
φ	Verdrehung am Ort und in Richtung des Moments M

Hinweise

– Die partielle Differentiation darf vor der Integration ausgeführt werden. D. h. bei alleiniger Integration der Biegeanteile um die y-Hauptachse folgt

$$\frac{\partial U_i}{\partial F} = \frac{\partial}{\partial F}\left(\frac{1}{2}\int_l \frac{M_{by}^2}{EI_y}\,dx\right) = \frac{1}{2}\int_l \frac{\partial}{\partial F}\left(\frac{M_{by}^2}{EI_y}\right)\,dx = \int_l \frac{M_{by}}{EI_y}\frac{\partial M_{by}}{\partial F}\,dx. \quad (7.9)$$

– Wenn eine Verschiebungsgröße f oder φ an einem Ort berechnet werden soll, an dem keine äußere Last wirkt, kann eine Hilfskraft F_H oder ein Hilfsmoment M_H eingeführt werden, die nach der Berechnung wieder zu null gesetzt werden

$$f = \lim_{F_H \to 0}\frac{\partial U_i}{\partial F_H} \quad \text{bzw.} \quad \varphi = \lim_{M_H \to 0}\frac{\partial U_i}{\partial M_H}. \quad (7.10)$$

– Bei statisch unbestimmten Systemen können statisch überzählige Größen wie eine Kraft X oder ein Moment M_X berechnet werden, indem diese in den Schnittreaktionen berücksichtigt werden und anschließend nach ihnen partiell differenziert wird. Ihre Ableitung ist null

$$f = \frac{\partial U_i}{\partial X} = 0 \quad \text{bzw.} \quad \varphi = \frac{\partial U_i}{\partial M_X} = 0. \quad (7.11)$$

– Die partielle Differentiation nach einer inneren Kraftgröße ist null.

- **Einheitslasttheorem für einen statisch bestimmten Balken** zur Ermittlung von Verschiebungsgrößen an einer beliebigen Stelle 1

$$\left.\begin{matrix} w_{10} \\ \varphi_{10} \end{matrix}\right\} = \int_l \left[\frac{N_0\,\bar{N}_1}{EA} + \frac{M_{by0}\,\bar{M}_{by1}}{EI_y} + \frac{M_{bz0}\,\bar{M}_{bz1}}{EI_z} + \frac{Q_{z0}\,\bar{Q}_{z1}}{GA_{Q_z}} + \frac{Q_{y0}\,\bar{Q}_{y1}}{GA_{Q_y}} + \frac{T_0\,\bar{T}_1}{GI_T}\right]\,dx$$
$$(7.12)$$

Die Kraftgrößen des 0-Systems sind mit dem Index 0 gekennzeichnet. Es handelt sich um die Größen des realen Systems, in dem die Verschiebungsgröße

gesucht ist. Die Kraftgrößen des Einheitslastsystems bzw. des 1-Systems sind
überstrichen und mit dem Index 1 gekennzeichnet. Das von allen eingeprägten
Kraftgrößen befreite 1-System ergibt sich, indem an der Stelle 1 eine Einheitslast aufgebracht wird, die mit der gesuchten Verschiebungsgröße korrespondiert.
Alle zuvor genannten Kraftgrößen sowie die Größen $A, A_{Q_y}, A_{Q_z}, E, G, I_T, I_y, I_z, l$
und x sind unter Gl. (7.3) erläutert. Die Querschnittsgrößen sind im y-z-Haupt-
achsensystem gegeben.

w_{10} gesuchte Verschiebung am Ort 1 im 0-System

φ_{10} gesuchte Verdrehung am Ort 1 im 0-System

- **Einheitslasttheorem für einen n-fach statisch unbestimmten Balken** zur Ermittlung der statisch Überzähligen

$$\left. \begin{array}{l} w_i = 0 \\ \varphi_i = 0 \end{array} \right\} = \int_l \left[\frac{N \bar{N}_i}{EA} + \frac{M_{by} \bar{M}_{byi}}{EI_y} + \frac{M_{bz} \bar{M}_{bzi}}{EI_z} + \frac{Q_y \bar{Q}_{yi}}{GA_{Q_y}} + \frac{Q_z \bar{Q}_{zi}}{GA_{Q_z}} + \frac{T \bar{T}_i}{GI_T} \right] \mathrm{d}x \tag{7.13}$$

mit den Schnittreaktionen im realen, d. h. statisch unbestimmten System

$$N = N_0 + \sum_{i=1}^{n} X_i \bar{N}_i \,, \qquad M_{by} = M_{by0} + \sum_{i=1}^{n} X_i \bar{M}_{byi}$$

$$M_{bz} = M_{bz0} + \sum_{i=1}^{n} X_i \bar{M}_{bzi} \,, \qquad Q_y = Q_{y0} + \sum_{i=1}^{n} X_i \bar{Q}_{yi}$$

$$Q_z = Q_{z0} + \sum_{i=1}^{n} X_i \bar{Q}_{zi} \,, \qquad T = T_0 + \sum_{i=1}^{n} X_i \bar{T}_i$$

Die Kraftgrößen des 0-Systems sind mit dem Index 0 gekennzeichnet. Dieses
System entsteht, indem die statisch Überzähligen entfernt werden und somit ein
statisch bestimmtes 0-System erzeugt wird. Die Kraftgrößen der Einheitslastsysteme sind überstrichen und mit dem Index i (für $i = 1, ..., n$) gekennzeichnet. Die
von allen eingeprägten Kraftgrößen befreiten Einheitslastsysteme ergeben sich,
indem an der jeweiligen Stelle i eine Einheitslast aufgebracht wird, an der zuvor die statisch Überzählige X_i wirkte. Alle zuvor genannten Kraftgrößen sowie
die Größen $A, A_{Q_y}, A_{Q_z}, E, G, I_T, I_y, I_z, l$ und x sind unter Gl. (7.3) erläutert. Die
Querschnittsgrößen sind im y-z-Hauptachsensystem gegeben.

- **Einheitslasttheorem für einen statisch bestimmten Schubfeldträger** aus k
  Stäben und m Schubfeldern (auch als Hautfelder oder Bleche bezeichnet)

$$w_{10} = \sum_{j=1}^{k} \int_{l_j} \frac{N_{0j} \bar{N}_{1j}}{E_j A_j} \mathrm{d}s_j + \sum_{j=1}^{m} \frac{q_{m0j} \bar{q}_{m1j}}{G_j t_j} A_j^* \tag{7.14}$$

Die Kraftgrößen des 0-Systems sind mit dem Index 0 gekennzeichnet. Es handelt
sich um die Größen des realen Systems, in dem die Verschiebungsgröße gesucht

ist. Die Kraftgrößen des Einheitslastsystems bzw. des 1-Systems sind überstrichen. Das von allen eingeprägten Kraftgrößen befreite 1-System ergibt sich, indem an der Stelle 1 eine Einheitslast aufgebracht wird, die mit der gesuchten Verschiebungsgröße korrespondiert.

A_j Fläche des Stabes bzw. der Versteifung j

A_j^* Ersatzfläche des Schubfelds j, vgl. die Gln. (8.12) bis (8.14)

E_j Elastizitätsmodul des Stabes bzw. der Versteifung j

G_j Schubmodul des Hautfelds bzw. Bleches j

k Anzahl der Versteifungen bzw. Stäbe des Schubfeldträgers

l_j Länge des Stabes bzw. der Versteifung j

m Anzahl der Hautfelder bzw. Bleche des Schubfeldträgers

N_{0j} Normalkraft im 0-System des Stabes bzw. der Versteifung j

$\bar{N}_{1j}$ Normalkraft im 1-System des Stabes bzw. der Versteifung j

q_{m0j} mittlerer Schubfluss im 0-System des Schub- bzw. Hautfelds j, vgl. die Gln. (8.9) bis (8.11)

$\bar{q}_{m1j}$ mittlerer Schubfluss im 1-System des Schub- bzw. Hautfelds j, vgl. die Gln. (8.9) bis (8.11)

s_j Koordinate entlang der Achse des Stabes bzw. der Versteifung j

t_j konstante Wandstärke des Hautfelds bzw. Blechs j

w_{10} gesuchte Verschiebung am Ort 1 im 0-System

- **Einheitslasttheorem für einen n-fach statisch unbestimmten Schubfeldträger** aus k Stäben und m Schubfeldern (auch als Hautfelder oder Bleche bezeichnet)

$$w_{i0} = 0 = \sum_{j=1}^{k} \int_{l_j} \frac{N_j \bar{N}_{ij}}{E_j A_j} \mathrm{d}s_j + \sum_{j=1}^{m} \frac{q_{mj} \bar{q}_{mij}}{G_j t_j} A_j^* \tag{7.15}$$

mit den Schnittreaktionen im realen, d. h. statisch unbestimmten System

$$N_j = N_{0j} + \sum_{i=1}^{n} X_i \bar{N}_{ij}, \qquad q_{mj} = q_{m0j} + \sum_{i=1}^{n} X_i \bar{q}_{mij}$$

Die Kraftgrößen des 0-Systems sind mit dem Index 0 gekennzeichnet. Dieses System entsteht, indem die statisch Überzähligen entfernt werden und somit ein statisch bestimmtes 0-System erzeugt wird. Die Kraftgrößen der Einheitslastsysteme sind überstrichen und mit dem Index i (für $i = 1, ..., n$) gekennzeichnet. Die von allen eingeprägten Kraftgrößen befreiten Einheitslastsysteme ergeben sich, indem an der jeweiligen Stelle i eine Einheitslast aufgebracht wird, an der zuvor die statisch Überzählige X_i wirkte. Alle zuvor genannten Kraftgrößen sowie die Größen A, A^*, E, G, k, l, m, s und t sind unter Gl. (7.14) erläutert.

- **Reduktionssatz für einen n-fach statisch unbestimmten Balken** zur Ermittlung von Verschiebungsgrößen an einer beliebigen Stelle

$$\left.\begin{array}{r} w \\ \varphi \end{array}\right\} = \int_l \left[\frac{N \bar{N}_0}{EA} + \frac{M_{by} \bar{M}_{by0}}{EI_y} + \frac{M_{bz} \bar{M}_{bz0}}{EI_z} + \frac{Q_y \bar{Q}_{y0}}{GA_{Q_y}} + \frac{Q_z \bar{Q}_{z0}}{GA_{Q_z}} + \frac{T \bar{T}_0}{GI_T} \right] \mathrm{d}x$$

$$(7.16)$$

mit den bereits ermittelten Schnittreaktionen N, M_{by}, M_{bz}, Q_y, Q_z und T im realen System gemäß den Erläuterungen nach Gl. (7.13)

Die Kraftgrößen des 0-Systems sind mit dem Index 0 gekennzeichnet. Es handelt sich um das statisch bestimmt gemachte System, in dem die statisch Überzähligen entfernt sind. Gleichzeitig sind die Kraftgrößen überstrichen, weil eine Einheitslast am Ort und in Richtung der gesuchten Verschiebungsgröße aufgebracht ist. Die Größen $A, A_{Q_y}, A_{Q_z}, E, G, I_T, I_y, I_z, l$ und x sind unter Gl. (7.3) erläutert. Die Querschnittsgrößen sind im y-z-Hauptachsensystem gegeben.

- **Reduktionssatz für einen n-fach statisch unbestimmten Schubfeldträger** zur Ermittlung von Knotenverschiebungen

$$w = \sum_{j=1}^{k} \int_{l_j} \frac{N_j \bar{N}_{0j}}{E_j A_j} \mathrm{d}s_j + \sum_{j=1}^{m} \frac{q_{mj} \bar{q}_{m0j}}{G_j t_j} A_j^*$$

$$(7.17)$$

mit den bereits ermittelten Schnittreaktionen N_j und q_{mj} im realen, d. h. statisch unbestimmten System gemäß den Erläuterungen nach Gl. (7.15)

Die Kraftgrößen des 0-Systems sind mit dem Index 0 gekennzeichnet. Es handelt sich um das statisch bestimmt gemachte System, in dem die statisch Überzähligen entfernt sind. Gleichzeitig sind die Kraftgrößen überstrichen, weil eine Einheitslast am Ort und in Richtung der gesuchten Verschiebungsgröße aufgebracht ist. Die Größen A, A^*, E, G, k, l, m, s und t sind unter Gl. (7.14) erläutert.

7.2 Aufgaben

A7.1/Aufgabe 7.1 – Mehrfach statisch unbestimmter Balken

Die Lagerreaktionen für den statisch unbestimmt gelagerten Balken nach Abb. 7.1 sollen mit dem 2. Satz von Castigliano ermittelt werden. Der Balken ist mit einer linear veränderlichen Streckenlast $q_z(x)$ belastet. Das Koordinatensystem ist gegeben.

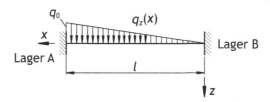

Abb. 7.1 Statisch unbestimmt gelagerter Balken belastet mit dreiecksförmiger Streckenlast

Bei der z-Achse handelt es sich um eine Hauptachse. Die Dehn- und Biegesteifigkeiten sind in x-Richtung konstant. Verformungsanteile infolge von Querkraftschub
dürfen vernachlässigt werden.

Gegeben Länge l; Biegesteifigkeit EI_y; Dehnsteifigkeit EA; Streckenlast q_0

Gesucht Bestimmen Sie sämtliche Lagerreaktionen. Verwenden Sie den 2. Satz von
Castigliano zur Berechnung von statisch unbestimmten Größen.

Hinweis Vergleichen Sie das hier verwendete Vorgehen zur Bestimmung der Biegelinie mit dem in der Aufgabe 3.8 genutzten Berechnungsprozess.

Kontrollergebnisse $A_x = 0$, $B_x = 0$, $A_z = \frac{7}{20} q_0 l$, $B_z = \frac{3}{20} q_0 l$, $M_A = \frac{1}{20} q_0 l^2 = \frac{2}{3} M_B$

A7.2/Aufgabe 7.2 – Schnittreaktionen im statisch unbestimmten Rahmen

Die symmetrische, ebene Rahmenstruktur nach Abb. 7.2 ist beidseitig eingespannt
und wird in ihrer Symmetrielinie durch die Kraft F belastet. Die Biegesteifigkeit EI
ist entlang der Trägerachse konstant. Weitere Steifigkeiten können im Vergleich zur
Biegesteifigkeit vernachlässigt werden.

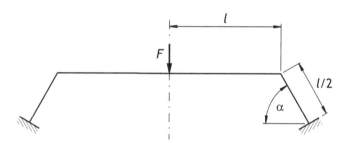

Abb. 7.2 Symmetrische Rahmenstruktur belastet durch die Kraft F in der Symmetrielinie

Gegeben Länge $l = 1\,\text{m}$; Biegesteifigkeit $EI = 8 \cdot 10^{10}\,\text{N}\,\text{mm}^2$; Winkel $\alpha = 60°$;
Kraft $F = 15\,\text{kN}$

Gesucht

a) Berechnen Sie die Normalkraft N_F und das Biegemoment M_F in der Symmetrielinie des Trägers.
b) Ermitteln Sie sämtliche Verschiebungen und Verdrehungen im Angriffspunkt der
   äußeren Last.

Hinweis Nutzen Sie insbesondere Symmetriebedingungen aus.

Kontrollergebnisse a) $|N_F| = 11\sqrt{3}F/18$ $|M_F| = 5Fl/18$ **b)** $w_F \approx 10,42\,\text{mm}$

A7.3/Aufgabe 7.3 – Verschiebungsgrößen im Flügel eines Sportflugzeugs

Verschiebungsgrößen im Flügelstützenanschluss eines Sportflugzeugs sollen ermittelt werden. Die Flügelstruktur ist als ebener Biegeträger idealisiert und in Abb. 7.3 dargestellt. Die Luftkraft ist als konstante Streckenlast q_L modelliert. Widerstandskräfte dürfen vernachlässigt werden. Die Größen der Flügelstütze bzw. des Flügels sind mit dem Index S bzw. B gekennzeichnet. Der Flügel und die Stütze sind aus dem gleichen homogen isotropen Material.

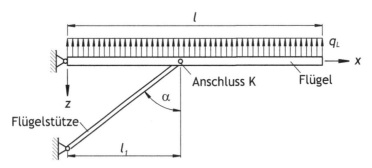

Abb. 7.3 Vereinfachte Flügelstruktur eines Sportflugzeugs (vgl. [5, S. 197ff.])

Gegeben Längen $l = 5{,}5$ m und $l_1 = 2{,}5$ m; Querschnittsflächen $A_S = 200$ mm^2 (Stütze) und $A_B = 766$ mm^2 (Flügel); Winkel $\alpha = 60°$; axiales Flächenmoment 2. Grades des Flügels um die y-Hauptachse $I_y = 4{,}3152 \cdot 10^6$ mm^4; Elastizitätsmodul $E = 70$ GPa; konstante Streckenlast $q_L = 1{,}1$ N/mm; Normalkräfte N_i und Biegemomente M_{byi} im Hauptachsensystem nach Abb. 7.3

$$N_1(x) = 0, \quad M_{by1}(x) = \frac{q_L l^2}{2}\left(1 - \frac{x}{l}\right)^2 \quad \text{für} \quad l_1 \leq x \leq l,$$

$$N_2(x) = -S\sin\alpha, \quad M_{by2}(x) = \frac{q_L l x}{2}\left(\frac{l}{l_1} - 2 + \frac{x}{l}\right) \quad \text{für} \quad 0 \leq x \leq l_1$$

Die Herleitung dieser Verläufe ist in der Aufgabe 2.4 beschrieben.

In der Flügelstütze herrscht die Normalkraft

$$S = \frac{q_L l^2}{2 l_1 \cos\alpha}.$$

Gesucht Berechnen Sie die Verschiebung v in z-Richtung und die Verdrehung φ des Flügels im Punkt K nach Abb. 7.3 mit

a) dem Satz von Castigliano und
b) dem Prinzip der virtuellen Kräfte.

Hinweise Gehen Sie davon aus, dass die Flügelstütze gelenkig im Flächenschwerpunkt des Flügels angeschlossen ist und dass Querschubeinflüsse nicht beachtet werden müssen. Der Einfachheit halber darf ferner auf die Berücksichtigung eines Torsionseinflusses verzichtet werden.

Kontrollergebnisse a) und b) $v \approx 6,42\,\mathrm{mm}$, $\varphi \approx -0,79°$

A7.4/Aufgabe 7.4 – Statisch unbestimmter Flügel eines Sportflugzeugs

Bei einem statisch bestimmt gelagerten Flügel eines Sportflugzeuges soll abgeschätzt werden, inwieweit sich das maximale Biegemoment verändert, wenn der Rumpfanschluss als Einspannung aufgefasst wird statt als gelenkige Lagerung. Die Flügelstruktur ist als ebener Biegeträger idealisiert und in Abb. 7.4 dargestellt. Der Flügel ist durch einen Stab abgestützt, in dem die Stabkraft S_0 wirkt, wenn die Struktur statisch bestimmt gelagert ist. Die Luftkraft ist als konstante Streckenlast q_L modelliert. Widerstandskräfte dürfen vernachlässigt werden. Die Größen der Flügelstütze bzw. des Flügels sind mit dem Index S bzw. B gekennzeichnet. Der Flügel und die Stütze sind aus dem gleichen homogen isotropen Material. Die Schnittreaktionen des statisch bestimmt gelagerten Flügels sind bekannt. Querschnittsgrößen ändern sich entlang der Stab- und Balkenachse nicht. Benutzen Sie das in Abb. 7.4 dargestellte x-z-Koordinatensystem zur Lösung.

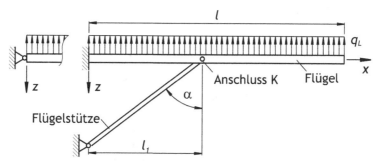

Abb. 7.4 Vereinfachte Flügelstruktur eines Sportflugzeuges mit verschiedenen Lagerungsformen zum Flugzeugrumpf (vgl. [5, S. 197ff.])

Gegeben Längen $l = 5{,}5$ m und $l_1 = 2{,}5$ m; Querschnittsflächen $A_S = 200$ mm^2 (Stütze) und $A_B = 766$ mm^2 (Flügel); Winkel $\alpha = 60°$; axiales Flächenmoment 2. Grades des Flügels um die y-Hauptachse $I_y = 4{,}3152 \cdot 10^6\,\mathrm{mm}^4$; Elastizitätsmodul $E = 70$ GPa; konstante Streckenlast $q_L = 1{,}1$ N/mm; Normalkräfte N_{0i} und Biegemomente M_{by0i} des statisch bestimmt gelagerten Flügels mit einer gelenkigen Lagerung zum Rumpf im Hauptachsensystem nach Abb. 7.4

$$N_{01}(x) = 0\,, \qquad M_{by01}(x) = \frac{q_L l^2}{2}\left(1 - \frac{x}{l}\right)^2 \quad \text{für} \quad l_1 \leq x \leq l\,,$$

$$N_{02}(x) = -S_0 \sin\alpha, \qquad M_{by02}(x) = \frac{q_L l x}{2}\left(\frac{l}{l_1} - 2 + \frac{x}{l}\right) \qquad \text{für} \qquad 0 \le x \le l_1$$

Es sei darauf hingewiesen, dass die Herleitung dieser Verläufe in der Aufgabe 2.4 skizziert ist. Außerdem kennzeichnen wir den Außenflügelbereich mit dem Index 1 und den Innenflügelbereich zwischen dem Stabanschluss und der Einspannung am Rumpf mit dem Index 2.

Für die Normalkraft in der Flügelstütze bei statisch bestimmter Lagerung gilt

$$S_0 = \frac{q_L l^2}{2\,l_1 \cos\alpha} \; .$$

Gesucht

a) Berechnen Sie das Moment im Rumpfanschluss des Flügels mit dem Prinzip der virtuellen Kräfte.

b) Ermitteln Sie das betragsmäßig maximale Biegemoment für den Flügel, bei dem der Rumpfanschluss als Einspannung idealisiert ist.

Hinweise Es darf angenommen werden, dass die Flügelstütze gelenkig im Flächenschwerpunkt des Flügels angeschlossen ist und dass Querschubeinflüsse nicht beachtet werden müssen. Der Einfachheit halber darf auf die Berücksichtigung eines Torsionseinflusses verzichtet werden.

Kontrollergebnisse a) $|M| \approx 7,388 \cdot 10^2\,\text{N m}$ **b)** $|M_{\max}| = 4,95\,\text{kNm}$

A7.5/Aufgabe 7.5 – Biegemomentenverlauf in einem Höhenruder

Das Höhenruder eines Sportflugzeugs (grau gekennzeichnet in Abb. 7.5) soll auf seine Beanspruchungen hin untersucht werden. Dabei soll unter anderem die Verformung während des Fluges berücksichtigt werden. Das symmetrische Höhenruder ist durch eine konstante Streckenlast q_0 belastet und wird als einfach statisch unbestimmt gelagert nach Abb. 7.5 analysiert. Die Biegesteifigkeit EI wird als konstant entlang der Balkenachse angenommen. Die Verschiebung des Lagers A in vertikale Richtung während der Belastung ist e. Verwenden Sie das dargestellte x-z-Koordinatensystem zur Lösung.

Gegeben Abmessungen $l = 1,2\,\text{m}$, $a = 0,4\,\text{m}$; Lagerverschiebung $e = 20\,\text{mm}$; Biegesteifigkeit $EI = 10^{10}\,\text{N mm}^2$; Streckenlast $q_0 = 0,8\,\text{N/mm}$

Gesucht

a) Berechnen Sie den Biegemomentenverlauf M_{by} entlang der Balkenachse mit Hilfe des Prinzips der virtuellen Kräfte für den Fall, dass

   i) keine Verschiebung,
   ii) eine Verschiebung e

im Lager A auftritt.

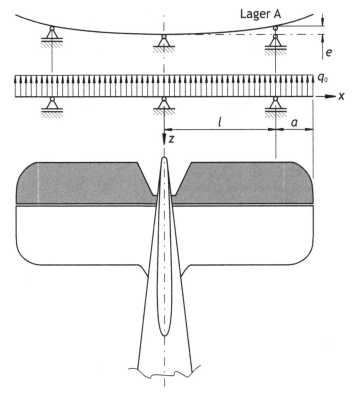

Abb. 7.5 Grau gekennzeichnetes Höhenruder und seine Idealisierung als Balkenstruktur

b) Vergleichen Sie die betragsmäßig maximalen Biegemomente nach den Aufgabenstellungen a.i) und a.ii) und geben Sie an, um welchen Faktor sich diese unterscheiden.

Hinweise

- Gehen Sie davon aus, dass gerade Biegung vorliegt.
- Nutzen Sie Symmetriebedingungen aus.
- Vernachlässigen Sie Querkraftschubeinflüsse.

Kontrollergebnisse a.i) Reaktion im Lager A $|A| = 760\,\text{N}$ und Biegemoment in
der Symmetrielinie $|M_{by}(x = 0)| = 1,12 \cdot 10^5\,\text{N}\,\text{mm}$ **a.ii)** Reaktion im Lager A
$|A| \approx 412,78\,\text{N}$ und Biegemoment in der Symmetrielinie $|M_{by}(x = 0)| \approx 5,2867 \cdot
10^5\,\text{N}\,\text{mm}$ **b)** $\approx 4,72$

A7.6/Aufgabe 7.6 – Torsion eines Zweizellers

Wir werden ein innerlich statisch unbestimmtes System untersuchen, und zwar den
zweizelligen Hohlträger der Länge l unter einer Torsionslast T nach Abb. 7.6. Der

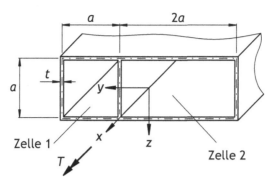

Abb. 7.6 Zweizelliger Hohlträger unter Torsionslast T

Querschnitt hat die konstante Wandstärke t. Zudem möge der Träger wölbspannungsfrei sein. Hier sollen die Schubflüsse mit Hilfe des Einheitslasttheorems ermittelt werden. Benutzen Sie dazu die Bezeichnung der Zellen des Hohlträgers gemäß Abb. 7.6.

Gegeben Abmessung a; Torsionsmoment T

Gesucht Bestimmen Sie die Schubflüsse in beiden Zellen des Trägers mit dem Einheitslasttheorem.

Kontrollergebnisse Schubfluss in Zelle 1 $|q_1| \approx 1{,}5385 \cdot 10^{-1} T/a^2$, Schubfluss in Zelle 2 $|q_2| \approx 1{,}7308 \cdot 10^{-1} T/a^2$ und Schubfluss in der Verbindungswand zwischen den Zellen 1 und 2 $|q_{21}| = 1{,}9231 \cdot 10^{-2} T/a^2$

A7.7/Aufgabe 7.7 – Querkraftschub und Torsion beim zweizelligen Träger

Ein dünnwandiges zweizelliges Profil nach Abb. 7.7a. ist durch eine Querkraft Q_z belastet. Da die Querkraft nicht im Schubmittelpunkt des Profils angreift, handelt es sich um Querkraftschub unter Torsionseinfluss. Der Schubflussverlauf infolge der Querkraft bei geöffnetem Profil ist bekannt (vgl. Abb. 7.7b.). Der Zweizeller möge wölbspannungsfrei sein.

Gegeben Abmessung a; Querkraft $Q_z = F$; konstante Wandstärken $t_1 = 2t$, $t_2 = t$; variabler Schubflussverlauf bei geöffnetem Profil infolge der Querkraft Q_z gemäß Abb. 7.7b.

$$q_1'(s_1) = \frac{12}{23}\frac{s_1}{a}\frac{F}{a}, \qquad q_2'(s_2) = \frac{12}{23}\left[1 + \frac{s_2}{a} - \left(\frac{s_2}{a}\right)^2\right]\frac{F}{a},$$

$$q_3'(s_3) = \frac{12}{23}\left(1 - \frac{s_3}{a}\right)\frac{F}{a}, \qquad q_4'(s_4) = \frac{12}{23}\left[\frac{s_4}{a} - \left(\frac{s_4}{a}\right)^2\right]\frac{F}{a},$$

$$q_5'(s_5) = \frac{6}{23}\frac{s_5}{a}\frac{F}{a}, \qquad q_6'(s_6) = \frac{6}{23}\left[1 + \frac{s_6}{a} - \left(\frac{s_6}{a}\right)^2\right]\frac{F}{a},$$

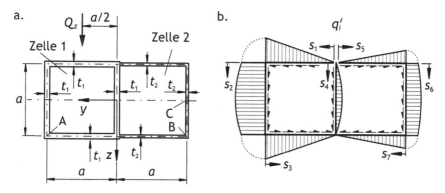

Abb. 7.7 a. Zweizelliger Hohlträger unter Querkraftbelastung Q_z b. qualitativer Schubflussverlauf bei Öffnung des Profils am mittleren Steg in beiden Zellen

$$q_7'(s_7) = \frac{6}{23}\left(1 - \frac{s_7}{a}\right)\frac{F}{a} \quad \text{mit} \quad 0 \le s_i \le a \quad \text{für} \quad i = 1, 2, ..., 7$$

Gesucht

a) Berechnen Sie den Schubmittelpunkt des geöffneten Profils nach Abb. 7.7b.

b) Bestimmen Sie den Schubflussverlauf im Profil mit Hilfe des Prinzips der virtuellen Kräfte für den in Abb. 7.7a. gegebenen Kraftangriffspunkt. Geben Sie die Schubflüsse als Funktion der lokalen Umfangskoordinaten s_i nach Abb. 7.7b. an.

Hinweis Bei einem rechteckigen Schubfeld der Länge l und der konstanten Wandstärke t, das aus einem homogen isotropen Material mit dem Schubmodul G besteht, lautet die virtuelle Formänderungsenergie

$$\delta U_i = \frac{l}{Gt}\int q\bar{q}\,ds\,.$$

Dabei stellt q den realen und $\bar{q}$ den virtuellen Schubfluss dar, die entlang der Mittellinie s des Schubfelds integriert werden.

Kontrollergebnisse a) $y_{SMP} = 10/23\,a$ **b)** $|q_A| = 3,7991 \cdot 10^{-1}\,F/a$, $|q_B| = 8,7793 \cdot 10^{-2}\,F/a$, $|q_C| = 1,5301 \cdot 10^{-1}\,F/a$

7.3 Musterlösungen

L7.1/Lösung zur Aufgabe 7.1 – Mehrfach statisch unbestimmter Balken

Der in Abb. 7.1 dargestellte Balken ist dreifach statisch unbestimmt. Daher müssen wir drei statisch überzählige Größen definieren. Wir wählen die Größen im Lager B.

Um den Satz von Castigliano anwenden zu können, müssen wir die Schnittreaktionen im Balken kennen. Wir führen daher einen Schnitt nach Abb. 7.8a. ein. Dabei haben wir das Lager B freigeschnitten und die statisch Überzähligen dort als äußere Lasten berücksichtigt. Es resultiert mit der Streckenlast $q_z(x) = q_0 \frac{x}{l}$ im gegebenen Koordinatensystem

$$N(x) = B_x \,, \qquad Q_z(x) = -B_z + q_0 \frac{x^2}{2l} \,, \qquad M_{by}(x) = -M_B + B_z x - q_0 \frac{x^3}{6l} \,.$$

In der Formänderungsenergie nach Gl. (7.3) dürfen wir den Einfluss auf die Verformung infolge von Querkräften gemäß der Aufgabenstellung vernachlässigen. Außerdem treten keine Torsionsmomente auf. Die Formänderungsenergie ergibt sich bei konstanten Steifigkeiten somit zu

$$U_i = \frac{1}{2EA} \int_0^l N^2(x)\,\mathrm{d}x + \frac{1}{2EI_y} \int_0^l M_{by}^2(x)\,\mathrm{d}x \,.$$

Diese Formänderungsenergie differenzieren wir nach dem Satz von Castigliano gemäß Gl. (7.8) partiell nach den unbekannten Überzähligen

$$\frac{\partial U_i}{\partial B_x} = 0 \,, \qquad \frac{\partial U_i}{\partial B_z} = 0 \,, \qquad \frac{\partial U_i}{\partial M_B} = 0 \,.$$

Da es effektiver ist, die Integranden in der Formänderungsenergie zuerst partiell zu differenzieren und dann zu integrieren als umgekehrt, bilden wir zunächst die auftretenden partiellen Ableitungen. Gingen wir nicht so vor, wäre der Berechnungsaufwand deutlich höher. Es folgt

$$\frac{\partial N^2(x)}{\partial B_x} = 2B_x \,, \qquad \frac{\partial N^2(x)}{\partial B_z} = 0 \,, \qquad \frac{\partial N^2(x)}{\partial M_B} = 0 \,, \qquad \frac{\partial M_{by}^2(x)}{\partial B_x} = 0 \,,$$

$$\frac{\partial M_{by}^2(x)}{\partial B_z} = -2xM_B + 2x^2 B_z - q_0 \frac{x^4}{3l} \,, \qquad \frac{\partial M_{by}^2(x)}{\partial M_B} = 2M_B - 2xB_z + q_0 \frac{x^3}{3l} \,.$$

Für die partielle Ableitung der Formänderungsenergie nach der Lagerreaktion B_x resultiert demnach

$$\frac{\partial U_i}{\partial B_x} = \frac{1}{2EA} \int_0^l \underbrace{\frac{\partial N^2(x)}{\partial B_x}}_{=2B_x}\,\mathrm{d}x + \frac{1}{2EI_y} \int_0^l \underbrace{\frac{\partial M_{by}^2(x)}{\partial B_x}}_{=0}\,\mathrm{d}x = \frac{B_x l}{EA} = 0 \quad \Leftrightarrow \quad B_x = 0 \,.$$

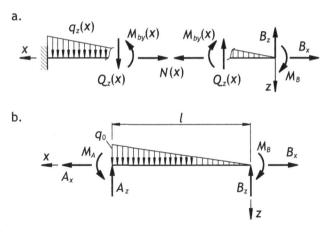

Abb. 7.8 a. Schnittreaktionen im Balken b. Freikörperbild des Balkens

Außerdem erhalten wir für die partielle Ableitung nach B_z

$$\frac{\partial U_i}{\partial B_z} = \frac{1}{EI_y} \int_0^l \left(-xM_B + x^2 B_z - q_0 \frac{x^4}{6l}\right) dx = \frac{l^2 \left(10lB_z - 15M_B - l^2 q_0\right)}{30EI_y} = 0 \, .$$

Es resultiert somit eine Gleichung, in der die unbekannten Größen B_z und M_B auftreten

$$10lB_z - 15M_B - l^2 q_0 = 0 \, . \tag{7.18}$$

Die zweite Gleichung folgt aus der partiellen Ableitung der Formänderungsenergie nach dem unbekannten Moment M_B im Lager B

$$\frac{\partial U_i}{\partial M_B} = \frac{1}{EI_y} \int_0^l \left(M_B - xB_z + q_0 \frac{x^3}{6l}\right) dx = \frac{l\left(M_B - \frac{1}{2}B_z + q_0\frac{l^2}{24}\right)}{EI_y} = 0 \, .$$

Damit folgt

$$M_B - \frac{l}{2}B_z + q_0 \frac{l^2}{24} = 0 \, . \tag{7.19}$$

Wir haben folglich zwei Gleichungen mit zwei Unbekannten gewonnen. Um die Lösung zu generieren, multiplizieren wir Gl. (7.19) mit dem Faktor 15 und addieren Gl. (7.18). Es resultiert

$$\frac{5}{2}lB_z - \frac{3}{8}l^2 q_0 = 0 \quad \Leftrightarrow \quad B_z = \frac{3}{20}q_0 l \, .$$

Setzen wir dies z. B. in Gl. (7.18) ein, erhalten wir auch die letzte Überzählige zu

$$M_B = \frac{1}{30}q_0 l^2 \, .$$

Das positive Vorzeichen bedeutet, dass das Moment M_B wie angenommen im Uhrzeigersinn wirkt.

Die Reaktionen im Lager A berechnen wir über die Gleichgewichtsbedingungen. Wir nutzen das Freikörperbild nach Abb. 7.8b. Es folgt für die Kräftegleichgewichte

$$\sum_i F_{xi} = A_x - B_x = 0 \quad \Leftrightarrow \quad A_x = B_x = 0\,,$$

$$\sum_i F_{zi} = \frac{l}{2} q_0 - A_z - B_z = 0 \quad \Leftrightarrow \quad A_z = \frac{l}{2} q_0 - B_z = \frac{7}{20} q_0\, l\,.$$

Das Momentengleichgewicht um den Einspannpunkt im Lager A führt auf

$$\sum_i M_{zi} = M_B - M_A + \frac{l^2}{6} q_0 - l B_z = 0 \quad \Leftrightarrow \quad M_A = M_B + \frac{l^2}{6} q_0 - l B_z = \frac{1}{20} q_0\, l^2\,.$$

Damit sind alle Lagerreaktionen bestimmt.

L7.2/Lösung zur Aufgabe 7.2 – Schnittreaktionen im statisch unbestimmten Rahmen

a) Der Träger ist bei nicht Beachtung der Symmetrie dreifach statisch unbestimmt, da sechs Lagerreaktionen in beiden Einspannungen auftreten, jedoch nur drei Gleichgewichtsbeziehungen im ebenen Fall zur Verfügung stehen. Allerdings können wr durch Nutzung der Symmetriebedingung die Anzahl der statisch Überzähligen bzw. der Unbekannten reduzieren. Hierzu betrachten wir einen infinitesimal langen Abschnitt des Trägers im Bereich des Kraftangriffspunkts gemäß Abb. 7.9. Die Schnittreaktionen am linken Schnittufer markieren wir mit einem tief gestellten l und die am rechten Schnittufer mit einem r. Infolge der Symmetrie müssen sich die Schnittreaktionen auf beiden Seiten entsprechen, d. h. es gilt

$$N_l = N_r\,, \quad Q_l = Q_r \quad \text{und} \quad M_l = M_r\,.$$

Gleichzeitig muss das infinitesimale Element im statischen Gleichgewicht sein. Die Gleichgewichtsbedingungen führen auf

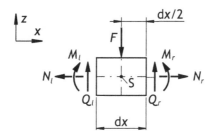

Abb. 7.9 Infinitesimales Trägerelement im Bereich des Kraftangriffspunkts

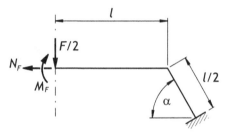

Abb. 7.10 Träger bei Berücksichtigung der Symmetriebedingung mit den statisch Überzähligen N_F und M_F

$$\sum F_{ix} = 0 \quad \Leftrightarrow \quad N_l = N_r \,,$$

$$\sum F_{iz} = 0 \quad \Leftrightarrow \quad Q_l + Q_r = F \quad \Leftrightarrow \quad Q_l = Q_r = \frac{F}{2}\,,$$

$$\sum M_{iS} = 0 \quad \Leftrightarrow \quad M_l = M_r \,.$$

Demnach kennen wir die Querkrafte Q_l bzw. Q_r in der Symmetrielinie. Die Normalkraft und das Biegemoment bleiben unbekannt. Mit Hilfe der Symmetriebedingung können wir also die Anzahl der statisch Überzähligen auf zwei reduzieren. Das System, das wir untersuchen, ist in Abb. 7.10 skizziert. Die unbekannten Schnittreaktionen sind als äußere Lasten N_F und M_F berücksichtigt. Zudem untersuchen wir nur den Träger rechts von der Symmetrielinie, da im linken Bereich das gleiche Verhalten zu beobachten ist.

Grundsätzlich können wir den Rahmen mit Hilfe der Formulierung von Biegelinien oder durch Anwendung von Energiemethoden berechnen. Da Ersteres wegen der Rahmenstruktur des Trägers aufwendig ist, werden wir hier die Anwendung des Prinzips der virtuellen Kräfte und des Satzes von Castigliano demonstrieren. Der Einfachheit halber werden dabei die gleichen Koordinatensysteme, insbesondere zur Berechnung der Schnittreaktionen, genutzt.

Prinzip der virtuellen Kräfte

Wir beginnen mit dem Prinzip der virtuellen Kräfte, bei dem wir das statisch unbestimmte System statisch bestimmt machen, in dem wir die unbekannten Größen N_F und M_F entfernen. Das resultierende System ist unser Grundsystem bzw. 0-System. Außerdem werden wir das Entfernen der Kraftgrößen durch Aufbringung von Einheitslasten in zwei weiteren Systemen, dem 1- und 2-System, rückgängig machen. Die entsprechenden Systeme sind in Abb. 7.11 dargestellt.

Wir ermitteln zunächst die relevanten Schnittreaktionen. Da wir nur Biegeeffekte nach der Aufgabenstellung zu beachten haben, bestimmen wir lediglich die Biegemomente.

Im Bereich 1 des 0-Systems mit $0 \leq x_1 \leq \frac{l}{2}$ erhalten wir aus den Gleichgewichtsbeziehungen unter Berücksichtigung der Schnittführung nach Abb. 7.12a.

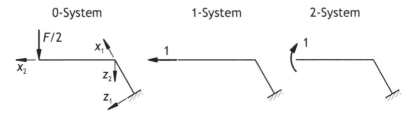

Abb. 7.11 Zerlegung der zweifach statisch unbestimmten Fragestellung in ein Grund- bzw. 0-System und in zwei Systeme mit Einheitslasten

$$M_{01}(x_1) = -\frac{F}{2}\left[l + \left(\frac{l}{2} - x_1\right)\cos\alpha\right].$$

Der 1. Index kennzeichnet dabei das 0-System und der 2. den Bereich. Die Randwerte für den Bereich 1 ergeben sich zu

$$M_{01}(x_1 = 0) = -\frac{Fl}{4}(2 + \cos\alpha), \qquad M_{01}\left(x_1 = \frac{l}{2}\right) = -\frac{Fl}{2}.$$

Für den Bereich 2 mit $0 \leq x_2 \leq l$ folgt mit den Beziehungen nach Abb. 7.12b.

$$M_{02}(x_2) = -\frac{F}{2}(l - x_2).$$

Die Randwerte sind

$$M_{02}(x_2 = 0) = -\frac{Fl}{2} \quad \text{und} \quad M_{02}(x_2 = l) = 0.$$

Das gleiche Vorgehen liefert im 1-System die folgenden Biegemomentenverläufe

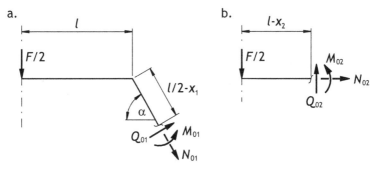

Abb. 7.12 a. Schnittufer im Bereich 1 und b. im Bereich 2 des Trägers

$$\bar{M}_{11}(x_1) = -\left(\frac{l}{2} - x_1\right)\sin\alpha \quad \text{für} \quad 0 \le x_1 \le \frac{l}{2},$$

$$\bar{M}_{12}(x_2) = 0 \quad \text{für} \quad 0 \le x_2 \le l.$$

Schnittreaktionen, die aus den Einheitslasten resultieren, kennzeichnen wir dabei mit einem Querstrich. Die sich ergebenden Randwerte im Bereich 1 sind

$$\bar{M}_{11}(x_1 = 0) = -\frac{l}{2}\sin\alpha \quad \text{und} \quad \bar{M}_{11}\left(x_1 = \frac{l}{2}\right) = 0.$$

Für das 2-System ist das Biegemoment entlang der Trägerachse konstant. Es gilt

$$\bar{M}_{21}(x_1) = 1 \quad \text{für} \quad 0 \le x_1 \le \frac{l}{2} \quad \text{und}$$

$$\bar{M}_{22}(x_2) = 1 \quad \text{für} \quad 0 < x_2 \le l.$$

Die qualitativen Biegemomentenverläufe sind in Abb. 7.13 skizziert.

Wir wenden nun das Einheitslasttheorem nach Gl. (7.12) auf ein statisch unbestimmtes System an. D. h. der tatsächliche Biegemomentenverlauf ist noch unbekannt, den wir jedoch mit Hilfe des Superpositionsprinzips wie folgt für die beiden Bereiche definieren können

$$M_1(x_1) = M_{01}(x_1) + X_1\bar{M}_{11}(x_1) + X_2\underbrace{\bar{M}_{21}(x_1)}_{=1} \quad \text{für} \quad 0 \le x_1 \le \frac{l}{2}, \quad (7.20)$$

$$M_2(x_2) = M_{02}(x_2) + X_1\underbrace{\bar{M}_{12}(x_2)}_{=0} + X_2\underbrace{\bar{M}_{22}(x_2)}_{=1} \quad \text{für} \quad 0 \le x_2 \le l. \quad (7.21)$$

Die Größen X_1 und X_2 stellen die statisch Überzähligen dar, mit denen das 1- bzw. 2-System multipliziert werden müssen, um den realen Verlauf der Schnittreaktionen zu erhalten. Wir können daher diese beiden Größen mit den unbekannten Schnittreaktionen in der Symmetrielinie gleichsetzen

$$N_F = X_1 \quad \text{und} \quad M_F = X_2.$$

Berücksichtigen wir die obigen Biegemomentenverläufe $M_1(x_1)$ und $M_2(x_2)$ in Gl. (7.12) bzw. dem Einheitslasttheorem, so können wir die statisch Überzähligen ermitteln; denn die Verschiebungsgrößen bzgl. der gewählten inneren Kraftgrößen N_F und M_F verschwinden. Wir erhalten als zu lösende Beziehungen

$$\frac{1}{EI}\left[\int_0^{\frac{l}{2}} M_1(x_1)\bar{M}_{11}(x_1)\,\mathrm{d}x_1 + \int_0^l M_2(x_2)\underbrace{\bar{M}_{12}(x_2)}_{=0}\,\mathrm{d}x_2\right] = 0$$

$$\Leftrightarrow \quad \int_0^{\frac{l}{2}} M_1(x_1)\bar{M}_{11}(x_1)\,\mathrm{d}x_1 = 0 \quad (7.22)$$

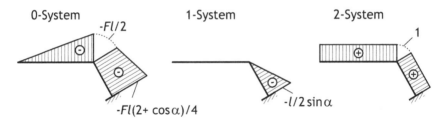

Abb. 7.13 Biegemomentenverläufe in den Systemen nach Abb. 7.11

und $\quad \dfrac{1}{EI}\left[\displaystyle\int_0^{\frac{l}{2}} M_1\,(x_1)\,\underbrace{\bar{M}_{21}\,(x_1)}_{=1}\,\mathrm{d}x_1 + \int_0^l M_2\,(x_2)\,\underbrace{\bar{M}_{22}\,(x_2)}_{=1}\,\mathrm{d}x_2\right] = 0$

$\Leftrightarrow \quad \displaystyle\int_0^{\frac{l}{2}} M_1\,(x_1)\,\mathrm{d}x_1 + \int_0^l M_2\,(x_2)\,\mathrm{d}x_2 = 0 \,. \qquad (7.23)$

Wir lösen das Integral in Gl. (7.22) weiter auf. Es folgt daher

$$\int_0^{\frac{l}{2}} M_{01}\,\bar{M}_{11}\,\mathrm{d}x_1 + X_1 \int_0^{\frac{l}{2}} \bar{M}_{11}^2\,\mathrm{d}x_1 + X_2 \int_0^{\frac{l}{2}} \bar{M}_{11}\,\mathrm{d}x_1 = 0$$

Durch direkte Integration oder durch Nutzung der Koppeltafel in Tab. 9.3 im Abschnitt 9.4.8 resultiert für diese drei auftretenden Integrale unter Berücksichtigung von $\alpha = 60°$

$$\int_0^{\frac{l}{2}} M_{01}\,\bar{M}_{11}\,\mathrm{d}x_1 = \frac{7\sqrt{3}}{192}\,F\,l^3 \,, \quad \int_0^{\frac{l}{2}} \bar{M}_{11}^2\,\mathrm{d}x_1 = \frac{1}{32}\,l^3 \,, \quad \int_0^{\frac{l}{2}} \bar{M}_{11}\,\mathrm{d}x_1 = -\frac{\sqrt{3}}{16}\,l^2 \,.$$

Aus Gl. (7.22) ergibt sich daher die folgende Beziehung

$$\frac{7\sqrt{3}}{192}\,F\,l^3 + \frac{1}{32}\,l^3\,X_1 - \frac{\sqrt{3}}{16}\,l^2\,X_2 = 0 \qquad (7.24)$$

Analog lösen wir die Integrale in Gl. (7.23) auf

$$\int_0^{\frac{l}{2}} M_1\,(x_1)\,\mathrm{d}x_1 = \underbrace{\int_0^{\frac{l}{2}} M_{01}\,\mathrm{d}x_1}_{=-\frac{9}{32}F\,l^2} + X_1 \underbrace{\int_0^{\frac{l}{2}} \bar{M}_{11}\,\mathrm{d}x_1}_{=-\frac{\sqrt{3}}{16}l^2} + X_2 \underbrace{\int_0^{\frac{l}{2}} \mathrm{d}x_1}_{=\frac{l}{2}} \,,$$

$$\int_0^l M_2\,(x_2)\,\mathrm{d}x_2 = \underbrace{\int_0^l M_{02}\,\mathrm{d}x_2}_{=-\frac{1}{4}F\,l^2} + X_2 \underbrace{\int_0^l \mathrm{d}x_2}_{=l} \,,$$

woraus wir die zweite Beziehung erhalten zu

$$-\frac{17}{32}Fl^2 - \frac{\sqrt{3}}{16}l^2X_1 + \frac{3}{2}lX_2 = 0. \tag{7.25}$$

Die beiden Gln. (7.24) und (7.25) stellen ein eindeutig lösbares Gleichungssystem mit den Unbekannten X_1 und X_2 dar. Dividieren wir Gl. (7.25) mit $2\sqrt{3}$ und addieren dazu Gl. (7.24), so folgt die Schnittreaktion M_F in der Symmetrielinie zu

$$M_F = X_2 = \frac{5}{18}Fl \approx 4,167\,\text{kN m}.$$

Setzen wir dies in Gl. (7.24) oder (7.25) ein, ergibt sich die zweite gesuchte Größe

$$N_F = X_1 = -\frac{11\sqrt{3}}{18}F \approx -15,88\,\text{kN}.$$

Satz von Castigliano

Bei der Anwendung des Satzes von Castigliano können wir zum Teil auf die Ergebnisse, die mit Hilfe des Prinzips der virtuellen Kräfte bestimmt wurden, zurückgreifen. Im Wesentlichen benötigen wir für den Satz von Castigliano den Verlauf des Biegemomentes entlang der Trägerachse in Abhängigkeit von den statisch überzähligen Größen. Diesen Verlauf kennen wir jedoch bereits (vgl. Abb. 7.13); wir müssen lediglich in den Biegemomenten nach den Gln. (7.20) und (7.21) die statisch Überzähligen X_1 und X_2 durch die gesuchten Schnittreaktionen N_F und M_F ersetzen. Es folgt daher mit einer Wahl der Koordinatensysteme wie beim zuvor angewendeten Prinzip der virtuellen Kräfte (vgl. die Abbn. 7.11 und 7.12) im Bereich 1 für $0 \leq x_1 \leq \frac{l}{2}$

$$M_1(x_1) = -\frac{F}{2}\left[l + \left(\frac{l}{2} - x_1\right)\cos\alpha\right] - N_F\left(\frac{l}{2} - x_1\right)\sin\alpha + M_F$$

und im Bereich 2 für $0 \leq x_2 \leq l$

$$M_2(x_2) = -\frac{F}{2}(l - x_2) + M_F.$$

Nach dem Satz von Castigliano gemäß Gl. (7.8) unter Berücksichtigung der inneren Formänderungsenergie U_i nach Gl. (7.3), bei der nur Biegesteifigkeiten beachtet werden (vgl. Aufgabenbeschreibung),

$$U_i = \frac{1}{2EI}\left(\int_0^{\frac{l}{2}} M_1^2\,\mathrm{d}x_1 + \int_0^l M_2^2\,\mathrm{d}x_2\right) \tag{7.26}$$

resultieren wieder zwei Bestimmungsgleichungen

$$\frac{\partial U_i}{\partial N_F} = \frac{1}{EI} \left(\int_0^{\frac{l}{2}} M_1 \frac{\partial M_1}{\partial N_F} \, \mathrm{d}x_1 + \int_0^l M_2 \frac{\partial M_2}{\partial N_F} \, \mathrm{d}x_2 \right) = 0 \,,$$

$$\frac{\partial U_i}{\partial M_F} = \frac{1}{EI} \left(\int_0^{\frac{l}{2}} M_1 \frac{\partial M_1}{\partial M_F} \, \mathrm{d}x_1 + \int_0^l M_2 \frac{\partial M_2}{\partial M_F} \, \mathrm{d}x_2 \right) = 0 \,.$$

Angemerkt sei, dass wir die partielle Ableitung jeweils in das Integral gezogen haben bzw. auf den Integranden anwenden. Außerdem ist die partielle Differentiation der inneren Formänderungsenergie nach inneren Kraftgrößen null.

Wir bestimmen zuerst die auftretenden partiellen Differentiale und erhalten

$$\frac{\partial M_1}{\partial N_F} = -\left(\frac{l}{2} - x_1 \right) \sin \alpha \,, \qquad \frac{\partial M_2}{\partial N_F} = 0 \,, \qquad \frac{\partial M_1}{\partial M_F} = \frac{\partial M_2}{\partial M_F} = 1 \,.$$

Es resultiert somit

$$\frac{\partial U_i}{\partial N_F} = -\frac{\sin \alpha}{EI} \int_0^{\frac{l}{2}} \left(\frac{l}{2} - x_1 \right) M_1 \, \mathrm{d}x_1 = 0$$

$$\Leftrightarrow \quad \int_0^{\frac{l}{2}} \left(\frac{l}{2} - x_1 \right) M_1 \, \mathrm{d}x_1 = 0 \,, \tag{7.27}$$

$$\frac{\partial U_i}{\partial M_F} = \frac{1}{EI} \left(\int_0^{\frac{l}{2}} M_1 \, \mathrm{d}x_1 + \int_0^l M_2 \, \mathrm{d}x_2 \right) = 0$$

$$\Leftrightarrow \quad \int_0^{\frac{l}{2}} M_1 \, \mathrm{d}x_1 + \int_0^l M_2 \, \mathrm{d}x_2 = 0 \,. \tag{7.28}$$

Für die in den Bestimmungsgleichungen verbliebenden Integrale ermitteln wir

$$\int_0^{\frac{l}{2}} M_1 \, \mathrm{d}x_1 = \int_0^{\frac{l}{2}} \left\{ -\frac{F}{2} \left[l + \left(\frac{l}{2} - x_1 \right) \cos \alpha \right] - N_F \left(\frac{l}{2} - x_1 \right) \sin \alpha + M_F \right\} \mathrm{d}x_1$$

$$= -\frac{l^2}{16} \left[F(4 + \cos \alpha) + 2 N_F \sin \alpha - 8 \frac{M_F}{l} \right] \,,$$

$$\int_0^l M_2 \, \mathrm{d}x_2 = \int_0^l \left[-\frac{F}{2} (l - x_2) + M_F \right] \mathrm{d}x_2 = -\frac{l^2}{4} \left(F - 4 \frac{M_F}{l} \right) \,,$$

$$\int_0^{\frac{l}{2}} \left(\frac{l}{2} - x_1 \right) M_1 \, \mathrm{d}x_1 = \frac{l^3}{48} \left[F(3 + \cos \alpha) + 2 N_F \sin \alpha - 6 \frac{M_F}{l} \right] \,.$$

Demnach erhalten wir aus den Gln. (7.27) und (7.28) das folgende Gleichungssystem für die Unbekannten N_F und M_F

$$F(3 + \cos \alpha) + 2 N_F \sin \alpha - 6 \frac{M_F}{l} = 0 \,, \tag{7.29}$$

$$F(8+\cos\alpha)+2N_F\sin\alpha - 24\frac{M_F}{l} = 0\,. \tag{7.30}$$

Wir subtrahieren von Gl. (7.29) die Gl. (7.30). Daraus folgt

$$M_F = \frac{5}{18}Fl \approx 4,167\,\text{kN m}\,.$$

Dies setzen wir in Gl. (7.29) ein und erhalten

$$F(3+\cos\alpha)+2N_F\sin\alpha - \frac{5}{3}F = 0 \quad\Leftrightarrow\quad N_F = -\frac{4+3\cos\alpha}{6\sin\alpha}F \approx -15,88\,\text{kN}\,.$$

Auch wenn dieses Resultat allgemeinerer Natur ist, weil wir eine symbolische Lösung erzeugt haben, entspricht es erwartungsgemäß dem zuvor ermittelten Ergebnis basierend auf dem Prinzip der virtuellen Kräfte.

b) Unter Nutzung der Symmetriebedingung ist es möglich, den Berechnungsaufwand zur Bestimmung sämtlicher Verschiebungsgrößen in der Symmetrielinie deutlich zu reduzieren; denn in der Symmetrielinie muss die horizontale Verschiebung null sein, da sich sonst die linke und die rechte Rahmenhälfte in der Symmetrielinie durchdringen würden. Gleichzeitig darf in der Symmetrielinie kein Knick im Verlauf der Biegelinie auftreten. Daher muss in der Symmetrielinie die gleiche Steigung der Biegelinie existieren. Dies kann allerdings nur für die Steigung null erreicht werden. Es gilt somit mit der Verschiebung u_F in die horizontale Richtung und der Verdrehung φ_F in der Symmetrielinie

$$u_F = 0 \quad\text{und}\quad \varphi_F = 0\,.$$

Die vertikale Verschiebung w_F können wir allerdings nicht unter Zuhilfenahme von Symmetriebedingungen alleine ermitteln. Allerdings werden wir auch hier unterschiedliche Berechnungswege wie im Aufgabenteil a) darstellen.

Energieerhaltungssatz

Weil die vertikale Verschiebung in der Symmetrielinie am Ort und in die Richtung der äußeren Kraft F auftritt und zugleich keine weiteren äußeren Lasten existieren, die äußere Arbeit verrichten, können wir mit Hilfe der Energieerhaltung arbeiten; denn die äußere Arbeit wird im linearen Fall als innere Formänderungsenergie wie folgt gespeichert

$$W_a = \frac{1}{2}F\,w_F = U_i = \frac{1}{EI}\left(\int_0^{\frac{l}{2}} M_1^2\,\mathrm{d}x_1 + \int_0^l M_2^2\,\mathrm{d}x_2\right)\,. \tag{7.31}$$

Dabei haben wir bereits die Formänderungsenergie nach Gl. (7.26) zweifach wegen der identischen Strukturhälften berücksichtigt.

Da wir im Aufgabenteil a) die Schnittreaktionen in der Symmetrielinie ermittelt haben, können wir auch die Biegemomente entlang der Trägerachse in Abhängigkeit von der äußeren Kraft F angeben. Wir beachten

$$N_F = -\frac{4 + 3\cos\alpha}{6\sin\alpha}\,F \quad \text{und} \quad M_F = \frac{5}{18}\,F\,l\,,$$

woraus sich im Bereich 1 für $0 \le x_1 \le \frac{l}{2}$ ergibt

$$M_1(x_1) = \frac{F\,l}{9}\left(1 - 6\frac{x_1}{l}\right)\,. \tag{7.32}$$

Im Bereich 2 mit $0 \le x_2 \le l$ folgt

$$M_2(x_2) = -\frac{F\,l}{18}\left(4 - 9\frac{x_2}{l}\right)\,. \tag{7.33}$$

Die Integrale in Gl. (7.31) können wir also bestimmen zu

$$\int_0^{\frac{l}{2}} M_1^2\,\mathrm{d}x_1 = \frac{F^2\,l^2}{81}\int_0^{\frac{l}{2}}\left(1 - 6\frac{x_1}{l}\right)^2\,\mathrm{d}x_1 = \frac{F^2\,l^3}{162}\,,$$

$$\int_0^l M_2^2\,\mathrm{d}x_2 = \frac{F^2\,l^2}{18^2}\int_0^l\left(4 - 9\frac{x_2}{l}\right)^2\,\mathrm{d}x_2 = \frac{7\,F^2\,l^3}{324}\,.$$

Aus Gl. (7.31) folgt mit

$$U_i = \frac{F^2\,l^3}{36\,EI} \tag{7.34}$$

daher

$$w_F = \frac{F\,l^3}{18\,EI} \approx 10{,}42\,\mathrm{mm}\,.$$

Satz von Castigliano

Die vertikale Verschiebung w_F berechnen wir mit dem Satz von Castigliano, indem wir die Formänderungsenergie nach der Kraft F partiell differenzieren. Mit der Formänderungsenergie nach Gl. (7.34) ergibt sich somit

$$w_F = \frac{\partial U_i}{\partial F} = \frac{\partial}{\partial F}\left(\frac{F^2\,l^3}{36\,EI}\right) = \frac{F\,l^3}{18\,EI}\,.$$

Dies entspricht erwartungsgemäß der bereits bestimmten Verschiebung von zuvor.

Reduktionssatz

Gemäß dem Reduktionssatz nach Gl. (7.16) müssen wir lediglich im Grundsystem bzw. 0-System, das mit einer Einheitslast belastet ist, den Biegemomentenverlauf kennen, um die gesuchte Verschiebung zu berechnen. Dieser Verlauf ist jedoch bereits in Abhängigkeit von der Kraft F bekannt (vgl. 0-System in Abb. 7.13). Es gilt daher für das 0-System belastet mit einer Einheitslast

$$\bar{M}_{01}(x_1) = -\frac{1}{2}\left[l + \left(\frac{l}{2} - x_1\right)\cos\alpha\right] \quad \text{für} \quad 0 \le x_1 \le \frac{l}{2}\,,$$

$$\bar{M}_{02}(x_2) = -\frac{1}{2}(l - x_2) \quad \text{für} \quad 0 \le x_2 \le l \,.$$

Mit dem realen Verlauf des Biegemomentes nach den Gln. (7.32) und (7.33) wenden wir Gl. (7.16) an und erhalten

$$w_F = \frac{2}{EI}\left(\frac{Fl}{9}\int_0^{\frac{l}{2}}\bar{M}_{01}\left(1 - 6\frac{x_1}{l}\right)\mathrm{d}x_1 - \frac{Fl}{18}\int_0^{l}\bar{M}_{02}\left(4 - 9\frac{x_2}{l}\right)\mathrm{d}x_2\right).$$

Die Integrale in der vorherigen Beziehung lassen sich ermitteln zu

$$\int_0^{\frac{l}{2}}\bar{M}_{01}\left(1 - 6\frac{x_1}{l}\right)\mathrm{d}x_1 = \frac{1}{8}\,l^2\,, \qquad \int_0^{l}\bar{M}_{02}\left(4 - 9\frac{x_2}{l}\right)\mathrm{d}x_2 = -\frac{1}{4}\,l^2\,.$$

Es folgt demnach

$$w_F = \frac{2}{EI}\left[\frac{Fl}{9}\frac{1}{8}l^2 - \frac{Fl}{18}\left(-\frac{1}{4}l^2\right)\right] = \frac{Fl^3}{18EI}\,.$$

L7.3/Lösung zur Aufgabe 7.3 – Verschiebungsgrößen im Flügel eines Sport-flugzeugs

a) Um mit Hilfe des Satzes von Castigliano die Verschiebung v in z-Richtung und die Verdrehung φ des Flügels am Knoten K ermitteln zu können, müssen am Ort ihres Auftretens korrespondiere Kraftgrößen wirken.

Wir beginnen mit der Verschiebung v in z-Richtung und führen daher am Knoten K die Hilfskraft H_V nach Abb. 7.14a. ein. Dabei zeichnen wir die Hilfskraft in ein Freikörperbild des Flügels ohne die Luftkraft ein, da wir die Reaktionen des tatsächlichen Systems infolge der Luftkraft bereits kennen. Die Schnittreaktionen in diesem System ermitteln wir und überlagern sie mit dem Verhalten des tatsächlichen Systems nach Abb. 7.3. Dadurch erhalten wir das Verhalten des Gesamtsystems, das sich aus dem tatsächlichen Belastungsfall ergänzt um die Hilfskraft ergibt, so dass mit Hilfe des Satzes von Castigliano die gesuchte Verschiebung berechnet werden kann.

Die Stab- bzw. Stützkraft S_V ist im Freikörperbild gemäß Abb. 7.14a. eine äußere Last. Das Momentengleichgewicht um die Lagerung des Flügels ergibt also die Normalkraft in der Stütze wie folgt

$$H_V l_1 - S_V \cos\alpha\, l_1 = 0 \quad \Leftrightarrow \quad S_V = \frac{H_V}{\cos\alpha}\,.$$

Im Bereich $l_1 \le x \le l$ ist der Flügel lastfrei. Wir erhalten somit

$$N_{1V}(x) = 0\,, \qquad M_{by1V}(x) = 0\,.$$

Im Bereich $0 \le x \le l_1$ führt die Stabkraft S_V zu einer Längsbeanspruchung im Flügel. Gemäß Abb. 7.14b. führen wir einen Schnitt ein und ermitteln die relevanten Schnittreaktionen zu

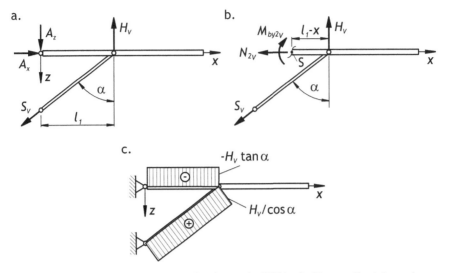

Abb. 7.14 a. Freikörperbild der Flügelstruktur mit Hilfskraft H_V zur Ermittlung der z-Verschiebung des Flügels am Knoten K b. Schnitt im Flügel zwischen Lagerung und Stützenanschluss (Querkraft nicht dargestellt) c. Normalkraftverlauf infolge der Hilfskraft H_V

$$\sum_i F_{xi} = 0 \quad \Leftrightarrow \quad -N_{2V}(x) - S_V \sin\alpha = 0$$

$$\Rightarrow \quad N_{2V}(x) = -S_V \sin\alpha = -H_V \tan\alpha$$

und

$$\sum_i M_{iS} = 0 \quad \Leftrightarrow \quad M_{by2V}(x) + (l_1 - x)(S_V \cos\alpha - H_V) = 0$$

$$\Rightarrow \quad M_{by2V}(x) = 0.$$

Der resultierende Normalkraftverlauf in der Struktur ist in Abb. 7.14c. dargestellt. Biegemomente entstehen infolge der Hilfskraft H_V nicht.

Durch die Überlagerung bzw. Superposition der zuvor ermittelten Werte mit denen des tatsächlichen Belastungsfalls kann die Gesamtbeanspruchung bestimmt werden, die wir hier mit dem Index *ges* kennzeichnen. Für die Stabkraft erhalten wir

$$S_{ges} = S + S_V = \frac{q_L l^2}{2 l_1 \cos\alpha} + \frac{H_V}{\cos\alpha}.$$

Es resultiert im Bereich $l_1 \le x \le l$

$$N_{1\,ges} = N_1 + N_{1V} = 0,$$

$$M_{by1\,ges} = M_{by1} + M_{by1V} = \frac{q_L l^2}{2}\left(1 - \frac{x}{l}\right)^2.$$

Im Bereich $0 \le x \le l_1$ erhalten wir

$$N_{2ges} = N_2 + N_{2V} = -\frac{q_L l^2}{2\,l_1}\tan\alpha - H_V \tan\alpha\,,$$

$$M_{by2ges} = M_{by2} + M_{by2V} = \frac{q_L l x}{2}\left(\frac{l}{l_1} - 2 + \frac{x}{l}\right)\,.$$

Da der Einfluss von Querkräften vernachlässigt werden kann, sind Querkräfte nicht aufgeführt.

Im nächsten Schritt können wir die Formänderungsenergie nach Gl. (7.3) aufstellen. Es ergibt sich

$$U_i = \frac{1}{2E}\left[\frac{1}{I_y}\left(\int_{l_1}^{l} M_{by1ges}^2\,\mathrm{d}x + \int_{0}^{l_1} M_{by2ges}^2\,\mathrm{d}x\right)\right.$$
$$\left. + \frac{1}{A_B}\int_{0}^{l_1} N_{2ges}^2\,\mathrm{d}x + \frac{1}{A_S}\int_{0}^{l_S} S_{ges}^2\,\mathrm{d}x\right]\,. \tag{7.35}$$

Wir könnten jetzt die ermittelten Schnittkraftverläufe in die vorherige Gleichung einsetzen, integrieren und danach den Satz von Castigliano nach Gl. (7.8) anwenden. Allerdings ist dieses Vorgehen rechnerisch sehr aufwendig, da die partielle Ableitung einiger Integrale nach der Hilfskraft null ist und daher nicht alle Integrale tatsächlich berechnet werden müssen. Wir ziehen daher die partielle Ableitung in das Integral

$$\frac{\partial U_i}{\partial H_V} = \frac{1}{2E}\left[\frac{1}{I_y}\left(\int_{l_1}^{l} \frac{\partial M_{by1ges}^2}{\partial H_V}\,\mathrm{d}x + \int_{0}^{l_1} \frac{\partial M_{by2ges}^2}{\partial H_V}\,\mathrm{d}x\right)\right.$$
$$\left. + \frac{1}{A_B}\int_{0}^{l_1} \frac{\partial N_{2ges}^2}{\partial H_V}\,\mathrm{d}x + \frac{1}{A_S}\int_{0}^{l_S} \frac{\partial S_{ges}^2}{\partial H_V}\,\mathrm{d}x\right]\,.$$

Die partiellen Ableitungen nach der Hilfskraft sind

$$\frac{\partial S_{ges}^2}{\partial H_V} = \frac{2}{\cos\alpha}\left(\frac{q_L l^2}{2\,l_1 \cos\alpha} + \frac{H_V}{\cos\alpha}\right)\,, \qquad \frac{\partial M_{by1ges}^2}{\partial H_V} = 0\,,$$

$$\frac{\partial N_{2ges}^2}{\partial H_V} = 2\left(\frac{q_L l^2}{2\,l_1}\tan\alpha + H_V \tan\alpha\right)\tan\alpha\,, \qquad \frac{\partial M_{by2ges}^2}{\partial H_V} = 0\,.$$

Da die Hilfskraft tatsächlich nicht auf der Struktur lastet, muss sie am Ende der Berechnung zu null gesetzt werden. Wir untersuchen daher die Partiale, in denen die Hilfskraft H_V vorkommt, und zwar für $\lim_{H_V \to 0}$. Es folgt

$$\lim_{H_V \to 0}\frac{\partial S_{ges}^2}{\partial H_V} = \frac{q_L l^2}{l_1 \cos^2\alpha}\,, \qquad \lim_{H_V \to 0}\frac{\partial N_{2ges}^2}{\partial H_V} = \frac{q_L l^2}{l_1}\tan^2\alpha\,.$$

Unter Beachtung des Satzes von Castigliano gemäß Gl. (7.8) resultiert die Verschiebung v in z-Richtung des Knotens K mit $l_S = \frac{l_1}{\sin \alpha}$ zu

$$v = \lim_{H_V \to 0} \frac{\partial U_i}{\partial H_V} = \frac{q_L l^2}{2\,E \cos^2 \alpha} \left(\frac{1}{A_S \sin \alpha} + \frac{\sin^2 \alpha}{A_B} \right) = \frac{q_L l^2}{2\,E \cos^2 \alpha} \frac{A_B + A_S \sin^3 \alpha}{A_B A_S \sin \alpha} .$$

Die Verschiebung v ist größer null und damit in Richtung der aufgebrachten Hilfskraft gerichtet. Sie weist daher in negative z-Richtung. Verwenden wir numerische Werte, folgt

$$v = 6,42\,\mathrm{mm} .$$

Um die Verdrehung φ des Knoten K zu ermitteln, müssen wir am Ort des Knotens ein Hilfsmoment M_H einführen. In Abb. 7.15a. ist dieses Moment in ein Freikörperbild des Flügels eingezeichnet. Wir nutzen dies, um die Längskraft in der Stütze über das Momentengleichgewicht um die Flügellagerung zu ermitteln

$$S_\varphi = -\frac{M_H}{l_1 \cos \alpha} .$$

Im Bereich $l_1 \leq x \leq l$ ist der Flügel wieder lastfrei. Es folgt

$$N_{1_\varphi}(x) = 0, \qquad M_{by1_\varphi}(x) = 0 \quad \text{für} \quad l_1 \leq x \leq l .$$

Aus der Stabkraft S_φ resultiert im Bereich $0 \leq x \leq l_1$ eine Längsbeanspruchung im

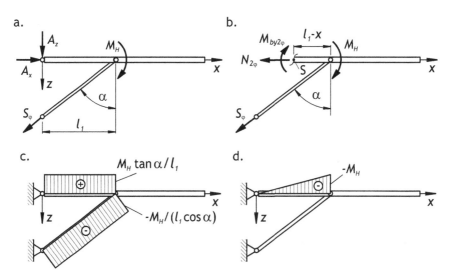

Abb. 7.15 a. Freikörperbild der Flügelstruktur mit Hilfsmoment M_H zur Ermittlung der Verdrehung φ des Flügels am Knoten K b. Schnitt im Flügel zwischen Lagerung und Stützenanschluss (Querkraft nicht dargestellt) c. Normalkraftverlauf infolge des Hilfsmoments M_H d. Biegemomentenverlauf infolge des Hilfsmoments M_H

Flügel. Nach Abb. 7.15b. führen wir einen Schnitt ein und berechnen die Normalkraft zu

$$\sum_i F_{xi} = 0 \quad \Leftrightarrow \quad -N_{2_\varphi}(x) - S_\varphi \sin\alpha = 0$$

$$\Rightarrow \quad N_{2_\varphi}(x) = -S_\varphi \sin\alpha = \frac{M_H}{l_1}\tan\alpha \,.$$

Der Normalkraftverlauf ist in Abb. 7.15c. dargestellt.

Außerdem erhalten wir jetzt einen Biegemomentenverlauf. Das Momentengleichgewicht um den Schnitt liefert

$$\sum_i M_{iS} = 0 \quad \Leftrightarrow \quad M_{by2_\varphi}(x) + (l_1 - x)\,S_\varphi \cos\alpha + M_H = 0$$

$$\Rightarrow \quad M_{by2_\varphi}(x) = -\frac{x}{l_1}M_H \,.$$

Der resultierende Biegemomentenverlauf ist in Abb. 7.15d. skizziert.

Die im Gesamtsystem wirkenden Schnittreaktionen werden wieder aus der Superposition von tatsächlicher Beanspruchung und derjenigen aus der Hilfsgröße gebildet. Die Stabkraft der Stütze ist

$$S_{ges} = S + S_\varphi = \frac{q_L\,l^2}{2\,l_1\cos\alpha} - \frac{M_H}{l_1\cos\alpha} \,.$$

Im Bereich $l_1 \le x \le l$ besitzt das Hilfsmoment keinen Einfluss. Es folgt

$$N_{1_{ges}} = N_1 + N_{1_\varphi} = 0 \,,$$

$$M_{by1_{ges}} = M_{by1} + M_{by1_\varphi} = \frac{q_L\,l^2}{2}\left(1 - \frac{x}{l}\right)^2 .$$

Ferner resultiert im Bereich $0 \le x \le l_1$

$$N_{2_{ges}} = N_2 + N_{2_\varphi} = -\frac{q_L\,l^2}{2\,l_1}\tan\alpha + \frac{M_H}{l_1}\tan\alpha \,,$$

$$M_{by2_{ges}} = M_{by2} + M_{by2_\varphi} = \frac{q_L\,l\,x}{2}\left(\frac{l}{l_1} - 2 + \frac{x}{l}\right) - \frac{x}{l_1}M_H \,.$$

Den Einfluss von Querkräften vernachlässigen wir wieder wie zuvor.

Weil wir nur die Anteile der Formänderungsenergie integrieren möchten (vgl. Gl. (7.35)), deren partielle Ableitung nach dem Hilfsmoment nicht null ist, untersuchen wir zunächst die auftretenden partiellen Ableitungen

$$\frac{\partial S_{ges}^2}{\partial M_H} = -\frac{2}{l_1\cos\alpha}\left(\frac{q_L\,l^2}{2\,l_1\cos\alpha} - \frac{M_H}{l_1\cos\alpha}\right), \qquad \frac{\partial M_{by1_{ges}}^2}{\partial M_H} = 0 \,,$$

$$\frac{\partial N_{2ges}^2}{\partial M_H} = 2\frac{\tan\alpha}{l_1}\left(-\frac{q_L l^2}{2l_1}\tan\alpha + \frac{M_H}{l_1}\tan\alpha\right) \quad \text{und}$$

$$\frac{\partial M_{by2ges}^2}{\partial M_H} = -\frac{2x}{l_1}\left[\frac{q_L l x}{2}\left(\frac{l}{l_1}-2+\frac{x}{l}\right)-\frac{x}{l_1}M_H\right].$$

Das Hilfsmoment können wir in den zuvor ermittelten Partialen gegen null laufen lassen. Wir erhalten

$$\lim_{M_H\to 0}\frac{\partial S_{ges}^2}{\partial M_H} = -\frac{q_L l^2}{l_1^2\cos^2\alpha}, \quad \lim_{M_H\to 0}\frac{\partial N_{2ges}^2}{\partial M_H} = -\frac{q_L l^2}{l_1^2}\tan^2\alpha \quad \text{und}$$

$$\lim_{M_H\to 0}\frac{\partial M_{by2ges}^2}{\partial M_H} = -\frac{q_L l}{l_1}\left(\frac{lx^2}{l_1}-2x^2+\frac{x^3}{l}\right).$$

Im nächsten Schritt ermitteln wir die Integrale, die in der Formänderungsenergie auftauchen, zu

$$\int_0^{l_S}\lim_{M_H\to 0}\frac{\partial S_{ges}^2}{\partial M_H}\,\mathrm{d}x = -\frac{q_L l^2}{l_1\sin\alpha\cos^2\alpha},$$

$$\int_{l_1}^{l}\lim_{M_H\to 0}\frac{\partial M_{by1ges}^2}{\partial M_H}\,\mathrm{d}x = 0,$$

$$\int_0^{l_1}\lim_{M_H\to 0}\frac{\partial N_{2ges}^2}{\partial M_H}\,\mathrm{d}x = -\frac{q_L l^2}{l_1}\tan^2\alpha,$$

$$\int_0^{l_1}\lim_{M_H\to 0}\frac{\partial M_{by2ges}^2}{\partial M_H}\,\mathrm{d}x = -q_L l\,l_1^2\left(\frac{l}{3l_1}-\frac{2}{3}+\frac{l_1}{4l}\right).$$

Der Satz von Castigliano gemäß Gl. (7.8) führt dann auf die gesuchte Verdrehung

$$\varphi = \lim_{M_H\to 0}\frac{\partial U_i}{\partial M_H} = -\frac{q_L l}{2E}\left[\frac{l\left(A_S\sin^3\alpha + A_B\right)}{A_S A_B l_1\sin\alpha\cos^2\alpha}+\frac{l_1^2}{I_y}\left(\frac{l}{3l_1}-\frac{2}{3}+\frac{l_1}{4l}\right)\right]$$

$$\approx -1{,}3853\cdot 10^{-2} \quad \text{bzw.} \quad \approx -0{,}79°.$$

Aufgrund des negativen Vorzeichens ist die Verdrehung entgegen des angenommenen Hilfsmomentes gerichtet.

b) Die Verschiebung v und die Verdrehung φ berechnen wir in diesem Aufgabenteil mit Hilfe des Prinzips der virtuellen Kräfte. Hierzu benötigen wir neben dem Grundsystem (vgl. Abb. 7.3), das wir mit 0-System bezeichnen, für jede gesuchte Verschiebungsgröße das korrespondierende Lastsystem. Das jeweilige Lastsystem benennen wir dabei mit 1-System. Die erforderlichen Einheitslastsysteme sind in den Abbn. 7.16a. und b. zur Ermittlung der Verschiebung v bzw. der Verdrehung φ dargestellt. Im Unterschied zum Satz von Castigliano führen wir jetzt Einheitslasten statt Hilfsgrößen ein (vgl. insbesondere die Abbn. 7.14a. und 7.15a. bzgl. der Hilfsgrößen). Um zu kennzeichnen, dass wir Einheitslasten verwenden, werden

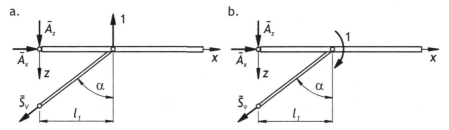

Abb. 7.16 Einheitslastsysteme bzw. 1-Systeme zur Berechnung a. der Verschiebung v und b. der Verdrehung φ

Lagerreaktionen und Schnittgrößen überstrichen. Ansonsten sind die gewählten Ersatzsysteme identisch, weshalb auch die resultierenden Schnittreaktionen sehr ähnlich sind.

Um das Prinzip der virtuellen Kräfte anwenden zu können, werden zunächst die Schnittreaktionen in den einzelnen Systemen bestimmt. Die Schnittreaktionen des Grundsystems sind in der Aufgabenstellung angegeben und müssen daher nicht mehr ermittelt werden. Der Anschaulichkeit halber sind die gegebenen Schnittreaktionen in Abb. 7.17a. für die Normalkräfte und die Biegemomente skizziert.

Wir beginnen mit der Berechnung der Verschiebung v, d. h. wir benötigen die Schnittreaktionen des 1-Systems nach Abb. 7.16a. Da allerdings im Vergleich zur Anwendung des Satzes von Castigliano statt der Hilfskraft H_V jetzt eine Einheitskraft verwendet wird, können wir die im Aufgabenteil a) ermittelten Normalkraftverläufe direkt aus Abb. 7.14c. ablesen; denn wir müssen nur die Hilfskraft H_V durch 1 ersetzen. Biegemomente wirken nicht infolge der aufgebrachten Einheitskraft. Die resultierenden Schnittreaktionen sind in Abb. 7.17b. skizziert.

Im nächsten Schritt wenden wir Gl. (7.12) auf die Flügelstruktur an und erhalten

$$v = \int_0^{l_1} \frac{N_2 \bar{N}_{2V}}{EA_B} \mathrm{d}x + \int_0^{l_S} \frac{S \bar{S}_V}{EA_S} \mathrm{d}x = \frac{N_2 \bar{N}_{2V} l_1}{EA_B} + \frac{S \bar{S}_V l_S}{EA_S} .$$

Mit $l_S = \frac{l_1}{\sin \alpha}$ und den Angaben in den Abbn. 7.17a. und b. resultiert

$$v = \frac{q_L l^2 \tan^2 \alpha}{2 EA_B} + \frac{q_L l^2}{2 EA_S \cos^2 \alpha \sin \alpha} = \frac{q_L l^2}{2 E \cos^2 \alpha} \frac{A_S \sin^3 \alpha + A_B}{A_B A_S \sin \alpha} .$$

Erwartungsgemäß entspricht dieses Ergebnis dem aus dem Aufgabenteil a).

Das Vorgehen zur Berechnung der Verdrehung φ ist analog zu dem vorherigen. Wir nutzen ein 1-System, bei dem wir am Ort der gesuchten Verschiebungsgröße eine korrespondierende Einheitslast, hier ein Einheitsmoment, einführen (vgl. Abb. 7.16b.). Dieses 1-System entspricht aber dem System mit dem Hilfsmoment M_H nach dem Aufgabenteil a) (vgl. Abb. 7.15a.). Wir können also die dort bestimmten Schnittreaktionen übertragen, in dem wir das Hilfsmoment zu eins setzen

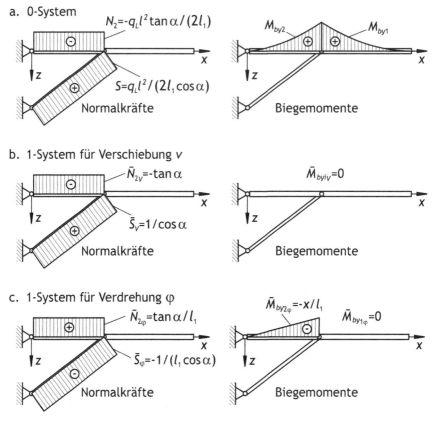

Abb. 7.17 Schnittreaktionen a. im 0-System, b. im 1-System zur Ermittlung der Verschiebung v und c. im 1-System zur Bestimmung der Verdrehung φ

(vgl. die Abbn. 7.15c. und d.). Die resultierenden Schnittreaktionsverläufe sind in Abb. 7.17c. skizziert.

Unter Nutzung von Gl. (7.12) erhalten wir die gesuchte Verdrehung aus

$$
\varphi = \int_0^{l_1} \frac{N_2 \bar{N}_{2\varphi}}{EA_B} dx + \int_0^{l_s} \frac{S \bar{S}_\varphi}{EA_S} dx + \int_0^{l_1} \frac{M_{by2} \bar{M}_{by2\varphi}}{EI_y} dx
$$

$$
= -\frac{q_L l^2 \tan^2\alpha}{2 l_1 EA_B} - \frac{q_L l^2}{2 l_1 EA_S \cos^2\alpha \sin\alpha} - \frac{q_L l}{2 EI_y} \left(\frac{l l_1}{3} - 2\frac{l_1^2}{3} + \frac{l_1^3}{4 l} \right)
$$

$$
= -\frac{q_L l}{2 E} \left[\frac{l \left(A_S \sin^3\alpha + A_B \right)}{l_1 A_B A_S \cos^2\alpha \sin\alpha} + \frac{l_1^2}{I_y} \left(\frac{l}{3 l_1} - \frac{2}{3} + \frac{l_1}{4 l} \right) \right] .
$$

Dieses Ergebnis entspricht dem aus dem Aufgabenteil a).

L7.4/Lösung zur Aufgabe 7.4 – Statisch unbestimmter Flügel eines Sportflugzeugs

a) Bei dem eingespannten Flügel handelt sich um ein einfach statisch unbestimmtes System. Da für den statisch bestimmt gelagerten Flügel die Schnittreaktionen in der Aufgabenstellung gegeben sind, wird hier dieses System als das Grundsystem bzw. das 0-System verwendet. Das 1-System ergibt sich dann, indem ein Einheitsmoment im Anschluss des Flügels zum Rumpf eingeführt wird. Wir erhalten somit die in Abb. 7.18 skizzierten Systeme.

Im 1-System ermitteln wir zunächst die Lagerreaktionen, um darauf aufbauend die Schnittreaktionen zu berechnen. Das Momentengleichgewicht um das Lager A liefert

$$\sum_i M_{iA} = 0 \quad \Leftrightarrow \quad 1 + \bar{S}_1 \sin \alpha \, \frac{l_1}{\tan \alpha} = 0 \quad \Leftrightarrow \quad \bar{S}_1 = -\frac{1}{l_1 \cos \alpha}.$$

Die Kräftegleichgewichte in die x- und z-Richtung führen auf

$$\bar{A}_{x1} = \bar{S}_1 \sin \alpha = -\frac{1}{l_1 \tan \alpha}, \quad \bar{A}_{z1} = -\bar{S}_1 \cos \alpha = \frac{1}{l_1}.$$

Im Bereich $0 \leq x \leq l_1$ berechnen wir das Biegemoment demnach zu

$$\bar{M}_{by12}(x) = 1 - \bar{A}_{z1} x = 1 - \frac{x}{l_1}.$$

Die Normalkraft ist in diesem Bereich

$$\bar{N}_{12}(x) = -\bar{A}_{x1} = \frac{1}{l_1 \tan \alpha}.$$

Im Bereich $l_1 \leq x \leq l$ ist das Biegemoment $\bar{M}_{by11}$ null. Dies gilt ebenfalls für die Normalkraft $\bar{N}_{11}$.

Damit haben wir alle Schnittreaktionen ermittelt, die wir zur Anwendung des Prinzips der virtuellen Kräfte bzw. des Einheitslasttheorems benötigen. Wir formu-

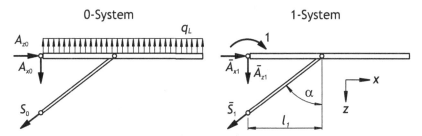

Abb. 7.18 Grundsystem bzw. 0-System sowie das 1-System für die statisch unbestimmt gelagerte Flügelstruktur nach Abb. 7.4

lieren die Schnittreaktionen im realen System mit Hilfe der statisch überzähligen Größe X zu

$$N_1 = N_{01} + X\bar{N}_{11} = N_{01} , \quad N_2 = N_{02} + X\bar{N}_{12} , \quad S = S_0 + X\bar{S}_1 ,$$

$$M_{by1} = M_{by01} + X\bar{M}_{by11} = M_{by01} , \quad M_{by2} = M_{by02} + X\bar{M}_{by12} .$$

Mit Gl. (7.12) angewendet auf den Flügel folgt für die Verdrehung im Rumpfanschluss des Flügels

$$
\begin{aligned}
\varphi_A &= \frac{S\bar{S}_1}{EA_S}\frac{l_1}{\sin\alpha} + \frac{N_2\bar{N}_{12}}{EA_B}l_1 + \frac{1}{EI_y}\int_0^{l_1} M_{by2}\bar{M}_{by12}\,\mathrm{d}x \\
&= \frac{l_1}{EA_S\sin\alpha}\left(S_0\bar{S}_1 + X\bar{S}_1^2\right) + \frac{l_1}{EA_B}\left(N_{02}\bar{N}_{12} + X\bar{N}_{12}^2\right) \quad (7.36) \\
&\quad + \frac{1}{EI_y}\left[\int_0^{l_1} M_{by02}\bar{M}_{by12}\,\mathrm{d}x + X\int_0^{l_1}\bar{M}_{by12}^2\,\mathrm{d}x\right] .
\end{aligned}
$$

Torsions- und Querschubeinflüsse sind dabei vernachlässigt.

Wir berechnen zunächst die Integrale. Es resultiert mit analytischer Integration (alternativ mit Spalte 4, Zeile 3 in der Koppeltafel nach Tab. 9.3 im Abschnitt 9.4.8)

$$
\int_0^{l_1} M_{by02}\bar{M}_{by12}\,\mathrm{d}x = \frac{q_L l}{2}\int_0^{l_1} x\left(\frac{l}{l_1} - 2 + \frac{x}{l}\right)\left(1 - \frac{x}{l_1}\right)\mathrm{d}x
$$

$$
= \frac{q_L l}{2}\int_0^{l_1}\left(\frac{lx}{l_1} - 2x + \frac{x^2}{l} - \frac{lx^2}{l_1^2} + 2\frac{x^2}{l_1} - \frac{x^3}{ll_1}\right)\mathrm{d}x = \frac{q_L l^2 l_1}{24}\left(2 - 4\frac{l_1}{l} + \frac{l_1^2}{l^2}\right)
$$

und mit der Koppeltafel nach Tab. 9.3 (Spalte 2, Zeile 2)

$$
\int_0^{l_1}\bar{M}_{by12}^2\,\mathrm{d}x = \frac{1}{3}l_1 .
$$

Da im Rumpfanschluss des Flügels eine Einspannung angenommen wird, muss dort die Verdrehung verschwinden. Gl. (7.36) nutzen wir daher, um nach der statisch Überzähligen X aufzulösen. Es folgt unter Berücksichtigung der vorherigen Integrale für $\varphi_A = 0$

$$
\frac{S_0\bar{S}_1}{\sin\alpha} + \frac{N_{02}\bar{N}_{12}A_S}{A_B} + \frac{q_L l^2 A_S}{24 I_y}\left(2 - 4\frac{l_1}{l} + \frac{l_1^2}{l^2}\right) + X\left[\frac{\bar{S}_1^2}{\sin\alpha} + \frac{\bar{N}_{12}^2 A_S}{A_B} + \frac{A_S}{3 I_y}\right] = 0
$$

$$
\Leftrightarrow \quad X = \frac{q_L l^2}{24}\frac{12\left(\dfrac{A_S}{A_B} + \dfrac{1}{\cos^2\alpha\sin\alpha}\right) - \dfrac{A_S l_1^2}{I_y}\left(2 - 4\dfrac{l_1}{l} + \dfrac{l_1^2}{l^2}\right)}{\dfrac{1}{\cos^2\alpha\sin\alpha} + \dfrac{1}{\tan^2\alpha}\dfrac{A_S}{A_B} + \dfrac{A_S l_1^2}{3 I_y}}
$$

$$
\Leftrightarrow \quad X \approx -7,388\cdot 10^2\,\mathrm{Nm} .
$$

Da die statisch Überzählige X zugleich dem Moment im Rumpfanschluss entspricht, haben wir den Aufgabenteil a) gelöst.

b) Der Außenflügelbereich ist statisch bestimmt, d. h. die Einspannung im Rumpfanschluss beeinflusst den Verlauf des Biegemomentes im Bereich $l_1 \leq x \leq l$ nicht. Es gilt also der Verlauf nach der Aufgabenstellung

$$M_{by1}(x) = M_{by01}(x) = \frac{q_L l^2}{2}\left(1 - \frac{x}{l}\right)^2 .$$

Es handelt sich um einen parabelförmigen Verlauf, bei dem der Scheitelpunkt bei $x = l$ auftritt. Weil dort kein Moment wirkt, müssen wir nur das Moment am zweiten Bereichsrand bei $x = l_1$ untersuchen und erhalten das maximale Biegemoment für den Außenflügelbereich zu

$$M_{\max 1} = M_{by1}(x = l_1) = \frac{q_L l^2}{2}\left(1 - \frac{l_1}{l}\right)^2 = 4,95\,\text{kNm} .$$

Im Innenflügelbereich mit $0 \leq x \leq l_1$ ergibt sich der Biegemomentenverlauf wie folgt

$$M_{by2}(x) = M_{by02}(x) + X\bar{M}_{by12}(x) = \frac{q_L l x}{2}\left(\frac{l}{l_1} - 2 + \frac{x}{l}\right) + X\left(1 - \frac{x}{l_1}\right) .$$

Das maximale Biegemoment tritt entweder an den Bereichsrändern bei $x = 0, l$ auf oder es existiert ein lokales Extremum, das wir untersuchen müssen.

Wir analysieren zuerst, ob ein Extremum auftritt. Wir erhalten

$$\frac{\mathrm{d}M_{by2}(x)}{\mathrm{d}x} = \frac{q_L l}{2}\left(\frac{l}{l_1} - 2 + \frac{2x}{l}\right) - \frac{X}{l_1} = 0$$

$$\Leftrightarrow \quad x = \frac{l}{2}\left(\frac{2X}{q_L l l_1} - \frac{l}{l_1} + 2\right) \approx -818,65\,\text{mm} .$$

Diese Stelle befindet sich jedoch nicht im Definitionsbereich des Biegemomentes. Im Innenflügelbereich existiert somit kein Extremum und wir müssen lediglich die Bereichsränder in die Betrachtung einbeziehen. Da der rechte Rand bereits bekannt ist, ermitteln wir lediglich das Biegemoment in der Einspannung

$$M_{by2}(x = 0) = X \approx -7,388 \cdot 10^2\,\text{Nm} .$$

Da dieses Moment kleiner ist als das an der Stelle $x = l_1$, ergibt sich das betragsmäßig maximale Biegemoment zu

$$M_{\max} = M_{\max 1} = 4,95\,\text{kNm} .$$

Der Anschaulichkeit halber ist der Biegemomentenverlauf in Abb. 7.19 dargestellt und demjenigen gegenübergestellt, der bei gelenkiger Lagerung im Anschlussbe-

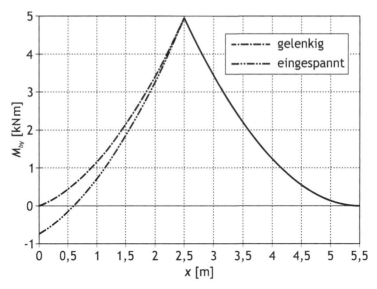

Abb. 7.19 Biegemomentenverlauf entlang der Flügelachse bei gelenkiger Lagerung und bei Einspannung des Flügels zum Rumpf

reich des Flügels zum Rumpf resultiert. Nach der Aufgabenstellung ist keine Skizze des Verlaufs erforderlich. Mit Hilfe des Diagramms kann jedoch sehr gut verdeutlich werden, dass die Einspannung des Flügels das betragsmäßig maximale Biegemoment nicht erhöht.

L7.5/Lösung zur Aufgabe 7.5 – Biegemomentenverlauf in einem Höhenruder

a.i) Es handelt sich um ein einfach statisch unbestimmtes System. Das Grundsystem bzw. 0-System erzeugen wir daher durch Entfernen einer relevanten Lagerreaktion. Wir entfernen hier das Lager A. Gleichzeitig nutzen wir die Symmetrie des Problemfalls aus und führen in der Symmetrielinie eine Einspannung ein, die die Bedingungen dort widergibt. Das resultierende 0-System ist in Abb. 7.20a. dargestellt. Der Biegemomentenverlauf ergibt sich zu

$$M_{by0} = \frac{1}{2} \left(l + a - x\right)^2 q_0 \quad \text{für} \quad 0 \leq x \leq l + a \,.$$

Das 1-System erzeugen wir, indem wir die entfernte Lagerreaktion mit Hilfe einer Einheitslast wieder berücksichtigen. Wir erhalten daher das in Abb. 7.20b. skizzierte 1-System. Der dazugehörige Biegemomentenverlauf lautet (vgl. Verlauf ebenfalls in Abb. 7.20b.)

$$\bar{M}_{by1} = -\left(l - x\right) \quad \text{für} \quad 0 \leq x \leq l \,.$$

Zu beachten ist, dass das Biegemoment für $x > l$ verschwindet.

Der reale Biegemomentenverlauf M_{by} ergibt sich, indem der noch unbekannte Verlauf im 1-System mit einer unbekannten Größe X multipliziert wird

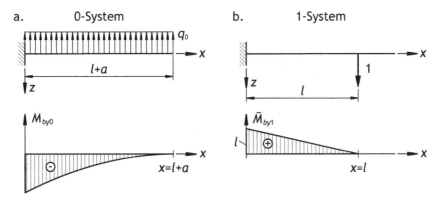

Abb. 7.20 a. 0-System und Biegemomentenverlauf b. 1-System und Biegemomentenverlauf

$$M_{by} = M_{by0} + X\bar{M}_{by1} \quad \text{für} \quad 0 \le x \le l \quad \text{und}$$

$$M_{by} = M_{by0} \quad \text{für} \quad l \le x \le l+a.$$

Wir können nun Gl. (7.12) anwenden, d. h. im statisch unbestimmten Fall müssen wir in dieser Beziehung für die mit dem Index 0 gekennzeichneten Größen den realen Verlauf beachten und nicht die des 0-Systems. Wir berücksichtigen zudem, dass keine Normalkräfte auftreten und dass wir den Querkraftschubeinfluss vernachlässigen dürfen. Es folgt daher für die Verschiebung des Lagers A

$$w_A = \int_0^{l+a} \frac{M_{by}\bar{M}_{by1}}{EI_y}\,\mathrm{d}x = \frac{1}{EI}\int_0^l \left(M_{by0} + X\bar{M}_{by1}\right)\bar{M}_{by1}\,\mathrm{d}x$$

$$= \frac{1}{EI}\int_0^l M_{by0}\bar{M}_{by1}\,\mathrm{d}x + X\frac{1}{EI}\int_0^l \bar{M}_{by1}^2\,\mathrm{d}x.$$

Wir berücksichtigen dabei, dass im 1-System im Bereich $l \le x \le l+a$ das Biegemoment null ist.

Das zweite Integral lösen wir mit der Koppeltafel nach Tab. 9.3 (Spalte 2, Zeile 2) im Abschnitt 9.4.8. Wir erhalten

$$\int_0^l \bar{M}_{by1}^2\,\mathrm{d}x = \frac{1}{3}l^3.$$

Das erste Integral können wir nicht auf der Basis der Koppeltafel berechnen, da im Bereich $0 \le x \le l$ der parabelförmige Verlauf M_{by0} keinen Scheitelpunkt aufweist. Wir bestimmen das Integral daher analytisch

$$\int_0^l M_{by0}\bar{M}_{by1}\,\mathrm{d}x = -\frac{1}{2}q_0\int_0^l (l-x)(l+a-x)^2\,\mathrm{d}x$$

$$= \frac{1}{2} q_0 \int_0^l \left[x^3 - (3l + 2a)\, x^2 + \left(3l^2 + 4la + a^2\right) x - l\,(l+a)^2 \right] dx$$

$$= \frac{1}{2} q_0 \left[\frac{1}{4} l^4 - \frac{1}{3}(3l+2a)\, l^3 + \frac{1}{2}\left(3l^2 + 4la + a^2\right) l^2 - l^2\,(l+a)^2 \right]$$

$$= -\frac{1}{24} q_0\, l^2 \left(3l^2 + 8la + 6a^2\right)\ .$$

Die Verschiebung im Lager A resultiert demnach zu

$$w_A = \frac{1}{EI}\left[\frac{1}{3} l^3 X - \frac{1}{24} q_0\, l^2 \left(3l^2 + 8la + 6a^2\right) \right]\ . \tag{7.37}$$

Da die Verschiebung im Aufgabenteil a.i) null ist, folgt für die Unbekannte

$$w_A = 0 \quad \Leftrightarrow \quad X = \frac{1}{8} q_0\, l \left[3 + 8\left(\frac{a}{l}\right) + 6\left(\frac{a}{l}\right)^2 \right] = 760\,\mathrm{N}\ .$$

Werden neben der statisch Überzähligen X die Parameter gemäß der Aufgabenstellung beachtet, resultiert somit der Biegemomentenverlauf zu

$$M_{by}(x) = 1,12 \cdot 10^5\,\mathrm{N\,mm} - 520\, x\,\mathrm{N} + 0,4 x^2\,\frac{\mathrm{N}}{\mathrm{mm}} \quad \text{für} \quad 0 \leq x \leq 1200\,\mathrm{mm}\ , \tag{7.38}$$

$$M_{by}(x) = 0,4\,(1600\,\mathrm{N} - x)^2\,\frac{\mathrm{N}}{\mathrm{mm}} \quad \text{für} \quad 1200\,\mathrm{mm} \leq x \leq 1600\,\mathrm{mm}\ . \tag{7.39}$$

Angemerkt sei, dass Formelzeichen kursiv und Einheiten nicht kursiv geschrieben sind.

a.ii) Zur Lösung dieses Aufgabenteils können wir in großem Umfang auf die vorherigen Ausführungen zurückgreifen. Auch wenn das Lager A eine Verschiebung e erfährt, kann die Fragestellung als einfach statisch unbestimmt aufgefasst werden. Wir nutzen also die gleichen Systeme wie in der Aufgabenstellung a.i). Der einzige Unterschied ist jedoch, dass die Verschiebung w_A nach Gl. (7.37) nicht verschwindet, sondern betragsmäßig e entspricht. Da die aufgebrachte Einheitslast im 1-System allerdings entgegen der auftretenden Verschiebung wirkt, ist die Verschiebung w_A negativ

$$w_A = -e = \frac{1}{EI}\left[\frac{1}{3} l^3 X - \frac{1}{24} q_0\, l^2 \left(3l^2 + 8la + 6a^2\right) \right]\ .$$

Als einzige Unbekannte taucht in dieser Beziehung die gesuchte statisch Überzählige auf. Lösen wir nach dieser auf, folgt

$$X = \frac{1}{8} q_0\, l \left(3 + 8\frac{a}{l} + 6\left(\frac{a}{l}\right)^2\right) - 3\frac{e\,EI}{l\ l^2} \approx 412,78\,\mathrm{N}\ .$$

Wenn wir dies berücksichtigen, folgt für den Biegemomentenverlauf

$$M_{by}(x) \approx 5,2867 \cdot 10^5 \, \text{N mm} - 867,22 \, x \, \text{N} + 0,4 \, x^2 \, \frac{\text{N}}{\text{mm}} \tag{7.40}$$

$$\text{für} \quad 0 \leq x \leq 1200 \, \text{mm} \,,$$

$$M_{by}(x) = 0,4 \, (1600 \, \text{N} - x)^2 \, \frac{\text{N}}{\text{mm}} \quad \text{für} \quad 1200 \, \text{mm} \leq x \leq 1600 \, \text{mm} \,. \tag{7.41}$$

Wie zuvor sind Formelzeichen kursiv und Einheiten nicht kursiv geschrieben.

b) Bei der Bestimmung des maximalen Biegemomentes sind aus mathematischer Sicht zwei Schritte zu befolgen. Erstens muss überprüft werden, ob im Definitionsbereich ein lokales Extremum auftritt. Zweitens müssen die Werte der Ränder des Definitionsbereiches kontrolliert werden, und zwar ob diese größer als lokale Extrema sind.

Wir beginnen mit dem Bereich $l \leq x \leq l + a$, in dem dieselben Lösungen für beide Fälle nach dem Aufgabenteil a) vorliegen (vgl. die Gln. (7.39) und (7.41)). Es handelt sich um einen parabelförmigen Verlauf mit dem Scheitelpunkt an der Ruderspitze (vgl. Abb. 7.20a.). Das betragsmäßige Maximum tritt daher am Rand des Bereiches bei $x = l$ auf und beträgt

$$M_{\text{a.i}_1} = M_{\text{a.ii}_1} = 64 \, \text{kN mm} \,.$$

Im Bereich $0 \leq x \leq l$ müssen wir neben der Untersuchung des Randes auch im Prinzip eine Kurvendiskussion durchführen. Für den Verlauf nach der Aufgabenstellung a.i) bzw. Gl. (7.38) folgt

$$\frac{\text{d}M_{by}(x)}{\text{d}x} = -520 \, \text{N} + 0,8 \, x \, \frac{\text{N}}{\text{mm}} = 0 \quad \Leftrightarrow \quad x = 650 \, \text{mm} \,.$$

Wir setzen diese Koordinate in die Funktion des Biegemomentes ein und erhalten

$$M_{\text{a.i}_2} = -57 \, \text{kN mm} \,.$$

Wegen $\frac{\text{d}^2 M_{by}(x)}{\text{d}x^2} < 0$ handelt es sich um ein lokales Minimum. Da der Rand bei $x = l$ bereits bekannt ist, untersuchen wir nur noch das Biegemoment in der Einspannung bei $x = 0$. Es resultiert

$$M_{\text{a.i}_3} = 112 \, \text{kN mm} \,,$$

woraus sich das betragsmäßige Maximum von

$$M_{\text{a.i}_{max}} = \max \left(|M_{\text{a.i}_1}|, |M_{\text{a.i}_2}|, |M_{\text{a.i}_3}| \right) = 112 \, \text{kN mm}$$

bei einem unverschieblichen Lager A ergibt.

Ein analoges Vorgehen bei der Aufgabenstellung a.ii) mit einem verschieblichen Lager A führt auf (vgl. Gl. (7.40))

$$\frac{\text{d}M_{by}(x)}{\text{d}x} = -867,22 \, \text{N} + 0,8 \, x \, \frac{\text{N}}{\text{mm}} = 0 \quad \Leftrightarrow \quad x = 1084,025 \, \text{mm} < l \,,$$

woraus der Wert des Biegemomentes im lokalen Minimum folgt zu

$$M_{\mathrm{a.ii}_2} = 58{,}620\,\mathrm{kN\,mm}\,.$$

In der Einspannung ist das Biegemoment

$$M_{\mathrm{a.ii}_3} = 528{,}67\,\mathrm{kN\,mm}\,.$$

Folglich ist das betragsmäßige Maximum bei einem verschieblichen Lager A

$$M_{\mathrm{a.ii}_{max}} = \max\left(\left|M_{\mathrm{a.ii}_1}\right|, \left|M_{\mathrm{a.ii}_2}\right|, \left|M_{\mathrm{a.ii}_3}\right|\right) = 528{,}67\,\mathrm{kN\,mm}\,.$$

Es tritt somit eine signifikant höhere Beanspruchung bei einem verschieblichen Lager A auf, von dem im realen Betrieb des Höhenruders auszugehen ist. Die maximale Beanspruchung ist um den Faktor

$$\frac{M_{\mathrm{a.ii}_{max}}}{M_{\mathrm{a.i}_{max}}} = \frac{528{,}67}{112} \approx 4{,}72$$

höher.

Auch wenn es nicht in der Aufgabenstellung gefordert ist, sind die Biegemomentenverläufe der Anschaulichkeit halber in Abb. 7.21 skizziert.

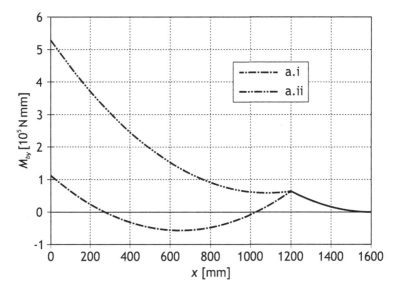

Abb. 7.21 Biegemomentenverläufe entlang der Höhenruderachse; a.i bzw. a.ii kennzeichnet die Lösung für Aufgabenteil a.i) bzw. a.ii); im Bereich $x \geq 1200\,\mathrm{mm}$ sind die Verläuf identisch

L7.6/Lösung zur Aufgabe 7.6 – Torsion eines Zweizellers

Der zweizellige Träger ist einfach innerlich statisch unbestimmt. Wir schneiden daher eine Zelle, hier die Zelle 2 des Trägers auf. Alternativ könnte auch Zelle 1 aufgeschnitten werden. Es resultiert das statisch bestimmte 0-System und das korrespondierende 1-System nach den Abbn. 7.22a. und b.

Das anliegende Torsionsmoment T verursacht im 0-System in Zelle 1 den Schubfluss q_{01}, da in Zelle 2 kein konstant umlaufender Schubfluss wegen des Schnittes wirken kann. Mit der Beziehung nach Gl. (5.6) folgt

$$q_{01} = \frac{T}{2 A_{m1}} = \frac{T}{2 a^2} .$$

A_{m1} stellt die von der Profilmittellinie in Zelle 1 umschlossene Fläche dar.

In Zelle 2 führen wir den Einheitslastschubfluss $\bar{q}_{12} = 1$ ein, mit dem die Zelle gedanklich wieder geschlossen wird. Aus diesem Schubfluss resultiert ein Torsionsmoment $\bar{T}_{12}$ in Zelle 2 mit $A_{m2} = 2 a^2$ zu

$$\bar{T}_{12} = 2 A_{m2}\, \bar{q}_{12} = 4 a^2 .$$

Das 1-System kann aber nur dann im Gleichgewicht sein, wenn ein gleich großes Torsionsmoment in Zelle 1 in entgegengesetzte Richtung wirkt. Wir können daher einen Schubfluss $\bar{q}_{11}$ in Zelle 1 bestimmen über

$$\bar{T}_{11} = \bar{T}_{12} = 4 a^2 = 2 A_{m1}\, \bar{q}_{11} \quad \Leftrightarrow \quad \bar{q}_{11} = 2 .$$

Das positive Vorzeichen bedeutet, dass der Schubfluss $\bar{q}_{11}$ in die positiv angenommene Drehrichtung weist, so dass die in Abb. 7.22b. dargestellte Wirkungsrichtung folgt. Wir kennen somit die Schnittreaktionen im 0- und 1-System.

Um die Formänderungsenergie auf Basis der Schubflüsse zu formulieren, nutzen wir die spezifische Formänderungsenergie nach Gl. (7.5). Eine Variation der spezifischen Formänderungsenergie (hier integriert über das Körpervolumen) bei einer einzig wirkenden Schubspannung τ führt mit $\tau = G \gamma$ auf

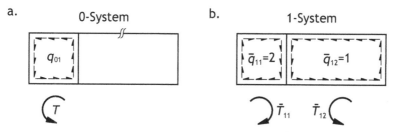

Abb. 7.22 a. 0-System mit Schnitt in Zelle 2 und b. 1-System mit Einheitsschubfluss $\bar{q}_{12}$ in Zelle 2 zum Schließen des Schnittes

$$\delta U_i = \frac{1}{2}\delta \left(\int_V \tau\,\gamma\,\mathrm{d}V \right) = \frac{1}{2}\delta \left(\int_V \frac{\tau^2}{G}\,\mathrm{d}V \right) = \int_V \frac{\tau}{G}\,\delta\tau\,\mathrm{d}V = \int_V \gamma\,\delta\tau\,\mathrm{d}V\,.$$

Beim Prinzip der virtuellen Kräfte verwenden wir den tatsächlichen Verschiebungs-zustand der Struktur und bringen einen virtuellen Belastungszustand auf. Dies be-deutet, dass in der vorherigen Gleichung γ aus unserem realen System und $\delta\tau$ aus dem 1-System bzw. Einheitslastsystem resultieren. Daher setzen wir

$$\gamma = \frac{\tau}{G} = \frac{q}{Gt} \quad \text{und} \quad \delta\tau = \frac{\bar{q}_1}{t}\,.$$

Die virtuelle Formänderungsenergie wird somit unter Berücksichtigung der Träger-länge l und der konstanten Wandstärke t mit $\mathrm{d}V = l\,t\,\mathrm{d}s$ zu

$$\delta U_i = \int_V \frac{q\,\bar{q}_1}{Gt^2}\,\mathrm{d}V = \int \frac{q\,\bar{q}_1\,l}{Gt}\,\mathrm{d}s\,.$$

Die Größe $\mathrm{d}s$ stellt eine infinitesimale Länge entlang der Profilmittellinie dar. Um die virtuelle innere Arbeit zu ermitteln, sind die Schubflüsse q und $\bar{q}_1$ auf dem ge-samten Umfang der betrachteten Struktur zu überlagern, d. h. auf jeder Wand. Wir nummerieren daher die Wände gemäß Abb. 7.23 von 1 bis 7 durch. Da auf jeder Wand ein konstanter Schubfluss wirkt, formulieren wir die vorherige Beziehung um

$$\delta U_i = \frac{l}{Gt}\sum_{i=1}^{7} q_i\,\bar{q}_{1_i}l_i\,. \tag{7.42}$$

Die Laufvariable i kennzeichnet die jeweilige Wand des Trägers, und l_i stellt die entsprechende Abschnittslänge der Wand dar. Angemerkt sei an dieser Stelle insbe-sondere, dass der jeweilige obige Summand der Formänderungsenergie eines recht-eckigen Schubfelds entspricht. Für die auftretenden Längen gilt

$$l_1 = l_2 = l_3 = l_4 = l_7 = a \quad \text{und} \quad l_5 = l_6 = 2\,a\,.$$

Die Schubflüsse im realen System in der Wand i ergeben sich aus

$$q_i = q_{0_i} + X\,\bar{q}_{1_i}\,.$$

Dabei gilt für die Schubflüsse im 0-System

$$q_{0_1} = q_{0_2} = q_{0_3} = q_{0_4} = q_{01}\,, \qquad q_{0_5} = q_{0_6} = q_{0_7} = 0$$

und für die Schubflüsse im 1-System

$$\bar{q}_{1_1} = \bar{q}_{1_2} = \bar{q}_{1_3} = -\bar{q}_{11} = -2\,, \qquad \bar{q}_{1_4} = -\bar{q}_{11} - \bar{q}_{12} = -3$$

$$\text{und} \quad \bar{q}_{1_5} = \bar{q}_{1_6} = \bar{q}_{1_7} = \bar{q}_{12} = 1\,.$$

Zu bemerken ist, dass wir in der Verbindungswand zwischen den Zellen 1 und 2 den resultierenden Schubfluss $\bar{q}_{1_4}$ berücksichtigen.

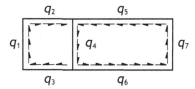

Abb. 7.23 Wandnummerierung bzw. Nummerierung der realen Schubflüsse in den Wänden des Zweizellers

Weil die inneren Kraftgrößen sowohl am positiven als auch am negativen Schnittufer die gleiche innere Arbeit verrichten, allerdings mit umgekehrten Vorzeichen, folgt aus dem Einheitslasttheorem gemäß Gl. (7.42) wegen $\delta U = \delta W_a = 0$ (vgl. Gl. (7.7)) demnach

$$\frac{l}{Gt}\left[3\,a q_{0_1}\bar{q}_{1_1} + a q_{0_4}\bar{q}_{1_4} + X\left(3\,a\bar{q}_{1_1}^2 + a\bar{q}_{1_4}^2 + 4\,a\bar{q}_{1_5}^2 + a\bar{q}_{1_7}^2\right)\right] = 0$$

$$\Leftrightarrow \quad -3\,a q_{01}\bar{q}_{11} - a q_{01}\left(\bar{q}_{11}+\bar{q}_{12}\right) + X\left(3\,a\bar{q}_{11}^2 + 5\,a\bar{q}_{12}^2 + a\left(\bar{q}_{11}+\bar{q}_{12}\right)^2\right) = 0$$

$$\Leftrightarrow \quad -\frac{9T}{2a} + 26\,aX = 0 \quad \Leftrightarrow \quad X = \frac{9}{52}\frac{T}{a^2}.$$

Zu beachten ist, dass die Multiplikation von Schubflüssen, die in entgegengesetzte Richtungen wirken, mit einem negativen Vorzeichen versehen werden müssen.

Wir erhalten die Schubflüsse in den Wänden zu

$$q_1 = q_2 = q_3 = \frac{2}{13}\frac{T}{a^2}, \qquad q_4 = \frac{1}{52}\frac{T}{a^2}, \qquad q_5 = q_6 = q_7 = \frac{9}{52}\frac{T}{a^2}.$$

Der Anschaulichkeit halber sind die resultierenden Schubflüsse in Abb. 7.24 quali-

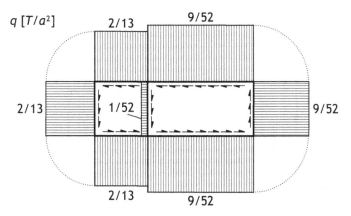

Abb. 7.24 Resultierende Schubflüsse im zweizelligen Träger

tativ skizziert. Nach der Aufgabenstellung wäre dies nicht erforderlich gewesen.

L7.7/Lösung zur Aufgabe 7.7 – Querkraftschub und Torsion beim zweizelligen Träger

a) Es handelt sich um ein symmetrisches Profil, bei dem der Schubmittelpunkt auf der Symmetrielinie liegt, die hier mit der y-Achse übereinstimmt. Wir müssen daher nur die Lage der Querkraft Q_z bestimmen, damit sich das Profil nicht infolge dieser Kraft verdrillt. Der Schubflussverlauf infolge der Querkraft Q_z ist gegeben, so dass wir durch Formulierung der Momentengleichheit zwischen der Querkraft Q_z und dem gegebenen Schubflussverlauf den Schubmittelpunkt ermitteln können. Hierzu stellen wir die Momentengleichheit um den Punkt D nach Abb. 7.25 auf. Da die aus den Schubflüssen q'_1, q'_4 und q'_5 resultierenden Kräfte keinen Hebelarm um den gewählten Bezugspunkt D aufweisen, gehen diese Kräfte nicht in die Momentengleichheit ein. Wir bestimmen daher zunächst die resultierenden Kräfte aus den übrigen Schubflüssen. Wir erhalten

$$F_2 = \int_0^a q_2{}' \, ds_2 = \frac{12}{23} \left[\frac{s_2}{a} + \frac{1}{2} \left(\frac{s_2}{a} \right)^2 - \frac{1}{3} \left(\frac{s_2}{a} \right)^3 \right]_0^a F = \frac{14}{23} F \,,$$

$$F_3 = \int_0^a q_3{}' \, ds_3 = \frac{12}{23} \left[\frac{s_3}{a} - \frac{1}{2} \left(\frac{s_3}{a} \right)^2 \right]_0^a F = \frac{6}{23} F \,,$$

$$F_6 = \int_0^a q_6{}' \, ds_6 = \frac{6}{23} \left[\frac{s_6}{a} + \frac{1}{2} \left(\frac{s_6}{a} \right)^2 - \frac{1}{3} \left(\frac{s_6}{a} \right)^3 \right]_0^a F = \frac{7}{23} F \,,$$

$$F_7 = \int_0^a q_7{}' \, ds_7 = \frac{6}{23} \left[\frac{s_7}{a} - \frac{1}{2} \left(\frac{s_7}{a} \right)^2 \right]_0^a F = \frac{3}{23} F \,.$$

Angemerkt sei, dass die auftretenden Integrale auch durch Nutzung der Koppeltafel (vgl. Tab. 9.3 im Abschnitt 9.4.8) gelöst werden können. Ein entsprechendes Vorgehen ist in der Aufgabe 4.5 zu finden.

Die Momentengleichheit um den Punkt D ergibt den Schubmittelpunkt für das geöffnete Profil

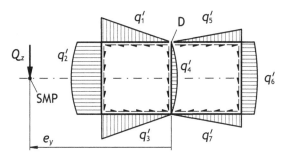

Abb. 7.25 Momentengleichheit zwischen der Querkraft Q_z und den variablen Schubflüssen q'_i beim geöffneten Profil mit Schubmittelpunkt SMP

$$Q_z\, e_y = F\, e_y = a\,(F_2 + F_3 - F_6 - F_7) \quad \Leftrightarrow \quad e_y = \frac{10}{23}\, a\,.$$

Die Koordinaten des Schubmittelpunkts des geöffneten Profils sind somit

$$y_{SMP} = e_y = \frac{10}{23}\, a \quad \text{und} \quad z_{SMP} = 0\,.$$

b) Die Bestimmung des Schubflusses im Profil infolge der Querkraft stellt eine einfach statisch unbestimmte Fragestellung dar. Wir können diese daher mit Hilfe des Prinzips der virtuellen Kräfte lösen.

Wir definieren zuerst ein 0-System, bei dem Zelle 2 oben am Verbindungssteg zwischen beiden Zellen geöffnet ist. Vorteilhaft ist dabei, dass wir zur Berechnung des 0-Systems nur noch die Torsionsbeanspruchung ermitteln müssen, da die reine Querkraftbeanspruchung bereits aus der Aufgabenstellung bekannt ist (vgl. Abb. 7.7b.). Wir zerlegen die Beanspruchung im 0-System in eine reine Querkraft- und eine reine Torsionsbeanspruchung gemäß den Abbn. 7.26a. und b.

Bei der reinen Querkraftbelastung im 0-System (vgl. Abb. 7.26a.) stellt sich im Profil der gegebene, variable Schubflussverlauf ein. Dieser kann im Profil jedoch nur dann alleine herrschen, wenn die Querkraft im Schubmittelpunkt des geöffneten Profils angreift. Die Lage ist daher mit e_y angenommen. Die reine Querkraftbelastung ist gelöst, da e_y aus dem Aufgabenteil a) bekannt ist.

Die reine Torsionsbeanspruchung im 0-System (vgl. Abb. 7.26b.) ergibt sich, indem die Querkraft - ausgehend von der reinen Querkraftbelastung - in ihren tatsächlichen Kraftangriffspunkt verschoben wird. Als Torsionsmoment erhalten wir

$$T = Q_z \left(\frac{a}{2} - e_y\right) = \frac{3}{46}\, aF\,.$$

Der konstant in Zelle 1 des 0-Systems umlaufende Schubfluss ist nach Gl. (5.6) mit

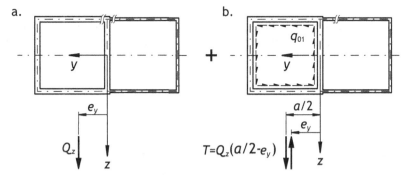

Abb. 7.26 0-System bestehend aus a. reiner Querkraftbelastung mit Kraftangriff im Schubmittelpunkt des geöffneten Profils und b. reiner Torsionsbeanspruchung durch Verschiebung der Querkraft vom Schubmittelpunkt des geöffneten Profils in den tatsächlichen Kraftangriffspunkt

der von der Profilmittellinie in Zelle 1 umschlossenen Fläche $A_{m1} = a^2$ somit

$$q_{01} = \frac{T}{2A_{m1}} = \frac{1}{32}\frac{F}{a}\,.$$

In Zelle 2 ist der umlaufende Schubfluss null, da die Zelle gedanklich geöffnet ist. Damit sind die Schubflüsse im 0-System bekannt. Unter Beachtung der lokalen Koordinatensysteme nach Abb.7.7b. folgt

$$q_{0_1} = q_{01} + q'_1(s_1)\,, \qquad q_{0_2} = q_{01} + q'_2(s_2)\,, \qquad q_{0_3} = q_{01} + q'_3(s_3)\,,$$

$$q_{0_4} = -q_{01} + q'_4(s_4)\,, \qquad q_{0_5} = q'_5(s_5)\,, \qquad q_{0_6} = q'_6(s_6)\,, \qquad q_{0_7} = q'_7(s_7)\,.$$

Hierbei kennzeichnet der 1. Index das 0-System und der 2. die lokale Koordinate bzw. die Wand, auf der der Schubfluss wirkt. Der Eindeutigkeit halber ist der 2. Index zusätzlich tiefer gestellt.

Das 1-System erhalten wir dadurch, dass wir in Zelle 2 einen Einheitsschubfluss $\bar{q}_{12} = 1$ nach Abb. 7.27 einführen, der den gedanklichen Schnitt rückgängig machen soll. Damit das 1-System im Gleichgewicht ist, muss in Zelle 1 ein entgegengesetzt wirkender Schubfluss $\bar{q}_{11}$ herrschen.

Im 1-System darf kein resultierendes Torsionsmoment infolge der Wirkung der Schubflüsse entstehen. Wir setzen daher das Torsionsmoment in Zelle 1 mit dem in Zelle 2 gleich. Es folgt unter Beachtung von Gl. (5.6) für jede Zelle mit $A_{m1} = A_{m2}$

$$\bar{T}_{11} = \bar{T}_{11} \qquad \Leftrightarrow \qquad \bar{q}_{11} = \bar{q}_{12} = 1\,.$$

Unter Verwendung der analogen Bezeichnungen und Vorzeichenkonventionen aus dem 0-System erhalten wir die Schubflüsse im 1-System zu

$$\bar{q}_{1_1} = \bar{q}_{1_2} = \bar{q}_{1_3} = -\bar{q}_{11} = -1\,, \qquad \bar{q}_{1_4} = \bar{q}_{11} + \bar{q}_{12} = 2$$

$$\text{und} \qquad \bar{q}_{1_5} = \bar{q}_{1_6} = \bar{q}_{1_7} = -\bar{q}_{12} = -1\,.$$

Auf der Grundlage der ermittelten Schubflüsse in beiden Systemen können wir nun den realen Schubfluss in jeder Wand des Trägers angeben. Es folgt für den realen Schubfluss der Wand i

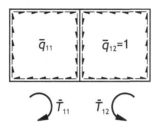

Abb. 7.27 1-System zur Berechnung der Torsionsbeanspruchung

$$q_i = q_{0_i} + X \bar{q}_{1_i} . \tag{7.43}$$

X stellt dabei die statisch überzählige innere Kraftgröße dar.

Damit sind wir in der Lage, die virtuelle Formänderungsenergie zu formulieren. Unter Beachtung des Hinweises in der Aufgabenstellung ergibt sich die virtuelle Formänderungsenergie δU_i für alle Wandabschnitte des Trägers zu

$$\delta U_i = \frac{l}{G} \sum_{i=1}^{7} \frac{1}{t_i} \int_a q_i \bar{q}_{1_i} \, ds .$$

Wir haben dabei eine Trägerlänge l angenommen. Ferner weist das Material den Schubmodul G auf.

Die insgesamt sieben Integrale ergeben sich zu

$$\frac{1}{t_1} \int_0^a q_1 \bar{q}_{1_1} \, ds_1 = \frac{1}{2t} \left(aX - \frac{27}{92} F \right) , \quad \frac{1}{t_1} \int_0^a q_2 \bar{q}_{1_2} \, ds_2 = \frac{1}{2t} \left(aX - \frac{59}{92} F \right) ,$$

$$\frac{1}{t_1} \int_0^a q_3 \bar{q}_{1_3} \, ds_3 = \frac{1}{2t} \left(aX - \frac{27}{92} F \right) , \quad \frac{1}{t_1} \int_0^a q_4 \bar{q}_{1_4} \, ds_4 = \frac{1}{2t} \left(4aX + \frac{5}{46} F \right) ,$$

$$\frac{1}{t_2} \int_0^a q_5 \bar{q}_{1_5} \, ds_5 = \frac{1}{t} \left(aX - \frac{3}{23} F \right) , \quad \frac{1}{t_2} \int_0^a q_6 \bar{q}_{1_6} \, ds_6 = \frac{1}{t} \left(aX - \frac{7}{23} F \right) ,$$

$$\frac{1}{t_2} \int_0^a q_7 \bar{q}_{1_7} \, ds_7 = \frac{1}{t} \left(aX - \frac{3}{23} F \right) .$$

Da die äußere Arbeit von inneren Schnittreaktionen null ist, ergibt das Prinzip der virtuellen Kräfte (vgl. Gl. (7.7))

$$\delta U_i = \delta W_a = 0 \quad \Leftrightarrow \quad \sum_{i=1}^{7} \frac{1}{t_i} \int_a q_i \bar{q}_{1_i} \, ds = 0 \quad \Leftrightarrow \quad \frac{13}{2} aX - \frac{9}{8} F = 0$$

$$\Leftrightarrow \quad X = \frac{9}{52} \frac{F}{a} .$$

Mit der statisch Überzähligen X können wir letztlich die real auftretenden Schubflüsse ermitteln. Nach Gl. (7.43) erhalten wir demnach

$$q_1 = \left(\frac{12 \, s_1}{23 \, a} - \frac{59}{416} \right) \frac{F}{a} , \quad q_2 = \frac{1}{23} \left[\frac{3635}{416} + 12 \frac{s_2}{a} - 12 \left(\frac{s_2}{a} \right)^2 \right] \frac{F}{a} ,$$

$$q_3 = \frac{1}{23} \left(\frac{3635}{416} - 12 \frac{s_3}{a} \right) \frac{F}{a} , \quad q_4 = \left[\frac{131}{416} + \frac{12 \, s_4}{23 \, a} - \frac{12}{23} \left(\frac{s_4}{a} \right)^2 \right] \frac{F}{a} ,$$

$$q_5 = 3 \left(\frac{2 \, s_5}{23 \, a} - \frac{3}{52} \right) \frac{F}{a} , \quad q_6 = \left[\frac{105}{1196} + \frac{6 \, s_6}{23 \, a} - \frac{6}{23} \left(\frac{s_6}{a} \right)^2 \right] \frac{F}{a} ,$$

$$q_7 = \frac{3}{23} \left(\frac{35}{52} - 2 \frac{s_7}{a} \right) \frac{F}{a} .$$

Der Index kennzeichnet dabei wieder die Wand, in der der jeweilige Schubfluss wirkt. Ein positives Vorzeichen signalisiert, dass der Schubfluss in Richtung der positiven lokalen Koordinate s_i weist.

Kapitel 8
Schubwand- und Schubfeldträger

8.1 Grundlegende Beziehungen

Sowohl bei der Schubwand- als auch bei der Schubfeldträgermodellierung wird Folgendes angenommen:

- Schubwand- und Schubfeldträger bestehen aus Schubblechen und Versteifungen.
- Schubbleche (auch als Haut- und Schubfelder bezeichnet) sind einzig durch Schubflüsse entlang ihrer Ränder belastet.
- Versteifungen sind nur durch Normalspannungen entlang ihrer Längsachse beansprucht. Die Spannungen werden konstant im Querschnitt angenommen.
- Schubbleche sind gedanklich an die Längsachse der anliegenden Versteifungen angeschlossen. Die Dicke der Versteifungen wird hierbei vernachlässigt.

8.1.1 Schubwandmodellierung

Bei der Schubwandmodellierung finden uneingeschränkt die Beziehungen der Kapitel 2 bis 5 Anwendung, d. h. im Wesentlichen gilt die auf dünnwandige Strukturen angewendete Balkentheorie. Vereinfachend wird zusätzlich Folgendes angenommen:

- Die Querschnittsfläche der Schubbleche ist sehr viel kleiner als die Querschnittsfläche der Versteifungen, die häufig als Gurte bezeichnet werden.
- Hier werden nur Schubwandträger mit parallelen Gurten behandelt, weshalb Schubfelder nur rechteckig sind.
- Nur die Querschnittsflächen der Gurte leisten einen Beitrag zu den Flächenmomenten. Die Querschnittsflächen der Schubfelder werden vernachlässigt. Daher ist der Schubfluss konstant im jeweiligen Schubfeld.
- Auch in Lasteinleitungsbereichen oder Lagerungen bleibt der Querschnitt erhalten.

© Springer-Verlag GmbH Deutschland 2018
M. Linke, *Aufgaben zur Festigkeitslehre für den Leichtbau*,
https://doi.org/10.1007/978-3-662-56149-2_8

8.1.2 Schubfeldmodellierung

Bei der Schubfeldmodellierung sind die Schubfelder vollständig von Versteifungen (Gurten bzw. Pfosten) eingerahmt. Die Versteifungen werden als Stäbe idealisiert, die über Gelenke bzw. Knoten miteinander verbunden sind. Lasten werden nur in Gelenke eingeleitet. Es gilt ferner:

- **Normalkraft N** in den Versteifungen (Gurten bzw. Pfosten)

$$N(s) = \int q\,\mathrm{d}s + C \qquad (8.1)$$

C	Integrationskonstante
q	Schubfluss entlang der Versteifung
s	Koordinate entlang der Stab- bzw. Versteifungsachse

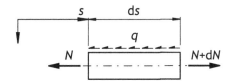

- **Schubflüsse q_i** im

  - Rechteckfeld entlang der Feldränder

$$q_1 = q_2 = q_3 = q_4 = \text{konst.} \qquad (8.2)$$

  - Parallelogrammfeld entlang der Feldränder

$$q_1 = q_2 = q_3 = q_4 = \text{konst.} \qquad (8.3)$$

- Trapezfeld entlang der Feldränder

$$\bar{q}_1 = q_1 \tag{8.4}$$

$$\bar{q}_2 = \bar{q}_4 = q_1 \frac{a_1}{a_3} \tag{8.5}$$

$$\bar{q}_3 = q_3 = q_1 \left(\frac{a_1}{a_3}\right)^2 \tag{8.6}$$

$$q_2(x) = q_4(x) = q_1 \left(\frac{a_1}{a(x)}\right)^2 \tag{8.7}$$

$a(x)$ Länge des Trapezschnittes an der Stelle x
a_i Länge des Randes i
$\bar{q}_i$ gemittelter Schubfluss i entlang des Randes i, vgl. Gl. (8.8)

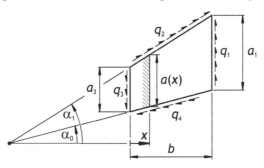

- **Gemittelter Schubfluss $\bar{q}$**

$$\bar{q} = \frac{1}{l} \int_0^l q(s)\,\mathrm{d}s \tag{8.8}$$

l Länge der Mittelung
q von der Koordinate entlang der Stabachse s
       abhängiger Schubfluss
s Koordinate

- **Mittlere Schubflüsse q_{mi} im**

  - Rechteckfeld nach Abb. zu Gl. (8.2)

$$q_m = \sqrt{q_1 q_3} = \sqrt{q_2 q_4} = |q_1| = |q_2| = |q_3| = |q_4| \tag{8.9}$$

  - Parallelogrammfeld nach Abb. zu Gl. (8.3)

$$q_m = \sqrt{q_1 q_3} = \sqrt{q_2 q_4} = |q_1| = |q_2| = |q_3| = |q_4| \tag{8.10}$$

– Trapezfeld nach Abb. zu den Gln. (8.4) bis (8.7)

$$q_m = \sqrt{q_1\,q_3} = \sqrt{\bar{q}_2\,\bar{q}_4} = |q_1|\frac{a_1}{a_3} \tag{8.11}$$

a_i Länge des Randes i

$\bar{q}_i$ gemittelter Schubfluss i entlang des Randes i, vgl. Gl. (8.8)

- **Ersatzfläche A^* beim**

  – Rechteckfeld nach Abb. zu Gl. (8.2)

$$A^* = A = a\,b \tag{8.12}$$

A Fläche des Rechtecks

a Länge des Rechtecks

b Breite des Rechtecks

- Parallelogrammfeld nach Abb. zu Gl. (8.3)

$$A^* = A\left(1 + \frac{2}{1+\nu}\tan^2\alpha\right) = a\,b\left(1 + \frac{2}{1+\nu}\tan^2\alpha\right) \tag{8.13}$$

A Fläche des Parallelogramms

a Länge des Parallelogramms

b Höhe des Parallelogramms

α Winkel

ν Querkontraktionszahl

- Trapezfeld nach Abb. zu den Gln. (8.4) bis (8.7)

$$A^* = \underbrace{A}_{=\frac{a_1 b + a_3 b}{2}}\left[1 + \frac{2}{3\,(1+\nu)}\left(\tan^2\alpha_0 + \tan\alpha_0\tan\alpha_1 + \tan^2\alpha_1\right)\right] \tag{8.14}$$

A Fläche des Trapezes

a_i Länge des Randes i

b Höhe des Trapezes i

α_0, α_1 Winkel

ν Querkontraktionszahl

- **Virtuelle Formänderungsenergie δU_i eines Schubfeldes**

$$\delta U_i = \frac{A^*}{G\,t}\,q\bar{q} \tag{8.15}$$

A^* Ersatzfläche des Schubfeldes nach den Gln. (8.12) bis (8.14)

G Schubmodul

q Schubfluss im realen System

$\bar{q}$ Schubfluss infolge der virtuellen Kraftgröße

8.2 Aufgaben

A8.1/Aufgabe 8.1 – Offener Schubwandträger mit vier Gurten

Ein offener viergurtiger Schubwandträger wird in einem Schnitt durch eine Querkraft Q_z und ein Biegemoment M_{by} nach Abb. 8.1 beansprucht. Die Gurte sind von 1 bis 4 nummeriert. Die Gurtflächen sind unterschiedlich. Es handelt sich um drillfreie Querkraftbiegung. Die Hautfelder bzw. Bleche sind dünnwandig. Der Anteil der Hautfelder in den Flächenmomenten ist daher vernachlässigbar.

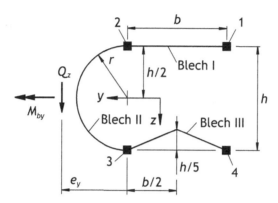

Abb. 8.1 Viergurtiger offener Schubwandträger

Gegeben Abmessungen b, h; Radius $r = h/2$; Gurtflächen $A_4 = A_1 = A$, $A_3 = A_2 = 2A$; Biegemoment M_{by}; Querkraft Q_z

Gesucht

a) Bestimmen Sie die Normalkräfte in den Gurten 1 bis 4. Kennzeichnen Sie eindeutig Druckkräfte.

b) Ermitteln Sie die Schubflüsse in den Blechen, und skizzieren Sie den qualitativen Schubflussverlauf im Profil mit eindeutiger Angabe der Richtung des Schubflusses.

c) Geben Sie die Lage des Schubmittelpunktes mittels e_y für die alleine wirkende Querkraft Q_z an (vgl. Abb. 8.1).

d) Der Schubwandträger soll zusätzlich ein Torsionsmoment T aufnehmen. Berechnen Sie die resultierenden Schubflüsse im Träger, wenn nur dieses Torsionsmoment T wirkt (d.h. es gilt jetzt zudem $M_{by} = 0$, $Q_z = 0$). Stellen Sie das Ergebnis qualitativ grafisch dar.

Hinweise

- Sie dürfen davon ausgehen, dass der Knick im Hautfeld bzw. Blech III keinen Einfluss auf den Schubfluss hat und die Schubwandträgertheorie uneingeschränkt anwendbar ist.

- Setzen Sie voraus, dass keine Wölbspannungen entstehen.

Kontrollergebnisse a) $N_1 = -M_{by}/3/h$ (Druckkraft), $N_2 = -2M_{by}/3/h$ (Druckkraft), $N_3 = 2M_{by}/3/h$ (Zugkraft), $N_4 = M_{by}/3/h$ (Zugkraft) **b)** $|q_I| = Q_z/3/h = |q_{III}|$, $|q_{II}| = Q_z/h$ **c)** $e_y = \pi h/4 + 4b/15$ **d)** $|q_{TIII}| = 5T/(4bh)$

A8.2/Aufgabe 8.2 – Schubmittelpunkt beim sechsgurtigen Einzeller

Ein durch mehrere Gurte verstärkter geschlossener symmetrischer Systemträger nach Abb. 8.2 möge als Schubwandträger aufgefasst werden. Die jeweilige Querschnittsfläche der Gurte ist angegeben. Der Träger ist durch eine Querkraft Q_z beansprucht. Gehen Sie davon aus, dass die Hautfelder bereits in den Gurtquerschnitten berücksichtigt sind. Die Hautfelder haben überall die Wanddicke t.

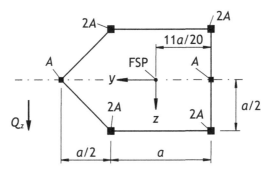

Abb. 8.2 Sechsgurtiger geschlossener Schubwandträger mit Flächenschwerpunkt FSP

Gegeben Abmessung a; Querschnittsfläche A; Querkraft $Q_z = F > 0$

Gesucht

a) Berechnen Sie das axiale Flächenmoment 2. Grades I_y um die y-Hauptachse des Schubwandträgers.
b) Bestimmen Sie den Schubflussverlauf im Träger für den Fall, dass die Querkraft Q_z im Schubmittelpunkt angreift.
c) Ermitteln Sie die Koordinaten des Schubmittelpunktes im dargestellten Koordinatensystem.

Kontrollergebnisse a) $I_y = 2Aa^2$ **b)** k. A. **c)** $y_{SMP} \approx -0,3235\,a$, $z_{SMP} = 0$

A8.3/Aufgabe 8.3 – Querkraftschub und Torsion beim viergurtigen Einzeller

Der in Abb. 8.3 skizzierte geschlossene Schubwandträger ist mit einer Querkraft $Q_z = F$ belastet. Der Angriffspunkt der Querkraft ist dargestellt. Die Bleche sind von 1 bis 4 nummeriert. Sie sind dünnwandig, d.h. der Steg- bzw. der Blechanteil ist vernachlässigbar bei der Berechnung der Flächenmomente. Die Blechdicken t_i sind

unterschiedlich. Die Flächen aller Gurte sind gleich. Das dargestellte Koordinatensystem ist das Hauptachsensystem, und die zulässige Schubspannung ist τ_{zul}.

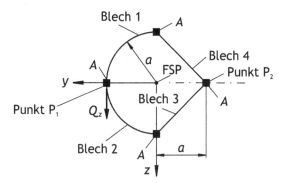

Abb. 8.3 Viergurtiger Schubwandträger

Gegeben Abmessung a; Wandstärken t_1, $t_2 = t_1$, $t_3 = t_4 = 2t_1$; Querschnittsfläche
eines Gurtes A; Querkraft $Q_z = F > 0$; zulässige Schubspannung τ_{zul}

Gesucht

a) Bestimmen Sie das Hauptflächenmoment 2. Grades I_y des Schubwandträgers.
b) Ermitteln Sie die Schubflüsse in den Blechen für den Fall, dass der Schubwandträger im Blech 4 aufgeschnitten bzw. offen ist. Skizzieren Sie für diesen Fall den qualitativen Schubflussverlauf im Profil mit eindeutiger Angabe der
   Richtung des Schubflusses.
c) Berechnen Sie den Schubmittelpunkt des Trägers.
d) Bestimmen Sie die Schubflüsse im Profil (geschlossen). Beachten Sie den tatsächlichen Angriffspunkt der Querkraft nach Abb. 8.3. Skizzieren Sie den qualitativen Schubflussverlauf im Profil mit eindeutiger Angabe der Richtung des Schubflusses.
e) Wie groß darf die Querkraft $Q_z = F$ werden, damit die zulässige Schubspannung
   τ_{zul} nicht überschritten wird?

Hinweis Sie dürfen davon ausgehen, dass eine lineare Längsspannungsverteilung
vorliegt und keine Wölbspannungen entstehen.

Kontrollergebnisse a) $I_y = 2a^2A$ **b)** $q_1' = q_2' = F/(2a)$, $q_3' = q_4' = 0$ **c)** $y_{\text{SMP}} \approx$
$-0,2020a$, $z_{\text{SMP}} = 0$ **d)** Schubfluss im Blech 2 $|q| \approx 0,3890F/a$, Schubfluss im
Blech 3 $|q| \approx 0,1110F/a$

A8.4/Aufgabe 8.4 – Querkraftschub und Torsion beim mehrzelligen Träger

Ein symmetrischer zweizelliger Hohlträger nach Abb. 8.4 möge als Schubwandträger idealisiert werden. Der Träger ist durch eine Querkraft Q_z belastet, deren
Wirkungslinie durch die Mittellinie des mittleren Steges bzw. der Verbindungswand

von Zelle 1 und 2 verläuft. Die Gurtflächen sind unterschiedlich. Die Wandstärke der Häute bzw. Bleche ist überall bis auf den mittleren Steg gleich. Die Fläche der Häute ist im Vergleich zu der der Gurte nicht vernachlässigbar. Sie dürfen davon ausgehen, dass eine lineare Längsspannungsverteilung vorliegt und keine Wölbspannungen entstehen.

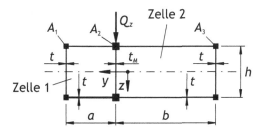

Abb. 8.4 Zweizelliger Schubwandträger unter Querkraftbelastung

Gegeben Abmessungen $a = 250\,\mathrm{mm}$, $b = 500\,\mathrm{mm}$, $h = 250\,\mathrm{mm}$; Flächen der Gurte $A_1 = A_3 = 300\,\mathrm{mm}^2$, $A_2 = 2A_1$; Wandstärken $t = 1\,\mathrm{mm}$, $t_M = 1,5\,\mathrm{mm}$; Querkraft $Q_z = 20\,\mathrm{kN}$

Gesucht

a) Berechnen Sie das axiale Flächenmoment 2. Grades I_y um die y-Hauptachse des Trägers. Gehen Sie davon aus, dass die Anteile der Häute berücksichtigt werden müssen und nicht bereits in den Gurtflächen beinhaltet sind.

   Hinweis Beachten Sie, dass die Wandstärken nach wie vor sehr viel kleiner als die Querschnittsabmessungen sind ($t, t_M \ll a, b, h$).

b) Bestimmen Sie die Ersatzfläche der Gurte für die Schubwandträgermodellierung so, dass die Flächenanteile der Häute in den Ersatzflächen der anliegenden Gurte berücksichtigt sind und nach der Schubwandträgertheorie das gleiche axiale Flächenmoment wie im Aufgabenteil a) resultiert.

c) Ermitteln Sie den Schubflussverlauf in den Häuten und geben Sie die betragsmäßig maximale Schubspannung sowie den Ort ihres Auftretens an.

   Hinweis Verwenden Sie die Ersatzflächen $\bar{A}_i$ für die Gurte gemäß den unten angegebenen Kontrollergebnissen für den Aufgabenteil b).

Kontrollergebnisse a) $I_y \approx 6,5495 \cdot 10^7\,\mathrm{mm}^4$ **b)** Ersatzflächen $\bar{A}_1 \approx 466,67\,\mathrm{mm}^2$, $\bar{A}_2 \approx 1037,5\,\mathrm{mm}^2$, $\bar{A}_3 \approx 591,67\,\mathrm{mm}^2$ **c)** $|\tau_\mathrm{max}| = 24,98\,\mathrm{MPa}$ im mittleren Steg

A8.5/Aufgabe 8.5 – Schubwandträger unter kombinierter Beanspruchung

Ein doppelt-symmetrischer Rumpfquerschnitt wird als Schubwandträger idealisiert (vgl. Abb. 8.5). Der Rumpfquerschnitt ist durch ein Biegemoment M und eine Querkraft F beansprucht. Die Hautfelder besitzen alle die gleiche Wandstärke t. Zudem weisen alle Versteifungen, die von 1 bis 10 nummeriert sind, die gleiche Fläche A auf. Die Abmessungen sind in der Skizze eindeutig bemaßt.

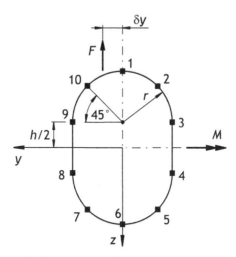

Abb. 8.5 Schubwandträgeridealisierung eines doppelt-symmetrischen Rumpfquerschnitts

Gegeben Abmessungen $h = 500\,\text{mm}$, $r = h$, $\delta y = 200\,\text{mm}$; Fläche $A = 150\,\text{mm}^2$; Kraft $F = 60\,\text{kN}$; Biegemoment $M = 100\,\text{kNm}$

Gesucht

a) Berechnen Sie die Normalspannungen in den Versteifungen.
b) Bestimmen Sie die Schubflüsse in den Hautfeldern.

Kontrollergebnisse a) $\sigma_{x_1} = -\sigma_{x_6} = 176{,}5\,\text{MPa}$, $\sigma_{x_2} = \sigma_{x_{10}} = -\sigma_{x_5} = -\sigma_{x_7} = 142{,}1\,\text{MPa}$, $\sigma_{x_3} = \sigma_{x_9} = -\sigma_{x_4} = -\sigma_{x_8} = 58{,}8\,\text{MPa}$ **b)** $|q_{12}| = |q_{56}| = 3{,}3\,\text{N/mm}$, $|q_{23}| = |q_{45}| = 16{,}1\,\text{N/mm}$, $|q_{34}| = 21{,}4\,\text{N/mm}$, $|q_{67}| = |q_{101}| = 12{,}6\,\text{N/mm}$, $|q_{78}| = |q_{910}| = 25{,}4\,\text{N/mm}$, $|q_{89}| = 30{,}7\,\text{N/mm}$

A8.6/Aufgabe 8.6 – Querkraftschub, Torsion und Absenkung beim Mehrzeller

Der symmetrische zweizellige Hohlträger belastet durch eine Querkraft Q_z nach Abb. 8.6 soll mit Hilfe der Schubwandträgertheorie analysiert werden. Setzen Sie voraus, dass die Häute bzw. Bleche so dünn sind, dass deren Fläche bei der Bestimmung der Flächenmomente vernachlässigt werden darf. Die Wandstärken t_i der Häute bzw. Bleche sind unterschiedlich. Die Häute werden gemäß der Nummerierung in Abb. 8.6 differenziert. Die Querschnittsflächen A_i der Gurte sind nicht gleich. Der Träger ist aus einem homogen isotropen Material mit dem Elastizitätsmodul E und der Querkontraktionszahl ν aufgebaut.

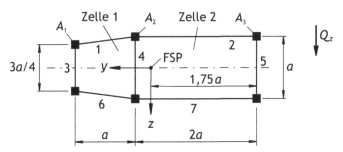

Abb. 8.6 Zweizelliger Schubwandträger unter Querkraftbelastung

Gegeben Abmessung $a = 280\,\text{mm}$; Gurtflächen $A_1 = A_3 = 500\,\text{mm}^2$, $A_2 = 2A_1$; Wandstärken $t_1 = t_2 = t_6 = t_7 = 0,8\,\text{mm}$, $t_3 = t_5 = 1,6\,\text{mm}$, $t_4 = 2\,\text{mm}$; Querkraft $Q_z = F = 25\,\text{kN}$; Elastizitätsmodul $E = 70000\,\text{MPa}$; Querkontraktionszahl $v = 0,3$

Gesucht

a) Bestimmen Sie den Schubflussverlauf, wenn der Träger in den Häuten 1 und 2 geöffnet ist und die Querkraft im Schubmittelpunkt des geöffneten Profils angreift.

b) Ermitteln Sie den Schubflussverlauf, wenn die Querkraft Q_z im Schubmittelpunkt des geschlossenen Profils angreift. Geben Sie die Lage des Schubmittelpunkts eindeutig an.

c) Berechnen Sie die Verschiebung w_E des Trägers in Richtung der Querkraft, wenn der Träger eine Länge $l = 3000\,\text{mm}$ besitzt. Außerdem möge der Träger einseitig eingespannt sein und die Querkraft im Schubmittelpunkt am freien Ende des Trägers angreifen (siehe Skizze unten).

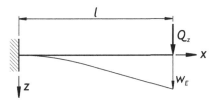

d) Berechnen Sie den Schubflussverlauf, wenn der Träger einzig durch ein Torsionsmoment T beansprucht wird. Geben Sie auch die Torsionssteifigkeit GI_T des Profils an.

e) Gehen Sie davon aus, dass die Querkraft nicht im Schubmittelpunkt angreift, sondern in den mittleren Steg eingeleitet wird. Geben Sie für diesen Fall den Schubflussverlauf an. Beachten Sie insbesondere die Ergebnisse der Aufgabenteile b) und d).

Hinweise

• Die Flächen der Häute sind klein im Vergleich zu denen der Gurte.

- Sie dürfen davon ausgehen, dass eine lineare Längsspannungsverteilung vorliegt und keine Wölbspannungen entstehen.
- Gehen Sie bei der kombinierten Beanspruchung von Querkraftschub und Torsion davon aus, dass das Prinzip der Superposition anwendbar ist.

Kontrollergebnisse a) $q_1', q_2', q_6', q_7' = 0$, $|q_3'| \approx 18,80$ N/mm, $|q_4'| \approx 50,13$ N/mm, $|q_5'| \approx 25,06$ N/mm **b)** $y_{SMP} \approx -34,01$ mm, $z_{SMP} = 0$ **c)** $w_E = 48,2$ mm **d)** $GI_T \approx 2,2831 \cdot 10^{12}$ N mm^2 **e)** $|q_2| \approx 7,18$ N/mm, $|q_3| \approx 28,46$ N/mm

A8.7/Aufgabe 8.7 – Gelenkig gelagerter Biegeträger als Schubfeldträger

Der ebene Schubfeldträger nach Abb. 8.7 ist gelenkig gelagert und durch eine Kraft F belastet. Gehen Sie davon aus, dass die Versteifungen einzig Normalspannungen aufnehmen und die Hautfelder bzw. Bleche nur durch Schubspannungen an ihren Rändern beansprucht sind. Das Blech 1 bzw. 2 besitzt die Wandstärke t_1 bzw. t_2.

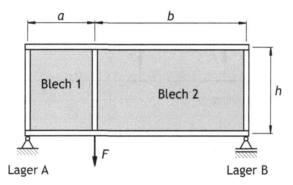

Abb. 8.7 Gelenkig gelagerter Träger belastet durch Kraft F

Gegeben Abmessungen $a = 800$ m, $b = 1800$ m, $h = 1000$ m; Kraft $F = 60$ kN; Wandstärken der Hautfelder $t_1 = 2$ mm, $t_2 = 1$ mm

Gesucht

a) Skizzieren Sie den Normalkraftverlauf in den Versteifungen und geben Sie die dazugehörigen Normalkräfte in den Ecken der Versteifungselemente an.
b) Bestimmen Sie die Schubspannungen in den Hautfeldern bzw. Blechen.

Kontrollergebnisse a) k. A. **b)** $\tau_1 = 20,8$ MPa, $\tau_2 = 18,5$ MPa

A8.8/Aufgabe 8.8 – Kragarm als Schubfeldträger

Der ebene Kragträger gemäß Abb. 8.8 stellt einen Schubfeldträger dar, der mit drei äußeren Kräften belastet ist. Die Gurte und Pfosten besitzen die gleiche Querschnittsfläche A. Alle Hautfelder weisen die gleiche Wandstärke t auf. Die Versteifungen sind mit arabischen Zahlen und die Hautfelder mit römischen Zahlen nummeriert. Die Knoten sind mit Buchstaben gekennzeichnet. Alle Elemente des Schubfeldträgers sind aus einem homogen isotropen Material mit dem Elastizitäts- modul E und der Querkontraktionszahl v aufgebaut. Sie dürfen davon ausgehen, dass keine Stabilitätseffekte auftreten.

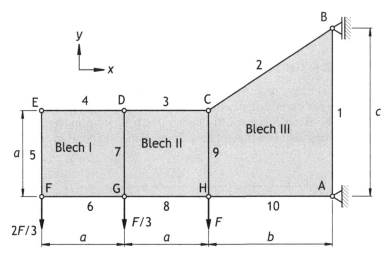

Abb. 8.8 Kragarm als Schubfeldträger

Gegeben Abmessungen $a = 500$ mm, $b = 750$ mm, $c = 1000$ mm; Fläche der Gurte und Pfosten $A = 200$ mm^2; Wandstärke $t = 1,5$ mm; Kraft $F = 15$ kN; Elastizitäts- modul $E = 70$ GPa; Querkontraktionszahl $v = 0,3$

Gesucht

a) Berechnen Sie die Normalkräfte in sämtlichen Versteifungen und die Schubflüsse in allen Hautfeldern unter der Voraussetzung, dass Normalkräfte in den Stäben, die das Trapezfeld einrahmen, linear veränderlich sind. Skizzieren Sie den Nor- malkraftverlauf.
b) Bestimmen Sie die tatsächlichen Normalkräfte in den Stäben um das Trapezfeld. Ermitteln Sie die Abweichung hinsichtlich der betragsmäßig maximalen Nor- malkraft im Vergleich zum Aufgabenteil a).
c) Ermitteln Sie die Absenkungen w_H bzw. w_{Hreal} des Knotens H in y-Richtung für die in der Aufgabenstellung a) bzw. b) ermittelten Normalkraftverläufe. Wie groß ist die Abweichung zwischen beiden Verschiebungen?

Hinweise Die Lösung der folgenden Integrale kann hilfreich bei der Bearbeitung der Aufgabe sein

$$\int \frac{x}{1+\tilde{a}x}\,\mathrm{d}x = \frac{x}{\tilde{a}} - \frac{1}{\tilde{a}^2}\ln|1+\tilde{a}x| + C_1\,,$$

$$\int \frac{x^2}{(1+\tilde{a}x)^2}\,dx = \frac{x}{\tilde{a}^2} - \frac{2}{\tilde{a}^3}\ln|1+\tilde{a}x| - \frac{1}{\tilde{a}^3}\frac{1}{1+\tilde{a}x} + C_2$$

mit den Integrationskonstanten C_1, C_2.

Kontrollergebnisse a) $|q_I| = 20\,\text{N/mm}$, $|q_{II}| = 30\,\text{N/mm}$, $N_{2B} \approx 42{,}071\,\text{kN}$, $N_{2C} \approx$ $30{,}046\,\text{kN}$, $N_{3C} = 25\,\text{kN}$, $N_{6G} = -10\,\text{kN}$, $N_{9C} \approx 16{,}667\,\text{kN}$, $N_{10H} = -25\,\text{kN}$ **b)** k. A. **c)** $w_H \approx 3{,}69\,\text{mm}$, $w_{Hreal} \approx 4{,}15\,\text{mm}$

A8.9/Aufgabe 8.9 – Statisch unbestimmter Schubfeldträger

Der in Abb. 8.9 dargestellte ebene Schubfeldträger ist mit einer Kraft F belastet. Die Schubbleche sind grau gekennzeichnet. Sie besitzen alle die gleiche Dicke t. Jedes Schubblech ist vollständig von Gurten und Pfosten (d. h. von Stäben) eingerahmt. Jeder Stab besitzt die Querschnittsfläche A. Die Stäbe sind von 1 bis 10 durchnummeriert. Die Knoten sind mit Buchstaben gekennzeichnet. Die Bleche und die Stäbe sind aus dem gleichen homogen isotropen Material aufgebaut. Der Schubmodul G und der Elastizitätsmodul E des Materials sind bekannt.

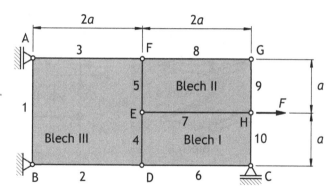

Abb. 8.9 Statisch unbestimmter Schubfeldträger

Gegeben Abmessung a; Fläche der Gurte und Pfosten A; Wandstärke t; Kraft F; Elastizitätsmodul E; Schubmodul G

Gesucht

a) Berechnen Sie die Reaktion im Lager C.
b) Bestimmen Sie die horizontale Verschiebung des Knotens H.

Kontrollergebnisse

a)

$$|C| = \frac{1}{96}\frac{F}{1 + \dfrac{EA}{6\,Gt\,a}}$$

b)

$$|w_H| = \frac{1}{24} \frac{Fa}{6Gta+EA} \left[5085 + 576 \frac{EA}{Gta} + 848 \frac{EA}{Gta} + 96 \left(\frac{EA}{Gta} \right)^2 \right] \frac{Gta}{EA}$$

A8.10/Aufgabe 8.10 – Kragarm als Schubwand- und Schubfeldträger

Ein einseitig eingespannter Schubwandträger der Länge l nach Abb. 8.10 ist an seinem freien Ende durch eine Querkraft Q_z belastet. Die Flächen A_i der Gurte sind unterschiedlich. Die Trägerlänge l ist sehr viel größer als die Querschnittsabmessung a, d. h. es gilt $a \ll l$. Der Träger ist aus einem isotropen Material mit der Fließspannung σ_F aufgebaut. Benutzen Sie das dargestellte Hauptachsensystem zur Lösung der Aufgabe.

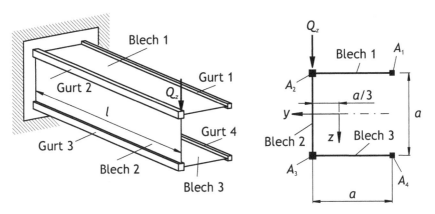

Abb. 8.10 Schubwandträger unter Querkraftbelastung Q_z

Gegeben Abmessung $a = 20\,\text{cm}$; Flächen $A_1 = A_4 = A = 300\,\text{mm}^2$, $A_2 = A_3 = 2A$; Trägerlänge $l = 5\,\text{m}$; Querkraft $Q_z = 6\,\text{kN}$; Fließspannung in den Gurten $\sigma_F = 300\,\text{MPa}$

Gesucht

a) Berechnen Sie das axiale Flächenmoment 2. Grades um die y-Achse.

b) Unter der Annahme, dass die Querkraft im Schubmittelpunkt angreift,

    i) ermitteln Sie die Schubflüsse im Schubwandträger und skizzieren Sie den qualitativen Schubflussverlauf mit eindeutiger Angabe der Richtung des Schubflusses und

    ii) berechnen Sie die Normalkräfte in den Gurten und bestimmen Sie die Sicherheit S_F gegen Fließen in den Gurten. Geben Sie dabei an, wo bei ausreichender Laststeigerung zuerst Fließen im Träger auftritt.

c) Ermitteln Sie die Lage des Schubmittelpunkts im gegebenen Achssystem.

d) Für den Fall, dass die Querkraft **nicht** im Schubmittelpunkt angreift, sondern wie oben in der Skizze dargestellt,

  i) bestimmen Sie die Schubflüsse im Schubwandträger und skizzieren Sie eindeutig den qualitativen Schubflussverlauf und

  ii) ermitteln Sie die Normalkräfte in den Gurten und berechnen Sie die Sicherheit S_F gegen Fließen in den Gurten. Geben Sie an, wo zuerst Fließen auftritt.

Hinweis Wenn Sie die Kraftgrößen betrachten, die an den einzelnen Komponenten des Schubwandträgers (4 Gurte und 3 Schubbleche) wirken, können die Normalkräfte ermittelt werden. Dies gilt auch für den Aufgabenteil b).

Kontrollergebnisse a) $I_y = 1,7 \cdot 10^7 \, \text{mm}^4$ **b.i)** $q_1 = q_3 = 10 \, \text{N/mm}$, $q_2 = 30 \, \text{N/mm}$ **b.ii)** $S_F = 1,8$ **c)** $y_{\text{SMP}} = 133,33 \, \text{mm}$, $z_{\text{SMP}} = 0$ **d.i)** $q_1 = q_3 = 0$, $q_2 = 30 \, \text{N/mm}$ **d.ii)** $S_F = 1,2$

Hinweis Gehen Sie davon aus, dass der Krafteinleitungsquerschnitt starr ist und Krafteinleitungseffekte vernachlässigt werden dürfen.

8.3 Musterlösungen

L8.1/Lösung zur Aufgabe 8.1 – Offener Schubwandträger mit vier Gurten

a) Die gegebene Beanspruchung wirkt im Hauptachsensystem. Es handelt sich um Biegung um die gegebene y-Achse. Wir müssen daher zuerst das Flächenmoment 2. Grades um die y-Achse ermitteln. Da nur die Gurte einen Beitrag leisten, resultiert auf der Basis des Satzes von Steiner (vgl. Gl. (3.17))

$$I_y = \left(-\frac{h}{2} \right)^2 (A_1 + A_2) + \left(\frac{h}{2} \right)^2 (A_3 + A_4) = \frac{3}{2} h^2 A \, .$$

Die Normalspannungen in den Gurten können wir mit Gl. (3.26) berechnen, die für eine Beanspruchung im Hauptachsensystem gilt. Mit den Kraftgrößen $N = 0$ und $M_{bz} = 0$ folgt allgemein

$$\sigma_x = \frac{M_{by}}{I_y} z = \frac{2}{3} \frac{M_{by}}{h^2 A} z \, .$$

Die Spannungen in den Gurten erhalten wir durch Einsetzen der jeweiligen Koordinate z_i für den Gurtmittelpunkt. Der Mittelpunkt muss gewählt werden, da dort der Mittelwert für die Normalspannung vorliegt (wegen des linearen Verlaufs der Spannungen in Abhängigkeit von der z-Koordinate). Die Koordinaten sind

$$z_1 = z_2 = -\frac{h}{2} = -z_3 = z_4 \, ,$$

woraus wir die Normalspannungen in den Gurten bestimmen zu

$$\sigma_{x_1} = \sigma_{x_2} = -\frac{1}{3}\frac{M_{by}}{hA} \quad \text{und} \quad \sigma_{x_3} = \sigma_{x_4} = \frac{1}{3}\frac{M_{by}}{hA} \ .$$

Das negative Vorzeichen kennzeichnet Druckspannungen.

In den Gurten nehmen wir mittlere bzw. konstante Normalkräfte an, die sich aus den mittleren Spannungen berechnen lassen

$$N_1 = A_1\sigma_{x_1} = -\frac{1}{3}\frac{M_{by}}{A} \ , \quad N_2 = A_2\sigma_{x_2} = -\frac{2}{3}\frac{M_{by}}{A} \ , \quad N_3 = A_3\sigma_{x_3} = \frac{2}{3}\frac{M_{by}}{A}$$

$$\text{und} \quad N_4 = A_4\sigma_{x_4} = \frac{1}{3}\frac{M_{by}}{A} \ .$$

Normalkräfte mit einem negativen Vorzeichen sind Druckkräfte.

b) Zur Ermittlung des Schubflusses führen wir die Koordinaten s_i entlang der Profilmittellinie nach Abb. 8.11a. ein. In jedem Blech sind die Schubflüsse q_i konstant. Insbesondere ist der Knick nach dem Hinweis in der Aufgabenstellung ohne Einfluss auf den Schubfluss, so dass auch im Blech III der Schubfluss als konstant angenommen wird. Den Schubfluss berechnen wir mit Hilfe der QSI-Formel nach Gl. (4.2)

$$q_i = \pm Q_z\frac{S_{yi}}{I_y} \ .$$

Auf den hochgestellten Strich $'$ in Gl. (4.2) verzichten wir hier beim Schubfluss im offenen Träger, da wir nicht von einem konstant umlaufenden Schubfluss differenzieren müssen.

Das Flächenmoment I_y aus der vorherigen Beziehung ist aus dem Aufgabenteil a) bekannt. Wir benötigen also nur noch die Statischen Momente in den einzelnen Hautfeldern. Da nur die Gurte bei deren Berechnung beim Schubwandträger beachtet werden, erhalten wir mit den Koordinaten der Gurtmittelpunkte nach dem Aufgabenteil a) (vgl. Gl. (3.8))

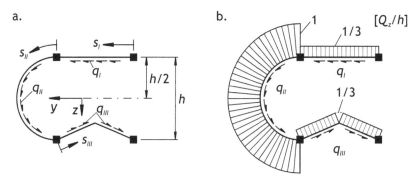

Abb. 8.11 a. Konstante Schubflüsse in den Hautfeldern b. qualitativer Schubflussverlauf

$$S_{yI} = z_1 A_1 = -\frac{1}{2} hA \,, \qquad S_{yII} = S_{yI} + z_2 A_2 = -\frac{3}{2} hA \,,$$

$$S_{yIII} = S_{yII} + z_3 A_3 = -\frac{1}{2} hA \,.$$

Weil wir die Statischen Momente für das positive Schnittufer ermittelt haben, verwenden wir das negative Vorzeichen in der QSI-Formel und erhalten

$$q_I = \frac{1}{3} \frac{Q_z}{h} = q_{III} \,, \qquad q_{II} = \frac{Q_z}{h} \,.$$

Bei $Q_z > 0$ sind alle Schubflüsse positiv, d. h. ihre Wirkrichtung entspricht jeweils der positiven Koordinatenrichtung s_i. In Abb. 8.11b. sind die Schubflüsse qualitativ grafisch dargestellt. Die Wirkungsrichtung der Schubflüsse wird durch die Pfeile angezeigt.

c) Die Lage des Schubmittelpunkts berechnen wir bei offenen Schubwandträgern über die Momentengleichheit zwischen den Schubflüssen und der daraus resultierenden Querkraft, also hier zwischen q_i und Q_z. Die Momentengleichheit können wir um einen beliebigen Punkt formulieren. Allerdings existieren gewöhnlich Punkte, um die die Momentengleichheit einfacher formuliert werden kann. Um dies zu demonstrieren, stellen wir die Momentengleichheit um die Punkte A und B nach Abb. 8.12a. auf. Der Einfachheit halber berücksichtigen wir einen Winkel α, für den gilt

$$\cos\alpha = \frac{b}{2l} \,, \qquad \sin\alpha = \frac{h}{5l} \qquad \text{mit} \qquad l = \sqrt{\left(\frac{b}{2}\right)^2 + \left(\frac{h}{5}\right)^2} \,.$$

Wir beginnen mit der Momentengleichheit um den Punkt A. Für jedes Hautfeld berechnen wir das aus dem Schubfluss resultierende Moment einzeln.

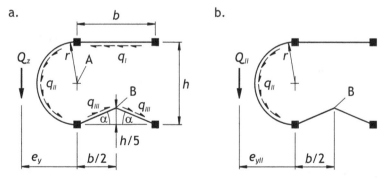

Abb. 8.12 a. Beziehungen zur Ermittlung der Lage des Schubmittelpunkts b. Verhältnisse bei gedanklicher Reduzierung der Beanspruchung auf den Schubfluss im Blech II

Das resultierende Moment M_I des Hautfeldes I um den Punkt A ergibt aufgrund des konstanten Schubflusses q_I

$$M_I = q_I \, b \, r = \frac{1}{6} b \, Q_z \, .$$

Es ist positiv und wirkt im Gegenuhrzeigersinn.

Im Halbkreisblech II folgt

$$M_{II} = \int_0^{\pi r} q_{II} \, r \, \mathrm{d}s_{II} = \int_0^{\pi} q_{II} \, r^2 \, \mathrm{d}\varphi = q_{II} \, r^2 \int_0^{\pi} \mathrm{d}\varphi = \pi \, q_{II} \, r^2 = \frac{\pi}{4} h \, Q_z \, .$$

Im Blech III zerlegen wir gedanklich das Moment in einen Anteil aus dem Schub-fluss links und einen rechts vom Knick.

Den linken Anteil berechnen wir, indem wir eine resultierende Kraft bilden, die wir im Mittelpunkt des Gurtes 3 in eine horizontale und eine vertikale Kraft auftei-len. Hintergrund ist, dass wir eine Kraft auf ihrer Wirkungslinie verschieben dürfen, ohne dass sich ihre Wirkung auf einen starren Körper ändert. Da nur der horizontale Anteil ein Moment um den Punkt A verursacht, erhalten wir

$$M_{III_l} = q_{III} \, l \cos \alpha \, r = \frac{1}{12} b \, Q_z \, .$$

Den Anteil rechts vom Knick ermitteln wir analog zu zuvor. Allerdings greift die resultierende Kraft jetzt gedanklich im Mittelpunkt des Gurtes 4 an. Es gilt daher

$$M_{III_r} = q_{III} \, l \cos \alpha \, r - q_{III} \, l \sin \alpha \, b = \frac{1}{12} b \, Q_z - \frac{1}{15} b \, Q_z = \frac{1}{60} b \, Q_z \, .$$

Demnach ergibt die Momentengleichheit um den Punkt A insgesamt

$$Q_z \, e_y = M_I + M_{II} + M_{III_l} + M_{III_r} \quad \Leftrightarrow \quad e_y = \frac{\pi}{4} h + \frac{4}{15} b \, .$$

Als zweite Option wählen wir nun anstatt des Punktes A den Punkt B zur Formulie-rung der Momentengleichheit. Vorteilhaft am Punkt B ist, dass der Schubfluss q_{III} keinen Hebel um den Bezugspunkt besitzt und daher auch kein Moment produziert. Wir müssen also nur die Momente der beiden anderen Hautfelder aufstellen.

Das Moment infolge des Schubflusses im Hautfeld I lautet

$$M_I = q_I \, b \left(h - \frac{1}{5} h \right) = \frac{4}{15} b \, Q_z \, .$$

Das Moment M_{II} im Blech II ermitteln wir in zwei Schritten. Zuerst berechnen wir die Lage des Schubmittelpunkts des Halbkreisrings. Mit dieser Kenntnis können wir dann anschließend das resultierende Moment um den Punkt B angeben. Zur Ver-deutlichung ist in Abb. 8.12b. einzig der Schubfluss q_{II} und die korrespondierende Querkraft Q_{II} im Schubmittelpunkt skizziert. Die Position von Q_{II} können wir mit Hilfe des bereits bestimmten Momentes M_{II} berechnen; denn dieses Moment muss dem Moment entsprechen, das sich aus der Querkraft Q_{II} und ihrem Hebelarm um den Bezugspunkt A ergibt. Mit

$$Q_{II} = \int_0^{\pi r} q_{II} \sin\alpha \, ds_{II} = \int_0^{\pi} q_{II} \sin\alpha \, r \, d\varphi = q_{II} \, r \int_0^{\pi} \sin\alpha \, d\varphi$$

$$= -q_{II} \, r \left[\cos\alpha\right]_0^{\pi} = Q_z$$

folgt daher

$$Q_{II} \, e_{yII} = M_{II} \quad \Leftrightarrow \quad e_{yII} = \frac{\pi}{4} h \, .$$

Damit können wir auch aus Abb. 8.12b. den Hebel dieser Querkraft um den Punkt B angeben, so dass die Momentengleichheit um den Punkt B auf

$$Q_z \left(e_y + \frac{1}{2} b\right) = M_I + Q_{II} \left(e_{yII} + \frac{1}{2} b\right) \quad \Leftrightarrow \quad Q_z \, e_y = M_I + Q_{II} \, e_{yII}$$

$$\Leftrightarrow \quad e_y = \frac{\pi}{4} h + \frac{4}{15} b$$

führt. Erwartungsgemäß ist dies das gleiche Ergebnis wie zuvor.

d) Bei einem Schubwandträger können nur die Schubbleche bzw. Hautfelder ein Torsionsmoment erzeugen. Dies geht aber nur, wenn die aus den Schubflüssen resultierenden einzelnen Kräfte kein zentrales Kraftsystem bilden, d. h. wenn sie sich nicht in einem Punkt schneiden. Aus den Einzelkräften kann dann ein Kräftepaar resultieren, das der Wirkung eines Torsionsmoments entspricht. Gleichzeitig dürfen jedoch aus den Schubflüssen, die das Torsionsmoment erzeugen, keine Querkräfte entstehen.

Der Verständlichkeit halber nutzen wir die in Abb. 8.13 skizzierten Schubflüsse, um die zuvor diskutierten Zusammenhänge zu verdeutlichen. Wir verwenden den zusätzlichen Index T, um die Abhängigkeit vom anliegenden Torsionsmoment zu kennzeichnen. Wir formulieren zunächst das Kräftegleichgewicht in z-Richtung und erhalten

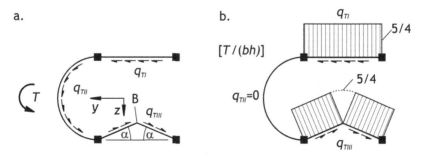

Abb. 8.13 a. Grundsätzlich mögliche Schubflüsse im Schubwandträger und positives Torsionsmoment T b. Schubflüsse infolge eines Torsionsmomentes T

$$\sum F_{iz} = 0 \quad \Leftrightarrow \quad 2\,r q_{TII} - q_{TIII}\,l\sin\alpha + q_{TIII}\,l\sin\alpha = 0 \quad \Leftrightarrow \quad q_{TII} = 0\,.$$

Die Gleichgewichtsbedingung in y-Richtung liefert

$$\sum F_{iy} = 0 \quad \Leftrightarrow \quad b q_{TI} - 2 q_{TIII}\,l\cos\alpha = 0 \quad \Leftrightarrow \quad q_{TI} = q_{TIII}\,.$$

Aus einer Momentengleichheit zwischen den Schubflüssen q_{TI} sowie q_{TIII} und dem Torsionsmoment T können wir somit die gesuchte Abhängigkeit herstellen. Wir stellen die Momentengleichheit um den Punkt B auf. Es resultiert

$$T = b q_{TI}\left(h - \frac{h}{5}\right) \quad \Leftrightarrow \quad q_{TI} = \frac{5}{4}\frac{T}{b h}\,.$$

Der sich ergebende Schubflussverlauf ist in Abb. 8.13b. dargestellt.

L8.2/Lösung zur Aufgabe 8.2 – Schubmittelpunkt beim sechsgurtigen Einzeller

a) Da es sich um eine Schubwandträgeridealisierung handelt, beachten wir lediglich die Steiner-Anteile der Gurte bei der Berechnung des gesuchten axialen Flächenmomentes 2. Grades. Wir erhalten bei vier Gurten mit jeweils der Fläche $2A$ und einem Abstand von $\frac{a}{2}$ zur y-Hauptachse

$$I_y = 4\left(2A\left(\frac{a}{2}\right)^2\right) = 2A a^2\,.$$

b) Bei der Schubflussberechnung eines geschlossenen Schubwandträgers ist es zweckmäßig, den Schubfluss in einen variablen Anteil, der von Blech zu Blech unterschiedlich ist, und in einen konstant umlaufenden Schubfluss zu unterteilen. Den variablen Anteil kennzeichnen wir mit dem hochgestellten Index $'$ und den konstanten mit dem tiefgestellten Index 0.

Wir starten mit dem variablen Anteil. Hierfür nummerieren wir zunächst die einzelnen Bleche im Schubwandträger gemäß Abb. 8.14a. und schneiden gedanklich Blech 6 auf. Davon ausgehend berechnen wir dann startend für Blech 1 im Gegenuhrzeigersinn gemäß der gewählten Umfangskoordinate s die Statischen Momente S_{yi} unter Beachtung der Vereinfachungen der Schubwandträgertheorie (vgl. QSI-Formel nach Gl. (4.2)). Wir ermitteln die Statischen Momente für das positive Schnittufer und es resultiert

$$S_{y_1} = -2A\frac{a}{2} = -aA\,, \qquad S_{y_2} = -2A\frac{a}{2} + S_{y_1} = -2aA = S_{y_3}\,,$$

$$S_{y_4} = 2A\frac{a}{2} + S_{y_3} = -aA = S_{y_1}\,, \qquad S_{y_5} = 2A\frac{a}{2} + S_{y_4} = 0 = S_{y_6}\,.$$

Die Zahl im Index gibt dabei das jeweilige Blech an.

Auf der Basis der QSI-Formel nach Gl. (4.2) erhalten wir die Schubflüsse damit zu

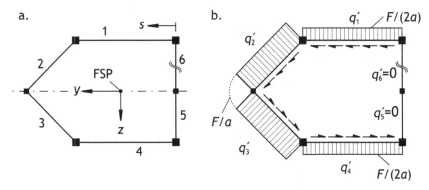

Abb. 8.14 a. Blechnummerierung mit Umfangskoordinate s und Flächenschwerpunkt FSP b. variabler Schubflussanteil bei Öffnung des Profils im Blech 6

$$q'_1 = -Q_z \frac{S_{y_1}}{I_y} = \frac{F}{2a} = q'_4, \quad q'_2 = \frac{F}{a} = q'_3 \quad \text{und} \quad q'_5 = q'_6 = 0.$$

Der resultierende Schubflussverlauf ist in Abb. 8.14b. skizziert.

Den konstanten Schubflussanteil bestimmen wir mit Hilfe der Bedingung der Verdrillfreiheit bei einem Kraftangriff im Schubmittelpunkt. Diese Bedingung führt auf Gl. (4.6), die lautet

$$q_{0\mathrm{SMP}} = -\frac{\oint \frac{q'(s)}{t(s)}\, \mathrm{d}s}{\oint \frac{1}{t(s)}\, \mathrm{d}s}.$$

Den Index SMP benutzen wir, um zu kennzeichnen, dass es sich um den konstanten Schubflussanteil handelt, wenn die Querkraft im Schubmittelpunkt angreift.

Wir berechnen zunächst das Integral im Nenner. Da die Wanddicke überall gleich groß ist, ziehen wir die Wandstärke gedanklich vor das Integral. Daher handelt es sich beim Integral um die Länge der Profilmittellinie dividiert durch die Wanddicke

$$\oint \frac{1}{t(s)}\, \mathrm{d}s = \frac{1}{t} \oint \mathrm{d}s = \frac{1}{t}\left(3a + 2\sqrt{\left(\frac{a}{2}\right)^2 + \left(\frac{a}{2}\right)^2}\right) = \frac{a}{t}\left(3 + \sqrt{2}\right).$$

Wegen der konstanten Wandstärke t folgt für das Integral im Nenner

$$\oint \frac{q'(s)}{t(s)}\, \mathrm{d}s = \frac{1}{t}\oint q'(s)\,\mathrm{d}s = \frac{1}{t}\left(2aq'_1 + \sqrt{2}\,aq'_2\right) = \frac{F}{t}\left(1 + \sqrt{2}\right).$$

Demnach resultiert für den konstant umlaufenden Schubfluss

$$q_{0\mathrm{SMP}} = -\frac{1 + \sqrt{2}}{3 + \sqrt{2}}\frac{F}{a} \approx -0{,}5469\,\frac{F}{a}.$$

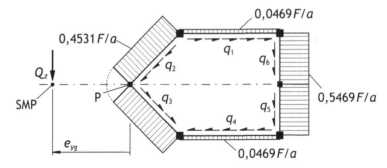

Abb. 8.15 Schubflussverlauf im Schubwandträger für den Fall, dass die Querkraft im Schubmittelpunkt SMP des Profils angreift

Das negative Vorzeichen gibt an, dass der Schubfluss $q_{0\mathrm{SMP}}$ entgegen der gewählten Integrationsrichtung, also im Uhrzeigersinn wirkt.

Wir erhalten den gesamten Schubfluss im Träger aus der Überlagerung des variablen Anteils mit dem zuvor berechneten konstanten Anteil, d. h. wegen

$$q_i = q_i' + q_{0\mathrm{SMP}}$$

folgt

$$q_1 = q_4 = -\frac{\sqrt{2}-1}{2\left(3+\sqrt{2}\right)}\frac{F}{a} \approx -0,0469\,\frac{F}{a}\,,$$

$$q_2 = q_3 = \frac{2}{3+\sqrt{2}}\frac{F}{a} \approx 0,4531\,\frac{F}{a}\,, \qquad q_5 = q_6 = q_{0\mathrm{SMP}} \approx -0,5469\,\frac{F}{a}\,.$$

Das negative Vorzeichen bedeutet, dass die jeweiligen Schubflüsse entgegen der gewählten Umfangskoordinate s wirken, d. h. sie wirken im Uhrzeigersinn. Der Schubfluss im Träger, wenn die Querkraft im Schubmittelpunkt angreift, ist in Abb. 8.15 qualitativ skizziert.

c) Die Lage des Schubmittelpunkts berechnen wir mit Hilfe des im Aufgabenteil b) bestimmten Schubflussverlaufs; denn zwischen diesem Schubflussverlauf und der Querkraft mit dem Angriffspunkt im Schubmittelpunkt gilt die Momentengleichheit. Wir formulieren diese um den Punkt P nach Abb. 8.15 und erhalten

$$Q_z\,e_{y_g} = -\frac{1}{2}q_1\,a^2 - \frac{1}{2}q_4\,a^2 - \frac{3}{4}q_5\,a^2 - \frac{3}{4}q_6\,a^2$$

$$\Leftrightarrow \quad e_{y_g} = -\frac{1}{2}a\left(2\,q_1 + 3\,q_5\right)\frac{a}{F} = -\frac{2+\sqrt{2}}{3+\sqrt{2}}\,a \approx -0,7735\,a\,.$$

Das negative Vorzeichen gibt an, dass sich der Schubmittelpunkt rechts vom Punkt P nach Abb. 8.15 befindet.

Wegen der Symmetrie des Träger liegt der Schubmittelpunkt auf der y-Achse, so dass wir die Lage des Schubmittelpunkts eindeutig angeben können. Unter Berücksichtigung des Koordinatensystems nach Abb. 8.2 resultiert

$$y_{\mathrm{SMP}} = a - \frac{11}{20}a + e_{y_g} = -\frac{13 + 11\sqrt{2}}{20\left(3 + \sqrt{2}\right)} \approx -0{,}3235\,a\,, \quad z_{\mathrm{SMP}} = 0\,.$$

L8.3/Lösung zur Aufgabe 8.3 – Querkraftschub und Torsion beim viergurtigen Einzeller

a) Gemäß der Aufgabenstellung sind die Anteile der Bleche bei den Flächenmomenten vernachlässigbar, d. h. das Modell des Schubwandträgers ist anwendbar. Wir müssen also nur die Steiner-Anteile der Gurte bei der Berechnung des Flächenmomentes 2. Grades um die y-Achse berücksichtigen. Wir erhalten daher

$$I_y = 2\,a^2 A\,.$$

b) Durch das Aufschneiden des Bleches 4 sinkt der Schubfluss in der Öffnung wegen der freien Oberfläche auf null. Da das Blech selbst keinen Beitrag zum Flächenmoment aufgrund seiner Dünnwandigkeit beisteuert, ist somit im gesamten Blech 4 das Statische Moment und demnach auch der Schubfluss gemäß Gl. (4.2) null

$$S_{y4} = 0\,.$$

Angemerkt sei, dass wir die Statischen Momente mit dem Index für das jeweilig betrachtete Blech versehen.

Für die Bleche 1 bis 3 führen wir die lokalen Koordinaten s_i entlang der Profilmittellinie nach Abb. 8.16a. ein. Unter Berücksichtigung der Dünnwandigkeit

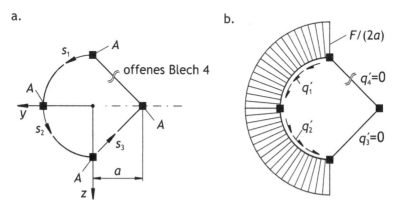

Abb. 8.16 a. Schubwandträger mit lokalen Koordinaten s_i b. Schubflussverlauf im geöffneten Schubwandträger

vernachlässigen wir die Blechanteile und erhalten wegen der Gurte die folgenden Statischen Momente in den Blechen 1 bis 3 am positiven Schnittufer

$$S_{y1} = -aA\,, \quad S_{y2} = -aA = S_{y1} \quad \text{und} \quad S_{y3} = 0 = S_{y4}\,.$$

Basierend auf Gl. (4.2) resultieren somit die Schubflüsse. Zur Abgrenzung dieser Schubflüsse, die variabel entlang des gesamten Umfangs des Profils sind, von solchen, die komplett konstant im gesamten Träger sind, verwenden wir zusätzlich einen hochgestellten Strich $'$. Es folgt

$$q'_1 = -Q_z \frac{S_{y1}}{I_y} = \frac{F}{2a} = q'_2 \quad \text{und} \quad q'_3 = q'_4 = 0\,.$$

Der Schubflussverlauf im Profil ist in Abb. 8.16b. dargestellt.

c) Der Schubmittelpunkt beim geschlossenen Profil kann mit der Bedingung berechnet werden, dass sich das Profil nicht verdreht bzw. verdrillt. Diese Bedingung ist beim Einzeller in der 2. Bredtschen Formel gemäß Gl. (4.6) eingearbeitet, die den konstanten Schubfluss im Profil ergibt, um den der Schubfluss an der Stelle der gedanklichen Öffnung des Profils im Blech 4 abgesunken ist,

$$q_{0\text{SMP}} = -\frac{\oint \frac{q'(s)}{t(s)}\,\mathrm{d}s}{\oint \frac{1}{t(s)}\,\mathrm{d}s}\,.$$

Der variable Schubfluss q' sowie die Wandstärke t werden dabei in Abhängigkeit von der Umfangskoordinate s beschrieben.

Wir berechnen zunächst das Umfangsintegral im Nenner der vorherigen Beziehung. Da die Gurte nur punktförmig beachtet werden, resultiert

$$\oint \frac{1}{t(s)}\,\mathrm{d}s = \frac{\pi a}{2t_1} + \frac{\pi a}{2t_2} + \frac{\sqrt{2}a}{t_3} + \frac{\sqrt{2}a}{t_4} = \frac{a}{t_1}\left(\pi + \sqrt{2}\right)\,.$$

Das Umfangsintegral im Zähler ergibt

$$\oint \frac{q'(s)}{t(s)}\,\mathrm{d}s = \frac{\pi a}{2t_1}q'_1 + \frac{\pi a}{2t_2}q'_2 = \frac{\pi a}{t_1}q'_1 = \frac{\pi F}{2t_1}\,.$$

Demnach erhalten wir den konstanten Schubfluss im Profil, wenn die Querkraft im Schubmittelpunkt angreift zu

$$q_{0\text{SMP}} = -\frac{\pi}{2\pi + 2\sqrt{2}}\frac{F}{a} \approx -0,3448\,\frac{F}{a}\,.$$

Das negative Vorzeichen gibt an, dass der Schubfluss entgegen der gewählten Integrationsrichtung verläuft, d. h. im Uhrzeigersinn.

Berücksichtigen wir

$$q_i = q'_i + q_{0_{\text{SMP}}} ,$$

folgt

$$q_1 = q_2 = \frac{\sqrt{2}}{2\pi + 2\sqrt{2}} \frac{F}{a} \approx 0,1552 \frac{F}{a} , \qquad q_3 = q_4 = q_{0_{\text{SMP}}} \approx -0,3448 \frac{F}{a} .$$

Das negative Vorzeichen kennzeichnet wieder, dass der Schubfluss im Profil im Uhrzeigersinn verläuft. In Abb. 8.17a. ist der resultierende Schubflussverlauf skizziert.

Mit dem Schubflussverlauf im Profil bei einem Angriff der Querkraft Q_z im Schubmittelpunkt sind wir nun für das gegebene Profil in der Lage, auch die Position des Schubmittelpunkts des geschlossenen Profils zu berechnen. Gewöhnlich müssten wir auch den Schubflussverlauf infolge einer Querkraft Q_y ermitteln. Da der Schubmittelpunkt aber auf einer vorhandenen Symmetrielinie liegen muss, können wir hier darauf verzichten und sofort davon ausgehen, dass der Schubmittelpunkt sich auf der y-Achse befindet. Wir ermitteln daher die Wirkungslinie der Querkraft Q_z für den Fall, dass sich das Profil nicht verdrillt. Da wir die Schubflüsse für diesen Fall kennen, können wir die Momentengleichheit zwischen der Querkraft Q_z und den resultierenden Schubflüssen formulieren. Unter Berücksichtigung der Verhältnisse nach Abb. 8.17b. lautet die Momentengleichheit um den Flächenschwerpunkt

$$Q_z e_{y_g} = a^2 \left[\pi q_1 - 2\sqrt{2} \sin \left(\frac{\pi}{4} \right) |q_4| \right] = a^2 \left(\pi q_1 - 2 |q_4| \right) .$$

Da wir die tatsächliche Wirkungsrichtung des Schubflusses q_4 beachten, ist dieser Schubfluss betragsmäßig in der vorherigen Gleichung eingesetzt. Daraus ergibt sich die Lage der Querkraft zu

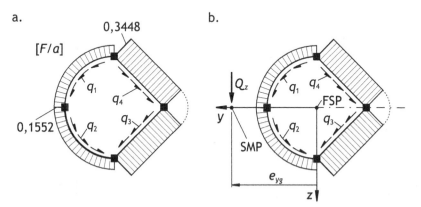

Abb. 8.17 a. Schubflussverlauf bei einem Querkraftangriff im Schubmittelpunkt b. Verhältnisse zur Ermittlung des Schubmittelpunktes SMP mit Flächenschwerpunkt FSP

$$e_{y_g} = -\frac{\pi}{2}\left(\frac{2-\sqrt{2}}{\pi+\sqrt{2}}\right) a \approx -0,2020\,a\,.$$

Das negative Vorzeichen kennzeichnet, dass der Schubmittelpunkt rechts vom Flächen-schwerpunkt liegt (vgl. Abb. 8.17b.).

Die Koordinaten des Schubmittelpunkts sind

$$y_{\text{SMP}} = e_{y_g} \approx -0,2020\,a \quad\text{und}\quad z_{\text{SMP}} = 0\,.$$

d) Den resultierenden Schubflussverlauf im Profil können wir ermitteln, indem wir die äußere Belastung zum einen in den Anteil des Querkraftschubs mit dem Kraft-angriff im Schubmittelpunkt und zum anderen in den der Torsionsbeanspruchung infolge des tatsächlichen Angriffspunktes der Querkraft aufteilen.

Den ersten Anteil kennen wir bereits aus dem Aufgabenteil c). Dieser folgt, wenn die Querkraft im Schubmittelpunkt des geschlossenen Profils angreift.

Der zweite Anteil entsteht aus dem Torsionsmoment T_0, das aus dem tatsächli-chen Kraftangriffspunkt der Querkraft resultiert. Dies ist in Abb. 8.18 verdeutlicht. Das Torsionsmoment ergibt sich demnach zu

$$T_0 = F\left(a - e_{y_g}\right) = \frac{4\pi - \sqrt{2}\,(\pi-2)}{2\pi+2\sqrt{2}}\,F\,a \approx 1,2020\,F\,a\,.$$

Dieses Torsionsmoment korrespondiert mit einem konstant im Profil umlaufenden Schubfluss, den wir hier mit q_0 bezeichnen. Unter Berücksichtigung des Zusam-menhangs zwischen dem Torsionsmoment T_0 und dem Schubfluss q_0 folgt mit der von der Profilmittellinie eingeschlossenen Fläche $A_m = \frac{\pi}{2}\,a^2 + a^2$ (vgl. Gl. (5.6))

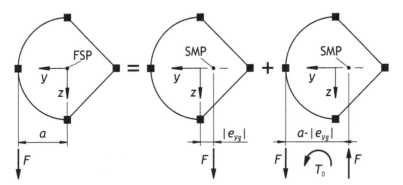

Abb. 8.18 Äußere Belastung ergibt sich aus der Querkraft F mit dem Angriffspunkt im Schub-mittelpunkt SMP und einem Torsionsmoment T_0, das aus der Verschiebung der Querkraft F vom Schubmittelpunkt in den tatsächlichen Kraftangriffspunkt resultiert

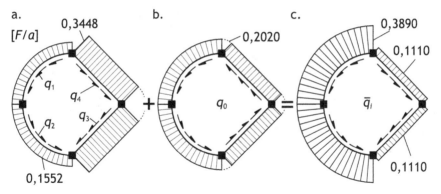

Abb. 8.19 a. Schubflussverlauf bei Kraftangriff im Schubmittelpunkt b. Schubfluss infolge des Torsionsmomentes T_0 c. resultierender Schubflussverlauf im Profil infolge der Querkraft F

$$T_0 = 2 A_m q_0 \quad \Leftrightarrow \quad q_0 = \frac{4\pi - \sqrt{2}\left(\pi - 2\right)}{2\left(\pi + \sqrt{2}\right)\left(\pi + 2\right)} \frac{F}{a} \approx 0{,}2338 \frac{F}{a} \; .$$

Wir addieren diesen Schubfluss auf die Schubflussverteilung gemäß Abb. 8.17a. bei einem Kraftangriff im Schubmittelpunkt und erhalten so die gesuchte Schubflussverteilung wegen

$$\bar{q}_i = q_i + q_0 \; .$$

In den Abbn. 8.19a. bis c. ist dieser Zusammenhang skizziert.

Alternativ können wir den tatsächlichen Schubflussverlauf auch ohne die Ergebnisse aus dem Aufgabenteil c) und nur mit denen aus dem Aufgabenteil b) berechnen. Dieses Vorgehen möchten wir hier auch darstellen. Grundlage dieser Herangehensweise ist, dass die äußere Belastung (d. h. bei einem Kraftangriff gemäß Abb. 8.3) zu einer inneren Beanspruchung führt, die sich aus einem variablen und einem konstanten Schubfluss im Profil zusammensetzt. Der variable Anteil ist aus dem Aufgabenteil b) bekannt. Der konstant umlaufende Anteil kann daher mit Hilfe der Momentengleichheit ermittelt werden, weil nur der konstante Anteil unbekannt ist.

Zur Veranschaulichung nutzen wir Abb. 8.20, in der die beiden genannten Anteile dargestellt sind. Der entlang der Profilmittellinie variable Schubfluss ist aus dem Aufgabenteil b) bekannt und mit dem hochgestellten Strich ′ gekennzeichnet. Den unbekannten konstanten Anteil bezeichnen wir hier mit $\bar{q}_0$. Dieser Schubfluss verläuft im Uhrzeigersinn. Beide Beanspruchungen resultieren aus der äußeren Belastung, weshalb wir die Momentengleichheit formulieren. Bei Wahl des Flächenschwerpunkts als Bezugspunkt folgt mit der von der Profilmittellinie eingeschlossenen Fläche $A_m = \frac{\pi}{2} a^2 + a^2$

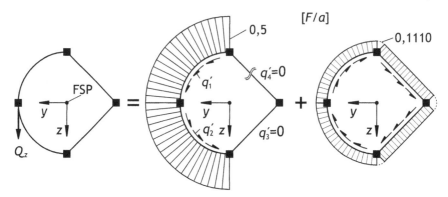

Abb. 8.20 Zerlegung der äußeren Belastung in eine Beanspruchung zusammengesetzt aus einer variablen und einer konstant umlaufenden Schubflussverteilung (Flächenschwerpunkt ist mit FSP gekennzeichnet)

$$Q_z a = F a = \frac{\pi}{2} a^2 q_1' + \frac{\pi}{2} a^2 q_2' - 2 A_m \bar{q}_0 = \frac{\pi}{2} a F - (\pi + 2) a^2 \bar{q}_0$$

$$\Leftrightarrow \quad \bar{q}_0 = \frac{\pi - 2}{2\pi + 4} \frac{F}{a} \approx 0,1110 \frac{F}{a} > 0 \, .$$

Da der Schubfluss $\bar{q}_0$ größer null ist, ist die in Abb. 8.20 angenommene Umlaufrichtung die tatsächliche. Wegen

$$\bar{q}_i = q_i' - \bar{q}_0$$

erhalten wir erwartungsgemäß das bereits bekannte Ergebnis für den Schubflussverlauf nach Abb. 8.19.

e) Um die betragsmäßig maximale Querkraft zu ermitteln, müssen wir das Blech mit der höchsten Schubspannung mit Hilfe von

$$\tau_{\mathrm{max}} = \max\left(|\,\tau_i\,|\right) = \max\left(\frac{|\,\bar{q}_i\,|}{t_i}\right) \qquad \text{für} \qquad i = 1,2,3,4$$

bestimmen. Unter Berücksichtigung der Ergebnisse aus dem Aufgabenteil d) und der Wandstärken t_i erhalten wir daher

$$\tau_{\mathrm{max}} = \frac{\bar{q}_1}{t_1} = \frac{\bar{q}_2}{t_2} = 0,3890 \frac{F}{at} \, .$$

Diese maximale Schubspannung muss kleiner oder gleich der zulässigen Schubspannung sein, damit die Struktur nicht versagt. Deshalb resultiert für die maximale Querkraft

$$\tau_{\mathrm{max}} = 0,3890 \frac{F}{at} \leq \tau_{\mathrm{zul}} \quad \Leftrightarrow \quad F \leq 2,5707 \, \tau_{\mathrm{zul}} \, at$$

$$\Rightarrow \quad F_{\mathrm{max}} = 2,5707 \, \tau_{\mathrm{zul}} \, at \, .$$

L8.4/Lösung zur Aufgabe 8.4 – Querkraftschub und Torsion beim mehrzelligen Träger

a) Wir berechnen das axiale Flächenmoment, indem wir die Anteile der Gurte und der Häute einzeln formulieren und anschließend auf der Grundlage des Satzes von Steiner addieren.

Für die Gurte müssen wir lediglich die Steiner-Anteile beachten. Es resultiert mit dem Index G für die Gurte daher

$$I_{yG} = 2\left(A_1 + A_2 + A_3\right)\left(\frac{h}{2}\right)^2 = 2A_1 h^2 = 3{,}75 \cdot 10^7 \, \text{mm}^4 \, .$$

Bei den Häuten unterscheiden wir die Stege von den Deckblechen auf Ober- und Unterseite.

Bei den Deckblechen auf Ober- und Unterseite berücksichtigen wir wegen der Dünnwandigkeit, d. h. wegen t, $t_S \ll h$, nur die Steiner-Anteile. Unter Verwendung des Index D für Deckbleche, erhalten wir

$$I_{yD} = 2t\left(a + b\right)\left(\frac{h}{2}\right)^2 \approx 2{,}3438 \cdot 10^7 \, \text{mm}^4 \, . \tag{8.16}$$

Die Stege dagegen besitzen keine Steiner-Anteile, sondern nur Eigenanteile, die wir bestimmen zu

$$I_{yS} = 2\,\frac{1}{12}\,t\,h^3 + \frac{1}{12}\,t_M\,h^3 = \frac{1}{12}\,h^3\left(2t + t_M\right) \approx 4{,}5573 \cdot 10^6 \, \text{mm}^4 \, . \tag{8.17}$$

Der Index S kennzeichnet dabei die Stege.

Das axiale Flächenmoment 2. Grades um die y-Achse ergibt sich somit zu

$$I_y = I_{yG} + I_{yD} + I_{yS} \approx 6{,}5495 \cdot 10^7 \, \text{mm}^4 \, . \tag{8.18}$$

b) Zur Ermittlung der Gurtersatzflächen machen wir wieder einzelne Betrachtungen für die Deckbleche und die Stege, wie wir es auch im Aufgabenteil a) gemacht haben.

Wir beginnen mit den Deckblechen auf der Ober- und Unterseite. In Gl. (8.16) ist der Anteil am axialen Flächenmoment I_y dargestellt. Es handelt sich um die Steiner-Anteile. Die Eigenanteile sind aufgrund der Dünnwandigkeit vernachlässigt. Daher ergibt sich der Anteil aus der jeweiligen Multiplikation der Fläche mit dem Quadrat des Blechabstands zur y-Hauptachse. Wir können daher bei den Deckblechen die jeweilige Fläche zur Hälfte auf die anliegenden Gurte verteilen, ohne das axiale Flächenmoment zu ändern. Es folgt aus den Anteilen der Deckbleche

$$\bar{A}_{1D} = \frac{1}{2}\,at\,, \qquad \bar{A}_{2D} = \frac{1}{2}\,at + \frac{1}{2}\,bt \qquad \text{und} \qquad \bar{A}_{3D} = \frac{1}{2}\,bt\,.$$

Dabei haben wir die Nummerierung der Gurtflächen gemäß Abb. 8.4 verwendet. Der Querstrich kennzeichnet, dass es sich um eine Ersatzfläche handelt.

Bei den Stegen können wir nicht wie zuvor verfahren, da jede einzelne Stelle der Wandmittellinie anders verzerrt wird. Ein Steiner-Anteil existiert hier nicht. Wir müssen daher die Anteile nach Gl. (8.17) so verteilen, dass die Ersatzfläche in den anliegenden Gurte durch die Berücksichtigung des jeweiligen Steiner-Anteils das gleiche axiale Flächenmoment produziert. Wird dies exemplarisch für den mittleren Steg dargestellt, erhalten wir mit der Ersatzfläche $\bar{A}_{2M}$ für die am mittleren Steg anliegenden Gurte unter Berücksichtigung eines gleich bleibenden Flächenmomentes

$$\frac{1}{12} t_M h^3 = 2 \bar{A}_{2S} \left(\frac{h}{2}\right)^2 \quad \Leftrightarrow \quad \bar{A}_{2S} = \frac{1}{6} t_M h \,.$$

Wir beachten somit in der Ersatzfläche einen deutlich kleineren Flächenanteil, als tatsächlich vorhanden ist.

Wenden wir dieses Vorgehen auch auf die äußeren Stege an, folgt

$$\frac{1}{12} t h^3 = 2 \bar{A}_{1S} \left(\frac{h}{2}\right)^2 = 2 \bar{A}_{3S} \left(\frac{h}{2}\right)^2 \quad \Leftrightarrow \quad \bar{A}_{1S} = \bar{A}_{3S} = \frac{1}{6} h t \,.$$

Die Ersatzflächen für die drei Gurte resultieren somit zu

$$\bar{A}_1 = A_1 + \bar{A}_{1D} + \bar{A}_{1S} = A_1 + \frac{1}{2} at + \frac{1}{6} ht \approx 466,67\,\text{mm}^2 \,,$$

$$\bar{A}_2 = A_2 + \bar{A}_{2D} + \bar{A}_{2S} = 2 A_1 + \frac{1}{2} at + \frac{1}{2} bt + \frac{1}{6} ht_M \approx 1037,5\,\text{mm}^2 \,,$$

$$\bar{A}_3 = A_3 + \bar{A}_{3D} + \bar{A}_{3S} = A_3 + \frac{1}{2} bt + \frac{1}{6} ht \approx 591,67\,\text{mm}^2 \,.$$

Angemerkt sei, dass bei der resultierenden Schubwandidealisierung mit dem geforderten Vorgehen die Biegenormalspannungen gleich bleiben (bei gerader Biegung um die y-Hauptachse, d. h. $M_{by} \neq 0$ und $M_{bz} = 0$), die Normalspannungen infolge einer Normalkraft N überbewertet werden (denn die berücksichtigte Fläche ist kleiner geworden) und die maximale Schubspannung leicht unterschätzt wird.

c) Bei dem Belastungsfall des Trägers handelt es sich um eine einfach innerlich statisch unbestimmte Fragestellung, d. h. wenn wir eine Zelle öffnen würden, könnten wir das geöffnete System mit Hilfe der Gleichgewichtsbeziehungen berechnen (vgl. z. B. Aufgabe 8.3 zu Einzeller).

Wir nutzen hier das Prinzip der virtuellen Kräfte, um die statisch überzählige innere Kraftgröße zu ermitteln. Wir erzeugen daher ein Grundsystem bzw. das 0-System, indem wir Zelle 2 aufschneiden. Alternativ könnten wir natürlich auch Zelle 1 öffnen. Das resultierende 0-System ist in Abb. 8.21 skizziert. Wir haben dabei das 0-System so unterteilt, dass wir das Vorgehen zur Berechnung eines Einzellers anwenden können. D. h. wir können die variablen Schubflussanteile q'_{0i} des 0-Systems alleine mit der QSI-Formel nach Gl. (4.2) berechnen, wenn wir einen weiteren Schnitt in Zelle 1 einführen. Der erste Index bei den variablen Schubflüssen kennzeichnet das 0-System und der zweite die betrachtete Wand, die jeweils in Abb. 8.21 definiert ist. Den konstant umlaufenden Schubfluss q_{01} in Zelle 1 be-

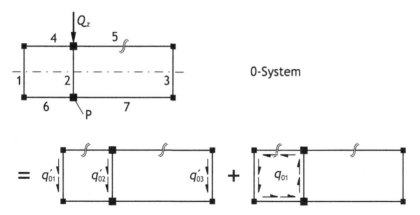

Abb. 8.21 Unterteilung des 0-Systems in einen variablen Anteil aus den Schubflüssen q'_{0i} (Index i kennzeichnet jeweilige Wand) und einen konstant umlaufenden Schubflussanteil q_{01} in Zelle 1

stimmen wir mit Hilfe der Momentengleichheit zwischen den inneren Schubflüssen und dem Torsionsmoment infolge des tatsächlichen Kraftangriffspunktes der Querkraft Q_z. Die Indexierung ist so gewählt, dass der erste Index das 0-System und der zweite die Zelle, in der der umlaufende Schubfluss wirkt, definieren. Angemerkt sei zudem, dass wir in der Skizze hinsichtlich der variablen Schubflüsse q'_{0i} bereits berücksichtigt haben, dass nicht nur in den geöffneten Häuten der Schubfluss null ist, sondern dass dieser auch in den gegenüberliegenden Häuten verschwindet.

Mit den Statischen Momenten

$$S_{y_1} = -\bar{A}_1 \frac{h}{2}, \quad S_{y_2} = -\bar{A}_2 \frac{h}{2} \quad \text{und} \quad S_{y_3} = -\bar{A}_3 \frac{h}{2}$$

erhalten wir unter Berücksichtigung von Gl. (4.2) und mit dem axialen Flächenmoment nach Gl. (8.18) die variablen Schubflüsse wegen

$$q'_{0i} = -Q_z \frac{S_{yi}}{I_y}$$

zu

$$q'_{01} = 17{,}81 \, \frac{\text{N}}{\text{mm}}, \quad q'_{02} = 39{,}60 \, \frac{\text{N}}{\text{mm}} \quad \text{und} \quad q'_{03} = 22{,}58 \, \frac{\text{N}}{\text{mm}} \, .$$

Zur Ermittlung des konstant umlaufenden Schubflusses q_{01} formulieren wir die Momentengleichheit um den Punkt P nach Abb. 8.21 zwischen den inneren Schubflüssen im 0-System und der äußeren Belastung Q_z.

$$0 \cdot Q_z = 0 = q'_{01} h a - q'_{03} h b + 2 A_{m1} q_{01} \quad \Leftrightarrow \quad q_{01} = \frac{h}{2 A_{m1}} \left(q'_{03} b - q'_{01} a \right) \, .$$

Mit der in Zelle 1 von der Profilmittellinie eingeschlossenen Fläche $A_{m1} = a h$ folgt

a.

1-System

b.

reales System

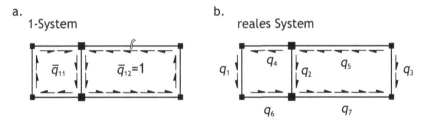

Abb. 8.22 a. 1-System mit Einheitsschubfluss in Zelle 2 b. positiv angenommene Schubflüsse q_i im realen System

somit

$$q_{01} = \frac{1}{2a}\left(q'_{03}\,b - q'_{01}\,a\right) = \frac{1}{2}\left(q'_{03}\frac{b}{a} - q'_{01}\right) \approx 13,68\,\frac{\mathrm{N}}{\mathrm{mm}}\,.$$

Das positive Vorzeichen gibt an, dass der Schubfluss q_{01} in die angenommene Richtung nach Abb. 8.21 wirkt. Das 0-System ist damit vollständig berechnet.

Beim 1-System führen wir in Zelle 2 einen Einheitsschubfluss $\bar{q}_{12} = 1$ ein (vgl. Abb. 8.22a.), um den gedanklich geführten Schnitt in Zelle 2 des 0-Systems zu schließen. Die Schubflüsse im 1-System kennzeichnen wir mit einem Querstrich. Das 1-System kann allerdings nur dann im Gleichgewicht sein, wenn das in Zelle 2 durch den Schubfluss $\bar{q}_{12} = 1$ entstehende Torsionsmoment mit einem Torsionsmoment in Zelle 1 im Gleichgewicht steht. Diese Gleichgewichtsbedingung liefert mit $A_{m2} = hb$

$$2A_{m1}\,\bar{q}_{11} = 2A_{m2}\,\bar{q}_{12} = 2hb \quad \Leftrightarrow \quad \bar{q}_{11} = \frac{b}{a} = 2\,.$$

Damit ist auch das 1-System vollständig berechnet und wir können das reale System über die Kombination des 0-Systems mit dem 1-System beschreiben; denn ein Vielfaches des 1-Systems addiert zum 0-System ergibt das reale zu untersuchende System. Da allerdings der Faktor, mit dem das 1-System multipliziert werden muss, unbekannt ist, führen wir als Faktor bzw. als statisch überzählige Größe X ein. Wenn wir die realen Schubflüsse mit der Nummer der betrachteten Wand indizieren (vgl. Abb. 8.22b.), erhalten wir

$$q_1 = q'_{01} + q_{01} - X\,\bar{q}_{11} \approx 31,49\,\frac{\mathrm{N}}{\mathrm{mm}} - 2X\,,$$

$$q_2 = q'_{02} - q_{01} + X\,(\bar{q}_{11} + \bar{q}_{12}) \approx 25,93\,\frac{\mathrm{N}}{\mathrm{mm}} + 3X\,,$$

$$q_3 = q'_{03} - X\,\bar{q}_{12} \approx 22,58\,\frac{\mathrm{N}}{\mathrm{mm}} - X\,,$$

$$q_4 = q_{01} - X\,\bar{q}_{11} \approx 13,68\,\frac{\mathrm{N}}{\mathrm{mm}} - 2X\,,$$

$$q_5 = X\,\bar{q}_{12} = X\,,$$

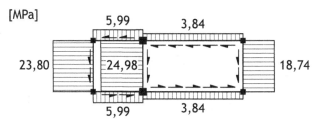

Abb. 8.23 Qualitativer Schubspannungsverlauf

$$q_6 = q_{01} - X \bar{q}_{11} = q_4 \approx 13,68 \frac{\text{N}}{\text{mm}} - 2X \,,$$

$$q_7 = X \bar{q}_{12} = X = q_5 \,.$$

Zur Unterscheidung von Einheiten und Formelzeichen sind Einheiten nicht kursiv und Formelzeichen kursiv geschrieben. Die angenommene positive Richtung der Schubflüsse ist in Abb. 8.22b. dargestellt.

Wir können nun das Prinzip der virtuellen Kräfte auf unsere Problemstellung anwenden. Wir erhalten gemäß Gl. (7.7) für

$$\delta U_i = \delta W_a = 0$$

unter Beachtung der Formänderungsenergie nach den Gln. (8.15) und (8.12) mit der Trägerlänge l und dem Schubmodul G

$$\frac{lh}{Gt} \left[\tilde{q}_2 (\bar{q}_{11} + \bar{q}_{12}) \frac{t}{t_M} - \tilde{q}_1 \bar{q}_{11} - \tilde{q}_3 \bar{q}_{12} - 2 \tilde{q}_4 \bar{q}_{11} \frac{a}{h} + 2 \tilde{q}_5 \bar{q}_{12} \frac{b}{h} \right] = 0$$

$$\Leftrightarrow \quad -88,42 \frac{\text{N}}{\text{mm}} + 23X = 0 \quad \Leftrightarrow \quad X \approx 3,8443 \frac{\text{N}}{\text{mm}} \,.$$

Damit können wir die tatsächlich auftretenden Schubflüsse bestimmen zu

$$q_1 \approx 23,80 \frac{\text{N}}{\text{mm}} \,, \qquad q_2 \approx 37,46 \frac{\text{N}}{\text{mm}} \,, \qquad q_3 \approx 18,74 \frac{\text{N}}{\text{mm}} \,,$$

$$q_4 = q_6 \approx 5,99 \frac{\text{N}}{\text{mm}} \,, \qquad q_5 = q_7 \approx 3,84 \frac{\text{N}}{\text{mm}} \,.$$

Da alle Schubflüsse positiv sind, wirken alle Schubflüsse in die Richtungen, die in Abb. 8.22b. skizziert sind.

Die gesuchte maximale Schubspannung ermitteln wir, indem wir die gefundenen Schubflüsse durch die jeweilige Wandstärke dividieren. Es resultiert mit dem Index für die jeweilige Wand

$$\tau_1 \approx 23,80 \, \text{MPa} \,, \qquad \tau_2 \approx 24,98 \, \text{MPa} \,, \qquad \tau_3 \approx 18,74 \, \text{MPa} \,,$$

$$\tau_4 = \tau_6 \approx 5,99\,\text{MPa}\,, \qquad \tau_5 = \tau_7 \approx 3,84\,\text{MPa}\,.$$

Folglich tritt die maximale Schubspannung im mittleren Steg auf und beträgt

$$\tau_{\max} = \tau_2 \approx 24,98\,\text{MPa}\,.$$

Der Übersicht halber sind in Abb. 8.23 die Schubspannungen in den einzelnen Häuten qualitativ dargestellt.

L8.5/Lösung zur Aufgabe 8.5 – Schubwandträger unter kombinierter Beanspruchung

a) Da es sich um ein doppelt-symmetrisches Profil handelt, stellen die Symmetrielinien und damit das in Abb. 8.5 dargestellte y-z-Koordinatensystem das Hauptachsensystem dar. Das gegebene Moment M wirkt daher um eine Hauptachse, so dass es sich um gerade Biegung handelt. Mit $N = 0$, $M_{by} = -M$ und $M_{bz} = 0$ erhalten wir aus Gl. (3.26) die Normalspannungen zu

$$\sigma_x = \frac{M_{by}}{I_y}z = -\frac{M}{I_y}z\,.$$

Der Rumpf ist als Schubwandträger idealisiert. Daher nehmen nur die Versteifungen Normalkräfte auf. Dies korrespondiert damit, dass einzig die Versteifungen über den Satz von Steiner (vgl. Gl. (3.17)) das Hauptflächenmoment I_y erzeugen. Es resultiert

$$I_y = 2A\left(\frac{h}{2}+r\right)^2 + 4A\left(\frac{h}{2}\right)^2 + 4A\left(\frac{h}{2}+r\sin 45°\right)^2 \approx 4,2482\cdot 10^8\text{mm}^4\,.$$

Mit den Koordinaten der Versteifungsmittelpunkte

$$z_1 = -\frac{h}{2}-r = -z_6\,, \qquad z_2 = -\frac{h}{2}-r\sin 45° = z_{10} = -z_5 = -z_7\,,$$

$$z_3 = -\frac{h}{2} = z_9 = -z_4 = -z_8$$

resultiert folglich für die Normalspannungen

$$\sigma_{x_1} = -\sigma_{x_6} = 176,5\,\text{MPa}\,, \qquad \sigma_{x_2} = \sigma_{x_{10}} = -\sigma_{x_5} = -\sigma_{x_7} = 142,1\,\text{MPa}\,,$$

$$\sigma_{x_3} = \sigma_{x_9} = -\sigma_{x_4} = -\sigma_{x_8} = 58,8\,\text{MPa}\,.$$

Das negative Vorzeichen kennzeichnet Druckspannungen.

b) Der Schubflussverlauf im Rumpfquerschnitt ergibt sich aus dem Querkraftschub sowie aus einer Torsionsbeanspruchung, da die Querkraft F nicht im Schubmittelpunkt angreift. Weil das Profil doppelt-symmetrisch ist, stimmt der Schubmittelpunkt hier mit dem Koordinatenursprung überein. Wir können daher auf dessen Berechnung verzichten. Die Torsionsbeanspruchung resultiert aus der exzentrisch wirkenden Kraft F, die den Hebel δy um den Schubmittelpunkt aufweist. Es existieren mehrere Vorgehensweisen zur Berechnung des Schubflussverlaufs, die wir hier zum Teil skizzieren werden.

Wir starten mit der Vorgehensweise, bei der zunächst der Schubflussverlauf infolge einer Querkraft, die im Schubmittelpunkt angreift, ermittelt wird. Diesem Verlauf wird nachfolgend der Schubfluss durch die Torsionsbeanspruchung überlagert, die durch die Verschiebung der Querkraft vom Schubmittelpunkt in den tatsächlichen Kraftangriffspunkt resultiert.

Um den Schubfluss infolge einer Querkraft mit dem Angriffspunkt im Schubmittelpunkt zu ermitteln, müssen wir das Profil in einem ersten Schritt an einer beliebigen Stelle öffnen. Dadurch erhalten wir den variablen Schubflussanteil, den wir mit einem hochgestellten Index $'$ kennzeichnen. Zu seiner Bestimmung nutzen wir die QSI-Formel nach Gl. (4.2)

$$q' = -Q_z \frac{S_y}{I_y} .$$

Das Flächenmoment I_y und die Querkraft $Q_z = -F$ kennen wir bereits. Das Statische Moment S_y ermitteln wir abschnittsweise jeweils am positiven Schnittufer, weshalb in der vorherigen Beziehung das negative Vorzeichen verwendet wird. Da nur die Versteifungen bei der Schubwandträgertheorie einen Beitrag zum Statischen Moment liefern (wegen der angenommenen Dünnwandigkeit der Hautfelder), ermitteln wir die Statischen Momente zwischen den Versteifungen und kennzeichnen diese mit dem Index für die jeweilige Versteifung am Anfang und am Ende des Hautfelds. Wenn wir das Profil im Hautfeld zwischen den Versteifungen 1 und 2 öffnen, folgt somit mit den Koordinaten der Versteifungen aus dem Aufgabenteil a)

$$S_{y12} = 0 , \quad S_{y23} = S_{y12} + z_2 A \approx -9,0533 \cdot 10^4 \, \text{mm}^3 ,$$

$$S_{y34} = S_{y23} + z_3 A \approx -1,2803 \cdot 10^5 \, \text{mm}^3 , \quad S_{y45} = S_{y34} + z_4 A = S_{y23} ,$$

$$S_{y56} = S_{y45} + z_5 A = 0 , \quad S_{y67} = S_{y56} + z_6 A = 1,125 \cdot 10^5 \, \text{mm}^3 ,$$

$$S_{y78} = S_{y67} + z_7 A \approx 2,0303 \cdot 10^5 \, \text{mm}^3 , \quad S_{y89} = S_{y78} + z_8 A \approx 2,4053 \cdot 10^5 \, \text{mm}^3 ,$$

$$S_{y910} = S_{y89} + z_9 A = S_{y78} , \quad S_{y101} = S_{y910} + z_{10} A = S_{y67} .$$

Wir laufen dabei vom geöffneten Hautfeld ausgehend im Uhrzeigersinn entlang der Profilmittellinie.

Wir erhalten die variablen Schubflüsse zu

$$q'_{12} = 0 , \quad q'_{23} = q'_{45} \approx -12,79 \frac{\text{N}}{\text{mm}} , \quad q'_{34} \approx -18,08 \frac{\text{N}}{\text{mm}} , \quad q'_{56} = 0 ,$$

$$q'_{67} = q'_{101} \approx 15,89 \frac{\text{N}}{\text{mm}} , \quad q'_{78} = q'_{910} \approx 28,68 \frac{\text{N}}{\text{mm}} , \quad q'_{89} \approx 33,97 \frac{\text{N}}{\text{mm}} .$$

Das negative Vorzeichen kennzeichnet, dass der jeweilige Schubfluss im Gegenuhrzeigersinn wirkt.

Im nächsten Schritt ermitteln wir den konstant umlaufenden Schubfluss $q_{0_{\text{SMP}}}$, der sich ergibt, wenn die Querkraft im Schubmittelpunkt des Rumpfquerschnitts angreift. Nach Gl. (4.6) gilt

$$q_{0_{\text{SMP}}} = -\frac{\displaystyle\oint \frac{q'(s)}{t(s)}\, \mathrm{d}s}{\displaystyle\oint \frac{1}{t(s)}\, \mathrm{d}s}.$$

Für das Umfangsintegral im Nenner resultiert

$$\oint \frac{1}{t(s)}\, \mathrm{d}s = \frac{2}{t}\,(\pi r + h)\,.$$

Wenn wir das Integral im Zähler mit einer Umfangskoordinate s berechnen, die im Uhrzeigersinn entlang der Profilmittellinie der Hautfelder verläuft, erhalten wir

$$\oint \frac{q'(s)}{t(s)}\, \mathrm{d}s = \frac{1}{t}\left[h\left(q'_{34} + q'_{89}\right) + \frac{\pi}{4}r\left(q'_{23} + q'_{45} + q'_{67} + q'_{78} + q'_{910} + q'_{101}\right)\right]\,.$$

Es folgt daher für den konstant umlaufenden Schubfluss

$$q_{0_{\text{SMP}}} \approx -7{,}94\,\frac{\text{N}}{\text{mm}}\,.$$

Das negative Vorzeichen kennzeichnet dabei, dass dieser Schubfluss entgegen der Integrationsrichtung, also im Gegenuhrzeigersinn verläuft.

Für den aus dem variablen und dem konstant umlaufenden überlagerten Schubfluss resultiert im jeweiligen Hautfeld wegen $q = q' + q_{0_{\text{SMP}}}$

$$q_{12} = q_{56} \approx -7{,}95\,\frac{\text{N}}{\text{mm}}\,, \qquad q_{23} = q_{45} \approx -20{,}74\,\frac{\text{N}}{\text{mm}}\,, \qquad q_{34} \approx -26{,}03\,\frac{\text{N}}{\text{mm}}\,,$$

$$q_{67} = q_{101} \approx 7{,}95\,\frac{\text{N}}{\text{mm}}\,, \qquad q_{78} = q_{910} \approx 20{,}74\,\frac{\text{N}}{\text{mm}}\,, \qquad q_{89} \approx 26{,}03\,\frac{\text{N}}{\text{mm}}\,.$$

In Abb. 8.24a. ist der Schubfluss qualitativ dargestellt. Der Schubfluss ist aufgrund der Symmetrie des Rumpfquerschnitts symmetrisch zur z-Hauptachse des Profils. Damit ist der Schubfluss infolge der Querkraft bei einem Angriffspunkt im Schubmittelpunkt bekannt.

Anzumerken ist, dass wir zu diesem Verlauf ohne die Berechnung des Schubflusses $q_{0_{\text{SMP}}}$ gelangt wären, wenn wir die Kenntnis des symmetrischen Schubflussverlaufs zur z-Achse bei der Ermittlung des variablen Schubflusses q'_i berücksichtigt hätten; denn um einen symmetrisch verlaufenden variablen Schubfluss zu erhalten, müssen wir auch das Profil so gedanklich aufschneiden, dass die Statischen Momente in den zur z-Achse symmetrischen Hautfeldern gleich sind. Dies ist aber nur dann der Fall, wenn die Versteifung 1 in der Mitte aufgeschnitten wird, d. h. sowohl für das Hautfeld zwischen den Versteifungen 1 und 2 als auch für das Hautfeld zwischen den Versteifungen 1 und 10 würde ein Statisches Moment von

a.   b.

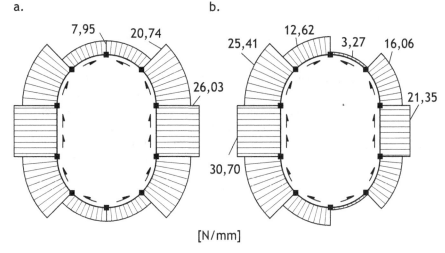

[N/mm]

Abb. 8.24 a. Schubflussverlauf bei Querkraftangriff im Schubmittelpunkt b. Schubflussverlauf bei Querkraftangriff nach Abb. 8.5

$$S_y = \frac{1}{2} z_1 A = -5,625 \cdot 10^4 \,\text{mm}^3$$

folgen und daher der Schubfluss

$$q'_{12} = -Q_z \frac{S_y}{I_y} \approx -7,94 \,\frac{\text{N}}{\text{mm}}$$

ermittelt werden. Der Unterschied in der 2. Nachkommastelle entsteht dabei durch Rundungseffekte.

Im letzten Schritt verschieben wir die Querkraft vom Schubmittelpunkt noch in den tatsächlichen Angriffspunkt. Dadurch erhalten wir ein Torsionsmoment, das einen konstant umlaufenden Schubfluss q_0 erzeugt. Wir erhalten

$$T = Q_z \delta y = -1,2 \cdot 10^7 \text{N mm} \,.$$

Das negative Vorzeichen bedeutet, dass das Torsionsmoment im Uhrzeigersinn wirkt.

Mit den Beziehungen aus der 1. Bredtschen Formel (vgl. die Gln. (5.6) und (5.7)) folgt mit $A_m = \pi r^2 + 2 r h$ daher

$$q_0 = \frac{T}{2 A_m} \approx -4,67 \,\frac{\text{N}}{\text{mm}} \,.$$

Addieren wir diesen Schubfluss auf die Lösung, die sich bei einem Kraftangriff im Schubmittelpunkt ergibt (vgl. Abb. 8.24a.), resultieren die Schubflüsse für einen Kraftangriff nach der Aufgabenstellung unter Beachtung von $\tilde{q}_i = q_i - q_0$ zu

$$\tilde{q}_{12} = \tilde{q}_{56} \approx -3,27 \frac{\text{N}}{\text{mm}}, \quad \tilde{q}_{23} = \tilde{q}_{45} \approx -16,06 \frac{\text{N}}{\text{mm}}, \quad \tilde{q}_{34} \approx -21,35 \frac{\text{N}}{\text{mm}},$$

$$\tilde{q}_{67} = \tilde{q}_{101} \approx 12,62 \frac{\text{N}}{\text{mm}}, \quad \tilde{q}_{78} = \tilde{q}_{910} \approx 25,41 \frac{\text{N}}{\text{mm}}, \quad \tilde{q}_{89} \approx 30,70 \frac{\text{N}}{\text{mm}}.$$

Das negative Vorzeichen kennzeichnet wieder, dass der Schubfluss im Gegenuhrzeigersinn wirkt. Der qualitative Verlauf des Schubflusses ist in Abb. 8.24b. skizziert.

Abschließend sei angemerkt, dass auch ein Berechnungsvorgehen erfolgreich angewendet werden kann, bei dem auf die Berechnung des Schubflusses $q_{0_{\text{SMP}}}$ verzichtet wird. In diesem Fall wird vom variablen Schubflussverlauf ausgegangen und der Schubmittelpunkt des geöffneten Profils ermittelt. Der konstant umlaufende Schubfluss $\tilde{q}_0$ ergibt sich dann aus der Verschiebung der Querkraft aus dem Schubmittelpunkt des geöffneten Profils in den tatsächlichen Kraftangriffspunkt. Dieser konstante Schubfluss entspricht damit

$$\tilde{q}_0 = q_{0_{\text{SMP}}} - q_0 \approx -3,27 \frac{\text{N}}{\text{mm}}.$$

L8.6/Lösung zur Aufgabe 8.6 – Querkraftschub, Torsion und Absenkung beim Mehrzeller

a) Den Schubflussverlauf bei einem offenen Profil ermitteln wir über die QSI-Formel (vgl. Gl. (4.2))

$$q' = -Q_z \frac{S_y(s)}{I_y}.$$

Wir verwenden das negative Vorzeichen, da wir den Schubfluss am positiven Schnittufer ermitteln. Ferner kennzeichnen wir mit dem hochgestellten Index $'$, dass es sich um einen variablen bzw. nur abschnittsweise konstanten Schubfluss entlang der Profilmittellinie handelt.

Wir beginnen mit der Berechnung des axialen Flächenmomentes 2. Grades. Nach der Schubwandträgertheorie müssen wir lediglich die Flächen der Gurte beachten. Es folgt daher

$$I_y = 2 \left(\frac{3a}{8} \right)^2 A_1 + 2 \left(\frac{a}{2} \right)^2 A_2 + 2 \left(\frac{a}{2} \right)^2 A_3 = 6,9825 \cdot 10^7 \, \text{mm}^4.$$

Im nächsten Schritt bestimmen wir die Statischen Momente in den einzelnen Häuten. Wir verwenden die Nummerierung der Häute und die lokalen Koordinaten s_i gemäß Abb. 8.25a. Bemerkt sei, dass wir keine lokalen Koordinaten in den Häuten 1 und 2 eingeführt haben, in denen die Öffnungen liegen, da dort das Statische Moment und somit auch der Schubfluss null sind. Bei einer gedanklichen Öffnung des Profils in den Häuten 1 und 2 resultiert

$$S_{y1} = S_{y2} = 0, \quad S_{y3} = -\frac{3}{8} a A_1 = -52500 \, \text{mm}^3,$$

$$S_{y4} = -\frac{1}{2} a A_2 = -140000 \, \text{mm}^3, \quad S_{y5} = -\frac{1}{2} a A_3 = -70000 \, \text{mm}^3,$$

$$S_{y_6} = S_{y_3} + \frac{3}{8} a A_1 = 0 = S_{y_7} .$$

Die QSI-Formel liefert dann die gesuchten Schubflüsse

$$q_1' = q_2' = q_6' = q_7' = 0 , \qquad q_3' \approx 18,80 \, \frac{N}{mm} ,$$

$$q_4' \approx 50,13 \, \frac{N}{mm} , \qquad q_5' \approx 25,06 \, \frac{N}{mm} .$$

Wenn die Querkraft im Schubmittelpunkt des geöffneten Profils angreift, sind die zuvor berechneten variablen Schubflüsse die einzig wirkenden. Der Aufgabenteil a) ist damit gelöst. Der Anschaulichkeit halber ist das Resultat in Abb. 8.25b. dargestellt.

b) Den Schubmittelpunkt beim Mehrzeller müssen wir über die Lösung eines Gleichungssystems berechnen, das sich nach Gl. (4.7) aus folgender Beziehung aufbaut

$$\oint \frac{q'(s) + q_{0i_{SMP}}}{t(s)} ds - \sum_{j \neq i} \int_{ij} \frac{q_{0j_{SMP}}}{t_{ij}(s)} ds = 0 . \qquad (8.19)$$

Es handelt sich dabei um die Bedingung der Verdrillfreiheit, die erfüllt ist, wenn die Querkraft im Schubmittelpunkt des Profils angreift. Diesen Zusammenhang formulieren wir für jede Zelle, so dass wir bei zwei Zellen zwei Gleichungen und genauso viele Unbekannte, nämlich die unbekannten, in jeder Zelle konstant umlaufenden Schubflüsse $q_{0i_{SMP}}$ erhalten.

Bei dem Umfangsintegral in Gl. (8.19) integrieren wir in der untersuchten Zelle i. Der hier abschnittsweise variable Anteil des Schubflusses ist mit dem hochgestellten Index $'$ gekennzeichnet und nach dem Aufgabenteil a) bekannt. Von diesem Umfangsintegral müssen wir den Einfluss der konstant umlaufenden Schubflüsse aller an Zelle i grenzenden Zellen abziehen. Hinsichtlich des Vorzeichens der konstant umlaufenden Schubflüsse $q_{0i_{SMP}}$ ist dabei anzumerken, dass sie positiv in Integrationsrichtung der lokalen Koordinate s definiert sind.

Wir betrachten zunächst Zelle 1 unserer Struktur und erhalten aus Gl. (8.19)

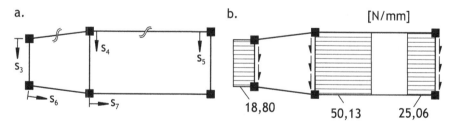

Abb. 8.25 a. Wahl der lokalen Koordinaten s_i b. Schubflussverteilung für den Fall, dass die Häute 1 und 6 geöffnet sind und die Querkraft im Schubmittelpunkt des geöffneten Profils angreift

$$\oint\limits_{\text{Zelle 1}} \frac{q'(s)}{t(s)} ds + q_{01\text{SMP}} \oint\limits_{\text{Zelle 1}} \frac{1}{t(s)} ds - q_{02\text{SMP}} \int\limits_{\text{Wand 4}} \frac{1}{t(s)} ds = 0 \,.$$

Wir lösen die Integrale im Gegenuhrzeigersinn und erhalten

$$\oint\limits_{\text{Zelle 1}} \frac{q'(s)}{t(s)} ds = \frac{3}{4} \frac{a}{t_3} q_3' - \frac{a}{t_4} q_4' \,, \qquad \oint\limits_{\text{Zelle 1}} \frac{1}{t(s)} ds = \frac{\sqrt{65}}{4} \frac{a}{t_1} + \frac{3}{4} \frac{a}{t_3} + \frac{a}{t_4} \,,$$

$$\int\limits_{\text{Wand 4}} \frac{1}{t(s)} ds = \frac{a}{t_4} \,.$$

Angemerkt sei, dass die variablen Schubflüsse als Beträge nach dem Aufgabenteil a) Berücksichtigung finden.

Es folgt somit näherungsweise für eine dezimale Gleitkommaarithmetik von vier Stellen hinter dem Komma der Mantisse (vgl. zu Gleitkommaarithmetik Abschnitt 9.1)

$$-32,505 \frac{\text{N}}{\text{mm}} + 6,9764 \, q_{01\text{SMP}} - q_{02\text{SMP}} = 0 \,. \tag{8.20}$$

Die Formelzeichen sind kursiv und die Einheiten sind nicht kursiv geschrieben.

In Zelle 2 folgt gemäß Gl. (8.19) zunächst

$$\oint\limits_{\text{Zelle 2}} \frac{q'(s)}{t(s)} ds + q_{02\text{SMP}} \oint\limits_{\text{Zelle 2}} \frac{1}{t(s)} ds - q_{01\text{SMP}} \int\limits_{\text{Wand 4}} \frac{1}{t(s)} ds = 0 \,.$$

Für die darin noch unbekannten Integrale resultiert

$$\oint\limits_{\text{Zelle 2}} \frac{q'(s)}{t(s)} ds = \frac{a}{t_4} q_4' - \frac{a}{t_5} q_5' \,, \qquad \oint\limits_{\text{Zelle 2}} \frac{1}{t(s)} ds = \frac{a}{t_4} + \frac{a}{t_5} + 4 \frac{a}{t_2} \,.$$

Die variablen Schubflüsse sind wieder betragsmäßig einzusetzen.

Die Berücksichtigung der Integrale führt bei einer numerischen Genauigkeit von 10^{-4} beim Einsatz der Gleitkommaarithmetik für Zelle 2 auf

$$18,555 \frac{\text{N}}{\text{mm}} + 12,25 \, q_{02\text{SMP}} - q_{01\text{SMP}} = 0 \,. \tag{8.21}$$

Damit stehen mit den beiden Gln. (8.20) und (8.21) zwei Gleichungen für die zwei Unbekannten $q_{01\text{SMP}}$ und $q_{02\text{SMP}}$ zur Verfügung. Wir multiplizieren Gl. (8.20) mit 12,25 und addieren Gl. (8.21). Es folgt

$$q_{01\text{SMP}} \approx 4,49 \frac{\text{N}}{\text{mm}} \,.$$

Setzen wir dies in Gl. (8.20) ein, resultiert

$$q_{02\text{SMP}} \approx -1,15 \frac{\text{N}}{\text{mm}} \,.$$

Das negative Vorzeichen gibt an, dass der Schubfluss $q_{02_{\text{SMP}}}$ im Uhrzeigersinn wirkt.

Damit sind alle Größen zur eindeutigen Angabe des Schubflussverlaufes im Profil vorhanden, wenn die Querkraft im Schubmittelpunkt des geschlossenen Profils angreift. Den resultierenden Schubfluss in jedem Blech kennzeichnen wir mit einer Tilde. Der Index gibt die jeweilige Blechnummer entsprechend Abb. 8.6 an. Wir erhalten als Endergebnis

$$\tilde{q}_1 = q_1' + q_{01_{\text{SMP}}} \approx 4,49 \,\frac{\text{N}}{\text{mm}}, \qquad \tilde{q}_2 = q_2' - q_{02_{\text{SMP}}} \approx 1,15 \,\frac{\text{N}}{\text{mm}},$$

$$\tilde{q}_3 = q_3' + q_{01_{\text{SMP}}} \approx 23,29 \,\frac{\text{N}}{\text{mm}}, \qquad \tilde{q}_4 = q_4' - q_{01_{\text{SMP}}} + q_{02_{\text{SMP}}} \approx 44,49 \,\frac{\text{N}}{\text{mm}},$$

$$\tilde{q}_5 = q_5' - q_{02_{\text{SMP}}} \approx 26,41 \,\frac{\text{N}}{\text{mm}}, \qquad \tilde{q}_6 = q_6' + q_{01_{\text{SMP}}} \approx 4,49 \,\frac{\text{N}}{\text{mm}},$$

$$\tilde{q}_7 = q_7' - q_{02_{\text{SMP}}} \approx 1,15 \,\frac{\text{N}}{\text{mm}}.$$

Der Verlauf ist in Abb. 8.26a. qualitativ skizziert.

Zur Berechung des Schubmittelpunkts nutzen wir die zuvor bestimmte Schubflussverteilung. Der Einfachheit halber fassen wir die beiden konstant umlaufenden Schubflüsse zu einzelnen Torsionsmomenten unter Beachtung von Gl. (5.6) zusammen (vgl. Abb. 8.26b.)

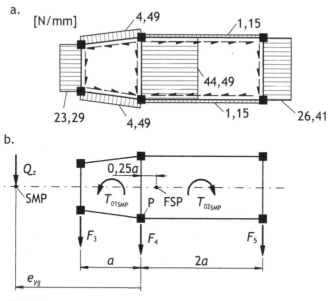

Abb. 8.26 a. Schubflussverteilung bei einem Querkraftangriff im Schubmittelpunkt b. Verhältnisse zur Formulierung der Momentengleichheit mit Schubmittelpunkt SMP des geschlossenen Profils und Flächenschwerpunkt FSP

$$T_{01_{SMP}} = 2A_{m_1}\,q_{01_{SMP}} \approx 6,16 \cdot 10^5\,\mathrm{N\,mm}\;,$$

$$T_{02_{SMP}} = 2A_{m_2}\,q_{02_{SMP}} \approx 3,61 \cdot 10^5\,\mathrm{N\,mm}\;.$$

Dabei haben wir die in den einzelnen Zellen von der jeweiligen Wandmittellinie eingeschlossene Fläche wie folgt berücksichtigt

$$A_{m_1} = \frac{3}{4}\,a^2 + \frac{1}{8}\,a^2 = \frac{5}{8}\,a^2 = 68600\,\mathrm{mm}^2\;, \tag{8.22}$$

$$A_{m_2} = 2\,a^2 = 156800\,\mathrm{mm}^2\;. \tag{8.23}$$

Außerdem summieren wir die variablen Schubflüsse in den äußeren Stegen zu Einzelkräften F_i

$$F_3 = \int_0^{\frac{3a}{4}} q_3'\,\mathrm{d}s = \frac{3}{4}\,a\,q_3' \approx 3,948\,\mathrm{kN}\;, \qquad F_5 = \int_0^{a} q_5'\,\mathrm{d}s = a\,q_5' \approx 7,0728\,\mathrm{kN}$$

und formulieren die Momentengleichheit zwischen den inneren Kraftgrößen und der Querkraft mit ihrem Angriffspunkt im Schubmittelpunkt um den Punkt P nach Abb. 8.26b.

Angemerkt sei, dass wir die Kraft F_4 im mittleren Steg hier nicht ausrechnen müssen, da sie keinen Hebelarm um den Punkt P besitzt. Darüber hinaus haben wir den Schubmittelpunkt auf der Symmetrielinie positioniert. Die Momentengleichheit liefert

$$Q_z\,e_{y_G} = a\,F_3 - 2\,a\,F_5 + T_{01_{SMP}} - T_{02_{SMP}} \qquad \Leftrightarrow \qquad e_{y_G} \approx -104,01\,\mathrm{mm}\;.$$

Das negative Vorzeichen gibt an, dass der Schubmittelpunkt rechts vom mittleren Steg liegt.

Damit können wir auch die Koordinaten des Schubmittelpunkts ermitteln. Es folgt

$$y_{SMP} = 0,25\,a + e_{y_G} \approx -34,01\,\mathrm{mm} \qquad \Leftrightarrow \qquad z_{SMP} = 0\;.$$

Angemerkt sei, dass sich die y-Koordinate des Schubmittelpunkts bei einer Berechnung mit einer numerischen Genauigkeit von 10^{-8} (Gleitkommaarithmetik) zu $y_{SMP} \approx -32,98\,\mathrm{mm}$ ergibt.

c) Da die Querkraft im Hauptachsensystem wirkt und der Träger sich nur in Richtung der Querkraft verschiebt, können wir den Energieerhaltungssatz verwenden, d. h. die von der Querkraft verrichtete äußere Arbeit W_a wird im Träger als Formänderungsenergie U_i gespeichert. Es gilt somit

$$U_i = W_a = \frac{1}{2}\,F\,w_E\;.$$

Berücksichtigen wir, dass nur ein Biegemoment M_{by} um die y-Achse sowie die Querkraft Q_z als Schnittreaktionen auftreten, folgt mit der Formänderungsenergie nach Gl. (7.3)

$$U_i = \frac{1}{2}\int_0^l \frac{M_{by}^2}{EI_y}\,\mathrm{d}x + \frac{1}{2}\int_0^l \frac{Q_z^2}{GA_{Q_z}}\,\mathrm{d}x \ . \tag{8.24}$$

Mit dem vorgegebenen Koordinatensystem resultiert für die nicht verschwindenden Schnittreaktionen

$$M_{by} = -F\,l\left(1 - \frac{x}{l}\right) \qquad \text{und} \qquad Q_z = F \ .$$

Für Gl. (8.24) erhalten wir demnach

$$U_i = \frac{F^2 l^3}{6EI_y} + \frac{F^2 l}{2GA_{Q_z}} \ ,$$

so dass sich aus dem Energieerhaltungssatz unter Beachtung der Isotropie des Materials (vgl. Gl. (2.4)) ergibt

$$\frac{1}{2}F\,w_E = \frac{F^2 l^3}{6EI_y} + \frac{F^2 l}{2GA_{Q_z}} = \frac{F^2 l^3}{6EI_y} + \frac{F^2 l(1+\nu)}{EA_{Q_z}}$$

$$\Leftrightarrow \quad w_E = \frac{F l^3}{3EI_y}\left[1 + 6\,(1+\nu)\,\frac{I_y}{l^2 A_{Q_z}}\right] \ . \tag{8.25}$$

In dieser Gleichung taucht die noch unbekannte Querkraftschub tragende Fläche A_{Q_z} auf. Nach Gl. (4.5) ist diese definiert als

$$A_{Q_z} = \frac{Q_z^2}{\int_A \tau^2\,\mathrm{d}A} \ . \tag{8.26}$$

Da wir den Schubfluss im Profil bereits aus dem Aufgabenteil b) kennen, können wir unter Beachtung von

$$\tau_i = \frac{\tilde{q}_i}{t_i}$$

die in jedem Blech des Trägers konstante Schubspannung berechnen zu

$$\tau_1 \approx 5{,}61\,\text{MPa} \,, \quad \tau_2 \approx 1{,}44\,\text{MPa} \,, \quad \tau_3 \approx 18{,}47\,\text{MPa} \,, \quad \tau_4 \approx 22{,}25\,\text{MPa} \,,$$

$$\tau_5 \approx 12{,}22\,\text{MPa} \,, \quad \tau_6 \approx 5{,}61\,\text{MPa} \,, \quad \tau_7 \approx 1{,}44\,\text{MPa} \,.$$

Das Integral über die Fläche A in Gl. (8.26) unterteilen wir in Teilintegrale über die Flächen der einzelnen Bleche und können somit schreiben

$$\int_A \tau^2\,\mathrm{d}A = \sum_{i=1}^{7} \int_{A_i} \tau_i^2\,\mathrm{d}A \ .$$

Weil die einzelnen Schubspannungen τ_i konstant im Blech sind, gilt

$$\int_{A_i} \tau_i^2\,\mathrm{d}A = \tau_i^2 \int_{A_i} \mathrm{d}A = \tau_i^2 A_{\text{B}i} \ .$$

Daher erhalten wir mit

$$A_{B1} = A_{B6} = \frac{\sqrt{65}}{8}\,at_1\,, \qquad A_{B2} = A_{B7} = 2\,at_1\,, \qquad A_{B3} = \frac{3}{4}\,at_1\,,$$

$$A_{B4} = at_4\,, \qquad A_{B5} = at_5$$

die Querkraftschub tragende Fläche zu

$$A_{Q_z} = 1284,85\,\mathrm{mm}^2\,.$$

Für die gesuchte Absenkung resultiert nach Gl. (8.25) demnach

$$w_E = 48,2\,\mathrm{mm}\,.$$

d) Bei einer reinen Torsionsbeanspruchung teilen wir das Gesamttorsionsmoment T in zwei Momente auf, die in den Zellen gemäß Abb. 8.27 wirken

$$T = \sum_{i=1}^{2} T_i = T_1 + T_2\,.$$

Die positive Wirkungsrichtung haben wir dabei in Übereinstimmung mit einer positiven Drehung um die Längs- bzw. x-Achse gewählt.

Da in jeder Zelle ein konstant umlaufender Schubfluss durch das jeweilige Torsionsmoment T_i erzeugt wird, folgt mit den Beziehungen aus der 1. Bredtschen Formel (vgl. Gl. (5.10))

$$T = 2\,(A_{m_1}\,q_1 + A_{m_2}\,q_2)\,. \tag{8.27}$$

Die Schubflüsse q_i in den einzelnen Zellen unterscheiden wir mit dem Index 1 bzw. 2 für Zelle 1 bzw. 2. Die Flächen A_{m_i} sind bereits in den Gln. (8.22) und (8.23) bestimmt. Daneben erfährt jede Zelle eine Verdrillung ϑ_i' gemäß (vgl. Gl. (5.11))

$$\vartheta_i' = \frac{1}{2\,GA_{m_i}} \left(\oint_i \frac{q_i}{t_i}\,\mathrm{d}s - \sum_{j \neq i} \int_{ij} \frac{q_j}{t_{ij}}\,\mathrm{d}s \right)\,.$$

Wenden wir diese Beziehung auf die Zelle 1 an, erhalten wir

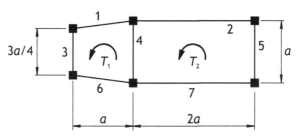

Abb. 8.27 Aufspaltung des Gesamttorsionsmomentes T in zwei Anteile T_1 und T_2

$$\vartheta_1' = \frac{1}{2GA_{m_1}} \left(\oint_{\text{Zelle 1}} \frac{q_1}{t(s)} \, ds - \int_{\text{Wand 4}} \frac{q_2}{t_4} ds \right) .$$

Für das Umfangsintegral folgt mit der Länge der Wand 1 von $l_1 = \frac{1}{8}\sqrt{65}\, a$

$$\oint_{\text{Zelle 1}} \frac{q_1}{t(s)} \, ds = \left(\frac{\sqrt{65}}{4}\frac{a}{t_1} + \frac{3}{4}\frac{a}{t_3} + \frac{a}{t_4} \right) q_1 .$$

Das Integral für die Verbindungswand 4 führt auf

$$\int_{\text{Wand 4}} \frac{q_2}{t_4} ds = \frac{a}{t_4} q_2 .$$

Damit resultiert für die Verdrillung ϑ_1' in Zelle 1 die folgende Beziehung

$$2G\vartheta_1' = \frac{1}{A_{m_1}} \left[\left(\frac{\sqrt{65}}{4}\frac{a}{t_1} + \frac{3}{4}\frac{a}{t_3} + \frac{a}{t_4} \right) q_1 - \frac{a}{t_4} q_2 \right] . \tag{8.28}$$

Analog erhalten wir die Verdrillung in Zelle 2 zu

$$\vartheta_2' = \frac{1}{2GA_{m_2}} \left(\oint_{\text{Zelle 2}} \frac{q_2}{t(s)} \, ds - \int_{\text{Wand 4}} \frac{q_1}{t_4} ds \right) .$$

Die Auswertung der Integrale liefert

$$\oint_{\text{Zelle 2}} \frac{q_2}{t(s)} \, ds = \left(\frac{4a}{t_2} + \frac{a}{t_4} + \frac{a}{t_5} \right) q_2 , \qquad \int_{\text{Wand 4}} \frac{q_1}{t_4} ds = \frac{a}{t_4} q_1 .$$

Wir erhalten daher den folgenden Zusammenhang für die Verdrillung ϑ_2' in Zelle 2

$$2G\vartheta_2' = \frac{1}{A_{m_2}} \left[\left(\frac{4a}{t_2} + \frac{a}{t_4} + \frac{a}{t_5} \right) q_2 - \frac{a}{t_4} q_1 \right] . \tag{8.29}$$

Da der Querschnitt erhalten bleibt, sind die Verdrillungen in den Zellen gleich. Subtrahieren wir von Gl. (8.28) die Gl. (8.29), resultiert nach einigen mathematischen Umformungen eine Beziehung zwischen den Schubflüssen in beiden Zellen

$$q_2 \approx 1,1658\, q_1 .$$

Setzen wir dies in die Beziehung für das Gesamttorsionsmoment T nach Gl. (8.27) ein, erhalten wir die Schubflüsse in Abhängigkeit vom anliegenden Torsionsmoment T

$$q_1 \approx 1,9889 \cdot 10^{-6} \frac{1}{\text{mm}^2} T , \tag{8.30}$$

$$q_2 \approx 2,3186 \cdot 10^{-6} \frac{1}{\text{mm}^2} \, T \, . \tag{8.31}$$

Der Unterscheidbarkeit halber sind Formelzeichen kursiv und Einheiten nicht kursiv geschrieben.

In der Verbindungswand zwischen Zelle 1 und 2 ergibt sich der Schubfluss zu

$$q_2 - q_1 = 3,2970 \cdot 10^{-7} \frac{1}{\text{mm}^2} \, T \, . \tag{8.32}$$

Dieser Schubfluss weist dabei von oben nach unten.

Die Torsionssteifigkeit können wir über $T = GI_T \, \vartheta'$ (vgl. Gl. (5.5)) ermitteln, d. h. wir nutzen Gl. (8.29) hier (alternativ ginge auch Gl. (8.28) wegen $\vartheta' = \vartheta'_1 = \vartheta'_2$) und erhalten

$$GI_T = \frac{T}{\vartheta'} = \frac{T}{\vartheta'_2} = \frac{2 A_{m_2} \, G \, T}{\left(\frac{4a}{t_2} + \frac{a}{t_4} + \frac{a}{t_5} \right) q_2 - \frac{a}{t_4} q_1} \approx 2,2831 \cdot 10^{12} \text{N} \, \text{mm}^2 \, .$$

e) Da die Querkraft nicht in den Schubmittelpunkt eingeleitet wird, herrscht eine kombinierte Beanspruchung aus Querkraftschub und Torsion. Nach den Hinweisen in der Aufgabenstellung darf davon ausgegangen werden, dass das Prinzip der Superposition anwendbar ist. Dies bedeutet, dass zunächst jede Beanspruchung alleine analysiert werden kann und dann die resultierenden Schubflüsse oder Spannungen überlagert bzw. superponiert werden können. Die tatsächliche Belastung wird somit gemäß Abb. 8.28 aufgespalten.

Die Beanspruchung aus dem Querkraftschub kennen wir bereits. Diese haben wir im Aufgabenteil b) ermittelt. Das Ergebnis ist in Abb. 8.26a. qualitativ skizziert.

Die Beanspruchung aus der Torsion des Trägers kennen wir in Abhängigkeit vom anliegenden Torsionsmoment T nach dem Aufgabenteil d), d. h. nach den Gln. (8.30) bis (8.32). Unbekannt ist lediglich das Torsionsmoment T, das wir jedoch aus dem tatsächlich Kraftangriffspunkt und der Lage des Schubmittelpunkts ermitteln können. Das Torsionsmoment resultiert aus der Verschiebung der Querkraft aus dem Schubmittelpunkt in den tatsächlichen Kraftangriffspunkt

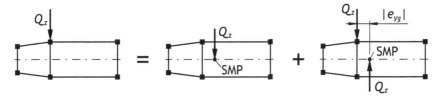

Abb. 8.28 Zerlegung der Belastung in eine Querkraftbelastung mit Kraftangriff im Schubmittelpunkt SMP und in eine Torsionsbeanspruchung aus der Verschiebung der Querkraft vom SMP in den tatsächlichen Kraftangriffspunkt

$$T = |e_{y_G}| Q_z \approx 2{,}6003 \,\text{kN m} \,.$$

Den Abstand e_{y_G} haben wir dabei betragsmäßig berücksichtigt, da wir die Lage des Schubmittelpunkts rechts neben dem mittleren Steg bereits in Abb. 8.28 korrekt beachtet haben.

Die Schubflüsse, die aus der Torsionsbeanspruchung resultieren, ergeben sich nach den Gln. (8.30) bis (8.32) zu

$$q_1 \approx 5{,}17 \,\frac{\text{N}}{\text{mm}} \,, \quad q_2 \approx 6{,}03 \,\frac{\text{N}}{\text{mm}} \quad \text{und} \quad q_2 - q_1 \approx 0{,}86 \,\frac{\text{N}}{\text{mm}} \,.$$

Die Schubflüsse in den einzelnen Blechen infolge der Lasteinleitung in den mittleren Steg können somit aus der Querkraft- und Torsionsbeanspruchung superponiert werden. Wir erhalten für die Gesamtschubflüsse

$$q_{1_{ges}} = q_{6_{ges}} \approx 9{,}66 \,\frac{\text{N}}{\text{mm}} \,, \quad q_{2_{ges}} = q_{7_{ges}} \approx -7{,}18 \,\frac{\text{N}}{\text{mm}} \,, \quad q_{3_{ges}} \approx 28{,}46 \,\frac{\text{N}}{\text{mm}} \,,$$

$$q_{4_{ges}} \approx 45{,}35 \,\frac{\text{N}}{\text{mm}} \quad \text{und} \quad q_{5_{ges}} \approx 20{,}38 \,\frac{\text{N}}{\text{mm}} \,.$$

Die positive Wirkrichtung der Schubflüsse entspricht dabei der jeweils in Abb. 8.26a. gekennzeichneten Richtung.

L8.7/Lösung zur Aufgabe 8.7 – Gelenkig gelagerter Biegeträger als Schubfeldträger

a) Da die Versteifungselemente nur durch Normalkräfte und die Hautfelder lediglich durch Schubspannungen entlang ihrer Ränder beansprucht werden, können wir das Bauteil als Schubfeldträger auffassen. In diesem Fall modellieren wir den Träger durch Hautfelder, Stäbe und Knoten. Der Unterscheidbarkeit halber nummerieren wir die Stäbe mit arabischen Zahlen, und die Knoten kennzeichnen wir alphabetisch von A bis F.

Um die inneren Kraftgrößen bzw. die Normalkräfte in den Stäben zu ermitteln, berechnen wir zunächst die Lagerreaktionen. Mit dem in Abb. 8.29 dargestellten Freikörperbild resultiert

$$\sum F_{ix} = A_x = 0 \,,$$

$$\sum M_{iA} = 0 \quad \Leftrightarrow \quad Fa - B(a+b) = 0 \quad \Leftrightarrow \quad B = \frac{a}{a+b} F \approx 16{,}461 \,\text{kN} \,,$$

$$\sum M_{iB} = 0 \quad \Leftrightarrow \quad Fb - A_y(a+b) = 0 \quad \Leftrightarrow \quad A_y = \frac{b}{a+b} F \approx 41{,}538 \,\text{kN} \,.$$

Da der Schubfeldträger innerlich statisch bestimmt ist, können wir mit den Gleichgewichtsbeziehungen die gesuchten Normalkräfte ermitteln. Hierzu legen wir zunächst alle relevanten inneren Kraftgrößen mit Hilfe von Abb. 8.30 frei. Dabei berücksichtigen wir, dass an allen Rändern eines Rechteckfelds die Schubflüsse gleich und konstant sind (vgl. Gl. (8.2)). Außerdem sind alle Normal- als Zugkräfte angenommen. Somit gibt das resultierende Vorzeichen an, ob es sich letztlich um

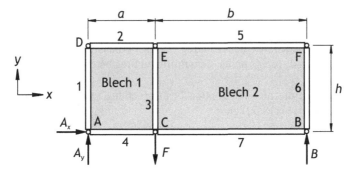

Abb. 8.29 Freikörperbild zur Ermittlung der Lagerreaktionen

Zug- (bei positivem Vorzeichen) oder um Druckkräfte (bei negativem Vorzeichen) handelt.

Wir formulieren die Gleichgewichtsbeziehungen an den sechs Knoten und erhalten

$$\sum F_{ix_A} = 0 \quad \Leftrightarrow \quad N_{4A} = 0\,,$$

$$\sum F_{iy_A} = 0 \quad \Leftrightarrow \quad N_{1A} = -\frac{b}{a+b}F \approx -41{,}538\,\text{kN}\,,$$

$$\sum F_{ix_B} = 0 \quad \Leftrightarrow \quad N_{7B} = 0\,,$$

$$\sum F_{iy_B} = 0 \quad \Leftrightarrow \quad N_{6B} = -\frac{a}{a+b}F \approx -16{,}462\,\text{kN}\,,$$

$$\sum F_{ix_C} = 0 \quad \Leftrightarrow \quad N_{4C} = N_{7C}\,,$$

$$\sum F_{iy_C} = 0 \quad \Leftrightarrow \quad N_{3C} = F = 60\,\text{kN}\,,$$

$$\sum F_{ix_D} = 0 \quad \Leftrightarrow \quad N_{2D} = 0\,,$$

$$\sum F_{iy_D} = 0 \quad \Leftrightarrow \quad N_{1D} = 0\,,$$

$$\sum F_{ix_E} = 0 \quad \Leftrightarrow \quad N_{2E} = N_{5E}\,,$$

$$\sum F_{iy_E} = 0 \quad \Leftrightarrow \quad N_{3E} = 0\,,$$

$$\sum F_{ix_F} = 0 \quad \Leftrightarrow \quad N_{5F} = 0\,,$$

$$\sum F_{iy_F} = 0 \quad \Leftrightarrow \quad N_{6F} = 0\,.$$

Demnach sind lediglich die Normalkräfte N_{5E} und N_{7C} sowie die Schubflüsse q_1 und q_2 unbekannt.

Die Schubflüsse berechnen wir, indem wir Stäbe betrachten, bei denen wir an beiden Stabenden die Normalkräfte bereits kennen und an denen gleichzeitig nur ein Schubfluss wirkt. Dies ist der Fall für die Stäbe 1 und 6. Das Kräftegleichgewicht entlang der Achse von Stab 1 liefert

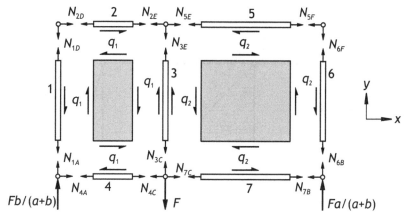

Abb. 8.30 Explosionszeichnung zum Freilegen aller relevanten inneren Kraftgrößen

$$N_{1D} - N_{1A} - hq_1 = 0 \quad \Leftrightarrow \quad q_1 = -\frac{1}{h}N_{1A} = \frac{b}{h}\frac{F}{a+b} \approx 41{,}538\frac{N}{mm}\,.$$

Das positive Vorzeichen kennzeichnet, dass der Schubfluss in die in Abb. 8.30 dargestellte Richtung wirkt.

Aus dem Kräftegleichgewicht entlang der Achse von Stab 6 resultiert

$$N_{6F} - N_{6B} - hq_2 = 0 \quad \Leftrightarrow \quad q_{B2} = -\frac{1}{h}N_{6B} = \frac{a}{h}\frac{F}{a+b} \approx 16{,}461\frac{N}{mm}\,.$$

Die Stabkraft N_{5E} ermitteln wir aus dem Kräftegleichgewicht am Stab 5. Es folgt

$$N_{5E} + bq_2 - N_{5F} = 0 \quad \Leftrightarrow \quad N_{5E} = -bq_2 \approx -33{,}231\,kN\,.$$

Das Kräftegleichgewicht am Stab 7 liefert die letzte unbekannte Stabkraft

$$N_{7C} - bq_2 - N_{7B} = 0 \quad \Leftrightarrow \quad N_{7C} = bq_2 \approx 33{,}231\,kN\,.$$

Da wir die Lagerreaktionen über die Gleichgewichtsbedingungen am Gesamtsystem ermittelt haben, haben wir drei Gleichgewichtsbeziehungen nicht nutzen müssen, und zwar die für die Stäbe 2 bis 4. Diese Gleichungen stehen somit zur Verfügung, um die berechneten Größen auf Korrektheit hin zu prüfen. Exemplarisch tun wir dies hier anhand des Stabes 3. Das Kräftegleichgewicht entlang der Stabachse führt erwartungsgemäß auf

$$\underbrace{N_{3E}}_{=0} + h(q_{B1} + q_{B2}) - \underbrace{N_{3C}}_{=F} = 0 \quad \Leftrightarrow \quad h\left(\frac{b}{h}\frac{F}{a+b} + \frac{a}{h}\frac{F}{a+b}\right) = F \quad \Leftrightarrow \quad 0 = 0\,.$$

Weil an allen Stäben ein konstanter Schubfluss wirkt, verändert sich die Normalkraft im jeweiligen Stab linear. Aufgrund der Bekanntheit der Kräfte an den Stabenden

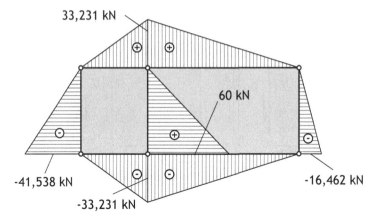

Abb. 8.31 Normalkraftverläufe in den Versteifungen

können wir die Normalkraftverläufe skizzieren und erhalten die gesuchten Verläufe nach Abb. 8.31.

b) Im Aufgabenteil a) haben wir die konstanten Schubflüsse in beiden Blechen ermittelt. Mit der Blechstärke t_i können wir basierend auf

$$\tau_i = \frac{q_i}{t_i}$$

die Schubspannungen berechnen zu

$$\tau_1 = 20,8\,\text{MPa} \quad \text{und} \quad \tau_2 = 18,5\,\text{MPa} .$$

L8.8/Lösung zur Aufgabe 8.8 – Kragarm als Schubfeldträger

a) Wir bestimmen zunächst die Auflagerreaktionen. Dies wird uns am Ende unserer Berechnung erlauben, die ermittelten inneren Kraftgrößen auf Korrektheit hin zu überprüfen.

Mit dem Freikörperbild nach Abb. 8.32 erhalten wir für das Momentengleichgewicht um den Punkt A

$$\sum M_{iA} = 0 \quad \Leftrightarrow \quad cB - F\left[\frac{2}{3}(2a+b) + \frac{1}{3}(a+b) + b\right] = 0$$

$$\Leftrightarrow \quad B = 35\,\text{kN} . \tag{8.33}$$

Damit resultiert aus dem Kräftegleichgewicht in x-Richtung

$$\sum F_{ix} = 0 \quad \Leftrightarrow \quad A_x = B = 35\,\text{kN} . \tag{8.34}$$

Das Kräftegleichgewicht in y-Richtung liefert

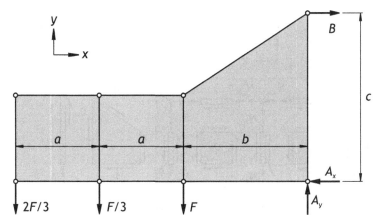

Abb. 8.32 Freikörperbild des Kragarms zur Ermittlung der Lagerreaktionen

$$\sum F_{iy} = 0 \quad \Leftrightarrow \quad A_y = \left(\frac{2}{3} + \frac{1}{3} + 1\right) F = 2F = 30\,\text{kN}\,. \tag{8.35}$$

Die gesuchten inneren Kraftgrößen berechnen wir mit Hilfe von Abb. 8.33, in dem sämtliche Normalkräfte an den jeweiligen Stabenden sowie alle Schubflüsse entlang der Hautfelder freigelegt sind. Der Einfachheit halber sind die Stäbe und Hautfelder deutlich verkleinert dargestellt. Außerdem haben wir berücksichtigt, dass an den Rändern von Rechteckfeldern alle Schubflüsse gleich sind (vgl. Gl. (8.2)) und dass bei Trapezfeldern die Gln. (8.4) bis (8.6) gelten. Der Querstrich bei den Schubflüssen $\overline{q}_{III2}$ und $\overline{q}_{III4}$ kennzeichnet dabei, dass es sich um gemittelte Schubflüsse beim Trapezfeld handelt (vgl. Gl. (8.8)).

Zur Ermittlung der inneren Kraftgrößen formulieren wir die Gleichgewichtsbedingungen ausgehend vom linken Rand des Trägers hin zu den Auflagern.

Wir starten mit den Knoten E und F. Aus den Gleichgewichtsbedingungen erhalten wir

$$N_{4E} = 0\,, \quad N_{5E} = 0\,, \quad N_{6F} = 0 \quad \text{und} \quad N_{5F} = \frac{2}{3}F = 10\,\text{kN}\,.$$

Aus dem Kräftegleichgewicht entlang der Achse von Stab 5 resultiert der Schubfluss im Hautfeld I zu

$$\sum F_i = 0 \quad \Leftrightarrow \quad N_{5F} - N_{5E} + aq_I = 0 \quad \text{und} \quad q_I = \frac{2}{3}\frac{F}{a} = -20\,\frac{\text{N}}{\text{mm}}\,.$$

Anzumerken ist, dass ein negatives Vorzeichen grundsätzlich bedeutet, dass die jeweilige Kraftgröße entgegen der in Abb. 8.33 skizzierten Richtung wirkt.

Die Gleichgewichtsbedingungen entlang der Achsen von den Stäben 4 und 6 führen auf

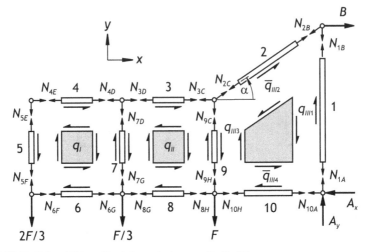

Abb. 8.33 Freikörperbild zur Ermittlung der inneren Kraftgrößen

$$N_{4D} = -a q_I = -\frac{2}{3} F = 10 \,\text{kN} , \qquad N_{6G} = a q_I = \frac{2}{3} F = -10 \,\text{kN} .$$

Die Kräftegleichgewichte an den Knoten D und G liefern

$$N_{7D} = 0 , \qquad N_{3D} = N_{4D} = \frac{2}{3} F = 10 \,\text{kN} ,$$

$$N_{8G} = N_{6G} = -\frac{2}{3} F = -10 \,\text{kN} , \qquad N_{7G} = \frac{1}{3} F = 5 \,\text{kN} .$$

Damit können wir aus dem Gleichgewicht am Stab 7 den Schubfluss im Hautfeld II ermitteln. Wir erhalten

$$\sum F_i = 0 \quad \Leftrightarrow \quad N_{7G} - N_{7D} + a \left(q_{II} - q_I \right) = 0$$

$$\Leftrightarrow \quad q_{II} = q_I - \frac{1}{a} N_{7G} = -30 \frac{\text{N}}{\text{mm}} .$$

Aus den Kräftegleichgewichten an den Stäben 3 und 8 folgt

$$N_{3C} = N_{3D} - a q_{II} = 25 \,\text{kN} , \qquad N_{8H} = N_{8G} + a q_{II} = -25 \,\text{kN} .$$

Aus den Kräftegleichgewichten am Knoten H resultiert

$$N_{10H} = N_{8H} = -25 \,\text{kN} , \qquad N_{9H} = F = 15 \,\text{kN} .$$

Für die Kräftegleichgewichte am Knoten C ermitteln wir zuerst den noch unbekannten Winkel α

$$\tan \alpha = \frac{c - a}{b} \quad \Rightarrow \quad \alpha \approx 33{,}69° .$$

Das Kräftegleichgewicht am Knoten C in x-Richtung liefert

$$\sum F_{ix} = 0 \quad \Leftrightarrow \quad N_{2C} \cos\alpha - N_{3C} = 0 \quad \Leftrightarrow \quad N_{2C} = \frac{1}{\cos\alpha} N_{3C} \approx 30{,}046\,\mathrm{kN} \,.$$

Aus dem Kräftegleichgewicht in y-Richtung resultiert

$$\sum F_{iy} = 0 \quad \Leftrightarrow \quad N_{9C} - N_{2C} \sin\alpha = 0 \quad \Leftrightarrow \quad N_{9C} = N_{3C} \tan\alpha \approx 16{,}667\,\mathrm{kN} \,.$$

Am Stab 9 können wir somit den Schubfluss q_{III3} im Hautfeld III ermitteln. Wir erhalten aus der Gleichgewichtsbedingung entlang der Stabachse

$$\sum F_i = 0 \quad \Leftrightarrow \quad N_{9H} - N_{9C} + a\left(q_{III3} - q_{II}\right) = 0$$

$$\Leftrightarrow \quad q_{III3} = q_{II} + \frac{1}{a}\left(N_{9C} - N_{9H}\right) \approx -26{,}67\,\frac{\mathrm{N}}{\mathrm{mm}} \,.$$

Mit den Beziehungen am Trapezfeld berechnen wir daraus die weiteren drei Schubflüsse an den Rändern des Trapezblechs gemäß den Gln. (8.4) bis (8.6)

$$q_{III1} = q_{III3}\left(\frac{a}{c}\right)^2 = -6{,}67\,\frac{\mathrm{N}}{\mathrm{mm}} \,,$$

$$\overline{q}_{III2} = \overline{q}_{III4} = q_{III1}\,\frac{c}{a} = q_{III3}\,\frac{a}{c} \approx -13{,}34\,\frac{\mathrm{N}}{\mathrm{mm}} \,.$$

Wir berechnen noch die Kräfte an den Enden der Stäbe 2 und 10. Wir erhalten mit der Länge l_2 des Stabes 2 aus der Gleichgewichtsbedingung am Stab

$$N_{2B} = N_{2C} - l_2 \overline{q}_{III2} = N_{2C} - \frac{b}{\cos\alpha}\overline{q}_{III2} \approx 42{,}071\,\mathrm{kN} \,.$$

Für die Kraft im Stab 10 am Knoten A resultiert

$$N_{10A} = N_{10H} + a\overline{q}_{III4} \approx -35{,}001\,\mathrm{kN} \,,$$

woraus zugleich die Lagerreaktion A_x auf der Basis der Gleichgewichtsbedingung am Knoten A folgt

$$A_x = -N_{10A} \approx -35{,}001\,\mathrm{kN} \,.$$

Die Abweichung zwischen diesem Ergebnis und dem in Gl. (8.34) bewegt sich im Bereich der gewählten numerischen Genauigkeit.

Das Kräftegleichgewicht am Knoten B in y-Richtung liefert

$$N_{1B} = -N_{2B} \sin\alpha \approx -23{,}337\,\mathrm{kN} \,.$$

Gleichzeitig können wir unsere Berechnung anhand der Lagerreaktion B überprüfen. Aus dem Kräftegleichgewicht am Knoten B in x-Richtung folgt

$$B = N_{2B} \cos\alpha \approx 35{,}005\,\mathrm{kN} \,.$$

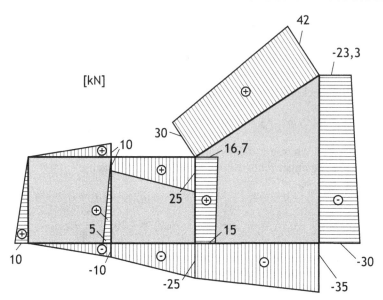

Abb. 8.34 Normalkraftverläufe im Kragarm unter der Voraussetzung von linear veränderlichen Schubflüssen entlang der Trapezfeldränder

Die Abweichung zu Gl. (8.33) befindet sich wieder im Bereich der gewählten numerischen Genauigkeit und ist hier vernachlässigbar.

Als Letztes überprüfen wir unsere Berechnung noch mit der Lagerreaktion A_y. Wir formulieren das Kräftegleichgewicht für den Stab 1 und erhalten

$$N_{1A} = N_{1B} + c\,q_{III1} \approx -30{,}007\,\text{kN}\,.$$

Unter Berücksichtigung der verwendeten Berechnungsgenauigkeit folgt aus der Gleichgewichtsbedingung am Knoten A in y-Richtung die Lagerreaktion

$$A_y = -N_{1A} \approx 30{,}007\,\text{kN}\,.$$

In Abb. 8.34 sind die Normalkraftverläufe in den Stäben unter der Annahme skizziert, dass am Rand des Trapezbleches linear veränderliche Schubflüsse wirken.

b) Im Vergleich zum Aufgabenteil a) müssen wir lediglich den Normalkraftverlauf an den nicht parallelen Seiten des Trapezfeldes neu berechnen. Hierzu ist allerdings nicht der gemittelte, sondern der reale Schubflussverlauf entlang der Stäbe nach Gl. (8.7) zu verwenden. Wir führen daher startend in der linken unteren Ecke des Hautfelds III die Koordinate x ein. Gleichzeitig verwenden wir die lokalen Koordinaten s_2 und s_{10} entlang der Achse von Stab 2 bzw. 10 (vgl. Abb. 8.35a).

Am Stab 2 sind die relevanten Beziehungen zur Bestimmung der Normalkräfte in Abb. 8.35b. dargestellt. Da die Schubflüsse q_{III2} und $q(x)$ (d. h. der Schubfluss in einem Schnitt x nach Abb. 8.35a.) betragsmäßig gleich sind, folgt mit Gl. (8.1) und dem Zusammenhang $\cos\alpha\,ds_2 = dx$ nach einigen mathematischen Umfornungen

$$N_2(x) = -\frac{q_{III3}}{\cos\alpha}\int\frac{1}{\left(1+\frac{x}{b}\left(\frac{c}{a}-1\right)\right)^2}dx+C_0$$

$$= \frac{q_{III3}}{\cos\alpha}\frac{b}{\frac{c}{a}-1}\left[1+\frac{x}{b}\left(\frac{c}{a}-1\right)\right]^{-1}+C_0\,.$$

Dabei stellt C_0 die Integrationskonstante dar, die wir so wählen, dass gilt

$$N_2(x=0) = N_{2C}\,.$$

Wir erhalten somit

$$N_2(x=0) = N_{2C} = \frac{q_{III3}}{\cos\alpha}\frac{b}{\frac{c}{a}-1}+C_0 \quad\Leftrightarrow\quad C_0 = N_{2C}-\frac{q_{III3}}{\cos\alpha}\frac{b}{\frac{c}{a}-1}\,.$$

Führen wir die Integrationskonstante C_0 in die Beziehung für die Normalkraft $N_2(x)$ ein, resultiert die Normalkraft im Stab 2

$$N_2(x) = N_{2C}-\frac{q_{III3}}{\cos\alpha}\frac{x}{1+\frac{x}{b}\left(\frac{c}{a}-1\right)}\,. \tag{8.36}$$

Dies gilt im Bereich $0 \le x \le b$. Da der Term

$$\frac{x}{1+\frac{x}{b}\left(\frac{c}{a}-1\right)} \tag{8.37}$$

streng monoton wachsend ist (vgl. Abschnitt 9.4.7), kann die extremale Normal-

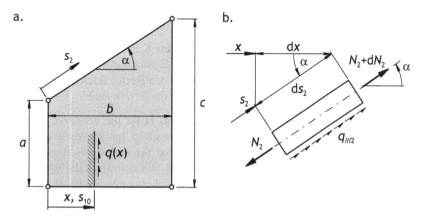

Abb. 8.35 a. Koordinaten zur Bestimmung der Normalkräfte in den Stäben 2 und 10 b. infinitesimales Element des Stabes 2

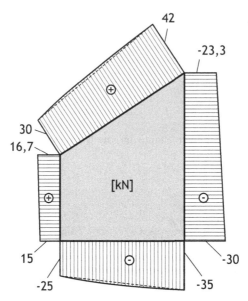

Abb. 8.36 Reale Normalkraftverläufe am Trapezblech

kraft nur am Rand, also bei $x = 0$ oder $x = b$ auftreten. Da allerdings auch bei
Annahme eines konstanten Schubflusses entlang der nicht parallelen Trapezränder
die gleichen Normalkräfte an den Stabenden auftreten, existiert keine Abweichung
bzgl. der betragsmäßig maximalen Stabkraft im Vergleich zum Aufgabenteil a).

Ein analoges Vorgehen beim Stab 10 führt auf

$$N_{10}(x) = N_{10H} + q_{III3} \frac{x}{1 + \frac{x}{b}\left(\frac{c}{a} - 1\right)}.$$

Die Normalkraftverläufe am Trapezblech sind in Abb. 8.36 skizziert. Bei den nicht
parallelen Seiten sind die linearen Verläufe mit Hilfe einer gestrichelten Linie dargestellt. Angemerkt sei ferner, dass die Verläufe an den Rechteckfeldern denen aus
dem Aufgabenteil a) entsprechen und deshalb nicht dargestellt sind.

c) Um die Verschiebung in y-Richtung des Knotens H für die verschiedenen Ergebnisse nach den Aufgabenteilen a) und b) zu ermitteln, nutzen wir das Prinzip
der virtuellen Kräfte. Wir haben hier zwei 0-Systeme, die in den Lösungen zu den
Aufgabenstellungen a) und b) bereits berechnet sind. Wir definieren darüber hinaus
1-Systeme, bei denen am Knoten H in negative y-Richtung eine Einheitskraft nach
Abb. 8.37 wirkt. Daher sind die Stäbe 3 bis 8 sowie die Hautfelder I und II lastfrei.
Wir untersuchen das Hautfeld III mit den umrahmenden Stäben 1, 2, 9 und 10 ge-
nauer. Zur Kennzeichnung der Kraftgrößen im 1-System werden diese überstrichen.
Wir erhalten aus den Kräftegleichgewichten am Knoten C und H

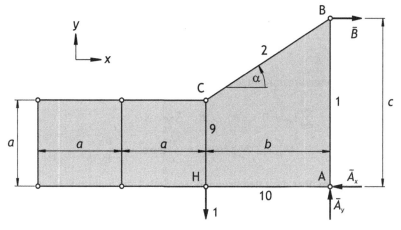

Abb. 8.37 1-System mit Einheitslast am Knoten H

$$\bar{N}_{2C} = 0\,, \quad \bar{N}_{9C} = 0\,, \quad \bar{N}_{9H} = 1\,, \quad \bar{N}_{10H} = 0\,.$$

Mit den Stabkräften an den Enden von Stab 9 ermitteln wir mit Hilfe des Kräfte-gleichgewichts den anliegenden Schubfluss

$$\bar{q}_{III3} = \frac{1}{a}\left(\bar{N}_{9C} - \bar{N}_{9H}\right) = -\frac{1}{a}\,.$$

Aus den Beziehungen am Trapezfeld nach den Gln. (8.4) bis (8.7) resultieren dann die Schubflüsse an den weiteren Feldrändern.

$$\bar{q}_{III1} = \bar{q}_{III3}\left(\frac{a}{c}\right)^2 = -\frac{a}{c^2}\,,$$

$$\bar{\bar{q}}_{III2} = \bar{\bar{q}}_{III4} = \bar{q}_{III1}\frac{c}{a} = -\frac{1}{c}\,, \tag{8.38}$$

$$\bar{q}_{III2} = \bar{q}_{III4} = \bar{q}_{III1}\left(\frac{c}{a\left[1 + \frac{x}{b}\left(\frac{c}{a} - 1\right)\right]}\right)^2 = -\frac{1}{a}\frac{1}{\left[1 + \frac{x}{b}\left(\frac{c}{a} - 1\right)\right]^2}\,. \tag{8.39}$$

Bemerkt sei, dass der kurze Strich die Kraftgrößen des Einheitslastsystems und der längere die gemittelten Größen kennzeichnet.

Wir ermitteln zuerst die Kraftgrößen in den nicht parallelen Stäben am Trapezfeld des 1-Systems, das mit den Berechnungen aus dem Aufgabenteil a) korrespondiert, d. h. die Normalkräfte in den nicht parallelen Seiten des Trapezes werden unter der Annahme bestimmt, dass der anliegende Schubfluss konstant ist. Das Kräftegleich-gewicht am Stab 2 führt auf

$$\bar{N}_{2B} = \bar{N}_{2C} - \bar{\bar{q}}_{III2}\frac{b}{\cos\alpha} = \frac{1}{c}\frac{b}{\cos\alpha}\,.$$

Analog erhalten wir am Stab 10

$$\bar{N}_{10A} = \bar{N}_{10H} + \bar{\bar{q}}_{III4}\, b = -\frac{b}{c}\,.$$

Das Kräftegleichgewicht am Knoten B liefert

$$\sum F_{ix} = 0 \quad \Leftrightarrow \quad \bar{B} = \bar{N}_{2B}\cos\alpha = \frac{b}{c}\,,$$

$$\sum F_{iy} = 0 \quad \Leftrightarrow \quad \bar{N}_{1B} = -\bar{N}_{2B}\sin\alpha = -\frac{b}{c}\tan\alpha = -\frac{b}{c}\frac{c-a}{b} = -\frac{c-a}{c}\,.$$

Dies nutzen wir, um über das Gleichgewicht am Stab 1 die Stabkraft $\bar{N}_{1A}$ zu ermitteln. Es folgt

$$\bar{N}_{1A} = \bar{N}_{1B} + \bar{q}_{III1}\, c = -\frac{c-a}{c} - \frac{a}{c} = -1\,.$$

Damit können wir die Normalkraftverläufe angeben, die bei konstanten Schubflüssen entlang der Ränder des Trapezfelds herrschen. In Abb. 8.38a. sind diese skizziert.

Basierend auf den Kräftegleichgewichten am Knoten A folgen letztlich noch die Reaktionen am Lager A zu

$$\sum F_{ix} = 0 \quad \Leftrightarrow \quad \bar{A}_x = -\bar{N}_{10A} = \frac{b}{c}\,,$$

$$\sum F_{iy} = 0 \quad \Leftrightarrow \quad \bar{A}_y = -\bar{N}_{1A} = 1\,.$$

Die Ermittlung der Lagerreaktionen $\bar{A}_x$, $\bar{A}_y$ und $\bar{B}$ ist zur Lösung des Aufgabenteils c) nicht unbedingt erforderlich. Allerdings ermöglicht deren Kenntnis, unsere Berechnungen auf Korrektheit hin zu kontrollieren. Mit Hilfe der Gleichgewichtsbeziehungen am Gesamtsystem sind wir in der Lage, die Lagerkräfte auf andere Weise als zuvor zu bestimmen. Erwartungsgemäß liefern diese Gleichgewichtsbeziehungen die gleichen Kraftgrößen $\bar{A}_x$, $\bar{A}_y$ und $\bar{B}$.

Die Kraftgrößen im 1-System, das mit den Annahmen des Aufgabenteils b) korrespondiert, unterscheiden sich im Vergleich zu den vorherigen Berechnungen lediglich im Verlauf der Normalkräfte in den Versteifungen der nicht parallelen Trapezränder. Die Normalkräfte an den Enden der Versteifungen sind gleich, ebenfalls die Schubflüsse im Hautfeld. Wir konzentrieren uns also auf die Ermittlung der Normalkraftverläufe in den Versteifungen an den nicht parallelen Trapezrändern. Wir beginnen mit dem Stab 2 im 1-System. Ein infinitesimales Stabelement entspricht dem in Abb. 8.35b. dargestellten des 0-Systems. Wir müssen uns die Kraftgrößen einzig überstrichen vorstellen. Wir erhalten daher mit $dx = \cos\alpha\, ds_2$ und Gl. (8.1)

$$\bar{N}_2(x) = -\frac{1}{\cos\alpha}\int \bar{q}_{III2}\, dx + C_1 = \frac{1}{a\cos\alpha}\int \frac{1}{\left[1 + \frac{x}{b}\left(\frac{c}{a}-1\right)\right]^2}\, dx + C_1$$

$$= -\frac{1}{\cos\alpha}\frac{b}{c-a}\left[1 + \frac{x}{b}\left(\frac{c}{a}-1\right)\right]^{-1} + C_1\,.$$

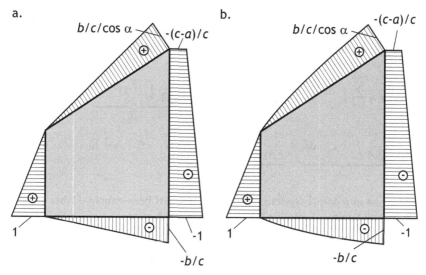

Abb. 8.38 1-System bei a. angenommenen konstanten Schubflüssen und b. bei realen Schubflüssen entlang der nicht parallelen Trapezränder

Mit der Bedingung

$$\bar{N}_2(x=0) = \bar{N}_{2C} = 0$$

folgt

$$C_1 = \frac{1}{\cos\alpha} \frac{b}{c-a} ,$$

woraus sich der Normalkraftverlauf ergibt zu

$$\bar{N}_2(x) = \frac{1}{\cos\alpha} \frac{\frac{x}{a}}{1+\frac{x}{b}\left(\frac{c}{a}-1\right)} . \tag{8.40}$$

Ein analoges Vorgehen wie beim Stab 2 führt auf den Normalkraftverlauf im Stab 10

$$\bar{N}_{10}(x) = -\frac{\frac{x}{a}}{1+\frac{x}{b}\left(\frac{c}{a}-1\right)} .$$

Die Normalkraftverläufe $\bar{N}_2(x)$ und $\bar{N}_{10}(x)$ sind in Abb. 8.38b. dargestellt. Die Verläufe in den parallelen Versteifungen sind mit denen aus Abb. 8.38a. identisch.

Mit den bekannten Normalkraftverläufen und den Schubflüssen im 0- und 1-System können wir nun die Absenkung des Knotens H ermitteln. Wir nutzen dazu Gl. (7.14)

$$w_H = \frac{1}{EA} \sum_{i=1}^{10} \int_{l_i} N_i \bar{N}_i \, ds_i + \frac{1}{Gt} \sum_{i=I}^{III} q_{mi} \bar{q}_{mi} A_i^* . \tag{8.41}$$

Weil in jedem 1-System lediglich die Stäbe 1, 2, 9 und 10 beansprucht werden und
die anderen lastfrei sind, reduziert sich die erste Summenformel in der vorherigen
Beziehung mit den Koordinaten s_i entlang der Achse von Stab i auf

$$\frac{1}{EA} \sum_{i=1}^{10} \int_{l_i} N_i \bar{N}_i \, ds_i = \underbrace{\frac{1}{EA} \int_0^c N_1 \bar{N}_1 \, ds_1}_{=I_1} + \underbrace{\frac{1}{EA} \int_0^{l_2} N_2 \bar{N}_2 \, ds_2}_{=I_2}$$

$$+ \underbrace{\frac{1}{EA} \int_0^a N_9 \bar{N}_9 \, ds_9}_{=I_9} + \underbrace{\frac{1}{EA} \int_0^b N_{10} \bar{N}_{10} \, ds_{10}}_{=I_{10}} = I_1 + I_2 + I_9 + I_{10} \,. \tag{8.42}$$

Außerdem ist in jedem 1-System nur das Hautfeld III beansprucht. Daher können
wir die zweite Summenformel in Gl. (8.41) vereinfachen zu

$$\sum_{i=I}^{III} q_{mi} \, \bar{q}_{mi} \, A_i^* = q_{mIII} \, \bar{q}_{mIII} \, A_{III}^* \,. \tag{8.43}$$

Die Absenkung des Knotens H wollen wir sowohl für einen linearen Verlauf der
Normalkräfte in den Stäben 2 und 10 als auch für die realen Verläufe ermitteln.
Dies hat allerdings nur Auswirkung auf das Ergebnis der Integrale I_2 und I_{10} in
Gl. (8.42). Daher berechnen wir zunächst die Terme, die für beide Fälle gleich sind.
Wir erhalten unter Berücksichtigung der Normalkraftverläufe nach den Abbn. 8.36
und 8.38a. und bei Verwendung der Formel gemäß Zeile 4, Spalte 3 der Koppeltafel
nach Tab. 9.3 im Abschnitt 9.4.8

$$I_1 = \frac{c}{6EA} \left[N_{1B} \left(2\bar{N}_{1B} + \bar{N}_{1A} \right) + N_{1A} \left(\bar{N}_{1B} + 2\bar{N}_{1A} \right) \right] \approx 1,45 \, \text{mm}$$

und nach Zeile 2, Spalte 3

$$I_9 = \frac{a}{6EA} \bar{N}_{9H} \left(2N_{9H} + N_{9C} \right) \approx 0,28 \, \text{mm} \,.$$

Den Einfluss des Schubflusses im Trapezfeld ermitteln wir mit den mittleren Schubflüssen nach Gl. (8.11)

$$q_{mIII} = 13,34 \, \frac{\text{N}}{\text{mm}} \,, \qquad \bar{q}_{mIII} = \frac{1}{c}$$

und die Ersatzfläche nach Gl. (8.14)

$$A_{III}^* = \frac{b}{2} \left(a + c \right) \left[1 + \frac{2}{3\left(1 + \nu \right)} \tan^2 \alpha \right]$$

unter Beachtung von Gl. (2.4)

$$G = \frac{E}{2\left(1 + \nu \right)}$$

zu

$$\frac{1}{Gt} \, q_{m0III} \, \bar{q}_{mIII} \, A_{III}^* \approx 0,23 \, \text{mm} \, .$$

Für die linearen Verläufe in den Stäben 2 und 10 erhalten wir jeweils mit der Formel gemäß Zeile 2, Spalte 3 der Koppeltafel nach Tab. 9.3 (unter Berücksichtigung der Verläufe in den Abbn. 8.34 und 8.38a.)

$$I_2 = \frac{l_2}{6EA} \, \bar{N}_{2B} \, (N_{2C} + 2N_{2B}) = \frac{b}{6 \cos \alpha \, EA} \, \bar{N}_{2B} \, (N_{2C} + 2N_{2B}) \approx 1,10 \, \text{mm}$$

und

$$I_{10} = \frac{b}{6EA} \, \bar{N}_{10A} \, (N_{10H} + 2N_{10A}) \approx 0,63 \, \text{mm} \, .$$

Die Absenkung ist bei linearen Verläufen in den Stäben 2 und 10 demnach

$$w_H \approx 3,69 \, \text{mm} \, .$$

Berücksichtigen wir die nichtlinearen Normalkraftverläufe nach den Gln. (8.36) und (8.40), so erhalten wir für den Stab 2 bei Verwendung der x-Koordinate nach Abb. 8.35a. (d. h. es gilt $dx = \cos \alpha \, ds_2$)

$$I_{2real} = \frac{1}{EA} \frac{1}{a \cos^2 \alpha} \int_0^b \left[N_{2C} \frac{x}{1 + \frac{x}{b} \left(\frac{c}{a} - 1 \right)} - \frac{q_{III3}}{\cos \alpha} \frac{x^2}{\left(1 + \frac{x}{b} \left(\frac{c}{a} - 1 \right) \right)^2} \right] dx \, .$$

Wir integrieren zuerst den 1. Summanden des Integranden und erhalten mit dem Hinweis aus der Aufgabenstellung unter Beachtung von $\tilde{a} = \frac{1}{b} \left(\frac{c}{a} - 1 \right)$

$$I_{21} = \int_0^b \frac{x}{1 + \frac{x}{b} \left(\frac{c}{a} - 1 \right)} dx = \frac{b}{\tilde{a}} - \frac{1}{\tilde{a}^2} \ln|1 + \tilde{a}b| = \frac{b^2}{\left(\frac{c}{a} - 1 \right)^2} \left[\frac{c}{a} - 1 - \ln \frac{c}{a} \right] \, .$$

Die Integration des 2. Summanden führt unter Nutzung des Hinweises in der Aufgabenstellung auf

$$I_{22} = \int_0^b \frac{x^2}{\left(1 + \frac{x}{b} \left(\frac{c}{a} - 1 \right) \right)^2} dx = \frac{b^3}{\left(\frac{c}{a} - 1 \right)^3} \left[\frac{c}{a} - \frac{a}{c} - 2 \ln \frac{c}{a} \right] \, .$$

Folglich resultiert

$$I_{2real} = \frac{1}{EA} \frac{1}{a \cos^2 \alpha} \left(N_{2C} I_{21} - \frac{q_{III3}}{\cos \alpha} I_{22} \right) \approx 1,39 \, \text{mm} \, .$$

Für den Stab 10 müssen wir das folgende Integral in gleicher Weise lösen

$$I_{10real} = -\frac{1}{aEA} \int_0^b \left[N_{10H} \frac{x}{1 + \frac{x}{b} \left(\frac{c}{a} - 1 \right)} + q_{III3} \frac{x^2}{\left(1 + \frac{x}{b} \left(\frac{c}{a} - 1 \right) \right)^2} \right] dx \, .$$

Die Integration der einzelnen Summanden haben wir bereits zuvor durchgeführt, so dass wir nun erhalten

$$I_{10real} = -\frac{1}{aEA}\left(N_{10H} I_{21} + q_{III3} I_{22}\right) \approx 0,80\,\text{mm}\,.$$

Die Absenkung des Knotens H ist daher bei nichtlinearem Normalkraftverlauf in den Stäben 2 und 10

$$w_{Hreal} \approx 4,15\,\text{mm}\,,$$

woraus sich die betragsmäßige Abweichung bzgl. der Absenkung ergibt

$$\left|\frac{w_H - w_{Hreal}}{w_{Hreal}}\right| \approx 11,1\,\%\,.$$

L8.9/Lösung zur Aufgabe 8.9 – Statisch unbestimmter Schubfeldträger

a) Es handelt sich um einen einfach statisch unbestimmten ebenen Schubfeldträger. Zur Lösung wenden wir hier das Prinzip der virtuellen Kräfte bzw. das Einheits- lasttheorem an. Die Lagerreaktion C entfernen wir, um das 0-System zu erhalten. Wir führen geeignete Schnitte ein, um die inneren Kraftgrößen freizulegen und auf der Basis der Gleichgewichtsbeziehungen zu berechnen. Die entsprechenden Kraftgrößen sind in Abb. 8.39 skizziert. Der Index i der Normalkräfte N_{0i} ist so gewählt, dass mit ihm der Knoten und der Stab definiert sind, an denen die jeweili- ge Normalkraft wirkt. Positive bzw. negative resultierende Normalkräfte sind Zug- bzw. Druckkräfte. Das 0-System grenzen wir durch den Index 0 ab. Darüber hinaus berücksichtigen wir direkt, dass an allen Rändern eines Rechtecks der Schubfluss q_i gleich ist. Es ist zudem zu beachten, dass der Einfachheit halber die geometrischen

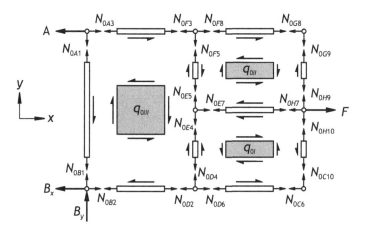

Abb. 8.39 Freikörperbild für das 0-System zur Freilegung der inneren Kraftgrößen

Verhältnisse in Abb. 8.39 von Stäben und Schubfeldern bzw. Blechen deutlich verkleinert dargestellt sind.

Wir formulieren zuerst die Gleichgewichtsbedingungen an den Knoten C, G und H und erhalten

$$\sum F_{ixC} = 0 \quad \Leftrightarrow \quad N_{0C6} = 0 \,, \qquad \sum F_{iyC} = 0 \quad \Leftrightarrow \quad N_{0C10} = 0 \,,$$

$$\sum F_{ixH} = 0 \quad \Leftrightarrow \quad N_{0H7} = F \,, \qquad \sum F_{iyH} = 0 \quad \Leftrightarrow \quad N_{0H9} = N_{0H10} \,,$$

$$\sum F_{ixG} = 0 \quad \Leftrightarrow \quad N_{0G8} = 0 \,, \qquad \sum F_{iyG} = 0 \quad \Leftrightarrow \quad N_{0G9} = 0 \,.$$

Die Kräftegleichgewichte an den Stäben 9 und 10 liefern unter Berücksichtigung der vorherigen Ergebnisse

$$a\, q_{0II} = N_{0H9} - N_{0G9} = N_{0H9} \,, \qquad a\, q_{0I} = N_{0H10} - N_{0C10} = N_{0H10} \,.$$

Wegen $N_{0H9} = N_{0H10}$ folgt die Gleichheit der Schubflüsse in den Blechen I und II

$$q_{0I} = q_{0II} \,.$$

Den Wert dieser Schubflüsse bestimmen wir über die Gleichgewichtsbedingungen am Knoten E und Stab 7. Die Kräftegleichgewichte am Knoten E ergeben

$$\sum F_{ixE} = 0 \quad \Leftrightarrow \quad N_{0E7} = 0 \,, \qquad \sum F_{iyE} = 0 \quad \Leftrightarrow \quad N_{0E4} = N_{0E5} \,.$$

Mit $N_{7E} = 0$ und $q_{0I} = q_{0II}$ folgt aus dem Kräftegleichgewicht am Stab 7

$$N_{0H7} = N_{0E7} + 2\,a\,(q_{0I} + q_{0II}) = 4\,a\,q_{0I} \,.$$

Da wir die Normalkraft N_{7H} bereits kennen, resultiert

$$q_{0I} = q_{0II} = \frac{1}{4} \frac{N_{0H7}}{a} = \frac{1}{4} \frac{F}{a} \,.$$

Im nächsten Schritt formulieren wir die Gleichgewichte an den Stäben 4 und 5. Das Kräftegleichgewicht am Stab 4 lautet mit $N_{0D4} = 0$ (Kräftegleichgewicht am Knoten D in globale y-Richtung)

$$N_{0D4} = N_{0E4} + a\,(q_{0I} + q_{0III}) \quad \Leftrightarrow \quad N_{0E4} = -a\,(q_{0III} + q_I) \,.$$

Am Stab 5 erhalten wir unter Beachtung von $N_{5F} = 0$ (Kräftegleichgewicht am Knoten F in globale y-Richtung)

$$N_{0E5} + a\,q_{0II} = N_{0F5} + a\,q_{0III} \quad \Leftrightarrow \quad N_{0E5} = a\,(q_{0III} - q_{0II}) \,.$$

Unter Berücksichtigung von $N_{0E4} = N_{0E5}$ resultiert der Schubfluss im Blech III

$$-a\,(q_{0III} + q_I) = a\,(q_{0III} - q_{0I}) \quad \Leftrightarrow \quad q_{0III} = 0 \,.$$

Da das Schubblech III nicht beansprucht wird, sind die Normalkräfte in den Stäben 1, 2 und 3 konstant. Um diese Normalkräfte berechnen zu können, müssen wir allerdings noch die Gleichgewichtsbeziehungen an den Stäben 6 und 8 sowie an den Knoten D und F jeweils in die globale x-Richtung aufstellen. Es folgt für die Stäbe

$$N_{0D6} = N_{0C6} + 2aq_{0I} = \frac{1}{2}F \,, \qquad N_{0F8} = N_{0G8} + 2aq_{0II} = \frac{1}{2}F$$

und für die Knoten

$$N_{0D2} = N_{0D6} = \frac{1}{2}F \,, \qquad N_{0F3} = N_{0F8} = \frac{1}{2}F \,.$$

Die Kräftegleichgewichte an den Stäben 2 und 3 liefern dann

$$N_{0B2} = N_{0D2} = \frac{1}{2}F \,, \qquad N_{0A3} = N_{0F3} = \frac{1}{2}F \,.$$

Die Normalkräfte am Stab erhalten wir, indem wir das Kräftegleichgewicht in die globale y-Richtung am Knoten A aufstellen und das Ergebnis im Kräftegleichgewicht am Stab 1 beachten. Es folgt

$$\sum F_{iyA} = 0 \quad \Leftrightarrow \quad N_{0A1} = 0 \,, \qquad N_{0B1} = N_{0A1} - 2aq_{0III} = 0 \,.$$

Die Reaktionen in den Lagern A und B müssen wir nicht berechnen, da wir sie nicht für das Einheitslasttheorem benötigen. Wir können allerdings die über die Gleichgewichte an den Knoten A und B berechneten Lagerreaktionen nutzen, um unsere Berechnung auf Plausibilität zu prüfen; denn die Gleichgewichtsbeziehungen am Gesamtsystem müssen die gleichen Lagerreaktionen ergeben. Die Lagerrekationen sind

$$\sum F_{ixA} = 0 \quad \Leftrightarrow \quad A = N_{0A3} = \frac{1}{2}F \,, \qquad \sum F_{ixB} = 0 \quad \Leftrightarrow \quad B_x = N_{0B2} = \frac{1}{2}F \,,$$

$$\sum F_{iyB} = 0 \quad \Leftrightarrow \quad B_y = -N_{0B1} = 0 \,.$$

Der Übersichtlichkeit halber stellen wir die Normalkräfte im 0-System in Abb. 8.40 dar.

Mit dem 1-System machen wir das Entfernen der Lagerreaktion C wieder rückgängig. Wir führen am Ort und in Richtung der Lagerreaktion daher eine Einheitslast gemäß Abb. 8.41 ein. Gleichzeitig sind die inneren Kraftgrößen freigelegt. Da es sich um das Einheitslast- bzw. 1-System handelt, sind die Kraftgrößen überstrichen und mit dem Index 1 gekennzeichnet. Die Identifikation des Stabes und des Knotens bei den Normalkräften ist identisch gewählt zum 0-System.

Für die Ermittlung der Kraftgrößen betrachten wir zunächst den Stab 7 und die anliegenden Knoten E und H. Weil in horizontale Richtung keine Kraft in den Stab eingeleitet wird (dies resultiert aus den Kräftegleichgewichten an den Knoten E und H in globale x-Richtung) folgt für das Stabgleichgewicht

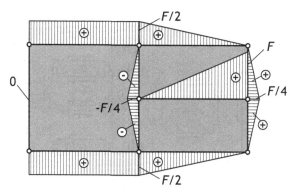

Abb. 8.40 Normalkraftverlauf im 0-System

$$2a\left(\bar{q}_{1I} + \bar{q}_{1II}\right) = 0 \quad \Leftrightarrow \quad \bar{q}_{1I} = -\bar{q}_{1II}\,.$$

Demnach müssen die Schubflüsse in den Blechen I und II betragsmäßig gleich groß sein und auch gleich gerichtet sein. Dies bedeutet jedoch auch, dass die Stäbe 4 und 5 wie ein Einzelstab wirken. Da aber in vertikale Richtung am Anfang und am Ende des gedanklichen Einzelstabes keine Kräfte eingeleitet werden, müssen sich die Schubflüsse links und rechts vom Einzelstab entsprechen. D. h. es gilt aufgrund des Kräftegleichgewichts am Stab

$$2a\bar{q}_{1III} = a\bar{q}_{1II} - a\bar{q}_{1II} = 2a\bar{q}_{1II} \quad \Leftrightarrow \quad \bar{q}_{1III} = \bar{q}_{1II}\,.$$

Folglich sind in allen Blechen die Schubflüsse gleich und die zwischen den drei Blechen liegenden Stäbe sind normalkraftfrei. Aber in diesem Fall können wir das System so auffassen, als ob es sich um ein einziges Blech mit den Abmessungen $2a$ zu $4a$ handelt, das mit Stäben eingerahmt ist. Dann reduziert sich die Normalkraft in den Stäben 9 und 10 ausgehend von der Lasteinleitung im Knoten C linear in vertikale Richtung bis sie im Knoten G verschwindet. Das Gleichgewicht entlang der Stäbe 9 und 10 liefert

$$a\bar{q}_{1II} - a\bar{q}_{1I} = 2a\bar{q}_{1II} = 1 \quad \Leftrightarrow \quad \bar{q}_{1II} = \bar{q}_{1III} = -\bar{q}_{1I} = \frac{1}{2a}\,.$$

Die Gleichgewichtsbedingungen entlang der Stäbe 3 und 8 führen mit $\bar{N}_{1G8} = 0$ (aus der Gleichgewichtsbedingung am Knoten G) auf

$$\bar{A} = 2a\bar{q}_{1II} + 2a\bar{q}_{1III} = 2\,.$$

Der Normalkraftverlauf ist dabei linear wegen des konstanten Schubflusses.

In gleicher Weise erhalten wir aus den Kräftegleichgewichten entlang der Stäbe 2 und 6

$$\bar{B}_x = 2a\bar{q}_{1I} - 2a\bar{q}_{1III} = -2\,.$$

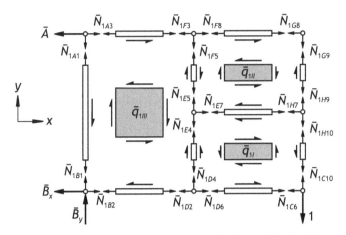

Abb. 8.41 Freikörperbild für das 1-System zur Freilegung der inneren Kraftgrößen

Der resultierende Normalkraftverlauf ist in Abb. 8.42 dargestellt.

Damit kennen wir die Schnittreaktionen in den erforderlichen Systemen, so dass wir Gl. (7.15) auf unser System anwenden können. Es folgt mit

$$N_j = N_{0j} + X\bar{N}_{1j} \quad \text{für} \quad j = 1, 2, \ldots, 10,$$

$$q_j = q_{0j} + X\bar{q}_{1j} \quad \text{für} \quad j = I, II, III$$

die Bestimmungsgleichung für die statisch Überzählige X zu

$$\frac{1}{EA} \sum_{j=1}^{10} \int_{l_j} N_j \bar{N}_{1j}\, \mathrm{d}s_j + \frac{1}{Gt} \sum_{j=I}^{III} q_j \bar{q}_{1j} A_j^* = 0$$

$$\Leftrightarrow \quad X = -\frac{\dfrac{1}{EA} \sum\limits_{j=1}^{10} \int_{l_j} N_{0j} \bar{N}_{1j}\, \mathrm{d}s_j + \dfrac{1}{Gt} \sum\limits_{j=I}^{III} q_{0j} \bar{q}_{1j} A_j}{\dfrac{1}{EA} \sum\limits_{j=1}^{10} \int_{l_j} \bar{N}_{1j}^2\, \mathrm{d}s_j + \dfrac{1}{Gt} \sum\limits_{j=I}^{III} \bar{q}_{1j}^2 A_j}.$$

Dabei stellt s_j die Koordinate entlang der Stabachse von Stab j dar. Ferner entspricht beim Rechteckfeld die Ersatzfläche A_j^* der tatsächlichen Fläche A_j des Schubblechs j (vgl. Gl. (8.12)).

Wir lösen die Summenformeln unter Nutzung der Koppeltafel in Tab. 9.3 (Abschnitt 9.4.8) wie folgt auf

$$\frac{1}{Gt} \sum_{j=I}^{III} q_{0j} \bar{q}_{1j} A_j = \frac{1}{Gt} \left[\frac{F}{4a} \left(-\frac{1}{2a} \right) 2a^2 + \frac{F}{4a} \frac{1}{2a} 2a^2 + 0 \right] = 0,$$

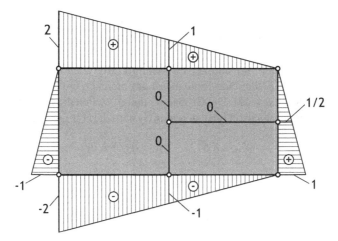

Abb. 8.42 Normalkraftverlauf im 1-System

$$\frac{1}{Gt}\sum_{j=I}^{III}\bar{q}_{1j}^2 A_j = \frac{1}{Gt}\left[\left(-\frac{1}{2a}\right)^2 2a^2 + \left(\frac{1}{2a}\right)^2 2a^2 + \left(\frac{1}{2a}\right)^2 4a^2\right] = \frac{2}{Gt},$$

$$\frac{1}{EA}\sum_{j=1}^{10}\int_{l_j} N_{0j}\bar{N}_{1j}\,\mathrm{d}s_j = \frac{1}{EA}\left[0+\frac{F}{2}\frac{2a}{2}(-2-1)+\frac{F}{2}\frac{2a}{2}(1+2)+0+0\right.$$

$$\left.+\frac{1}{3}\frac{F}{2}(-1)\,2a+0+\frac{1}{3}\frac{F}{2}\,2a+\frac{1}{3}\frac{F}{4}\frac{1}{2}a+\frac{F}{4}\frac{a}{6}(1+1)\right] = \frac{Fa}{8EA},$$

$$\frac{1}{EA}\sum_{j=1}^{10}\int_{l_j}\bar{N}_{1j}^2\,\mathrm{d}s_j = \frac{1}{EA}\left[\frac{1}{3}4a2^2 + \frac{1}{3}4a\,(-2)^2 + \frac{1}{3}2a1^2 + \frac{1}{3}2a\,(-1)^2\right] = \frac{12a}{EA}.$$

Die letzte Beziehung ist bei der Auflösung so interpretiert worden, dass es sich um vier Stäbe (statt zehn) handelt, die ein einziges Schubblech einrahmen.

Wir erhalten nach einigen mathematischen Umformungen für die statisch Überzählige

$$X = -\frac{1}{96}\frac{F}{1+\dfrac{EA}{6\,Gt\,a}},$$

die zugleich die Lagerreaktion C darstellt. Das negative Vorzeichen kennzeichnet, dass die Lagerreaktion entgegen der eingeführten Einheitslast im 1-System wirkt.

b) Die horizontale Verschiebung des Knotens H stellt die Verschiebung in Richtung der äußeren Last F dar. Um diese Verschiebung mit dem Prinzip der virtuellen Kräfte zu bestimmen, führen wir eine Einheitslast in Richtung der Kraft F ein und nutzen den Reduktionssatz nach Gl. (7.17).

$$w_H = \frac{1}{EA} \sum_{j=1}^{10} \int_{l_j} N_j \bar{N}_{0j} \, ds_j + \frac{1}{Gt} \sum_{j=I}^{III} q_j \bar{q}_{0j} A_j \; .$$

Dabei stellen die Größen $\bar{N}_{0j}$ und $\bar{q}_{0j}$ die Schnittkraftgrößen des 0-Systems dar, in dem statt der Kraft F nun eine Einheitslast am gleichen Ort und in die gleiche Richtung wie die Kraft F wirkt. Die Größen N_j und q_j stellen die Normalkräfte und die Schubflüsse im bereits berechneten, realen System dar, für die gilt

$$N_j = N_{0j} + X\bar{N}_{1j} \; , \qquad q_j = q_{0j} + X\bar{q}_{1j} \; .$$

Beachten wir dies, folgt

$$\begin{aligned}
w_H &= \frac{1}{EA} \sum_{j=1}^{10} \int_{l_j} N_{0j} \bar{N}_{0j} \, ds_j + \frac{X}{EA} \sum_{j=1}^{10} \int_{l_j} \bar{N}_{1j} \bar{N}_{0j} \, ds_j \\
&\quad + \frac{1}{Gt} \sum_{j=I}^{III} q_{0j} \bar{q}_{0j} A_j + \frac{X}{Gt} \sum_{j=I}^{III} \bar{q}_{1j} \bar{q}_{0j} A_j \; .
\end{aligned} \tag{8.44}$$

Von den Summenformeln haben wir im Prinzip bereits diejenigen ermittelt, die mit der aus dem Aufgabenteil a) bekannten statisch Überzähligen X multipliziert werden, weil sich die überstrichenen Schnittreaktionen $\bar{N}_{0j}$ und $\bar{q}_{0j}$ des 0-Systems ergeben, wenn wir im 0-System nach Abb. 8.39 die Kraft F durch eine Einheitslast 1 ersetzen (vgl. die resultierenden Normalkraftverläufe nach Abb. 8.40). Demnach erhalten wir mit den Resultaten aus dem Aufgabenteil a)

$$\frac{1}{Gt} \sum_{j=I}^{III} \bar{q}_{0j} \bar{q}_{1j} A_j = 0 \; , \qquad \frac{1}{EA} \sum_{j=1}^{10} \int_{l_j} \bar{N}_{0j} \bar{N}_{1j} \, ds_j = \frac{a}{8 EA} \; .$$

Die beiden anderen Summen müssen wir berechnen. Mit den Schubflüssen q_{0I}, q_{0II} sowie q_{0III} nach dem Aufgabenteil a) und mit

$$\bar{q}_{0I} = \bar{q}_{0II} = \frac{1}{4a} \qquad \text{sowie} \qquad \bar{q}_{0III} = 0$$

resultiert

$$\frac{1}{Gt} \sum_{j=I}^{III} q_{0j} \bar{q}_{0j} A_j = \frac{1}{Gt} \left(2 a^2 q_{0I} \bar{q}_{0I} + 2 a^2 q_{0II} \bar{q}_{0II} + 0 \right) = \frac{F}{4 Gt} \; .$$

Wenn wir im Normalkraftverlauf für N_{0j} nach Abb. 8.40 die Kraft F durch eine Einheitslast ersetzen, erhalten wir $\bar{N}_{0j}$, womit wir die letzte Summe aus Gl. (8.44) bestimmen können zu

$$\frac{1}{EA} \sum_{j=1}^{10} \int_{l_j} N_{0j} \bar{N}_{0j} \, ds_j = \frac{53 \, F a}{24 \, EA} \; .$$

Die vertikale Verschiebung des Knotens H nach Gl. (8.44) ergibt sich dann zu

$$w_H = \frac{1}{24} \frac{F\,a}{6\,Gt\,a + EA} \left[5085 + 576\frac{EA}{Gt\,a} + 848\frac{EA}{Gt\,a} + 96\left(\frac{EA}{Gt\,a}\right)^2 \right] \frac{Gt\,a}{EA} \; .$$

L8.10/Lösung zur Aufgabe 8.10 – Kragarm als Schubwand- und Schubfeldträger

a) Bei einem Schubwandträger sind die Bleche so dünn, dass ihr Anteil im axialen Flächenmoment 2. Grades vernachlässigt werden kann. Wir berücksichtigen daher nur die Anteile der Gurte durch die Steiner-Anteile und erhalten

$$I_y = (A_1 + A_2 + A_3 + A_4)\left(\frac{a}{2}\right)^2 = \frac{3}{2}a^2 A = 1,7 \cdot 10^7\,\text{mm}^4 \; .$$

b.i) Unter der Voraussetzung, dass die Querkraft im Schubmittelpunkt angreift, können wir Gl. (4.2), d. h.

$$q_i = -Q_z \frac{S_{y_i}}{I_y} \quad \text{für} \quad i = 1,2,3 \tag{8.45}$$

verwenden. Wir gehen wegen dem negativen Vorzeichen davon aus, dass der Schubfluss am positiven Schnittufer berechnet wird. Außerdem kennzeichnen wir den Schubfluss in jedem Blech durch den Index i. Da sich diese Schubflüsse im Querschnitt nur infolge der Statischen Momente S_{y_i} ändern, ermitteln wir zuerst diese Statischen Momente.

Beim Schubwandträger sind im jeweiligen Blech die Statischen Momente konstant; sie ergeben sich einzig aus den Anteilen der Gurte. Es folgt daher mit einer Umfangskoordinate s, die im Gurt 1 startet und im Gegenuhrzeigersinn verläuft,

$$S_{y_1} = -\frac{a}{2}A = 3\cdot 10^4\,\text{mm}^3 \, , \qquad S_{y_2} = -\frac{3a}{2}A = 9\cdot 10^4\,\text{mm}^3$$

$$\text{und} \quad S_{y_3} = -\frac{a}{2}A = 3\cdot 10^4\,\text{mm}^3 = S_{y_1} \; .$$

Wir können somit die resultierenden Schubflüsse mit Gl. (8.45) angeben zu

$$q_1 = \frac{1}{3}\frac{Q_z}{a} = 10\,\frac{\text{N}}{\text{mm}} = q_3 \quad \text{und} \quad q_2 = \frac{Q_z}{a} = 30\,\frac{\text{N}}{\text{mm}} \; .$$

Die resultierenden Schubflüsse sind in Abb. 8.43a. dargestellt. Die Pfeile geben die positive Wirkrichtung an. Gemäß den Annahmen der Schubwandträgertheorie sind die Schubflüsse in den Blechen konstant. Aus dem Schubfluss im Blech 2 ergibt sich wegen $q_2\,a = 6\,\text{kN} = Q_z$ die in den Träger eingeleitete Querkraft. Die Kräfte aus den Schubflüssen q_1 und q_3 heben sich auf, so dass sich erwartungsgemäß keine Resultierende in y-Richtung ergibt.

b.ii) Die Normalkräfte in den Gurten berechnen wir über die Normalspannungsbeziehung (vgl. Gl. (3.26))

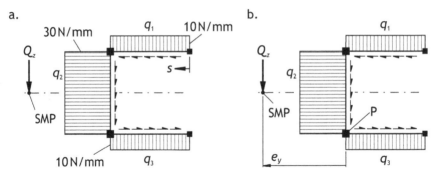

Abb. 8.43 a. Schubflussverläufe bei einem Querkraftangriff im Schubmittelpunkt SMP b. Verhältnisse zur Ermittlung des Schubmittelpunkts

$$\sigma_x = \frac{N}{A} - \frac{M_{bz}}{I_z}y + \frac{M_{by}}{I_y}z \,,$$

die gilt, wenn das y-z-Koordinatensystem das Hauptachsensystem - wie in unserem Fall - ist. Da keine Normalkraft N und kein Biegemoment M_{bz} um die z-Achse auftreten, reduziert sich die vorherige Gleichung zu

$$\sigma_x = \frac{M_{by}}{I_y}z \,.$$

Bei Bekanntheit des Biegemomentes M_{by} können wir demnach die Normalkräfte in den Gurten bestimmen, indem wir die mittlere Normalspannung im jeweiligen Gurt mit der Gurtfläche multiplizieren. Wir erhalten

$$N_i = \sigma_{x_i}A_i = \frac{M_{by}}{I_y}z_iA_i \quad \text{mit} \quad i = 1,2,3,4 \,.$$

Dabei stellt z_i die z-Koordinate des Mittelpunktes des jeweiligen Gurtes dar (vgl. Abb. 8.10). Es gilt

$$z_1 = z_2 = -\frac{a}{2} = -100\,\text{mm} \quad \text{und} \quad z_3 = z_4 = \frac{a}{2} = 100\,\text{mm} \,.$$

Es fehlt lediglich das Biegemoment M_{by}. Zu seiner Ermittlung betrachten wir einen Schnitt bei der Koordinate x nach Abb. 8.44. Der Einfachheit halber haben wir einzig das Biegemoment eingezeichnet. Das Momentengleichgewicht um den Schnitt am negativen Schnittufer liefert

$$M_{by} + Q_z(l-x) = 0 \quad \Leftrightarrow \quad M_{by} = -Q_z(l-x) \,.$$

Die Normalkräfte sind demnach linear von x abhängig und ergeben sich zu

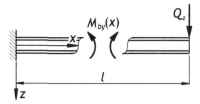

Abb. 8.44 Schnitt zur Bestimmung des Biegemomentes M_{by}

$$N_1 = \frac{l}{3a}\left(1 - \frac{x}{l}\right)Q_z\,, \qquad N_2 = \frac{2l}{3a}\left(1 - \frac{x}{l}\right)Q_z\,,$$

$$N_3 = -N_2 = -\frac{2l}{3a}\left(1 - \frac{x}{l}\right)Q_z \quad \text{und} \quad N_4 = -N_1 = -\frac{l}{3a}\left(1 - \frac{x}{l}\right)Q_z\,.$$

Mit Hilfe dieser Verläufe kann auch der am höchsten beanspruchte Bereich in den Gurten ermittelt werden. Die betragsmäßig größten Normalkräfte treten in der Einspannung auf. Es folgt

$$|N_1(x = l)| = |N_4(x = l)| = \frac{l}{3a}Q_z = 50\,\text{kN} = N_{\text{max}14}\,,$$

$$|N_2(x = l)| = |N_3(x = l)| = \frac{2l}{3a}Q_z = 100\,\text{kN} = N_{\text{max}23}\,.$$

Die Beanspruchung beschreiben wir mit den Normalspannungen. Daher beziehen wir die maximalen Normalkäfte noch auf die jeweilige Gurtfläche und erhalten

$$\sigma_{x\text{max}14} = \frac{N_{\text{max}14}}{A} \approx 166,67\,\text{MPa}\,, \qquad \sigma_{x\text{max}23} = \frac{N_{\text{max}23}}{2A} \approx 166,67\,\text{MPa}\,.$$

Demnach wird in der Einspannung in allen Gurten gleichzeitig die maximal zulässige Spannung erreicht. Der Sicherheitsfaktor gegen Fließen ergibt sich zu

$$S_F = \frac{\sigma_F}{\sigma_{x\text{max}14}} = \frac{\sigma_F}{\sigma_{x\text{max}23}} = 1,8\,.$$

c) Aufgrund der Symmetrie zur y-Achse befindet sich der Schubmittelpunkt auf der y-Achse. Eine Schubflussberechnung infolge einer Querkraft Q_y ist daher nicht erforderlich. Wir können also mit den im Aufgabenteil b.i) ermittelten Schubflüssen die Wirkungslinie der Querkraft Q_z bestimmen. Der Schnittpunkt mit der Symmetrielinie stellt dann den Schubmittelpunkt dar.

Um eine möglichst einfache Berechnung zu ermöglichen, wählen wir als Bezugspunkt den Mittelpunkt des unteren linken Gurtes, der in Abb. 8.43b. mit dem Punkt P gekennzeichnet ist. Die Momentengleichheit um diesen Punkt liefert

$$Q_z e_y = a^2 q_1 = \frac{1}{3}a Q_z \quad \Leftrightarrow \quad e_y = \frac{1}{3}a\,.$$

Die Koordinaten des Schubmittelpunkts ergeben sich unter Beachtung der geometrischen Verhältnisse nach den Abbn. 8.10 und 8.43b.

$$y_{\mathrm{SMP}} = \frac{2}{3}a = 133,33\,\mathrm{mm}\,, \quad z_{\mathrm{SMP}} = 0\,.$$

d.i) Wenn die Querkraft nicht im Schubmittelpunkt angreift, entsteht ein Torsionsmoment, das nur durch Schubflüsse in den Blechen aufgenommen werden kann. Wir bestimmen daher zuerst das auftretende Torsionsmoment. Hierzu betrachten wir Abb. 8.45. Wir haben den tatsächlichen Problemfall in eine Belastung durch eine Querkraft, die im Schubmittelpunkt angreift, und in eine durch ein Torsionsmoment T aufgeteilt. Das Torsionsmoment T entsteht bei der gedanklichen Aufteilung der Beanspruchung infolge einer reinen Querkraft- und einer reinen Torsionsbelastung. Die Torsionsbelastung wird durch das Verschieben der Querkraft Q_z vom Schubmittelpunkt in den tatsächlichen Angriffspunkt erzeugt. Wir erhalten daher

$$T = Q_z e_y = \frac{1}{3}aQ_z = 400\,\mathrm{kN}\,\mathrm{mm}\,.$$

Zu beachten ist dabei, dass hier der Einfachheit halber das Torsionsmoment positiv entgegen der positiven Drehrichtung angenommen ist.

Dieses Moment muss durch Schubflüsse in den Blechen aufgenommen werden, da die Normalkräfte in den Gurten kein Torsionsmoment produzieren können. Die Schubflüsse müssen allerdings der Bedingung genügen, dass sie keine resultierende Kraft erzeugen.

Wir definieren einen konstanten Schubfluss in jedem Blech (vgl. Abb. 8.46). Die Nummerierung entspricht der bereits zuvor gewählten. Zusätzlich fügen wir den Index T hinzu, um die Ursache der Schubflüsse zu kennzeichnen; denn sie entstehen durch das Torsionsmoment T.

Da keine resultierende Kraft durch die Schubflüsse erzeugt werden darf, formulieren wir die Kräftegleichgewichte in y- und z-Richtung

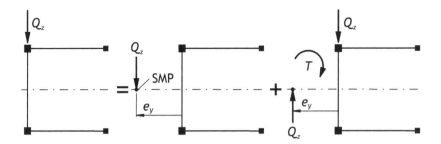

Abb. 8.45 Zerlegung des Belastungsfalls in eine reine Querkraft- (d. h. Kraftangriff im Schubmittelpunkt SMP) und in eine reine Torsionsbeanspruchung

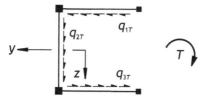

Abb. 8.46 Angenommene Schubflüsse q_{iT} zur Aufnahme des Torsionsmomentes T

$$\sum F_{iz} = 0 \quad \Leftrightarrow \quad a q_{2T} = 0 \quad \Leftrightarrow \quad q_{2T} = 0 \,,$$

$$\sum F_{iy} = 0 \quad \Leftrightarrow \quad a q_{1T} - a q_{3T} = 0 \quad \Leftrightarrow \quad q_{1T} = q_{3T} \,.$$

Im vertikalen Steg bzw. Blech entsteht somit infolge der Torsionsbeanspruchung kein Schubfluss, und die Schubflüsse in den horizontalen Blechen sind betragsmäßig gleich groß. Das Torsionsmoment wird folglich durch ein Kräftepaar in den horizontalen Blechen aufgenommen. Da das Torsionsmoment aus den Schubflüssen resultiert, formulieren wir die Momentengleichheit um den Mittelpunkt des unteren linken Gurtes

$$T = \frac{1}{3} a Q_z = -a^2 q_{1T} \quad \Leftrightarrow \quad q_{1T} = -\frac{1}{3} \frac{Q_z}{a} = -10 \frac{\text{N}}{\text{mm}} \,.$$

Das negative Vorzeichen kennzeichnet, dass der Schubfluss entgegen der positiv angenommenen Richtung wirkt.

Da die Querkraftbeanspruchung mit dem Angriffspunkt im Schubmittelpunkt nach dem Aufgabenteil b.i) bereits bekannt ist, können wir die resultierenden Schubflüsse q_{ires} superponieren. Es ergibt sich

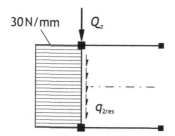

Abb. 8.47 Resultierender Schubflussverlauf bei Wirkungslinie der Querkraft Q_z durch vertikales Blech, d. h. bei Kraftangriff außerhalb des Schubmittelpunkts

$$q_{1res} = q_1 + q_{1T} = 10\,\frac{\text{N}}{\text{mm}} - 10\,\frac{\text{N}}{\text{mm}} = 0\,, \qquad q_{2res} = q_2 + q_{2T} = 30\,\frac{\text{N}}{\text{mm}}$$

$$\text{und} \quad q_{3res} = q_3 + q_{3T} = 10\,\frac{\text{N}}{\text{mm}} - 10\,\frac{\text{N}}{\text{mm}} = 0\,.$$

Der Schubflussverlauf ist in Abb. 8.47 skizziert. Die Bleche 1 und 3 sind beanspruchungsfrei.

d.ii) Um die Normalkräfte zu berechnen, wenn die Querkraft ihren Angriffspunkt gemäß Abb. 8.10 besitzt, nutzen wir den Hinweis in der Aufgabenstellung, wonach wir die einzelnen Komponenten des Trägers einzeln betrachten sollen. Hierzu erstellen wir eine Explosionszeichnung nach Abb. 8.48, in der wir alle auftretenden Kraftgrößen bei einem Schnitt an der Stelle mit der Koordinate x berücksichtigen. Wir beachten dabei, dass an den Rändern eines rechteckigen Blechs die Schubflüsse bzw. die Schubspannungen gleich bzw. konstant sind und keine Normalspannungen (Gesetz von der Gleichheit der Schubspannungen, vgl. Gl. (8.2)) auftreten.

Weil alle einzelnen Komponenten im Gleichgewicht sein müssen und wir den Schubfluss bereits berechnet haben, können wir den Verlauf der Normalkräfte entlang der Trägerachse x bestimmen. Die Gurte 1 und 4 sind nicht durch Schubflüsse belastet. Daher verschwinden auch die Normalkräfte

$$N_{1res} = 0 \quad \text{und} \quad N_{4res} = 0\,.$$

Das Kräftegleichgewicht in x-Richtung am Gurt 2 liefert

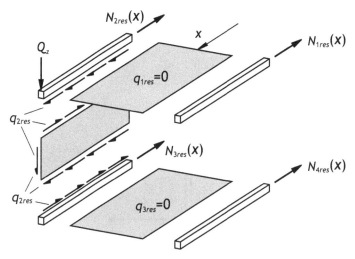

Abb. 8.48 Explosionszeichnung des Trägers für einen Schnitt bei der Koordinate x mit den wirkenden Kraftgrößen

$$(l-x)\,q_{2res} - N_{2res}(x) = 0 \quad \Leftrightarrow \quad N_{2res}(x) = q_2\,l\left(1 - \frac{x}{l}\right) = \frac{l}{a}\left(1 - \frac{x}{l}\right)Q_z\,.$$

In gleicher Weise erhalten wir für den Gurt 3

$$N_{3res}(x) = -q_2\,l\left(1 - \frac{x}{l}\right) = -\frac{l}{a}\left(1 - \frac{x}{l}\right)Q_z\,.$$

Die Normalkräfte in den Gurten 2 und 3 sind somit betragsmäßig gleich groß. Maximal werden sie in der Einspannung für $x = 0$

$$N_{max} = |N_{2res}(x=0)| = |N_{3res}(x=0)| = \frac{l}{a}Q_z = 150\,\text{kN}\,.$$

Die maximale Spannung tritt daher auch im Einspannbereich des Trägers auf und ergibt sich zu

$$\sigma_{max} = \frac{N_{max}}{2A} = 250\,\text{MPa}\,.$$

Die Sicherheit gegen Fließen beträgt somit

$$S_F = \frac{\sigma_F}{\sigma_{xmax}} = 1,2$$

und ist deutlich niedriger im Vergleich zu dem Fall, bei dem die Querkraft im Schubmittelpunkt angreift.

Kapitel 9
Mathematische Formeln und Ergänzungen

9.1 Gleitkommaarithmetik

Gewöhnlich treten in naturwissenschaftlichen Fragestellungen physikalische Größen auf, die sehr unterschiedliche Größenordnungen besitzen. Die Verknüpfung solcher Größen in Gleichungen führt bei der numerischen Auswertung zu Berechnungsfehlern, die durch die Endlichkeit der Darstellbarkeit von Zahlen in Rechenmaschinen bedingt sind.

Eine Form der Approximation, insbesondere von reellen Zahlen auf Rechenmaschinen stellt die Gleitkommaarithmetik dar, bei der jede Zahl x durch die Mantisse m und den Exponenten e gespeichert wird

$$x = m \cdot b^e \, .$$

Die Wahl der Basis b ist frei. Allerdings nutzen wir hier die Basis 10. Dann sprechen wir von dezimaler Gleitkommaarithmetik. Eine Zahl x wird damit überführt in

$$x = m \cdot 10^e \, .$$

Die Mantisse wird bei uns üblicherweise normalisiert, d. h. sie muss in einem bestimmten Wertebereich liegen. Wir verwenden normalerweise

$$1 \leq m < 10 \, .$$

Dadurch kann die verwendete Berechnungsgenauigkeit durch die Anzahl der zu speichernden Nachkommastellen der Mantisse festgelegt werden. Möchten wir also die Zahlen $\sqrt{2}$ und $\sqrt{200}$ in dezimaler Gleitkommaschreibweise darstellen, so folgt bei acht Nachkommastellen der Mantisse bzw. einer Genauigkeit von 10^{-8}

$$\sqrt{2} \approx 1,41421356 \cdot 10^0 \, ,$$

$$\sqrt{200} \approx 1,41421356 \cdot 10^1 \, .$$

© Springer-Verlag GmbH Deutschland 2018
M. Linke, *Aufgaben zur Festigkeitslehre für den Leichtbau*,
https://doi.org/10.1007/978-3-662-56149-2_9

Aus didaktischer Sicht werden numerische Auswertungen in diesem Buch durch diese Schreibweise leichter vergleichbar mit eigenen Berechnungen, insbesondere wenn sehr unterschiedlich große Zahlen in den Berechnungen miteinander verknüpft werden. Aus diesem Grunde wird in den Hinweisen einiger Aufgabenstellungen die Genauigkeit bei dezimaler Gleitkommaarithmetik angegeben, mit der in den korrespondierenden Musterlösungen gearbeitet wird. Aus wissenschaftlicher Sicht sollten im oben genannten Fall jedoch die Ergebnisse mit Vorsicht interpretiert werden, da infolge der Gleitkommaarithmetik relevante Berechnungsfehler (z. B. infolge von Überlauf, Unterlauf, Auslöschung, Ungültigkeit des Assoziativ- und Distributivgesetzes usw.) auftreten können (vgl. hierzu z. B. [3, S. 17ff.]), die das Berechnungsergebnis ingenieurwissenschaftlich unbrauchbar machen können.

9.2 Cardanische Formeln zur Nullstellenberechnung bei kubischen Gleichungen

Mit Hilfe der Cardanischen Formeln können die Nullstellen von reduzierten kubischen Gleichungen ermittelt werden. Benannt sind die Cardanischen Formeln nach dem Mathematiker Gerolamo Cardano (1501-1576, italienischer Arzt, Philosoph und Mathematiker).

In numerischen Berechnungen besitzen die Cardanischen Formeln heute keine praktische Relevanz mehr, weil Näherungslösungen wesentlich einfacher durch numerische Nullstellenverfahren (vgl. hierzu Abschnitt 9.3) ermittelt werden können. Da jedoch an ein paar Stellen dieses Buches analytische Lösungen von kubischen Gleichungen bestimmt werden, wird nachfolgend das Lösungsschema der Cardanischen Formeln vorgestellt. Eine ausführliche Darstellung der Lösung von u. a. kubischen Gleichungen findet sich in [4].

Die allgemeine kubische Gleichung

$$a_3 x^3 + a_2 x^2 + a_1 x + a_0 = 0$$

mit den reellwertigen Koeffizienten a_i wird auf die Normalform (mit $a_3 \neq 0$)

$$x^3 + \frac{a_2}{a_3} x^2 + \frac{a_1}{a_3} x + \frac{a_0}{a_3} = 0$$

gebracht. Durch die Substitution

$$x = z - \frac{a_2}{3 a_3} \tag{9.1}$$

verschwindet in der Normalform das quadratische Glied, und wir erhalten die sogenannte reduzierte Form

$$z^3 + p z + q = 0 \,.$$

Für die eingeführten Parameter gilt dabei

$$p = \frac{9\,a_3\,a_1 - 3\,a_2^2}{9\,a_3^2} \tag{9.2}$$

$$\text{und} \quad q = \frac{2\,a_2^3 - 9\,a_3\,a_2\,a_1 + 27\,a_3^2\,a_0}{27\,a_3^3}\,. \tag{9.3}$$

In der reduzierten Form substituieren wir weiter $z = u + v$, woraus folgt

$$z^3 + p\,z + q = u^3 + 3\,u^2\,v + 3\,u\,v^2 + v^3 + p\,(u+v) + q = 0\,.$$

Wir formen diese Gleichung wie folgt um

$$u^3 + v^3 + q + (3\,u\,v + p)\,(u+v) = 0\,.$$

Wenn nun

$$u^3 + v^3 + q = 0 \tag{9.4}$$

und

$$3\,u\,v + p = 0 \tag{9.5}$$

gilt, haben wir mit $z = u + v$ eine Lösung der kubischen Gleichung gefunden.

Wir formen den 2. Ausdruck wie folgt um $(u \neq 0)$

$$3\,u\,v + p = 0 \quad \Leftrightarrow \quad v = -\frac{p}{3\,u}\,,$$

und setzen diesen in den 1. Ausdruck ein. Dadurch resultiert

$$u^3 - \frac{p^3}{27\,u^3} + q = 0 \quad \Leftrightarrow \quad u^6 + q\,u^3 - \frac{p^3}{27} = 0\,,$$

Mit der Substitution $\bar{u} = u^3$ erhalten wir eine lösbare quadratische Gleichung

$$\bar{u}^2 + q\,\bar{u} - \frac{p^3}{27} = 0\,, \tag{9.6}$$

deren Lösung lautet

$$\bar{u}_{1,2} = -\frac{q}{2} \pm \sqrt{\frac{q^2}{4} + \frac{p^3}{27}} = -\frac{q}{2} \pm \sqrt{\left(\frac{q}{2}\right)^2 + \left(\frac{p}{3}\right)^3} = -\frac{q}{2} \pm \sqrt{\Delta}\,. \tag{9.7}$$

Die Diskriminante Δ besitzt dabei die folgende Abhängigkeit von den Koeffizienten a_i der allgemeinen kubischen Gleichung

$$\Delta = \frac{27\,a_3^2\,a_0^2 + 4\,a_2^3\,a_0 - 18\,a_3\,a_2\,a_1\,a_0 + 4\,a_3\,a_1^3 - a_2^2\,a_1^2}{108\,a_3^4}\,. \tag{9.8}$$

Analog zum Vorgehen für die Ermittlung von u bestimmen wir v. Es resultiert dann mit der Substitution $\bar{v} = v^3$

$$\bar{v}^2 + q\,\bar{v} - \frac{p^3}{27} = 0\,, \qquad\qquad (9.9)$$

deren Lösung lautet

$$\bar{v}_{1,2} = -\frac{q}{2} \pm \sqrt{\left(\frac{q}{2}\right)^2 + \left(\frac{p}{3}\right)^3} = -\frac{q}{2} \pm \sqrt{\Delta}\,. \qquad (9.10)$$

Da die Lösungen der kubischen Gleichung im Wesentlichen von der Diskriminante Δ abhängen, untersuchen wir hier die Lösbarkeit für die Fälle $\Delta = 0$, $\Delta > 0$ wie auch $\Delta < 0$. Der Verständlichkeit halber unterscheiden wir noch den Fall der verschwindenden Diskriminante für $p = 0$ und $p \neq 0$.

Fall $\Delta = 0$ und $p = 0$

In diesem Fall verschwindet q ebenfalls (vgl. die Gln. (9.7) und (9.10)). Wir erhalten nur die trivialen Substitutionen

$$\bar{u}_{1,2} = \bar{v}_{1,2} = 0\,,$$

die auch die Bedingungen gemäß den Gln. (9.4) und (9.5) erfüllen. Deshalb verschwindet auch z und eine dreifache Nullstelle resultiert

$$x_{1,2,3} = z - \frac{a_2}{3\,a_3} = -\frac{a_2}{3\,a_3}\,.$$

Fall $\Delta = 0$ und $p \neq 0$

In diesem Fall gilt auch $q \neq 0$ (vgl. die Gln. (9.7) und (9.10)). Für die gewählten Substitutionen resultieren jeweils zwei doppelte Nullstellen

$$\bar{u}_{1,2} = \bar{v}_{1,2} = -\frac{q}{2}\,,$$

woraus folgt

$$u_1 = v_1 = \sqrt[3]{-\frac{q}{2}}\,, \qquad u_2 = v_2 = \underbrace{\sqrt[3]{-\frac{q}{2}}}_{=u_1}\left(-\frac{1}{2} + \frac{\sqrt{3}}{2}\,i\right)\,,$$

$$u_3 = v_3 = \underbrace{\sqrt[3]{-\frac{q}{2}}}_{=u_1}\left(-\frac{1}{2} - \frac{\sqrt{3}}{2}\,i\right)\,.$$

Den Imaginärteil einer komplexen Zahl kennzeichnen wir dabei mit i. Angemerkt sei zudem, dass u_3 und v_3 die konjugiert komplexen Zahlen zu u_2 und v_2 sind.

Weil sich z aus der Summe eines u_i- und eines v_i-Wertes zusammensetzt, kann es theoretisch insgesamt neun Lösungen für z geben. Von diesen Kombinationsmöglichkeiten erfüllen allerdings nur die Lösungen $z_1 = u_1 + v_1$ und $z_{2,3} = u_2 + v_3 = u_3 + v_2$ die Bedingung nach Gl. (9.5). Setzen wir dies in Gl. (9.1) ein, erhalten wir

$$x_1 = z_1 - \frac{a_2}{3\,a_3} = u_1 + v_1 - \frac{a_2}{3\,a_3} = \sqrt[3]{-4q} - \frac{a_2}{3\,a_3} = -\sqrt[3]{4q} - \frac{a_2}{3\,a_3} \ ,$$

$$x_{2,3} = z_{2,3} - \frac{a_2}{3\,a_3} = u_2 + v_3 - \frac{a_2}{3\,a_3} = \sqrt[3]{\frac{q}{2}} - \frac{a_2}{3\,a_3} \ .$$

Es handelt sich also um eine einfach reelle und eine doppelt reelle Lösung.

Fall $\Delta > 0$

In diesem Fall handelt es sich bei $\bar{u}_{1,2}$ und $\bar{v}_{1,2}$ nach den Gln. (9.7) und (9.10) um reelle Lösungen der Gln. (9.6) und (9.9). Folglich führen die Rücksubstitutionen auf

$$u_1^+ = v_1^+ = \sqrt[3]{-\frac{q}{2} + \sqrt{\Delta}} \ , \qquad u_1^- = v_1^- = \sqrt[3]{-\frac{q}{2} - \sqrt{\Delta}} \ ,$$

$$u_2^+ = v_2^+ = u_1^+ \left(-\frac{1}{2} + \frac{\sqrt{3}}{2} i \right) , \qquad u_2^- = v_2^- = u_1^- \left(-\frac{1}{2} + \frac{\sqrt{3}}{2} i \right) ,$$

$$u_3^+ = v_3^+ = u_1^+ \left(-\frac{1}{2} - \frac{\sqrt{3}}{2} i \right) , \qquad u_3^- = v_3^- = u_1^- \left(-\frac{1}{2} - \frac{\sqrt{3}}{2} i \right) .$$

Hierbei haben wir insbesondere berücksichtigt, dass durch das Vorzeichen vor der inneren Wurzel jeweils zwei Lösungen existieren. Das unterschiedliche Vorzeichen kennzeichnen wir dabei durch das hochgestellte Vorzeichen $^+$ oder $^-$ bei u_i und v_i.

Die Bedingungen nach den Gln. (9.4) und (9.5) werden nur von den Lösungen $z_1 = u_1^+ + v_1^- = u_1^- + v_1^+, z_2 = u_2^+ + v_3^- = u_3^- + v_2^+, z_3 = u_3^+ + v_2^- = u_2^- + v_3^+$ erfüllt. Es folgt

$$x_1 = \sqrt[3]{-\frac{q}{2} + \sqrt{\Delta}} + \sqrt[3]{-\frac{q}{2} - \sqrt{\Delta}} - \frac{a_2}{3\,a_3} = u_1^+ + v_1^- - \frac{a_2}{3\,a_3} \ ,$$

$$x_{2,3} = -\frac{1}{2} \left(u_1^+ + v_1^- \right) \pm \frac{\sqrt{3}}{2} \left(u_1^+ - v_1^- \right) i - \frac{a_2}{3\,a_3} \ .$$

Es existieren somit eine reelle Lösung und zwei konjugiert komplexe Lösungen.

Fall $\Delta < 0$

In diesem Fall müssen wir die 3. Wurzel aus einer komplexen Zahl ziehen. Es gilt mit $\bar{\Delta} = -\Delta > 0$

$$-\frac{q}{2} \pm \sqrt{\Delta} = -\frac{q}{2} \pm \sqrt{(-1)(-\Delta)} = -\frac{q}{2} \pm i\sqrt{\bar{\Delta}} \ .$$

Dies formulieren wir gemäß dem Satz von Moivre (vgl. [6, S. 673ff.]) um. Es gilt

$$-\frac{q}{2} \pm i\sqrt{\bar{\Delta}} = r\left(\cos\varphi \pm i\sin\varphi\right) \ .$$

Der Betrag der komplexen Zahl ist

$$r = \sqrt{\left(-\frac{q}{2}\right)^2 + \left(\pm\sqrt{\bar{\Delta}}\right)^2} = \sqrt{\frac{q^2}{4} - \frac{q^2}{4} - \frac{p^3}{27}} = \sqrt{-\frac{p^3}{27}} \; . \qquad (9.11)$$

Der Radikand ist dabei wegen

$$\Delta = \frac{q^2}{4} + \frac{p^3}{27} < 0 \quad \Leftrightarrow \quad \frac{p^3}{27} < -\frac{q^2}{4} \quad \Rightarrow \quad p < 0$$

stets positiv bzw. größer null.

Die trigonometrischen Funktionen ergeben sich aus

$$\cos\varphi = -\frac{q}{2r} \; , \quad \sin\varphi = -\frac{1}{r}\sqrt{-\frac{q^2}{4} - \frac{p^3}{27}} \; . \qquad (9.12)$$

Wegen

$$re^{\pm i\varphi} = r(\cos\varphi \pm i\sin\varphi)$$

benötigen wir allerdings den Winkel φ im mathematisch positiven Sinn, den wir über den Quadranten, in dem der Zeiger der komplexen Zahl in der Gaußschen Zahlenebene liegt, ermitteln (vgl. hierzu insbesondere [6, S. 649ff.]). Damit können wir die 3. Wurzel ziehen. Es folgt

$$\sqrt[3]{-\frac{q}{2} \pm i\sqrt{\bar{\Delta}}} = \sqrt[3]{r}\, e^{\pm i\frac{\varphi}{3}} \; .$$

Die Rücksubstitionen führen jetzt mit $k = 1, 2, 3$ auf

$$u_k^+ = v_k^+ = \sqrt[3]{r}\, e^{i\frac{1}{3}(\varphi + 2\pi k)} \; , \quad u_k^- = v_k^- = \sqrt[3]{r}\, e^{-i\frac{1}{3}(\varphi + 2\pi k)} \; .$$

Dabei haben wir wieder beachtet, dass insgesamt drei Lösungen beim Ziehen der 3. Wurzel resultieren, die sich in der Gaußschen Zahlenebene durch Drehung des komplexen Zeigers um jeweils 120° bzw. $\frac{2\pi}{3}$ ergeben.

Da sich die Lösungen für u_i und v_i im Vorzeichen des Imaginärteils unterscheiden müssen, um die Bedingungen nach den Gln. (9.4) und (9.5) zu erfüllen, sind nur $z_1 = u_1^+ + v_1^- = u_1^- + v_1^+$, $z_2 = u_2^+ + v_2^- = u_2^- + v_2^+$, $z_3 = u_3^+ + v_3^- = u_3^- + v_3^+$ Lösungen der kubischen Gleichung in der reduzierten Form. Es resultiert demnach

$$z_1 = u_1^+ + v_1^- = \sqrt[3]{r}\left(\cos\frac{\varphi}{3} + i\sin\frac{\varphi}{3}\right) + \sqrt[3]{r}\left(\cos\frac{\varphi}{3} - i\sin\frac{\varphi}{3}\right) = 2\sqrt[3]{r}\cos\frac{\varphi}{3} \; .$$

Analog erhalten wir

$$z_2 = 2\sqrt[3]{r}\cos\left(\frac{\varphi}{3} + \frac{2\pi}{3}\right) \; , \quad z_3 = 2\sqrt[3]{r}\cos\left(\frac{\varphi}{3} + \frac{4\pi}{3}\right) \; .$$

Die drei Lösungen der ursprünglichen Gleichung sind somit

$$x_k = 2\sqrt[3]{r}\cos\left(\frac{\varphi}{3} + \frac{k\pi}{3}\right) - \frac{a_2}{3a_3} \quad \text{mit} \quad k = 0, 2, 4 \; . \qquad (9.13)$$

9.2.1 Nullstellenberechnung zur Aufgabe 3.10

In der Aufgabe 3.10 werden Lösungen für die zwei kubischen Gleichungen (3.56) und (3.57) gesucht. Es handelt sich dabei um die Suche nach waagerechten Tangenten an die Flügelbiegelinie in den Bereichen 1 und 2 des Flügels nach Abb. 3.10.

Bereich 1 - Bereich zwischen Rumpf und Flügelstütze

Wir lesen zunächst aus der Beziehung nach Gl. (3.56)

$$\frac{x^3}{l^3} - \frac{3x^2}{l^2}\left(1 - \frac{l}{2l_1}\right) - \frac{6EI_y w_S}{q_L l_1 l^3} - \frac{l_1}{4l}\left(2 - 4\frac{l_1}{l} + \frac{l_1^2}{l^2}\right) = 0$$

die Koeffizienten a_i ab

$$a_3 = \frac{1}{l^3}, \quad a_2 = -\frac{3}{l^2}\left(1 - \frac{l}{2l_1}\right), \quad a_1 = 0,$$

$$a_0 = -\frac{6EI_y w_S}{q_L l_1 l^3} - \frac{l_1}{4l}\left(2 - 4\frac{l_1}{l} + \frac{l_1^2}{l^2}\right).$$

Wir erhalten dann

$$\Delta = \frac{1}{4}\frac{a_0^2}{a_3^2} + \frac{1}{27}\frac{a_2^3 a_0}{a_3^4} = \frac{1}{4}\left[\frac{6EI_y w_S}{q_L l_1} + \frac{l_1 l^2}{4}\left(2 - 4\frac{l_1}{l} + \frac{l_1^2}{l^2}\right)\right]^2$$

$$+ l^3\left(1 - \frac{l}{2l_1}\right)^3\left[\frac{6EI_y w_S}{q_L l_1} + \frac{l_1 l^2}{4}\left(2 - 4\frac{l_1}{l} + \frac{l_1^2}{l^2}\right)\right] \approx 1,83170151 \cdot 10^{18}\,\text{mm}^6,$$

Wegen $\Delta > 0$ besitzt die kubische Gleichung eine reelle Lösung und zwei komplexe Lösungen. Die reelle Lösung ergibt sich mit

$$q = \frac{2}{27}\frac{a_2^3}{a_3^3} + \frac{a_0}{a_3} = -2l^3\left(1 - \frac{l}{2l_1}\right)^3 - \frac{6EI_y w_S}{q_L l_1} - \frac{l_1 l^2}{4}\left(2 - 4\frac{l_1}{l} + \frac{l_1^2}{l^2}\right)$$

$$\approx -2,72718327 \cdot 10^9\,\text{mm}^3$$

zu

$$x_1 = \sqrt[3]{-\frac{q}{2} + \sqrt{\Delta}} + \sqrt[3]{-\frac{q}{2} - \sqrt{\Delta}} - \frac{a_2}{3a_3} \approx 1062,18\,\text{mm}.$$

Da die komplexen Lösungen x_2 und x_3 hier nicht von Interesse sind, berechnen wir diese nicht. Angemerkt sei, dass die Nutzung der Cardanischen Formeln in numerischen Berechnungen i. Allg. wesentlich aufwendiger ist, als ein numerisches Nullstellenverfahren zu verwenden.

Bereich 2 - Außenflügelbereich

Gl. (3.57) formulieren wir so um, dass wir die Koeffizienten a_i ablesen können

$$(1-\xi)^3 = 1 - 3\xi + 3xi^2 - \xi^3 = -\frac{6EI_y\,w_S}{q_L\,l^3\,l_1} + 1 - \frac{2\,l_1}{l} + \frac{l_1^2}{l^2} - \frac{l_1^3}{4\,l^3}$$

$$\Leftrightarrow \quad \xi^3 - 3\xi^2 + 3\xi - \frac{6EI_y\,w_S}{q_L\,l^3\,l_1} - \frac{2\,l_1}{l} + \frac{l_1^2}{l^2} - \frac{l_1^3}{4\,l^3} = 0\,.$$

Demnach gilt

$$a_3 = 1\,, \quad a_2 = -3\,, \quad a_1 = 3\,,$$

$$a_0 = -\frac{6EI_y\,w_S}{q_L\,l^3\,l_1} - \frac{2\,l_1}{l} + \frac{l_1^2}{l^2} - \frac{l_1^3}{4\,l^3} \approx -7{,}00209967 \cdot 10^{-1}\,.$$

Für die Diskriminante erhalten wir daher

$$\Delta = \frac{27\,a_3^2\,a_0^2 + 4\,a_2^3\,a_0 - 18\,a_3\,a_2\,a_1\,a_0 + 4\,a_3\,a_1^3 - a_2^2\,a_1^2}{108\,a_3^4}$$

$$= \frac{1}{4}\left(a_0^2 + 2\,a_0 + 1\right) \approx 2{,}24685160 \cdot 10^{-2}\,.$$

Weil die Diskriminante größer null ist, weist die kubische Gleichung eine reelle Lösung und zwei komplexe Lösungen auf. Die reelle Lösung berechnen wir mit

$$q = \frac{2\,a_2^3 - 9\,a_3\,a_2\,a_1 + 27\,a_3^2\,a_0}{27\,a_3^3} = 1 + a_0 \approx 2{,}99790033 \cdot 10^{-1}$$

zu

$$\xi_1 = \sqrt[3]{-\frac{q}{2} + \sqrt{\Delta}} + \sqrt[3]{-\frac{q}{2} - \sqrt{\Delta}} - \frac{a_2}{3\,a_3} \approx 3{,}30723263 \cdot 10^{-1}\,.$$

Daraus ergibt sich die gesuchte Stelle zu

$$x_1 = l\,\xi_1 = 1818{,}98\,\text{mm}\,.$$

Weil die beiden komplexen Nullstellen ξ_2 und ξ_3 hier nicht von praktischem Nutzen sind, verzichten wir auf deren Bestimmung.

9.2.2 Nullstellenberechnung zur Aufgabe 6.7

In der Aufgabe 6.7 stellen die Nullstellen der kubischen Gleichungen (6.29) Stabilitätslasten dar, die nach der Aufgabenstellung gesucht sind. Der Lösungsweg zur Bestimmung dieser Nullstellen ist nachfolgend auf der Basis der Cardanischen Formeln beschrieben.

Die zu lösende Gleichung lautet

$$a_3\,F^3 + a_2\,F^2 + a_1\,F + a_0 = 0$$

mit den Koeffizienten nach den Gln. (6.30) bis (6.33)

$$a_3 \approx 2,08333333 \cdot 10^3 \, \text{mm}^2 \, , \qquad a_2 \approx -8,94502004 \cdot 10^8 \, \text{N} \, \text{mm}^2 \, ,$$

$$a_1 \approx 7,72622580 \cdot 10^{13} \, \text{N}^2 \, \text{mm}^2 \, , \qquad a_0 \approx -1,52302305 \cdot 10^{18} \, \text{N}^3 \, \text{mm}^2 \, .$$

Der Einfachheit halber verwenden wir hier die numerischen Werte.

Wir stellen zunächst fest, um welchen Fall der Cardanischen Formeln es sich handelt. Dazu ermitteln wir die Diskriminante Δ nach Gl. (9.8)

$$\Delta = \frac{27 \, a_3^2 \, a_0^2 + 4 \, a_2^3 \, a_0 - 18 \, a_3 \, a_2 \, a_1 \, a_0 + 4 \, a_3 \, a_1^3 - a_2^2 \, a_1^2}{108 \, a_3^4}$$

$$\approx -1,21908817 \cdot 10^{29} \, \text{N}^6 < 0 \, .$$

Wir müssen somit den Fall $\Delta < 0$ beachten, bei dem drei reelle Lösungen F_k nach Gl. (9.13) auftreten (was auch aus ingenieurwissenschaftlicher Sicht zu erwarten ist)

$$F_k = 2 \sqrt[3]{r} \cos\left(\frac{\varphi}{3} + \frac{k \pi}{3} \right) - \frac{a_2}{3 \, a_3} \qquad \text{mit} \qquad k = 0, 2, 4 \, .$$

Unter Berücksichtigung von Gl. (9.2)

$$p = \frac{9 \, a_3 \, a_1 - 3 \, a_2^2}{9 \, a_3^2} \approx -2,43643949 \cdot 10^{10} \, \text{N}^2$$

gilt für r nach Gl. (9.11)

$$r = \sqrt{-\frac{p^3}{27}} \approx 7,31899690 \cdot 10^{14} \, \text{N}^3 \, .$$

Den Winkel φ bestimmen wir aus den Cosinus- und Sinus-Anteilen gemäß Gl. (9.12). Wir müssen also beachten, in welchem Quadranten der Gaußschen Zahlenebene der korrespondierende Zeiger der komplexen Zahl liegt. Mit

$$q = \frac{2 \, a_2^3 - 9 \, a_3 \, a_2 \, a_1 + 27 \, a_3^2 \, a_0}{27 \, a_3^3} \approx -1,28649653 \cdot 10^{15} \, \text{N}^3$$

nach Gl. (9.3) erhalten wir

$$\cos \varphi = -\frac{q}{2 \, r} \approx 0,878874898 \, ,$$

$$\sin \varphi = -\frac{1}{r} \sqrt{-\frac{q^2}{4} - \frac{p^3}{27}} \approx -0,477052317 \, .$$

Der Zeiger befindet sich somit im 4. Quadranten. Wir können also setzen

$$\varphi = \arctan\left(\frac{-0,4770523172}{0,878874898} \right) \approx -0,497297722 \approx -28,4931° \, .$$

Damit können wir die Stabilitätslasten ermitteln zu

$$F_1 \approx 320,89\,\text{kN}\,, \quad F_2 \approx 79993\,\text{N}\,, \quad F_3 \approx 28480\,\text{N}\,.$$

9.3 Numerische Nullstellensuche - Sekantenverfahren

Zur Lösung mehrerer Aufgaben in diesem Buch ist es erforderlich, Nullstellen von
Gleichungen zu bestimmen, die entweder gar nicht oder nur sehr aufwendig mit algebraischen Lösungsverfahren ermittelt werden können. Einen einfacheren Zugang
zur Lösung erhält man dann häufig mit numerischen Methoden. Aus diesem Grunde
stellen wir hier eine anschauliche Methode, das sogenannte Sekantenverfahren zur
Ermittlung von Nullstellen dar. Dieses Verfahren sowie weitere Nullstellenverfahren
sind beispielsweise in [3, S. 149ff.] ausführlicher beschrieben.

Der Nullstellensuche liegt die folgende Gleichung zugrunde

$$f(x) = 0\,.$$

Wir gehen davon aus, dass die Funktion $f(x)$ auf einem abgeschlossenen Intervall
$[a_n, b_n]$, in dem die gesuchte Nullstelle existiert, stetig ist. Darüber hinaus haben wir
die Nullstelle so weit eingegrenzt, dass der Funktionswert $f(x = a_n)$ im linken Endpunkt des Intervalls ein anderes Vorzeichen besitzt als der Funktionswert $f(x = b_n)$
im rechten Endpunkt des Intervalls. Somit muss die Funktion mindestens einmal
die Abszisse kreuzen, da aufgrund der Stetigkeit der Kurvenverlauf von $f(x)$ keine
Sprünge aufweist. Das heißt also, die Funktion $f(x)$ besitzt mindestens eine Nullstelle im Intervall (a_n, b_n). Exemplarisch ist in Abb. 9.1 eine solche stetige Funktion
$f(x)$ skizziert.

Wir legen die Sekante $g(x)$ durch die Endpunkte des Intervalls und erhalten

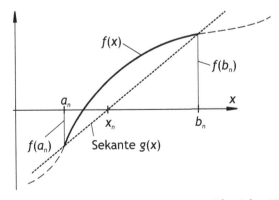

Abb. 9.1 Stetige Funktion $f(x)$ auf dem abgeschlossenen Intervall $[a_n, b_n]$ und Sekante $g(x)$ durch
die Endpunkte des Intervalls

$$g(x) = f(a_n) + \frac{f(b_n) - f(a_n)}{b_n - a_n}\, x\,.$$

Dadurch können wir die gesuchte Nullstelle annähern, und zwar indem wir die Funktion der Sekante zu null setzen. Es folgt die Stelle x_n der Approximation

$$g(x_n) = 0 \quad \Leftrightarrow \quad x_n = -\frac{b_n - a_n}{f(b_n) - f(a_n)}\, f(a_n)\,.$$

Unter Berücksichtigung von $f(b_n) = g(b_n)$ resultiert die üblicherweise verwendete Beziehung des Sekantenverfahrens in Abhängigkeit der Intervallgrenzen

$$x_n = b_n - \frac{b_n - a_n}{f(b_n) - f(a_n)}\, f(b_n)\,. \tag{9.14}$$

Die Stelle x_n spiegelt zugleich den Fehler der Approximation wider, da wir eine Nullstelle suchen. Wir müssen also das Sekantenverfahren so lange weiter ausführen, bis wir die gewünschte Berechnungsgenauigkeit ε noch nicht unterschritten haben, d. h. bis gilt

$$|x_n| \leq \varepsilon\,.$$

Ist die Berechnungsgenauigkeit noch nicht erreicht, müssen wir das resultierende verkleinerte Intervall ermitteln, in dem die Nullstelle zu finden ist bzw. in dem ein Vorzeichenwechsel bzgl. des Funktionswertes vorliegt. Dann können wir erneut das Sekantenverfahren anwenden.

In dem Beispiel nach Abb. 9.1 tritt der Vorzeichenwechsel im Intervall $[a_n, x_n]$ auf. Dies ist beispielsweise durch $f(a_n) \cdot f(x_n) < 0$ numerisch leicht feststellbar. Das Intervall stellt somit für den nächsten Iterationsschritt die Basis von Gl. (9.14) dar. Die Lösung des nächsten Iterationsschrittes ist in Abb. 9.2 skizziert. Es ist gut zu erkennen, dass sich die gefundene Stelle der gesuchten Nullstelle annähert.

Alternativ zu der Schreibweise mit Hilfe der Intervallgrenzen a_n und b_n findet

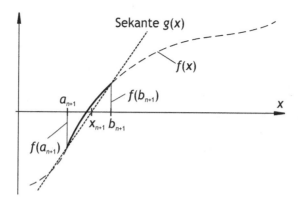

Abb. 9.2 Zweite Approximation der Nullstelle der Funktion $f(x)$

man häufig eine, bei der die Intervallgrenzen durch Näherungen x_i berücksichtigt sind. Dann wird aus Gl. (9.14)

$$x_{n+1} = x_n - \frac{x_n - x_{n-1}}{f(x_n) - f(x_{n-1})} \, f(x_n) \, . \tag{9.15}$$

Gestartet wird mit den Stellen x_0 und x_1, die die Grenzen des Intervalls im ersten Iterationsschritt darstellen.

Hinsichtlich der Lösbarkeit mit dem Sekantenverfahren ist anzumerken, dass die Nullstelle nicht notwendigerweise in einem Intervall eingegrenzt werden muss. Wir werden allerdings für die hier untersuchten Fälle so verfahren. Außerdem ist aufgrund des geforderten Vorzeichenwechsels das Auffinden von Nullstellen, die zugleich Extrempunkte darstellen, nicht möglich. Für eine detailliertere Darstellung des Sekantenverfahrens sei daher an dieser Stelle auf entsprechende Literatur wie [3, S. 164ff.] verwiesen.

9.3.1 Nullstellenberechnung zur Aufgabe 6.3

Die in der Aufgabe 6.3 gemäß Gl. (6.10) mit Hilfe des Sekantenverfahrens zu lösende Gleichung lautet

$$\sin(x) - x\cos(x) = 0 \, . \tag{9.16}$$

Der Übersichtlichkeit halber haben wir $\omega l = x$ gesetzt.

Wir grenzen zunächst den sinnvollen Bereich für die Nullstellensuche ein, indem wir die erste Nullstelle für die Funktion auf der linken Seite von Gl. (9.16) abschätzen. Wenn wir die Funktionen $f_1(x) = \sin(x)$ und $f_2(x) = x\cos(x)$ definieren, so können wir das Nullstellenproblem nach Gl. (9.16) zu einer Suche von Schnittpunkten zwischen den Funktionen f_1 und f_2 umformulieren

$$\sin(x) - x\cos(x) = f_1(x) - f_2(x) = 0 \quad \Leftrightarrow \quad f_1(x) = f_2(x) \, .$$

Eine grafische Auswertung dieser Gleichung findet sich in Abb. 9.3. Da wir die erste Nullstelle für $\omega l = x > 0$ suchen, ist die Abszisse nur bis $\frac{5}{2}\pi$ dargestellt.

Weil die Funktion $f_1(x)$ ab $x = \pi$ negativ wird und $f_2(x)$ bis $x = \frac{3}{2}\pi$ ebenfalls ein negatives Vorzeichen besitzt, wird sich die gesuchte Nullstelle im Bereich $\pi < x < \frac{3}{2}\pi$ befinden. Für das Sekantenverfahren verwenden wir daher die Grenzen dieses Bereichs als Startwerte $x_0 = \pi$ und $x_1 = \frac{3}{2}\pi$. Die Nullstelle wird mit einer Genauigkeit von 10^{-3} bzw. von drei Nachkommastellen der Mantisse bei dezimaler Gleitkommaarithmetik (vgl. Abschnitt 9.1) ermittelt. Mit dem Sekantenverfahren ergibt sich die geschätzte Nullstelle nach Gl. (9.15), d. h. aus

$$x_{n+1} = x_n - \frac{x_n - x_{n-1}}{f(x_n) - f(x_{n-1})} f(x_n) \, .$$

Der Übersichtlichkeit halber sind die sich ergebenden Werte in den ersten drei Zei-

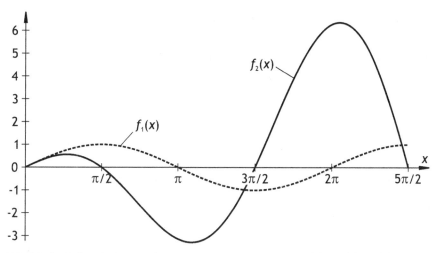

Abb. 9.3 Grafische Abschätzung des Bereichs, in dem die Funktion $f(x) = f_1(x) - f_2(x)$ für $x > 0$ ihre erste Nullstelle besitzt

Tab. 9.1 Iterationsergebnisse bei der Nullstellensuche mit dem Sekantenverfahren

i	0	1	2	3	4
x_i	$\pi \approx 3,142$	$\frac{3}{2}\pi \approx 4,712$	$4,333$	$4,486$	$4,493$
$f(x_i)$	$\pi \approx 3,142$	$-1,000$	$6,760 \cdot 10^{-1}$	$3,303 \cdot 10^{-2}$	$8,042 \cdot 10^{-4}$
1. Sekante	x_{n-1}	x_n	x_{n+1}		
2. Sekante		x_n	x_{n-1}	x_{n+1}	
3. Sekante		x_n		x_{n-1}	x_{n+1}

len von Tab. 9.1 definiert. In den weiteren Zeilen sind die Stützstellen der jeweiligen Sekante markiert.

Die Berechnung wird nach der dritten Iteration abgebrochen, da der Funktionswert $f(x_4) = 8,042 \cdot 10^{-4}$ die geforderte Genauigkeit von 10^{-3} unterschreitet. Es resultiert somit die gesuchte Nullstelle bei der vorgegebenen Genauigkeit zu

$$\omega l = x = 4,493 \, .$$

9.3.2 Nullstellenberechnung zur Aufgabe 6.4

In der Aufgabe 6.4 ist das Sekantenverfahren auf die Gleichung

$$\sin^2(x) - x\sin(2x) = 0 \qquad (9.17)$$

anzuwenden. Der Übersichtlichkeit halber haben wir dabei ζl durch x ersetzt (vgl. Gl. (6.19)).

Im ersten Schritt schätzen wir ab, in welchem Bereich die erste Nullstelle von Gl. (9.17) auftritt. Hierzu nutzen wir eine grafische Darstellung der Funktionen $f_1(x) = \sin^2(x)$ und $f_2(x) = x\sin(2x)$; denn der Schnittpunkt dieser Funktionen markiert die gesuchte Nullstelle wegen

$$\sin^2(x) - x\sin(2x) = 0 \qquad \Leftrightarrow \qquad f_1(x) = f_2(x)\,.$$

Die grafische Darstellung beider Funktionen findet sich in Abb. 9.4. Anzumerken ist dabei, dass für kleine Werte von x die Funktion f_2 immer größer als f_1 ist, d. h. es gilt für $0 < x < \frac{\pi}{4}$

$$f_1(x) < f_2(x)\,.$$

Daher tritt die erste Nullstelle im Bereich $\frac{\pi}{4} < x < \frac{\pi}{2}$ auf (vgl. Abb. 9.4). Unsere Anfangsnäherungen wählen wir daher zu $x_0 = \frac{\pi}{4}$ und $x_1 = \frac{\pi}{2}$. Die Nullstelle berechnen wir mit einer numerischen Genauigkeit von 10^{-4}. Folglich tritt der Approximationsfehler in der vierten Nachkommastelle der Mantisse bei dezimaler Gleitkom-

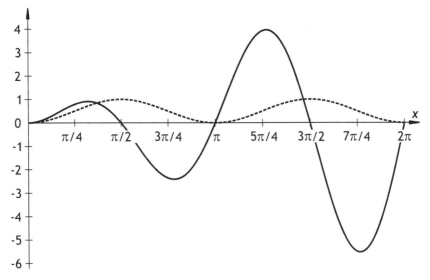

Abb. 9.4 Grafische Abschätzung des Bereichs, in dem die Funktion $f(x) = f_1(x) - f_2(x)$ für $x > 0$ ihre erste Nullstelle besitzt

Tab. 9.2 Iterationsergebnisse bei der Nullstellensuche mit dem Sekantenverfahren

i	x_{n-1}	$f(x_{n-1})$ $\cdot 10^4$	x_n	$f(x_n)$ $\cdot 10^4$	x_{n+1}	$f(x_{n+1})$ $\cdot 10^4$
1	0,78540	−2311,3	1,5708	10000	0,95978	−2854,0
2	0,95978	−2854,0	1,5708	10000	1,0745	−1265,8
3	1,0745	−1265,8	1,5708	10000	1,1303	−536,88
4	1,1303	−536,88	1,5708	10000	1,1527	−202,68
5	1,1527	−202,68	1,5708	10000	1.1610	−72,781
6	1,1610	−72,781	1,5708	10000	1,1640	−25,023
7	1,1640	−25,023	1,5708	10000	1,1650	−9,0080
8	1,1650	−9,0080	1,5708	10000	1,1654	−2,5888
9	1,1654	−2,5888	1,5708	10000	1,1655	−0,98286

maarithmetik (vgl. Abschnitt 9.1) auf. Wir verwenden das Sekantenverfahren nach Gl. (9.15), d. h. mit Hilfe von

$$x_{n+1} = x_n - \frac{x_n - x_{n-1}}{f(x_n) - f(x_{n-1})} f(x_n)$$

bestimmen wir eine genäherte Nullstelle.

Die jeweiligen Berechnungswerte sind übersichtlich in Tab. 9.2 dargestellt. Die Nullstelle lautet

$$x = \zeta l = 1,1655 .$$

9.4 Mathematische Ergänzungen

9.4.1 Bestimmung der Integrationskonstanten in Aufgabe 5.13

Aus den Rand- und Übergangsbedingungen in der Aufgabe 5.13 resultiert ein lineares Gleichungssystem aus acht Gleichungen mit acht Unbekannten, das wie folgt aussieht

$$C_1 + C_2 + \chi^2 C_4 = 0 , \tag{9.18}$$

$$C_1 + C_2 = 0 , \tag{9.19}$$

$$C_1 e^{\chi} + C_2 e^{-\chi} + \chi^2 C_3 + \chi^2 C_4 = 0 , \tag{9.20}$$

$$C_5 + C_6 + \chi^2 C_8 = 0 , \tag{9.21}$$

$$C_1\,\mathrm{e}^\chi - C_2\,\mathrm{e}^{-\chi} + \chi\,C_3 - C_5 + C_6 - \chi\,C_7 = 0\,, \tag{9.22}$$

$$C_1\,\mathrm{e}^\chi + C_2\,\mathrm{e}^{-\chi} - C_5 - C_6 = 0\,, \tag{9.23}$$

$$C_5\,\mathrm{e}^\chi + C_6\,\mathrm{e}^{-\chi} = 0\,, \tag{9.24}$$

$$C_7 = \frac{M_T\,l}{G\,I_T}\,. \tag{9.25}$$

Die Unbekannten sind die Integrationskonstanten C_i. Die algebraische Lösung dieses Gleichungssystems wird der Vollständigkeit halber nachfolgend dargestellt.

Gl. (9.25) stellt bereits die Lösung für die Integrationskonstante C_7 dar. Wir betrachten daher nur noch die restlichen sieben Unbekannten im weiteren Verlauf.

Wenn wir Gl. (9.19) in Gl. (9.18) einsetzen, folgt

$$C_4 = 0\,.$$

Alle verbleibenenden sechs Integrationskonstanten stellen wir in Abhängigkeit von C_1 dar.

Aus Gl. (9.19) folgt

$$C_2 = -C_1\,.$$

Dies setzen wir in Gl. (9.20) unter Beachtung von $C_4 = 0$ ein. Es folgt

$$C_1\left(\mathrm{e}^\chi - \mathrm{e}^{-\chi}\right) + \chi^2 C_3 = 0 \quad \Leftrightarrow \quad C_3 = -\frac{1}{\chi^2}\left(\mathrm{e}^\chi - \mathrm{e}^{-\chi}\right) C_1\,.$$

Wir addieren zur Gl. (9.21) die Gl. (9.23) und beachten $C_2 = -C_1$

$$C_8 = -\frac{1}{\chi^2}\left(\mathrm{e}^\chi - \mathrm{e}^{-\chi}\right) C_1 = C_3\,.$$

Gl. (9.24) lösen wir nach der Konstante C_6 auf

$$C_6 = -C_5\,\mathrm{e}^{2\chi}\,.$$

Unter Berücksichtigung von $C_2 = -C_1$ setzen wir diese Lösung in Gl. (9.23) ein. Es resultiert

$$C_1\left(\mathrm{e}^\chi - \mathrm{e}^{-\chi}\right) - C_5 + C_5\,\mathrm{e}^{2\chi} = 0 \quad \Leftrightarrow \quad C_5 = \frac{1}{1 - \mathrm{e}^{2\chi}}\left(\mathrm{e}^\chi - \mathrm{e}^{-\chi}\right) C_1$$

$$\Leftrightarrow \quad C_5 = -\frac{1}{\mathrm{e}^\chi}\,C_1 = -\mathrm{e}^{-\chi} C_1\,,$$

woraus die Konstante C_6 folgt

$$C_6 = \mathrm{e}^\chi\,C_1\,.$$

Die Integrationskonstanten C_2, C_3 und C_5 bis C_7 setzen wir in Gl. (9.22) ein und erhalten

$$C_1 e^\chi + C_1 e^{-\chi} - \chi \frac{1}{\chi^2} (e^\chi - e^{-\chi}) \, C_1 + e^{-\chi} C_1 + e^\chi C_1 = \chi \frac{M_T l}{G I_T}$$

$$\Leftrightarrow \quad C_1 \left[2\chi (e^\chi + e^{-\chi}) - (e^\chi - e^{-\chi}) \right] = \chi^2 \frac{M_T l}{G I_T} = \frac{M_T l^3}{E C_T} .$$

Da hier $2\chi (e^\chi + e^{-\chi}) \neq (e^\chi - e^{-\chi})$ gilt, resultiert

$$C_1 = \frac{1}{2\chi (e^\chi + e^{-\chi}) - (e^\chi - e^{-\chi})} \frac{M_T l^3}{E C_T} .$$

Falls es erforderlich ist, kann man noch $e^\chi + e^{-\chi} = 2 \cosh \chi$ und $e^\chi - e^{-\chi} = 2 \sinh \chi$ berücksichtigen und erhält mit $\tanh \chi = \sinh \chi / \cosh \chi$

$$C_1 = \frac{1}{4\chi \cosh \chi - 2 \sinh \chi} \frac{M_T l^3}{E C_T} = \frac{1}{\cosh \chi} \frac{1}{2\chi - \tanh \chi} \frac{M_T l^3}{2 E C_T} .$$

Wir verwenden hier die Euler-Funktionen. Alle restlichen Integrationskonstanten sind entweder bereits ermittelt oder ergeben sich durch Einsetzen der Lösung für die Integrationskonstante C_1 zu

$$C_2 = - \frac{1}{2\chi (e^\chi + e^{-\chi}) - (e^\chi - e^{-\chi})} \frac{M_T l^3}{E C_T} ,$$

$$C_3 = C_8 = - \frac{1}{\chi^2} \frac{e^\chi - e^{-\chi}}{2\chi (e^\chi + e^{-\chi}) - (e^\chi - e^{-\chi})} \frac{M_T l^3}{E C_T} ,$$

$$C_4 = 0 ,$$

$$C_5 = - \frac{e^{-\chi}}{2\chi (e^\chi + e^{-\chi}) - (e^\chi - e^{-\chi})} \frac{M_T l^3}{E C_T} ,$$

$$C_6 = \frac{e^\chi}{2\chi (e^\chi + e^{-\chi}) - (e^\chi - e^{-\chi})} \frac{M_T l^3}{E C_T} ,$$

$$C_7 = \frac{M_T l}{G I_T} = \frac{M_T l^3}{\chi^2 E C_T} .$$

9.4.2 Ermittlung der Integrationskonstanten in Aufgabe 5.14

In der Aufgabe 5.14 wird mit Hilfe von Rand- und Übergangsbedingungen (d. h. mit den Gln. (5.79) bis (5.87)) ein inhomogenes lineares Gleichungssystem mit neun Gleichungen und genauso vielen Unbekannten formuliert, das eine eindeutig Lösung besitzt und das wie folgt aussieht

$$C_{11} + C_{12} + \chi_1^2 C_{14} = 0 , \tag{9.26}$$

$$C_{11} + C_{12} = -\frac{\mu_1}{\chi_1^2} , \qquad (9.27)$$

$$C_{21}\,\mathrm{e}^{\chi_2} + C_{22}\,\mathrm{e}^{-\chi_2} = -\frac{\mu_2}{\chi_2^2} , \qquad (9.28)$$

$$C_{23} = -\frac{\mu_2}{\chi_2^2} , \qquad (9.29)$$

$$C_{11}\,\mathrm{e}^{\chi_1} + C_{12}\,\mathrm{e}^{-\chi_1} + \chi_1^2\,C_{13} + \chi_1^2\,C_{14} = -\frac{\mu_1}{2} , \qquad (9.30)$$

$$C_{21} + C_{22} + \chi_2^2\,C_{24} = 0 , \qquad (9.31)$$

$$C_{11}\,\mathrm{e}^{\chi_1} - C_{12}\,\mathrm{e}^{-\chi_1} + \chi_1\,C_{13} - \frac{l_1^2}{l_2^2}\,(C_{21} - C_{22}) - \frac{l_1\,\chi_1}{l_2}\,C_{23} = -\frac{\mu_1}{\chi_1} , \qquad (9.32)$$

$$C_{11}\,\mathrm{e}^{\chi_1} + C_{12}\,\mathrm{e}^{-\chi_1} - \frac{l_1^2}{l_2^2}\,(C_{21} + C_{22}) = \frac{\mu_2}{\chi_2^2} - \frac{\mu_1}{\chi_1^2} , \qquad (9.33)$$

$$\frac{\chi_2^2}{l_2^3}\,C_{23} - \frac{\chi_1^2}{l_1^3}\,C_{13} = \frac{\mu_1}{l_1^3} - \frac{M_B}{E\,C_T} . \qquad (9.34)$$

Da eine algebraische Lösung eines solchen Gleichungssystems relativ aufwendig ist, reduzieren wir zunächst die Anzahl der Unbekannten.

Nach Gl. (9.29) kennen wir bereits die Lösung für die Integrationskonstante C_{23}. Diese ersetzen wir daher in den verbleibenden Gleichungen. Gleichzeitig können wir relativ schnell die Lösung für C_{14} ermitteln, indem wir von Gl. (9.26) die Gl. (9.27) subtrahieren. Es folgt

$$\Rightarrow \quad \chi_1^2\,C_{14} + \frac{\mu_1}{\chi_1^2} = 0 \quad \Leftrightarrow \quad C_{14} = -\frac{\mu_1}{\chi_1^4} .$$

Außerdem taucht die unbekannte Lagerreaktion M_B nur in Gl. (9.34) auf. Aus diesem Grunde beachten wir diese Unbekannte bzw. die entsprechende Gleichung beim Lösen zunächst nicht, da wir bei Bekanntheit der anderen Unbekannten die Lagerreaktion durch Einsetzen leicht aus (vgl. Gl. (9.34))

$$M_B = E\,C_T \left(\frac{\mu_1}{l_1^3} - \frac{\chi_2^2}{l_2^3}\,C_{23} + \frac{\chi_1^2}{l_1^3}\,C_{13} \right) = E\,C_T \left(\frac{\mu_1}{l_1^3} + \frac{\mu_2}{l_2^3} + \frac{\chi_1^2}{l_1^3}\,C_{13} \right)$$

ermitteln können.

Das zu lösende Gleichungssystem besteht somit aus sechs Gleichungen und den sechs Unbekannten C_{11}, C_{12}, C_{13}, C_{21}, C_{22} und C_{24}.

Darüber hinaus wird bei der Lösung des Gleichungssystems an einigen Stellen von

$$2\sinh x = \mathrm{e}^x - \mathrm{e}^{-x}$$

und von den folgenden Zusammenhängen Gebrauch gemacht

$$\frac{\mu_1}{\mu_2} = \frac{T_1' l_1^4}{EC_T}\frac{EC_T}{T_2' l_2^4} = \frac{l_1^4}{l_2^4} \quad \text{und} \quad \frac{\chi_1}{\chi_2} = \frac{l_1\sqrt{GI_T}}{\sqrt{EC_T}}\frac{\sqrt{EC_T}}{l_2\sqrt{GI_T}} = \frac{l_1}{l_2}.$$

Wir fassen die verbleibenden Gleichungen in einer übersichtlichen Form zusammen. Wir kennzeichnen die Zeilen des Gleichungssystems mit z_i und geben die mathematischen Operationen in der letzten Spalte an. Die Lösung des Gleichungssystems ist wie folgt:

	C_{11}	C_{12}	C_{13}	C_{21}	C_{22}	C_{24}	
z_1	1	1	0	0	0	0	$-\dfrac{\mu_1}{\chi_1^2}$
z_2	0	0	0	e^{χ_2}	$e^{-\chi_2}$	0	$-\dfrac{l_2^2}{l_1^2}\dfrac{\mu_1}{\chi_1^2}$ $\mid$ $-e^{\chi_2}z_4$
z_3	e^{χ_1}	$e^{-\chi_1}$	χ_1^2	0	0	0	$-\dfrac{\mu_1}{2}-\dfrac{\mu_1}{\chi_1^2}$ $\mid$ $-z_6$
z_4	0	0	0	1	1	χ_2^2	0
z_5	e^{χ_1}	$-e^{-\chi_1}$	χ_1	$-\dfrac{l_1^2}{l_2^2}$	$\dfrac{l_1^2}{l_2^2}$	0	$-\dfrac{\mu_1}{\chi_1}\left(1+\dfrac{l_2}{l_1}\right)$ $\mid$ $-z_6$
z_6	e^{χ_1}	$e^{-\chi_1}$	0	$-\dfrac{l_1^2}{l_2^2}$	$-\dfrac{l_1^2}{l_2^2}$	0	0 $\mid$ $-e^{\chi_1}z_1$
z_1	1	1	0	0	0	0	$-\dfrac{\mu_1}{\chi_1^2}$
z_2	0	0	0	0	$-2\sinh\chi_2$	$-\chi_2^2 e^{\chi_2}$	$-\dfrac{l_2^2}{l_1^2}\dfrac{\mu_1}{\chi_1^2}$
z_3	0	0	χ_1^2	$\dfrac{l_1^2}{l_2^2}$	$\dfrac{l_1^2}{l_2^2}$	0	$-\dfrac{\mu_1}{2}-\dfrac{\mu_1}{\chi_1^2}$ $\mid$ $-\dfrac{l_1^2}{l_2^2}z_4$
z_4	0	0	0	1	1	$\dfrac{l_2^2}{l_1^2}\chi_1^2$	0
z_5	0	$-2e^{-\chi_1}$	χ_1	0	$2\dfrac{l_1^2}{l_2^2}$	0	$-\dfrac{\mu_1}{\chi_1}\left(1+\dfrac{l_2}{l_1}\right)$
z_6	0	$-2\sinh\chi_1$	0	$-\dfrac{l_1^2}{l_2^2}$	$-\dfrac{l_1^2}{l_2^2}$	0	$\dfrac{\mu_1}{\chi_1^2}e^{\chi_1}$ $\mid$ $+z_3$
z_1	1	1	0	0	0	0	$-\dfrac{\mu_1}{\chi_1^2}$
z_2	0	0	0	0	$-2\sinh\chi_2$	$-\chi_2^2 e^{\chi_2}$	$-\dfrac{\mu_2}{\chi_2^2}$ $\mid$ $\cdot\dfrac{-1}{2\sinh\chi_2}$
z_3	0	0	χ_1^2	0	0	$-\chi_1^2$	$-\dfrac{\mu_1}{2}-\dfrac{\mu_1}{\chi_1^2}$ $\mid$ $\cdot\dfrac{1}{\chi_1^2}$
z_4	0	0	0	1	1	χ_2^2	0
z_5	0	$-2e^{-\chi_1}$	χ_1	0	$2\dfrac{l_1^2}{l_2^2}$	0	$-\dfrac{\mu_1}{\chi_1}\left(1+\dfrac{l_2}{l_1}\right)$ $\mid$ $\dfrac{-e^{-\chi_1}}{\sinh\chi_1}z_6$
z_6	0	$-2\sinh\chi_1$	χ_1^2	0	0	0	$\dfrac{\mu_1}{\chi_1^2}e^{\chi_1}-\dfrac{\mu_1}{\chi_1^2}-\dfrac{\mu_1}{2}$ $\mid$ $\cdot\dfrac{-1}{2\sinh\chi_1}$

	C_{11}	C_{12}	C_{13}	C_{21}	C_{22}	C_{24}		
z_1	1	1	0	0	0	0	$-\dfrac{\mu_1}{\chi_1^2}$	
z_2	0	0	0	0	1	$\dfrac{\chi_2^2 e^{\chi_2}}{2\sinh\chi_2}$	$\dfrac{\mu_2}{2\chi_2^2\sinh\chi_2}$	
z_3	0	0	1	0	0	-1	$-\dfrac{\mu_1}{\chi_1^2}\left(\dfrac{1}{2}+\dfrac{1}{\chi_1^2}\right)$	
z_4	0	0	0	1	1	χ_2^2	0	
z_5	0	0	K_1	0	$2\dfrac{l_1^2}{l_2^2}$	0	K_2	$-2\dfrac{l_1^2}{l_2^2}z_2$
z_6	0	1	$\dfrac{-\chi_1^2}{2\sinh\chi_1}$	0	0	0	$\dfrac{\mu_1}{4\sinh\chi_1}\left[1-\dfrac{2}{\chi_1^2}(e^{\chi_1}-1)\right]$	

mit

$$K_1 = \chi_1\left(1+\frac{2\chi_1\,e^{-\chi_1}}{e^{-\chi_1}-e^{\chi_1}}\right) = \chi_1\left(1-\frac{\chi_1\,e^{-\chi_1}}{\sinh\chi_1}\right)$$

und

$$K_2 = -\frac{\mu_1}{\chi_1}\left(1+\frac{l_2}{l_1}\right) - \frac{\mu_1\,e^{-\chi_1}}{\sinh\chi_1}\left[\frac{1}{\chi_1^2}(e^{\chi_1}-1)-\frac{1}{2}\right]$$

	C_{11}	C_{12}	C_{13}	C_{21}	C_{22}	C_{24}		
z_1	1	1	0	0	0	0	$-\dfrac{\mu_1}{\chi_1^2}$	
z_2	0	0	0	0	1	$\dfrac{\chi_2^2 e^{\chi_2}}{2\sinh\chi_2}$	$\dfrac{\mu_2}{2\chi_2^2\sinh\chi_2}$	
z_3	0	0	1	0	0	-1	$-\dfrac{\mu_1}{\chi_1^2}\left(\dfrac{1}{2}+\dfrac{1}{\chi_1^2}\right)$	
z_4	0	0	0	1	1	χ_2^2	0	
z_5	0	0	K_1	0	0	K_3	K_4	$-K_1 z_3$
z_6	0	1	$\dfrac{-\chi_1^2}{2\sinh\chi_1}$	0	0	0	$\dfrac{\mu_1}{4\sinh\chi_1}\left[1-\dfrac{2}{\chi_1^2}(e^{\chi_1}-1)\right]$	

mit $K_3 = -\dfrac{l_1^2}{l_2^2}\dfrac{\chi_2^2 e^{\chi_2}}{\sinh\chi_2}$

und $K_4 = -\dfrac{\mu_1}{\chi_1}\left(1+\dfrac{l_2}{l_1}\right) - \dfrac{\mu_1\,e^{-\chi_1}}{\sinh\chi_1}\left[\dfrac{1}{\chi_1^2}(e^{\chi_1}-1)-\dfrac{1}{2}\right] - \dfrac{l_1^2}{l_2^2}\dfrac{\mu_2}{\chi_2^2\sinh\chi_2}$

	C_{11}	C_{12}	C_{13}	C_{21}	C_{22}	C_{24}	
z_1	1	1	0	0	0	0	$-\dfrac{\mu_1}{\chi_1^2}$
z_2	0	0	0	0	1	$\dfrac{\chi_2^2 e^{\chi_2}}{2\sinh\chi_2}$	$\dfrac{\mu_2}{2\chi_2^2 \sinh\chi_2}$
z_3	0	0	1	0	0	-1	$-\dfrac{\mu_1}{\chi_1^2}\left(\dfrac{1}{2}+\dfrac{1}{\chi_1^2}\right)$
z_4	0	0	0	1	1	χ_2^2	0
z_5	0	0	0	0	0	K_1+K_3	K_5
z_6	0	1	$\dfrac{-\chi_1^2}{2\sinh\chi_1}$	0	0	0	$\dfrac{\mu_1}{4\sinh\chi_1}\left[1-\dfrac{2}{\chi_1^2}\left(e^{\chi_1}-1\right)\right]$

$$\text{mit}\quad K_5 = -\frac{\mu_1}{2\chi_1} - \frac{l_2}{l_1}\frac{\mu_1}{\chi_1} + \frac{\mu_1}{\chi_1^3} - \frac{\mu_1}{\chi_1^2\sinh\chi_1} - \frac{l_1^2}{l_2^2}\frac{\mu_2}{\chi_2^2\sinh\chi_2}$$

Die Umsortierung von Zeilen führt auf die gesuchte obere Dreiecksmatrix:

	C_{11}	C_{12}	C_{13}	C_{21}	C_{22}	C_{24}	
z_1	1	1	0	0	0	0	$-\dfrac{\mu_1}{\chi_1^2}$
z_6	0	1	$\dfrac{-\chi_1^2}{2\sinh\chi_1}$	0	0	0	$\dfrac{\mu_1}{4\sinh\chi_1}\left[1-\dfrac{2}{\chi_1^2}\left(e^{\chi_1}-1\right)\right]$
z_3	0	0	1	0	0	-1	$-\dfrac{\mu_1}{\chi_1^2}\left(\dfrac{1}{2}+\dfrac{1}{\chi_1^2}\right)$
z_4	0	0	0	1	1	χ_2^2	0
z_2	0	0	0	0	1	$\dfrac{\chi_2^2 e^{\chi_2}}{2\sinh\chi_2}$	$\dfrac{\mu_2}{2\chi_2^2 \sinh\chi_2}$
z_5	0	0	0	0	0	K_1+K_3	K_5

Damit können wir ausgehend von der ursprünglichen Zeile 5 bzw. von C_{24} sukzessiv alle anderen Unbekannten ermitteln, indem wir die berechneten Größen in die nächste geeignete Zeile einsetzen. Da die Ausdrücke sehr unübersichtlich werden, stellen wir hier diese Ergebnisse nicht dar, sondern nutzen die numerischen Werte in der Aufgabe 5.14. Die Integrationskonstanten lauten

$$C_{11} = -5,1067\cdot 10^{-9}\,,\quad C_{12} = -4,9692\cdot 10^{-3}\,,\quad C_{13} = -2,2388\cdot 10^{-3}\,,$$

$$C_{14} = 1,8352\cdot 10^{-5}\,,\quad C_{21} = -1,9014\cdot 10^{-11}\,,\quad C_{22} = -1,0300\cdot 10^{-1}\,,$$

$$C_{23} = -7,1556\cdot 10^{-3}\,,\quad C_{24} = 2,6416\cdot 10^{-4}\,.$$

9.4.3 Berechnung der Determinante der Koeffizientenmatrix in Aufgabe 6.3

Die Determinante der Koeffizientenmatrix nach Gl. (6.9) berechnen wir mit Hilfe des Laplaceschen Entwicklungssatzes (vgl. [7, S. 45ff.]), der auf die 1. Zeile der vierreihigen Determinante angewendet wird, und der Regel von Sarrus (vgl. [7, S. 34]) für dreireihige Determinanten. Demnach folgt mit den Abkürzungen $c = \cos \omega l$ und $s = \sin \omega l$

$$\begin{vmatrix} 1 & 0 & 0 & 1 \\ 0 & 1 & 1 & 0 \\ c & s & \omega l & 1 \\ c & s & 0 & 0 \end{vmatrix} = \begin{vmatrix} 1 & 1 & 0 \\ s & \omega l & 1 \\ s & 0 & 0 \end{vmatrix} - \begin{vmatrix} 0 & 1 & 1 \\ c & s & \omega l \\ c & s & 0 \end{vmatrix} = s - c\,\omega l.$$

9.4.4 Ermittlung der oberen Dreiecksmatrix in Aufgabe 6.3

Wir formen die Koeffizientenmatrix nach Gl. (6.9) in obere Dreiecksform um. Hierzu kennzeichnen wir die Zeilen des Gleichungssystems mit z_i und geben die mathematischen Operationen rechts neben dem Gleichungssystem je Zeile an. Der Einfachheit halber führen wir die Abkürzungen $c = \cos \omega l$ und $s = \sin \omega l$ ein. Wir erhalten:

	A	B	C	D	
z_1	1	0	0	1	
z_2	0	1	1	0	
z_3	c	s	ωl	1	$\vert -z_4$
z_4	c	s	0	0	
z_1	1	0	0	1	
z_2	0	1	1	0	
z_3	0	0	ωl	1	$\vert : \omega l$ mit $\omega l \neq 0$
z_4	c	s	0	0	$\vert -c \cdot z_1$
z_1	1	0	0	1	
z_2	0	1	1	0	
z_3	0	0	1	$1/(\omega l)$	
z_4	0	s	0	$-c$	$\vert -s \cdot z_2$
z_1	1	0	0	1	
z_2	0	1	1	0	
z_3	0	0	1	$1/(\omega l)$	
z_4	0	0	$-s$	$-c$	$\vert s \cdot z_3$

	A	B	C	D
z_1	1	0	0	1
z_2	0	1	1	0
z_3	0	0	1	$1/(\omega l)$
z_4	0	0	0	$s/(\omega l)-c$

9.4.5 Berechnung der Determinante der Koeffizientenmatrix in Aufgabe 6.4

Die Determinante der Koeffizientenmatrix nach Gl. (6.18) berechnen wir mit Hilfe des Laplaceschen Entwicklungssatzes (vgl. [7, S. 45ff.]), der auf die 1. Zeile der vierreihigen Determinante angewendet wird, und der Regel von Sarrus (vgl. [7, S. 34]) für dreireihige Determinanten. Gleichzeitig nutzen wir die folgenden Additionstheoreme

$$\cos^2 x + \sin^2 x = 1 , \quad \sin 2x = 2\sin x \cos x , \quad \cos 2x = \cos^2 x - \sin^2 x .$$

Dann folgt mit den Abkürzungen $c_1 = \cos\zeta l$, $s_1 = \sin\zeta l$, $c_2 = \cos 2\zeta l$ und $s_2 = \sin 2\zeta l$

$$\begin{vmatrix} s_1 & 0 & 0 & 1 \\ 0 & s_1 & c_1 & 1 \\ \zeta c_1 & -\zeta c_1 & \zeta s_1 & 1/l \\ 0 & s_2 & c_2 & 0 \end{vmatrix} = s_1 \begin{vmatrix} s_1 & c_1 & 1 \\ -\zeta c_1 & \zeta s_1 & 1/l \\ s_2 & c_2 & 0 \end{vmatrix} - \begin{vmatrix} 0 & s_1 & c_1 \\ \zeta c_1 & -\zeta c_1 & \zeta s_1 \\ 0 & s_2 & c_2 \end{vmatrix}$$

$$= \frac{1}{l} s_1 s_2 c_1 - \zeta s_1^2 s_2 - \frac{1}{l} s_1^2 c_2 - \zeta c_1^2 s_2 = \frac{1}{l} s_1 s_2 c_1 - \frac{1}{l} s_1^2 c_2 - \zeta s_2$$

$$= \frac{2}{l} s_1^2 c_1^2 - s_1^2 (c_1^2 - s_1^2) - \zeta s_2 = \frac{1}{l} s_1^2 (c_1^2 + s_1^2) - \zeta s_2 = \frac{1}{l} s_1^2 - \zeta s_2$$

$$= \frac{1}{l} \sin^2 (\zeta l) - \zeta \sin (2\zeta l) = 0 .$$

9.4.6 Ermittlung der oberen Dreiecksmatrix in Aufgabe 6.4

Wir formen die Koeffizientenmatrix nach Gl. (6.21) in obere Dreiecksform um. Hierzu kennzeichnen wir die Zeilen des Gleichungssystems mit z_i und geben die mathematischen Operationen rechts neben dem Gleichungssystem je Zeile an. Der Einfachheit halber führen wir die Abkürzungen $c_1 = \cos\zeta l$, $s_1 = \sin\zeta l$, $c_2 = \cos 2\zeta l$ und $s_2 = \sin 2\zeta l$ ein. Außerdem nutzen wir die folgenden Additionstheoreme

$$\cos^2 x + \sin^2 x = 1\,, \quad \sin 2x = 2\sin x \cos x\,, \quad \cos 2x = \cos^2 x - \sin^2 x\,.$$

Wir erhalten somit:

	A_1	A_2	B_2	w_l	
z_1	s_1	0	0	1	
z_2	0	s_1	c_1	1	$\vert \cdot 2c_1$
z_3	ζc_1	$-\zeta c_1$	ζs_1	$1/l$	$\vert \cdot s_1$
z_4	0	s_2	c_2	0	
z_1	s_1	0	0	1	
$z_2 :$	0	s_2	$2c_1^2$	$2c_1$	
z_3	$\zeta s_1 c_1$	$-\zeta s_1 c_1$	ζs_1^2	s_1/l	$\vert -\zeta c_1 z_1$
z_4	0	s_2	c_2	0	$\vert -z_2$
z_1	s_1	0	0	1	
z_2	0	s_2	$2c_1^2$	$2c_1$	
z_3	0	$-\zeta s_1 c_1$	ζs_1^2	$s_1/l - \zeta c_1$	$\vert +\frac{1}{2}\zeta z_2$
z_4	0	0	-1	$-2c_1$	
z_1	s_1	0	0	1	
z_2	0	s_2	$2c_1^2$	$2c_1$	
z_3	0	0	ζ	s_1/l	$\vert \cdot l$
z_4	0	0	-1	$-2c_1$	$\vert \cdot \zeta l$
z_1	s_1	0	0	1	
z_2	0	s_2	$2c_1^2$	$2c_1$	
z_3	0	0	ζl	s_1	
z_4	0	0	$-\zeta l$	$-2\zeta l c_1$	$\vert +z_3$
z_1	s_1	0	0	1	
z_2	0	s_2	$2c_1^2$	$2c_1$	
z_3	0	0	ζl	s_1	
z_4	0	0	0	$s_1 - 2\zeta l c_1$	

9.4.7 Bestimmung der strengen Monotonie des Normalkraftverlaufs in Aufgabe 8.8

Die Funktion nach Gl. (8.37), d. h.

$$f(x) = \cfrac{x}{1 + \cfrac{x}{b}\left(\cfrac{c}{a} - 1\right)}$$

soll streng monoton wachsend sein. Um dies zu zeigen, setzen wir in die Funktion zwei beliebige Stellen x_i ein, für die $x_1 < x_2$ gilt. Wenn die Funktion tatsächlich streng monoton wachsend ist, muss die folgende Beziehung gültig sein

$$f(x_1) \ < \ f(x_2) \quad \Leftrightarrow \quad \frac{x_1}{1 + \dfrac{x_1}{b}\left(\dfrac{c}{a} - 1\right)} \ < \ \frac{x_2}{1 + \dfrac{x_2}{b}\left(\dfrac{c}{a} - 1\right)}.$$

Wir formen dies so lange um, bis wir die ursprüngliche Voraussetzung, und zwar $x_1 < x_2$ bestätigen oder widerlegen können. Wir erhalten

$$x_1 \left[1 + \frac{x_2}{b}\left(\frac{c}{a} - 1\right) \right] \ < \ x_2 \left[1 + \frac{x_1}{b}\left(\frac{c}{a} - 1\right) \right]$$

$$\Leftrightarrow \quad x_1 + \frac{x_1 x_2}{b}\left(\frac{c}{a} - 1\right) \ < \ x_2 + \frac{x_2 x_1}{b}\left(\frac{c}{a} - 1\right)$$

$$\Leftrightarrow \quad x_1 \ < \ x_2 + \underbrace{\frac{x_2 x_1}{b}\left(\frac{c}{a} - 1\right) - \frac{x_1 x_2}{b}\left(\frac{c}{a} - 1\right)}_{=0}$$

$$\Leftrightarrow \quad x_1 \ < \ x_2 \, .$$

Da die ursprüngliche Annahme $x_1 < x_2$ aus dem Vergleich der Funktionsterme damit bestätigt ist, können wir schlussfolgern, dass die Funktion tatsächlich streng monoton wachsend ist.

9.4.8 Integraltafel - Koppeltafel

Tab. 9.3 Koppeltafel für die Integration von zwei Polynomfunktionen gemäß $\int_l M_0 M_1\, dx$ (jeweils mit maximal möglicher Ordnung 2), $\circ$ kennzeichnet den Scheitelpunkt bei Parabeln; die Referenz der Zellen durch Angabe der Spalte und Zeile beginnt im rechten unteren Bereich, der durch die fetten Linien abgesetzt ist [5, S. 251]

	rectangle, c	triangle, c	trapezoid, c … d	parabola, c	parabola, c
rectangle, a	acl	$\dfrac{acl}{2}$	$\dfrac{al}{2}(c+d)$	$\dfrac{acl}{3}$	$\dfrac{2acl}{3}$
triangle, a	$\dfrac{acl}{2}$	$\dfrac{acl}{3}$	$\dfrac{al}{6}(c+2d)$	$\dfrac{acl}{4}$	$\dfrac{5acl}{12}$
triangle, a	$\dfrac{acl}{2}$	$\dfrac{acl}{6}$	$\dfrac{al}{6}(2c+d)$	$\dfrac{acl}{12}$	$\dfrac{acl}{4}$
trapezoid, a … b	$\dfrac{cl}{2}(a+b)$	$\dfrac{cl}{6}(a+2b)$	$\dfrac{la}{6}(2c+d)+\dfrac{lb}{6}(c+2d)$	$\dfrac{cl}{12}(a+3b)$	$\dfrac{cl}{12}(3a+5b)$
parabola, a	$\dfrac{acl}{3}$	$\dfrac{acl}{4}$	$\dfrac{al}{12}(c+3d)$	$\dfrac{acl}{5}$	$\dfrac{3acl}{10}$
parabola, a	$\dfrac{acl}{3}$	$\dfrac{acl}{12}$	$\dfrac{al}{12}(3c+d)$	$\dfrac{acl}{30}$	$\dfrac{2acl}{15}$
parabola, a	$\dfrac{2acl}{3}$	$\dfrac{5acl}{12}$	$\dfrac{al}{12}(3c+5d)$	$\dfrac{3acl}{10}$	$\dfrac{8acl}{15}$
parabola, a	$\dfrac{2acl}{3}$	$\dfrac{acl}{4}$	$\dfrac{al}{12}(5c+3d)$	$\dfrac{2acl}{15}$	$\dfrac{11acl}{30}$

Literatur

1. Gross D, Hauger W, Schröder J, Wall W A (2017) Technische Mechanik - Statik, Bd. 1, 13. Aufl., Springer Vieweg, Berlin Heidelberg – ISBN 978-3-662-49471-4

2. Gross D, Hauger W, Schröder J, Wall W A (2017) Technische Mechanik - Elastostatik, Bd. 2, 13. Aufl., Springer Vieweg – ISBN 978-3-662-53678-0

3. Hanke-Bourgeois M (2009) Grundlagen der numerischen Mathematik und des wissenschaftlichen Rechnens, 3. Aufl., Vieweg+Teubner, Wiesbaden – ISBN 978-3-8348-0708-3

4. Bewersdorff J (2013) Algebra für Einsteiger: Von der Gleichungsauflösung zur Galois-Theorie, 5. Aufl., Springer Spektrum, Wiesbaden – ISBN 978-3-658-02261-7

5. Linke M, Nast E (2015) Festigkeitslehre für den Leichtbau - Ein Lehrbuch zur Technischen Mechanik, Springer Vieweg, Berlin Heidelberg – ISBN 978-3-642-53864-3

6. Papula L (2014) Mathematik für Ingenieure und Naturwissenschaftler, Bd. 1, 14. Aufl., Springer Vieweg, Wiesbaden – ISBN 978-3-658-05619-3

7. Papula L (2015) Mathematik für Ingenieure und Naturwissenschaftler, Bd. 2, 14. Aufl., Springer Vieweg, Wiesbaden – ISBN 978-3-658-07789-1

© Springer-Verlag GmbH Deutschland 2018
M. Linke, *Aufgaben zur Festigkeitslehre für den Leichtbau*,
https://doi.org/10.1007/978-3-662-56149-2